河南省普通高等教育“十二五”规划教材

教育部物理基础课程教学指导分委员会教改项目资助教材

大学物理学

（上 册）

主　编　尹国盛　张伟风

副主编　黄明举　杨　毅

参　编　李　卓　孙建敏

华中科技大学出版社

中国·武汉

内容提要

本书是河南大学“十二五”规划教材、河南省普通高等教育“十二五”规划教材和教育部高等学校物理基础课程教学指导分委员会教改项目资助教材。全书分为上、下两册，上册包括力学和电磁学，下册包括热学、波动与光学、量子物理基础和相对论简介。全书共分12章，书中有例题、思考题、习题，书末附有习题参考答案。

本书可作为高等学校理工科非物理类专业（包括函授与自考等成人教育）的教材，也可供大学物理教师和有关的读者参考。

图书在版编目(CIP)数据

大学物理学（上册）/尹国盛，张伟风主编. —武汉：华中科技大学出版社，2012.9 (2023.8重印)
ISBN 978-7-5609-7997-7

Ⅰ.①大… Ⅱ.①尹… ②张… Ⅲ.①物理学－高等学校－教材 Ⅳ.①O4

中国版本图书馆CIP数据核字(2012)第113140号

大学物理学(上册) 尹国盛 张伟风 主编

策划编辑：周芬娜
责任编辑：周芬娜 李 琴
封面设计：刘 卉
责任校对：代晓莺
责任监印：周治超
出版发行：华中科技大学出版社（中国·武汉） 电话：(027)81321913
武汉市东湖新技术开发区华工科技园 邮编：430223
录 排：武汉正风天下文化发展有限公司
印 刷：武汉市洪林印务有限公司
开 本：710 mm×1000 mm 1/16
印 张：15
字 数：316千字
版 次：2023年8月第1版第7次印刷
定 价：38.00元

本书若有印装质量问题，请向出版社营销中心调换
全国免费服务热线：400-6679-118 竭诚为您服务
版权所有 侵权必究

前　言

本书是在尹国盛、夏晓智和郑海务主编的《大学物理简明教程》(上、下册)的基础上，参照国家教育部新制定的《理工科类大学物理课程教学基本要求》(2010年版)(以下简称"要求")，结合河南大学的实际情况修订而成的。该书是河南大学"十二五"规划教材、河南省普通高等教育"十二五"规划教材和教育部高等学校物理基础课程教学指导分委员会教改项目资助教材。它与2010年8月出版的《大学物理》(上、下册)、2011年1月出版的《大学物理基础教程》(全一册)和2011年8月出版的《大学物理思考题和习题选解》以及《大学物理简明教程》同属一套系列教材。

本书的特色主要是"联系实际"，即大学物理的理论，既紧密联系生产、生活和工程技术尤其是现代科学与高新技术的实际，又联系现在中学教材实行新课标后的实际；既联系教育部"要求"的实际，又联系学校和学生的实际。

本书分上、下两册，上册包括力学和电磁学，下册包括热学、波动与光学、量子物理基础和相对论简介。基本内容是按96学时安排的(不含带"*"的)，多于或少于此学时的专业，可根据实际情况进行适当增减。

全书共分12章，上册由尹国盛、张伟风担任主编，黄明举、杨毅担任副主编；下册由尹国盛、顾玉宗担任主编，党玉敬、王素莲担任副主编。编写人员的具体分工为：尹国盛，第1章和第2章；杨毅，第3章；孙建敏，第4章；李卓，第5章和第6章；王素莲，第7章；赵遵成，第8章；程秀英，第9章；高海燕(华北水利水电学院)，第10章；孙献文，第11章；党玉敬，第12章和附录(数学基础)。全书由尹国盛教授统稿并定稿。

参加《大学物理简明教程》编写的人员有尹国盛、夏晓智、郑海务、杨毅、翟俊梅、周呈方、张华荣、任凤竹、李天锋、彭成晓、张新安、闫玉丽、张大蔚等。

为本书的编写提过宝贵建议的有李若平老师、张华荣博士、张光彪博士、彭成晓博士和做了大量工作的骆慧敏老师等，在此向他们表示由衷的感谢。

本书出版之际，适逢河南大学建校100周年，谨以此书作为献礼！

编　者

2012年7月

目　　录

上册的量和单位

力学的量和单位

量		单　位	
名称	符号	名称	符号
时间	t	秒	s
位矢	$\boldsymbol{r}$	米	m
位移	$\Delta\boldsymbol{r}$	米	m
速度	$\boldsymbol{v}$	米每秒	m/s
加速度	$\boldsymbol{a}$	米每二次方秒	m/s^2
质量	m	千克	kg
力	$\boldsymbol{F},\boldsymbol{f}$	牛[顿]	N
功	A	焦[耳]	J
功率	P	瓦[特]	W
能量	E	焦[耳]	J
动能	E_k	焦[耳]	J
势能	E_p	焦[耳]	J
冲量	$\boldsymbol{I}$	牛[顿]秒	N·s
动量	$\boldsymbol{p}$	千克米每秒	kg·m/s
力矩	$\boldsymbol{M}$	牛[顿]米	N·m
角动量	$\boldsymbol{L}$	千克二次方米每秒	$kg\cdot m^2/s$
角度	$\alpha,\beta,\gamma,\theta,\varphi$	弧度	rad
角速度	ω	弧度每秒	rad/s
角加速度	α	弧度每二次方秒	rad/s^2
转动惯量	I	千克二次方米	$kg\cdot m^2$
长度	l,L	米	m
面积	S	平方米	m^2
体积	V	立方米	m^3
密度	ρ	千克每立方米	kg/m^3
线密度	ρ_l	千克每米	kg/m
面密度	ρ_S	千克每平方米	kg/m^2
摩擦因数	μ		
恢复系数	e		

电磁学的量和单位

量		单　位	
名称	符号	名称	符号
电荷	Q ,q	库[仑]	C
电荷体密度	ρ	库[仑]每立方米	C/m^3
电荷面密度	σ	库[仑]每平方米	C/m^2
电荷线密度	λ	库[仑]每米	C/m
电场强度	$\boldsymbol{E}$	伏[特]每米	V/m
电场强度通量	Φ_e	伏[特]米	V·m
电势能	W	焦[耳]	J
电势	V	伏[特]	V
电势差,电压	U	伏[特]	V
电容率	ε	法[拉]每米	F/m
真空电容率	ε_0	法[拉]每米	F/m
相对电容率	ε_r		
电极化率	χ_e		
电极化强度	$\boldsymbol{P}$	库[仑]每平方米	C/m^2
电位移	$\boldsymbol{D}$	库[仑]每平方米	C/m^2
电位移通量	Ψ	库[仑]	C
电偶极矩	$\boldsymbol{p}$	库[仑]米	C·m
电容	C	法[拉]	F
电流	I	安[培]	A
电流密度	$\boldsymbol{J}$	安[培]每平方米	A/m^2
电阻	R	欧[姆]	Ω
电阻率	ρ	欧[姆]米	Ω·m
电导率	γ	西[门子]每米	S/m
电动势	$\mathscr{E}$	伏[特]	V
磁感应强度	$\boldsymbol{B}$	特[斯拉]	T
磁导率	μ	亨[利]每米	H/m
真空磁导率	μ_0	亨[利]每米	H/m
相对磁导率	μ_r		
磁通量	Φ_m	韦[伯]	Wb
磁化率	χ_m		
磁化强度	$\boldsymbol{M}$	安[培]每米	A/m
磁矩	$\boldsymbol{m}$	安[培]平方米	$A\cdot m^2$
磁场强度	$\boldsymbol{H}$	安[培]每米	A/m
自感	L	亨[利]	H
互感	M	亨[利]	H
电场能量	W_e	焦[耳]	J
磁场能量	W_m	焦[耳]	J
电磁能密度	w	焦[耳]每立方米	J/m^3
坡印廷矢量	$\boldsymbol{S}$	瓦[特]每平方米	W/m^2

第1章 运动和力

物质处于永不停息的运动之中，对于物质运动的描述和运动状态变化规律的研究是对自然界中物质进行研究的基础，而改变物质运动状态的原因是力，因此，运动和力始终是密不可分的，这里我们将其放在同一章中进行阐述。在本章中，首先，引入参考系、坐标系、质点等基本概念，为运动的描述创立时间和空间的先决条件以及建立研究对象的理想模型；接着，在此基础上介绍位移、速度、加速度及运动方程等，构筑完整的运动学描述体系，并通过这种科学的描述讨论日常生活中经常涉及的直线运动、圆周运动、平面曲线运动等典型的运动过程；然后，重点介绍牛顿运动定律及应用举例，在运动和力之间建立联系的桥梁。

*1.1 参考系和坐标系

正如爱因斯坦所说，“运动只能理解为物体的相对运动。在力学中，一般讲到的运动，总是意味着相对于坐标系的运动。”物质运动的相对性决定着对于运动的描述总是需要一些前提，而这些前提一定是与空间和时间相关的。

1.1.1 参考系和坐标系

“坐地日行八万里，巡天遥看一千河”是毛泽东在七律《送瘟神》中所写诗句。两个静止在地球上的人观察到的对方都是静止的，但如果一个位于地球之外的静止的人观察另一个位于赤道上的静止的人时，观察到的赤道上的人就会随地球自转而一直处于匀速圆周运动之中，故有“日行八万里”之说。万事万物都处于一刻不停的运动之中，若想研究某一个物体的运动规律，必须首先选定另一个物体作为参照物或参考系，而选取不同的参考系来描述同一个物体的运动，往往会得到不同的结果。例如，一列行驶的列车中有一从车顶坠落的小球，车中站立的观察者看见小球作自由落体运动，而同一时刻车窗外站立的观察者看见小球作平抛运动。如果只从合理性来考虑，参考系的选取是任意的，选择任意参考系都可以完成对某一物体运动状态的描述，但选择更为合适的参考系会使对于物体运动的描述变得更为简洁。在研究地球上物体的运动时，一般选择地球为参考系，本书在没有特别说明的情况下，物体的运动都是指相对于地球的运动。

仅仅选定参考系依然无法准确地描述物体的运动状态，必须在所选的参考系上建立合适的坐标系，一般在参考系上选定一点作为坐标系的原点，并选定若干条通过原点并标有长度和方向的直线作为坐标轴，由此我们可以实现对研究对象运动状态的定量描述。直角坐标系是应用最为广泛的坐标系,除此之外,常用的坐标系还有极坐标系、球坐标系、自然坐标系、柱坐标系等。与参考系的选取原则类似,坐标系的选取也是任意的,选取不同的坐标系并不会改变物体的运动形式,但是建立合适的坐标系可以简化对物体运动状态描述和计算的过程。

1.1.2 质点和刚体

运动学中所涉及的研究对象千变万化,大到宇宙天体,小到原子、分子甚至更小的微观粒子,它们都有各自的大小、形状和组成结构,在我们确定参考系和坐标系后,为精确描述物体的运动状态,就需要在坐标系中确定物体的位置。以人的运动为例,人在走动的时候四肢都在以不同的方式运动,身体上的每一点都有着各不相同的运动状态,我们不可能将身体上的每一点同时在同一坐标系中进行描述。通常,在研究人的运动的时候都着重考虑其整体的位移,肢体运动的位移相对于整体位移的大小完全可以略去不计,这样就可以将整个人体看成是一个具有质量的点,从而在坐标系中描述出来,而并不会影响我们对人的运动的描述。这种具有质量而没有形状和大小的理想物体称为质点。再如,在研究地球绕太阳公转的时候,由于地球的平均半径(约为 6.4×10^3 km)远远小于地球与太阳之间的距离(约为 1.5×10^8 km),地球上各点的运动相对于地球绕太阳公转运动的位移大小可以略去不计,因而此时可以将地球看做一个质点,如图 1.1 所示。但在研究地球自转的时候,由于地球上各点运动的位移大小相当,因此不能再将地球看成质点。此时,为了研究方便,可以将地球看成由很多个质点(或质元)组成的系统(称为质点系),在确立坐标系后,可以对地球上任意点的运动进行定量描述。

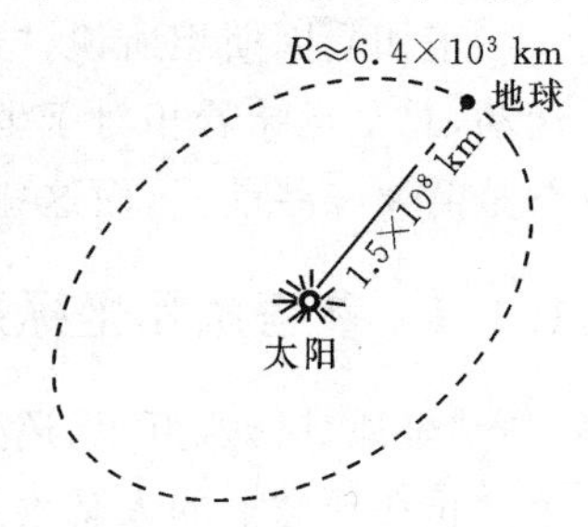

图 1.1 地球绕太阳公转

质点系可分为两类:一类是任意情况下(包括外力作用下)系统内部各质点间无相对位移,此类质点系称为刚体,如作自转运动的地球;另一类是在外力作用下系统内部各质点间有相对位移,此类质点系称为非刚体,如行走中的人体。实际上,任何物体在外力作用下均会产生形变,即物体内部各质元间会产生相对位移,只是相对位移的大小相对于刚体运动的位移大小可以略去不计,因此,刚体亦如质点只是一种理想化模型。

1.1.3 空间和时间

如前所述,物体运动的相对性决定了对运动的描述需要空间上和时间上的前提。空间描述物体的位置和形态,表示物体分布的秩序;时间描述事件的先后顺序。参考系和坐标系的确立为精确描述物体的运动提供了空间前提和量化标准,下面需要讨论时间上的前提。这里依然以“坐地日行八万里”来讨论,这是一个描写坐在地球上的人随着地球自转而运动的诗句,“八万里”描述的是空间的变化,“日行”则给出了时间的前提。在对质点运动进行描述的过程中涉及的时间大体可分为时间间隔和时刻两种，部分运动学参量是与时间间隔相关的，另有部分运动学参量则是某一时刻下的。

1.2　质点运动的描述

在合理地建立参考系和坐标系后，可以利用位矢、位移、速度和加速度等运动学参量对质点的机械运动过程作定量的描述和计算。

1.2.1　位矢

要讨论质点位置随时间的变化，首先要确切地描述质点的位置。如图1.2所示，由直角坐标系原点O(通常亦为参考系上的参考点)引向质点所在位置$P(x,y,z)$的矢量，称为质点的位置矢量，简称位矢，或矢径，通常用符号$\boldsymbol{r}$表示，则有

$$\boldsymbol{r}=x\boldsymbol{i}+y\boldsymbol{j}+z\boldsymbol{k} \tag{1.1}$$

式中，$\boldsymbol{i}$、$\boldsymbol{j}$、$\boldsymbol{k}$分别表示沿x、y、z三个坐标轴正方向的单位矢量；x、y、z为质点的位置坐标，分别是$\boldsymbol{r}$在三个坐标轴上的投影，即$\boldsymbol{r}$沿三个坐标轴的分量。位矢的大小为

$$r=|\boldsymbol{r}|=\sqrt{x^2+y^2+z^2} \tag{1.2}$$

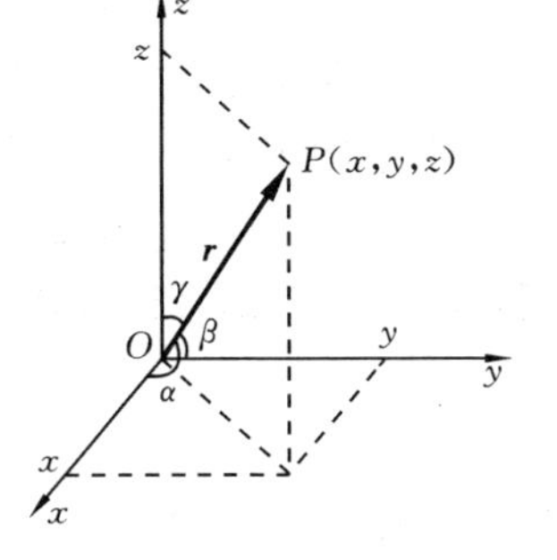

图1.2

图1.2中α、β、γ分别为位矢$\boldsymbol{r}$与x、y、z三个坐标轴之间的夹角，位矢的方向余弦可表示为

$$\cos\alpha=\frac{x}{r},\quad \cos\beta=\frac{y}{r},\quad \cos\gamma=\frac{z}{r} \tag{1.3}$$

质点作机械运动时，其空间位置随时间变化而不断变化，质点运动过程的每一时刻均有一定的位矢与之对应，即位矢$\boldsymbol{r}$为时间t的函数，即

$$\boldsymbol{r}=\boldsymbol{r}(t)=x(t)\boldsymbol{i}+y(t)\boldsymbol{j}+z(t)\boldsymbol{k} \tag{1.4}$$

或

$$x=x(t),\quad y=y(t),\quad z=z(t) \tag{1.5}$$

这种表示质点位置随时间变化规律的数学表达式，称为质点的运动学方程，式(1.5)为运动方程的分量式。通过运动方程可以了解运动的质点在任意时刻t的位置，如果将方程中的t消去即可得到质点的运动轨迹。

1.2.2　位移

如图1.3所示，t时刻沿图中曲线运动的质点到达P_1位置时的位矢为$\boldsymbol{r}(t)$，再经过时间间隔Δt后到达P_2位置时的位矢变为$\boldsymbol{r}(t+\Delta t)$。可见，质点在经过时间间隔$\Delta t$后位置由$P_1$移动至$P_2$，由$P_1$指向$P_2$的矢量用$\Delta\boldsymbol{r}$表示，$\Delta\boldsymbol{r}$即为质点在时间

间隔 Δt 内的位移。由矢量运算法则可得

$$\Delta \boldsymbol{r}=\boldsymbol{r}(t+\Delta t)-\boldsymbol{r}(t) \tag{1.6}$$

位移是描述运动质点在某段时间内相对于坐标系位置变化情况的物理量,是位矢 $\boldsymbol{r}$ 在 Δt 时间内的增量。类似位矢的分量表示,位移在直角坐标系下亦可表示为分量形式,即

$$\Delta \boldsymbol{r}=\Delta x\boldsymbol{i}+\Delta y\boldsymbol{j}+\Delta z\boldsymbol{k} \tag{1.7}$$

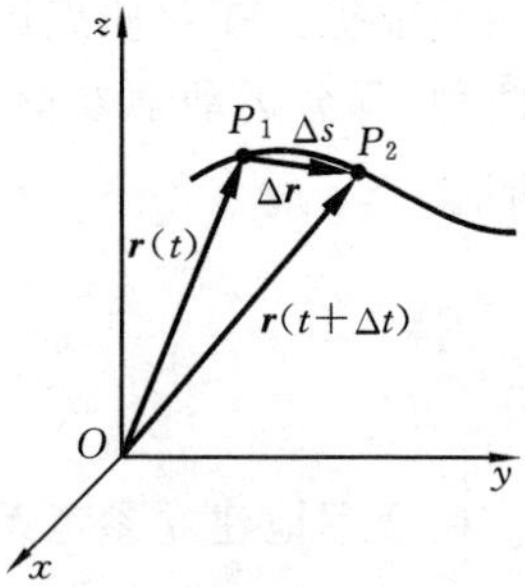

图 1.3

关于位移,需要注意以下几个问题。

(1) 位矢与位移的区别:前者描述的是某时刻质点在空间所处的位置,与时刻相对应;后者则与一定的时间间隔相对应,描述质点位置变动的大小和方向。

(2) 位移与路程的区别:前者是矢量,是在一定时间内位置变化的总效果;后者是标量,是在一定时间内质点在其轨迹上所经过路径的总长度。这里还需注意的是,位移只与质点运动始、末位矢有关,与中间任意时刻的质点位置无关,而路程则与过程中任意时刻质点所处位置都有关。

(3) $|\Delta \boldsymbol{r}|$、$\Delta|\boldsymbol{r}|$ 和 Δr 三种符号的含义和区别:$|\boldsymbol{r}|$ 和 r 都代表位矢 $\boldsymbol{r}$ 的模或长度,故 $\Delta|\boldsymbol{r}|$ 和 Δr 完全相同,即

$$\Delta|\boldsymbol{r}|=\Delta r=|\boldsymbol{r}(t+\Delta t)|-|\boldsymbol{r}(t)| \tag{1.8}$$

又

$$|\Delta \boldsymbol{r}|=|\boldsymbol{r}(t+\Delta t)-\boldsymbol{r}(t)| \tag{1.9}$$

只有 $\Delta \boldsymbol{r}$、$\boldsymbol{r}(t+\Delta t)$ 与 $\boldsymbol{r}(t)$ 三者同向时才满足

$$|\Delta \boldsymbol{r}|=\Delta|\boldsymbol{r}|=\Delta r \tag{1.10}$$

即只有当质点沿同一方向作直线运动时三者才会完全相等。

1.2.3 速度

如图 1.3 所示,质点经过时间间隔 Δt 由 P_1 运动至 P_2 位置,质点位移为 $\Delta \boldsymbol{r}$,位移 $\Delta \boldsymbol{r}$ 与发生该位移所经历时间 Δt 之间的比值,称为质点在这段时间内运动的平均速度,以 $\bar{\boldsymbol{v}}$ 表示,即

$$\bar{\boldsymbol{v}}=\frac{\Delta \boldsymbol{r}}{\Delta t} \tag{1.11}$$

可见,平均速度为一矢量,方向与 $\Delta \boldsymbol{r}$ 相同。平均速度仅表示一段时间内位置总变化的方向和平均快慢,即它只与质点运动的始、末位置相关,而与运动所经历的中间过程无关,它并不能反映运动过程中每时每刻质点运动的方向和快慢程度。显然,运动过程时间越短,平均速度越能反映运动的细节,当 $\Delta t\to 0$ 时,平均速度 $\bar{\boldsymbol{v}}=\frac{\Delta \boldsymbol{r}}{\Delta t}$ 趋向于一个极限值,此极限值称为质点在该时刻的瞬时速度,简称速度,用 $\boldsymbol{v}$ 表示,即

$$\boldsymbol{v}=\lim_{\Delta t\to 0}\frac{\Delta \boldsymbol{r}}{\Delta t}=\frac{\mathrm{d}\boldsymbol{r}}{\mathrm{d}t} \tag{1.12}$$

速度是精确描述运动质点在某时刻位置变动快慢和运动方向的物理量，它等于位矢 $\boldsymbol{r}$ 对时间的变化率或一阶导数。速度是一个矢量，它的方向就是 $\Delta t \to 0$ 时 $\Delta \boldsymbol{r}$ 的极限方向，由于此时 P_2 点无限趋近于 P_1 点，所以 $\Delta \boldsymbol{r}$ 的方向与曲线在该点的切线方向一致，即速度的方向就是沿着质点运动轨迹切线的方向且指向质点前进的一侧（见图 1.4）。速度的大小为

$$v = |\boldsymbol{v}| = \left|\frac{\mathrm{d}\boldsymbol{r}}{\mathrm{d}t}\right| \tag{1.13}$$

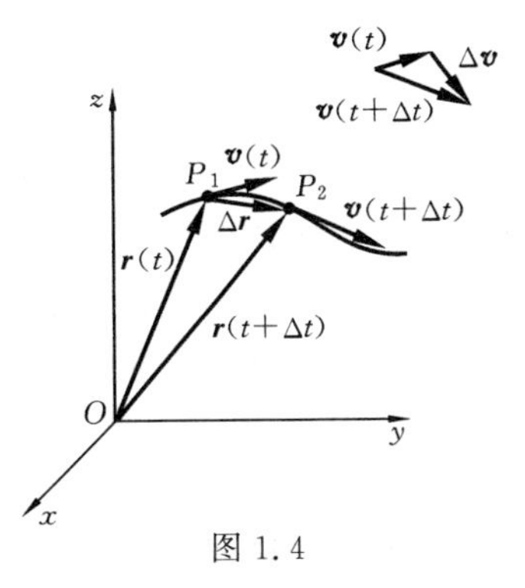

图 1.4

它反映质点在该时刻运动的快慢，称为瞬时速率，简称速率。在描述质点运动时，还经常采用平均速率这一物理量，它是路程 Δs 与时间 Δt 的比值，即

$$\bar{v} = \frac{\Delta s}{\Delta t} \tag{1.14}$$

可见，质点的平均速率反映质点在单位时间内所通过路程的长短，并不考虑运动的方向，属于一种标量。这里需要注意的是平均速率与平均速度的区别，质点的速率等于其速度的大小，但平均速率与平均速度是完全不同的，前者是与质点运动路程（轨迹长度）的长短相关的，而后者只与质点运动的位移相关，与质点运动所经历的路径无关。例如，一质点经过圆周运动回到起始点，此过程质点的平均速度等于零，但其平均速率却不为零。

在直角坐标系下，速度可表示为

$$\boldsymbol{v} = \frac{\mathrm{d}\boldsymbol{r}}{\mathrm{d}t} = \frac{\mathrm{d}x}{\mathrm{d}t}\boldsymbol{i} + \frac{\mathrm{d}y}{\mathrm{d}t}\boldsymbol{j} + \frac{\mathrm{d}z}{\mathrm{d}t}\boldsymbol{k} \tag{1.15}$$

可以用 v_x、v_y、v_z 分别表示速度在三个坐标轴上的分量（即投影），则有

$$\boldsymbol{v} = v_x\boldsymbol{i} + v_y\boldsymbol{j} + v_z\boldsymbol{k} \tag{1.16}$$

由式(1.15)和式(1.16)可得

$$v_x = \frac{\mathrm{d}x}{\mathrm{d}t}, \quad v_y = \frac{\mathrm{d}y}{\mathrm{d}t}, \quad v_z = \frac{\mathrm{d}z}{\mathrm{d}t} \tag{1.17}$$

则速度的大小可表示为

$$v = |\boldsymbol{v}| = \sqrt{v_x^2 + v_y^2 + v_z^2} = \sqrt{\left(\frac{\mathrm{d}x}{\mathrm{d}t}\right)^2 + \left(\frac{\mathrm{d}y}{\mathrm{d}t}\right)^2 + \left(\frac{\mathrm{d}z}{\mathrm{d}t}\right)^2} \tag{1.18}$$

速度的方向可由速度与三个坐标轴正方向的夹角来确定，夹角的余弦可分别表示为

$$\cos\alpha = \frac{v_x}{v}, \quad \cos\beta = \frac{v_y}{v}, \quad \cos\gamma = \frac{v_z}{v} \tag{1.19}$$

1.2.4　加速度

质点作变速运动时，除了质点的空间位置随时间不停变化外，其速度也是时间 t 的函数，即速度的大小和方向都会随时间变化而有所改变。为了描述质点速度的变

化情况,下面引入加速度的概念。如图 1.4 所示,t 时刻质点位于 P_1 点,其速度为 $\boldsymbol{v}(t)$,经历 Δt 时间后质点运动至 P_2 点,速度变为 $\boldsymbol{v}(t+\Delta t)$,则 Δt 时间内的速度增量为

$$\Delta \boldsymbol{v}=\boldsymbol{v}(t+\Delta t)-\boldsymbol{v}(t) \tag{1.20}$$

速度为一矢量,因此速度增量 $\Delta\boldsymbol{v}$ 亦为矢量,它所描述的速度变化包括速度方向的变化和速度大小的变化。

与平均速度的定义类似,平均加速度为速度增量 $\Delta\boldsymbol{v}$ 与速度变化过程所经历时间 Δt 的比值,用 $\bar{\boldsymbol{a}}$ 表示,即

$$\bar{\boldsymbol{a}}=\frac{\Delta \boldsymbol{v}}{\Delta t}=\frac{\boldsymbol{v}(t+\Delta t)-\boldsymbol{v}(t)}{\Delta t} \tag{1.21}$$

平均加速度只描述在时间 Δt 内速度变化的平均快慢,它是一矢量,其方向与速度增量方向相同。当 $\Delta t\to 0$ 时,平均加速度趋于一个极限值,这个极限值称为瞬时加速度,简称加速度,用 $\boldsymbol{a}$ 表示,即

$$\boldsymbol{a}=\lim_{\Delta t\to 0}\frac{\Delta \boldsymbol{v}}{\Delta t}=\frac{\mathrm{d}\boldsymbol{v}}{\mathrm{d}t} \tag{1.22}$$

又

$$\boldsymbol{v}=\frac{\mathrm{d}\boldsymbol{r}}{\mathrm{d}t}$$

则

$$\boldsymbol{a}=\frac{\mathrm{d}\boldsymbol{v}}{\mathrm{d}t}=\frac{\mathrm{d}^2\boldsymbol{r}}{\mathrm{d}t^2} \tag{1.23}$$

可见,加速度是速度对时间的一阶导数,是位矢对时间的二阶导数,若已知质点的运动方程,则可依次求出质点运动的速度和加速度。加速度为一矢量,其大小反映速度变化的快慢,其方向就是 $\Delta t\to 0$ 时速度增量 $\Delta\boldsymbol{v}$ 的极限方向。这里需要注意的是,加速度的方向通常与该时刻速度的方向不同,加速度方向与速度方向之间的夹角 θ 决定质点的运动形式:$\theta=0°$时,质点作加速直线运动,如图 1.5(a)所示;$\theta=180°$时,质点作减速直线运动,如图 1.5(b)所示;$\theta=90°$时,质点作匀速曲线运动,如图 1.5(c)所示;$0°<\theta<90°$时,质点作加速曲线运动,如图 1.5(d)所示;$90°<\theta<180°$时,质点作减速曲线运动,如图 1.5(e)所示。此外,通过总结可发现,在曲线运动中加速度的方向总是指向曲线凹的一侧。

在直角坐标系中,加速度可表示为

$$\boldsymbol{a}=\frac{\mathrm{d}\boldsymbol{v}}{\mathrm{d}t}=\frac{\mathrm{d}v_x}{\mathrm{d}t}\boldsymbol{i}+\frac{\mathrm{d}v_y}{\mathrm{d}t}\boldsymbol{j}+\frac{\mathrm{d}v_z}{\mathrm{d}t}\boldsymbol{k} \tag{1.24}$$

或

$$\boldsymbol{a}=\frac{\mathrm{d}^2\boldsymbol{r}}{\mathrm{d}t^2}=\frac{\mathrm{d}^2x}{\mathrm{d}t^2}\boldsymbol{i}+\frac{\mathrm{d}^2y}{\mathrm{d}t^2}\boldsymbol{j}+\frac{\mathrm{d}^2z}{\mathrm{d}t^2}\boldsymbol{k} \tag{1.25}$$

可以用 a_x、a_y、a_z 分别表示加速度在三个坐标轴上的分量(即投影),则有

$$\boldsymbol{a}=a_x\boldsymbol{i}+a_y\boldsymbol{j}+a_z\boldsymbol{k} \tag{1.26}$$

由式(1.24)至式(1.26)可得

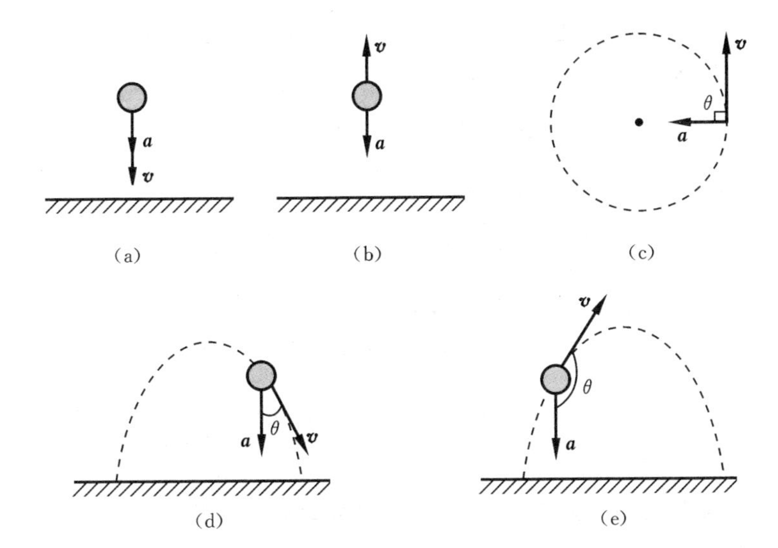

图 1.5

$$a_x=\frac{\mathrm{d}v_x}{\mathrm{d}t}=\frac{\mathrm{d}^2x}{\mathrm{d}t^2},\quad a_y=\frac{\mathrm{d}v_y}{\mathrm{d}t}=\frac{\mathrm{d}^2y}{\mathrm{d}t^2},\quad a_z=\frac{\mathrm{d}v_z}{\mathrm{d}t}=\frac{\mathrm{d}^2z}{\mathrm{d}t^2} \tag{1.27}$$

加速度的大小为

$$a=|\boldsymbol{a}|=\sqrt{a_x^2+a_y^2+a_z^2}=\sqrt{\left(\frac{\mathrm{d}v_x}{\mathrm{d}t}\right)^2+\left(\frac{\mathrm{d}v_y}{\mathrm{d}t}\right)^2+\left(\frac{\mathrm{d}v_z}{\mathrm{d}t}\right)^2} \tag{1.28}$$

加速度的方向可由加速度与三个坐标轴正方向的夹角来确定，夹角的余弦可分别表示为

$$\cos\alpha=\frac{a_x}{a},\quad \cos\beta=\frac{a_y}{a},\quad \cos\gamma=\frac{a_z}{a} \tag{1.29}$$

例题 1.1　已知质点的运动学方程为 $\boldsymbol{r}=4t^2\boldsymbol{i}+(2t+3)\boldsymbol{j}$，式中 $\boldsymbol{r}$ 的大小以 m 为单位，时间 t 以 s 为单位。试求：

(1) 质点运动的轨迹方程；

(2) 从 $t=0$ 至 $t=3$ s 质点的位移和平均速度；

(3) $t=3$ s 时，质点的速度和加速度。

解　(1) 质点的运动学方程 $\boldsymbol{r}=4t^2\boldsymbol{i}+(2t+3)\boldsymbol{j}$ 可表示为分量式，即

$$x=4t^2,\quad y=2t+3$$

消去两式中的时间 t，即得质点运动的轨迹方程为

$$x=(y-3)^2$$

(2) 由质点的运动学方程可得 $t=0$ 时质点的位矢为

$$\boldsymbol{r}(0)=3\boldsymbol{j}\ \mathrm{m}$$

$t=3$ s 时质点的位矢为

$$\boldsymbol{r}(3)=(36\boldsymbol{i}+9\boldsymbol{j})\ \mathrm{m}$$

故从 $t=0$ 至 $t=3$ s 质点的位移为

$$\Delta \boldsymbol{r}=\boldsymbol{r}(3)-\boldsymbol{r}(0)=(36\boldsymbol{i}+6\boldsymbol{j})\ \text{m}$$

质点的平均速度为

$$\bar{\boldsymbol{v}}=\frac{\Delta \boldsymbol{r}}{\Delta t}=(12\boldsymbol{i}+2\boldsymbol{j})\ \text{m/s}$$

(3) 由速度和加速度的定义可得

$$\boldsymbol{v}=\frac{\mathrm{d}\boldsymbol{r}}{\mathrm{d}t}=8t\boldsymbol{i}+2\boldsymbol{j}\ \text{m/s},\quad \boldsymbol{a}=\frac{\mathrm{d}\boldsymbol{v}}{\mathrm{d}t}=8\boldsymbol{i}\ \text{m/s}^2$$

则 $t=3$ s 时,质点的速度和加速度分别为

$$\boldsymbol{v}(3)=(24\boldsymbol{i}+2\boldsymbol{j})\ \text{m/s},\quad \boldsymbol{a}(3)=8\boldsymbol{i}\ \text{m/s}^2$$

1.3 直线运动和平面曲线运动

质点作机械运动的形式千变万化,其运动的轨迹可能为三维空间内的曲线,也可能为二维曲线或一维直线。下面仅就几种典型的运动形式进行讨论,主要包括直线运动和几种特殊的平面曲线运动。

1.3.1 直线运动

直线运动是最简单的一种机械运动形式,作直线运动的质点运动轨迹为一条直线,故在研究直线运动时,可以选择仅含 Ox 轴的一维坐标系,其原点 O 位于参考系上的参考点,坐标轴与质点运动轨迹重合,如图 1.6 所示。这样,描述质点运动状态的几个运动学参量,如位矢、位移、速度及加速度的方向都沿着坐标轴方向,故可以按照标量处理,正值或负值分别表示矢量方向与坐标轴正方向相同或相反。直线运动可分为匀速直线运动(质点的速度 v 为常数)和变速直线运动(质点的速度为时间 t 的函数),其中变速直线运动又可分为匀加速直线运动(加速度 a 为常数)和变加速直线运动(加速度 a 为时间 t 的函数),在所有这些直线运动形式中我们讨论最多的是匀加速直线运动。

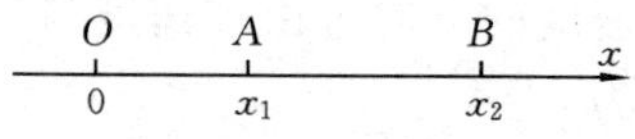

图 1.6

由加速度定义有

$$a=\frac{\mathrm{d}v}{\mathrm{d}t}$$

则有

$$\mathrm{d}v=a\mathrm{d}t$$

设 $t=0$ 时质点的速度为 v_0,t 时刻速度变为 v,则有

$$\int_{v_0}^{v}\mathrm{d}v=\int_0^t a\mathrm{d}t$$

若 a 为常量,则对上式积分可得

$$v=v_0+at \tag{1.30}$$

此即作匀加速直线运动质点的速度随时间的变化规律。

由速度的定义 $v=\frac{\mathrm{d}x}{\mathrm{d}t}$ 可得 $\mathrm{d}x=v\mathrm{d}t$，将式(1.30)代入可得

$$\mathrm{d}x=(v_0+at)\mathrm{d}t$$

设 $t=0$ 时质点的坐标为 x_0，t 时刻的坐标为 x，则有

$$\int_{x_0}^{x}\mathrm{d}x=\int_0^t(v_0+at)\mathrm{d}t$$

上式积分可得

$$x=x_0+v_0t+\frac{1}{2}at^2 \tag{1.31}$$

此即作匀加速直线运动质点的坐标随时间的变化规律，亦即作匀加速直线运动质点的运动方程。

将式(1.30)和式(1.31)中的时间 t 消去后可得

$$v^2-v_0^2=2a(x-x_0)=2a\Delta x \tag{1.32}$$

式(1.30)、式(1.31)及式(1.32)即为高中物理运动学部分涉及较多的三个匀加速直线运动中的常用基本公式，只是这里我们采用了新的表述形式和推导方法。

在讨论自由落体和上抛、下抛运动等竖直方向匀加速直线运动时，可以沿竖直方向建立坐标系 Oy，将以上各式中 x 换成 y，a 换成重力加速度 g，但由于重力加速度的方向不会改变，所以需要根据所确定坐标系的正方向在其前面加上适当的正、负号。

1.3.2　圆周运动

圆周运动是一种典型的平面曲线运动，后面章节将要介绍的刚体中的各个质元所作的都是圆周运动，所以圆周运动是研究刚体转动的基础。

1. 圆周运动的角量描述

设质点在平面 Oxy 内绕原点 O 作圆周运动(见图1.7)，t 时刻运动至 A 点，其位矢 $\boldsymbol{r}$ 与 x 轴正向夹角为 θ，则 $\boldsymbol{r}$ 可表示为

$$\boldsymbol{r}=R\cos\theta\boldsymbol{i}+R\sin\theta\boldsymbol{j} \tag{1.33}$$

式中，R 为圆周半径。可见，质点位矢可由其转过角度 θ 决定，因而我们完全可以利用一些角量来描述质点的圆周运动。

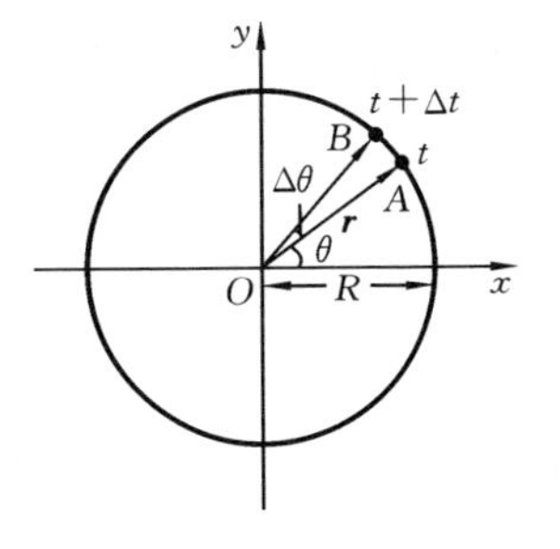

图 1.7

θ 决定着 t 时刻质点的位置，称为角位置。质点经过 Δt 时间后转过的角度 $\Delta\theta$，称为角位移，它既有大小又有方向，一般规定逆时针转向的角位移取正值，反之为负值。

与平均速度的定义类似，角位移 $\Delta\theta$ 与时间间隔 Δt 之比称为质点在该段时间内对 O 点的平均角速度，以 $\bar{\omega}$ 表示，即

$$\bar{\omega}=\frac{\Delta\theta}{\Delta t} \tag{1.34}$$

当 $\Delta t\to 0$ 时,平均角速度趋于一个极限值,这个极限值称为瞬时角速度,简称为角速度,以 ω 表示,即

$$\omega=\lim_{\Delta t\to 0}\frac{\Delta\theta}{\Delta t}=\frac{\mathrm{d}\theta}{\mathrm{d}t} \tag{1.35}$$

若质点作变速圆周运动,则其角速度 ω 为时间 t 的函数。在经历时间间隔 Δt 后,角速度的增量为 $\Delta\omega=\omega(t+\Delta t)-\omega(t)$,$\Delta\omega$ 与所经历时间 Δt 之比称为该段时间内质点对 O 点的平均角加速度,以 $\bar{\alpha}$ 表示,即

$$\bar{\alpha}=\frac{\Delta\omega}{\Delta t} \tag{1.36}$$

当 $\Delta t\to 0$ 时,平均角加速度趋于一个极限值,这个极限值称为瞬时角加速度,简称为角加速度,以 α 表示,即

$$\alpha=\lim_{\Delta t\to 0}\frac{\Delta\omega}{\Delta t}=\frac{\mathrm{d}\omega}{\mathrm{d}t} \tag{1.37}$$

2. 圆周运动的线量描述

首先来看质点作圆周运动时的速度,由速度的定义 $\boldsymbol{v}=\frac{\mathrm{d}\boldsymbol{r}}{\mathrm{d}t}$,将式(1.33)代入可得

$$\boldsymbol{v}=(-R\sin\theta\boldsymbol{i}+R\cos\theta\boldsymbol{j})\frac{\mathrm{d}\theta}{\mathrm{d}t}$$

又 $\omega=\frac{\mathrm{d}\theta}{\mathrm{d}t}$,则有

$$\boldsymbol{v}=(-R\sin\theta\boldsymbol{i}+R\cos\theta\boldsymbol{j})\omega \tag{1.38}$$

质点作圆周运动时的速度的大小为

$$v=|\boldsymbol{v}|=|(-R\sin\theta\boldsymbol{i}+R\cos\theta\boldsymbol{j})|\omega=R\omega \tag{1.39}$$

即质点作圆周运动的线速度大小等于圆周半径与角速度的乘积。

设速度的方向与 x 轴正向夹角为 φ,有

$$\boldsymbol{v}=R\omega\cos\varphi\boldsymbol{i}+R\omega\sin\varphi\boldsymbol{j}$$

与式(1.38)比较,有

$$\cos\varphi=-\sin\theta,\quad \sin\varphi=\cos\theta$$

即得 $\varphi=\frac{\pi}{2}+\theta$,表明速度方向与该时刻位矢方向垂直或沿着圆周的切线方向。

再来看质点作圆周运动时的加速度,由加速度的定义 $\boldsymbol{a}=\frac{\mathrm{d}\boldsymbol{v}}{\mathrm{d}t}$,将式(1.38)代入可得

$$\boldsymbol{a}=(-R\cos\theta\boldsymbol{i}-R\sin\theta\boldsymbol{j})\omega^2+(-R\sin\theta\boldsymbol{i}+R\cos\theta\boldsymbol{j})\alpha$$

令

$$\boldsymbol{a}_{\mathrm{n}}=(-R\cos\theta\boldsymbol{i}-R\sin\theta\boldsymbol{j})\omega^2 \tag{1.40}$$

$$\boldsymbol{a}_{\mathrm{t}}=(-R\sin\theta\boldsymbol{i}+R\cos\theta\boldsymbol{j})\alpha \tag{1.41}$$

则

$$\boldsymbol{a}=\boldsymbol{a}_{\mathrm{n}}+\boldsymbol{a}_{\mathrm{t}} \tag{1.42}$$

如同速度方向的确认，由式(1.40)和式(1.41)可知 $\boldsymbol{a}_{\mathrm{n}}$ 和 $\boldsymbol{a}_{\mathrm{t}}$ 的方向分别沿着圆周上质点所处位置的法线和切线方向，因而分别称为法向加速度(或向心加速度)和切向加速度，如图1.8所示。$\boldsymbol{a}_{\mathrm{n}}$ 的方向与 $\boldsymbol{v}$ 方向垂直并始终指向圆心，它的大小为

$$a_{\mathrm{n}}=|\boldsymbol{a}_{\mathrm{n}}|=|(-R\cos\theta\boldsymbol{i}-R\sin\theta\boldsymbol{j})\omega^2|=R\omega^2 \tag{1.43}$$

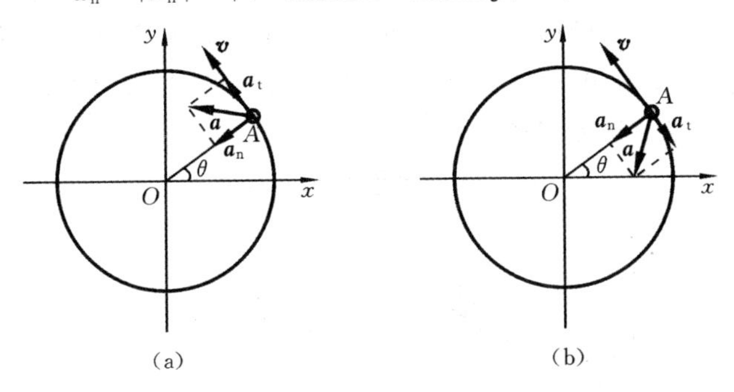

图 1.8

又由 $v=R\omega$ 有 $\omega=\dfrac{v}{R}$，则式(1.43)还可表示为

$$a_{\mathrm{n}}=\frac{v^2}{R} \tag{1.44}$$

而 $\boldsymbol{a}_{\mathrm{t}}$ 的方向始终沿着切线方向：$\alpha>0$ 时，$\boldsymbol{a}_{\mathrm{t}}$ 的方向与 $\boldsymbol{v}$ 的方向相同(见图1.8(a))，质点运动的速度随时间的延长而增大；$\alpha<0$ 时，$\boldsymbol{a}_{\mathrm{t}}$ 的方向与 $\boldsymbol{v}$ 的方向相反(见图1.8(b))，质点运动的速度随时间的延长而减小。$\boldsymbol{a}_{\mathrm{t}}$ 的大小为

$$a_{\mathrm{t}}=|\boldsymbol{a}_{\mathrm{t}}|=|(-R\sin\theta\boldsymbol{i}+R\cos\theta\boldsymbol{j})\alpha|=R\alpha \tag{1.45}$$

又由 $v=R\omega$ 有 $\dfrac{\mathrm{d}v}{\mathrm{d}t}=R\dfrac{\mathrm{d}\omega}{\mathrm{d}t}=R\alpha$，则式(1.45)还可表示为

$$a_{\mathrm{t}}=\frac{\mathrm{d}v}{\mathrm{d}t} \tag{1.46}$$

加速度 $\boldsymbol{a}$ 的大小则为

$$a=|\boldsymbol{a}|=\sqrt{a_{\mathrm{n}}^2+a_{\mathrm{t}}^2}=\sqrt{(R\omega^2)^2+(R\alpha)^2} \tag{1.47}$$

或

$$a=|\boldsymbol{a}|=\sqrt{a_{\mathrm{n}}^2+a_{\mathrm{t}}^2}=\sqrt{\left(\frac{v^2}{R}\right)^2+\left(\frac{\mathrm{d}v}{\mathrm{d}t}\right)^2} \tag{1.48}$$

加速度的方向可由 $\boldsymbol{a}$ 与 $\boldsymbol{a}_{\mathrm{n}}$ 之间的夹角 β 表示，即

$$\beta=\arctan\frac{a_{\mathrm{t}}}{a_{\mathrm{n}}} \tag{1.49}$$

当质点作匀速圆周运动时，由于速度只改变方向而不改变大小，任意时刻质点的切向加速度都为零，故质点的加速度 $\boldsymbol{a}=\boldsymbol{a}_{\mathrm{n}}$，即在质点作匀速圆周运动时，其加速度就是向心加速度。

*1.3.3 抛体运动

抛体运动是另一种最为常见的平面曲线运动形式,即从地面或空中某一点以一定初速度抛出一物体,物体由于受重力作用而作的平面曲线运动。

通常在研究抛体运动时,物体可看做质点,选取抛出点为坐标原点,在质点运动轨迹所处平面内沿着水平方向和竖直方向分别引出 x 轴和 y 轴,建立二维平面坐标系 Oxy,如图 1.9 所示。设抛出点为时间零点,即 $t=0$ 时质点位于原点,此时刻质点的速度称为初速度,以$\boldsymbol{v}_0$表示,初速度方向与 x 轴正向之间的夹角称为抛射角,以 θ 表示,则$\boldsymbol{v}_0$在 x 轴和 y 轴方向的分量为

$$v_{0x}=v_0\cos\theta,\quad v_{0y}=v_0\sin\theta \tag{1.50}$$

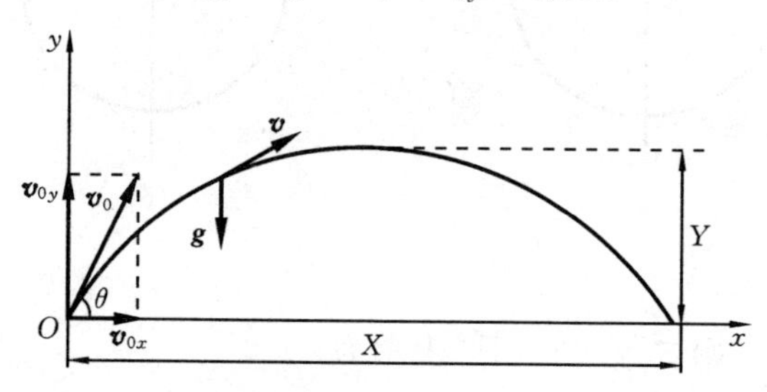

图 1.9

质点在整个运动过程中的加速度为重力加速度,即

$$\boldsymbol{a}=\boldsymbol{g}=-g\boldsymbol{j} \tag{1.51}$$

质点任意时刻 t 的速度以$\boldsymbol{v}$ 表示,由于整个运动过程中,加速度的方向始终竖直向下,因而$\boldsymbol{v}$沿 x 轴的分量 v_x 为常量,而$\boldsymbol{v}$沿 y 轴的分量 v_y 则为时间 t 的函数,即

$$\boldsymbol{v}=v_x\boldsymbol{i}+v_y\boldsymbol{j}=(v_0\cos\theta)\boldsymbol{i}+(v_0\sin\theta-gt)\boldsymbol{j} \tag{1.52}$$

由$\boldsymbol{v}=\dfrac{\mathrm{d}\boldsymbol{r}}{\mathrm{d}t}$可推得质点的运动方程

$$\boldsymbol{r}=\int_0^t\boldsymbol{v}\,\mathrm{d}t=(v_0t\cos\theta)\boldsymbol{i}+\left(v_0t\sin\theta-\frac{1}{2}gt^2\right)\boldsymbol{j} \tag{1.53}$$

抛体运动的运动方程还可表示为沿 x 轴和 y 轴的分量形式,即

$$x=v_0t\cos\theta,\quad y=v_0t\sin\theta-\frac{1}{2}gt^2 \tag{1.54}$$

消去两个分量中的时间 t,即可得到抛体的运动轨迹方程

$$y=x\tan\theta-\frac{gx^2}{2v_0^2\cos^2\theta} \tag{1.55}$$

这是一条抛物线,即抛体运动的轨迹为一条抛物线。若令式(1.55)中 $y=0$,则可求得抛物线与 x 轴的另一交点的横坐标,即

$$X=\frac{v_0^2\sin(2\theta)}{g} \tag{1.56}$$

此即抛体的射程。质点的初速度$\boldsymbol{v}_0$一定的情况下,$\sin(2\theta)=1$ 时,式(1.56)取最大

值，即抛射角度 $\theta=45°$ 时，抛体的射程最大。

当质点运动至最高点时，$v_y=v_0\sin\theta-gt=0$，即 $t=\frac{v_0\sin\theta}{g}$，代入式(1.54)即得质点运动所能到达的最大高度

$$Y=\frac{v_0^2\sin^2\theta}{2g} \tag{1.57}$$

值得注意的是，以上讨论的抛体运动属于一种理想情况，整个过程中没有考虑空气阻力对抛体运动的影响。在实际应用中，空气的阻力总是存在的，且其大小会受抛体的大小、形状、运动速度和空气的密度等因素的影响，因此抛体的实际飞行轨迹、射程及最大高度等与以上分析结果均有较大差异。

*1.3.4 自然坐标系在描述平面曲线运动中的应用

前面对两种典型曲线运动的描述中采用的是最常用的直角坐标系和矢量运算的方法，而坐标系的选取是任意的，只是要考虑方便研究和计算的原则。一般来说，任意时刻作平面曲线运动的质点位置只需利用两个独立的标量函数进行描述，在直角坐标系中，这两个标量函数分别为 $x(t)$ 和 $y(t)$。若已知质点运动轨迹 $y=y(x)$，则两个标量函数只有一个是独立的，即此时只需一个标量函数即可完成对质点位置的描述，在这种情况下就可以选用平面自然坐标系(简称自然坐标系)对质点的运动状态进行描述。下面将讨论自然坐标系在描述平面曲线运动中的应用，主要讨论其在圆周运动中的应用。

自然坐标系是沿质点运动轨迹建立起来的坐标系，如图1.10所示，在轨迹上选取一点 O 作为坐标系的原点，由原点至质点位置 P 的弧长 s 为质点的位置坐标，确定沿轨道的某一方向为正方向，因此这里的弧长 s 并不同于一般仅说明长度的弧长，也不同于运动学中的路程，根据原点与正方向的确定，s 可正可负。已知质点的位置坐标即可确定质点位置，故质点运动学方程在自然坐标系中可表示为

$$s=s(t) \tag{1.58}$$

可见，在自然坐标系中，对于质点运动位置的描述不同于直角坐标系，为一可正可负的标量，但对于位移、速度及加速度的描述同样用矢量形式，只是单位矢量的表述方式有所差异。下面仅就圆周运动来讨论如何利用自然坐标系表示质点运动的速度和加速度。如图1.10所示，自然坐标系包括两个方向的单位矢量，即切向单位矢量和法向单位矢量，分别可以用 $\boldsymbol{e}_t$ 和 $\boldsymbol{e}_n$ 表示，前者沿轨迹上质点所在位置的切线方向，后者则垂直于该位置切线方向并指向曲线凹侧。需要注意的是，在直角坐标系中沿坐标轴的各个单位矢量均为恒矢量，即其方向不会随时间变化而变化，而在自然坐标系中，两个单位矢量 $\boldsymbol{e}_t$ 和 $\boldsymbol{e}_n$ 将随质点在轨迹上位置的不同而改变其方向。

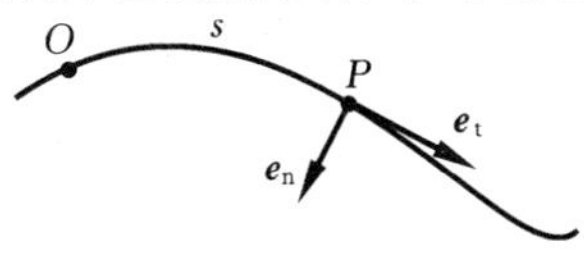

图1.10

如图1.11(a)所示，一质点绕圆心 O 作变速圆周

运动。现设定任意点 P 为运动起始点(即时间零点),可以 P 点为原点建立自然坐标系,质点运动的轨迹圆周即为坐标轴,任意时刻质点的各个矢量的运动学参量均可表示为其沿切向和法向的分量形式,$\boldsymbol{e}_t$ 和 $\boldsymbol{e}_n$ 分别为其单位矢量。可见,$\boldsymbol{e}_t$ 的方向就是沿着圆周上该点的切线方向,而 $\boldsymbol{e}_n$ 的方向垂直于切线方向指向圆周的圆心。

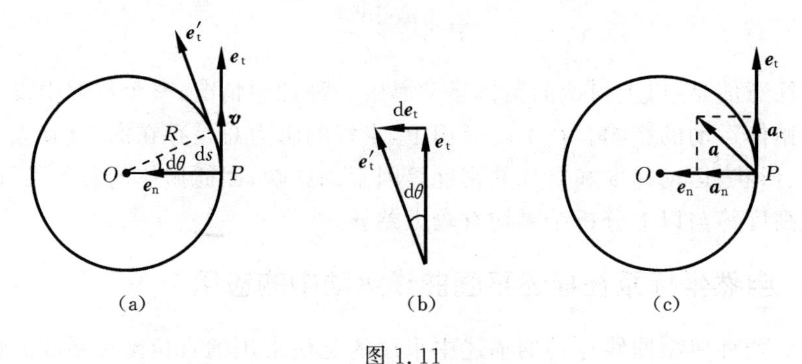

图 1.11

质点作圆周运动时,其速度总是沿着圆周的切线方向,因而,在自然坐标系中速度可表示为

$$\boldsymbol{v}=v\boldsymbol{e}_t \tag{1.59}$$

由加速度的定义,有

$$\boldsymbol{a}=\frac{\mathrm{d}\boldsymbol{v}}{\mathrm{d}t}=\frac{\mathrm{d}(v\boldsymbol{e}_t)}{\mathrm{d}t}$$

这里需要注意的是,上式中速率 v 与切向单位矢量 $\boldsymbol{e}_t$ 均为时间 t 的函数,因而有

$$\boldsymbol{a}=\frac{\mathrm{d}(v\boldsymbol{e}_t)}{\mathrm{d}t}=\frac{\mathrm{d}v}{\mathrm{d}t}\boldsymbol{e}_t+v\frac{\mathrm{d}\boldsymbol{e}_t}{\mathrm{d}t}$$

如图 1.11(b)所示,$\mathrm{d}t$ 时间内 $\boldsymbol{e}_t$ 的增量为 $\mathrm{d}\boldsymbol{e}_t$,其方向垂直于 $\boldsymbol{e}_t$ 并指向圆心,即其方向与 $\boldsymbol{e}_n$ 一致,其大小应为$|\boldsymbol{e}_t|\mathrm{d}\theta=\mathrm{d}\theta$($\boldsymbol{e}_t$ 为单位矢量),得

$$\frac{\mathrm{d}\boldsymbol{e}_t}{\mathrm{d}t}=\frac{\mathrm{d}\theta}{\mathrm{d}t}\boldsymbol{e}_n=\frac{\mathrm{d}(R\theta)}{R\mathrm{d}t}\boldsymbol{e}_n=\frac{1}{R}\frac{\mathrm{d}s}{\mathrm{d}t}\boldsymbol{e}_n=\frac{v}{R}\boldsymbol{e}_n$$

于是有

$$\boldsymbol{a}=\frac{\mathrm{d}v}{\mathrm{d}t}\boldsymbol{e}_t+\frac{v^2}{R}\boldsymbol{e}_n \tag{1.60}$$

即作圆周运动质点的加速度可分解为沿切向和法向的分量形式,如图 1.11(c)所示,即

$$a_t=\frac{\mathrm{d}v}{\mathrm{d}t},\quad a_n=\frac{v^2}{R}$$

也就是说,切向加速度的大小表示质点速度大小的变化率,法向加速度的大小表示质点速度方向变化的快慢。

质点运动加速度 $\boldsymbol{a}$ 的大小则为

$$a=\sqrt{a_t^2+a_n^2}=\sqrt{\left(\frac{\mathrm{d}v}{\mathrm{d}t}\right)^2+\left(\frac{v^2}{R}\right)^2}$$

加速度的方向可以用其与 $\boldsymbol{e}_n$ 之间的夹角 β 表示，即

$$\beta=\arctan\frac{a_t}{a_n}$$

以上关于圆周运动加速度的讨论及其结果可推广至一般平面曲线运动过程中，只是需要将圆周运动中的圆周半径 R 用某时刻曲线上质点所在位置的曲率半径 ρ 代替，即任意平面曲线运动的加速度可表示为

$$\boldsymbol{a}=\frac{\mathrm{d}v}{\mathrm{d}t}\boldsymbol{e}_t+\frac{v^2}{\rho}\boldsymbol{e}_n$$

加速度的大小为

$$a=\sqrt{a_t^2+a_n^2}=\sqrt{\left(\frac{\mathrm{d}v}{\mathrm{d}t}\right)^2+\left(\frac{v^2}{\rho}\right)^2}$$

如果已知质点的运动学方程，利用上式还可求得质点运动轨迹上各点的曲率半径，即

$$\rho=\frac{v^2}{\sqrt{a^2-\left(\frac{\mathrm{d}v}{\mathrm{d}t}\right)^2}}$$

式中，等号右边的各运动学参量可由质点的运动学方程求得。

例题 1.2　已知作直线运动质点的加速度 $a=4-24t$，当 $t=0$ 时，质点的速度大小和初始位置分别为 $v_0=5\ \mathrm{m/s}$ 和 $x_0=0$，试求质点的速度和运动学方程。

解　由加速度的定义 $a=\frac{\mathrm{d}v}{\mathrm{d}t}$，有

$$\mathrm{d}v=a\mathrm{d}t=(4-24t)\mathrm{d}t$$

对上式两边积分，再根据已知初始条件，有

$$\int_5^v\mathrm{d}v=\int_0^t(4-24t)\mathrm{d}t$$

即得质点的速度为

$$v=5+4t-12t^2$$

由质点速度的定义 $v=\frac{\mathrm{d}x}{\mathrm{d}t}$，有

$$\mathrm{d}x=v\mathrm{d}t=(5+4t-12t^2)\mathrm{d}t$$

对上式两边积分并由已知初始条件可得

$$\int_0^x\mathrm{d}x=\int_0^t(5+4t-12t^2)\mathrm{d}t$$

即得质点的运动学方程为

$$x=5t+2t^2-4t^3$$

例题 1.3　一质点沿 x 轴方向作加速运动，其加速度随位置的变化关系为 $a=4x+3$，已知质点位置处于 $x_0=0$ 点时其运动的速度的大小为 $v_0=5\ \mathrm{m/s}$，试求质点速度随其位置的变化关系。

解　由加速度的定义，有

$$a=\frac{\mathrm{d}v}{\mathrm{d}t}=\frac{\mathrm{d}v}{\mathrm{d}x}\frac{\mathrm{d}x}{\mathrm{d}t}=\frac{\mathrm{d}v}{\mathrm{d}x}v$$

又由已知条件 $a=4x+3$ 可得

$$\frac{\mathrm{d}v}{\mathrm{d}x}v=4x+3$$

即

$$v\mathrm{d}v=(4x+3)\mathrm{d}x$$

两边积分可得

$$\int_5^v v\mathrm{d}v=\int_0^x(4x+3)\mathrm{d}x$$

即得质点速度随其位置的变化关系为

$$v=\sqrt{4x^2+6x+25}$$

例题 1.4 质点沿半径为 R 的圆周运动，其运动学方程为 $s=bt-\frac{1}{2}ct^2$，其中，b、c 为大于零的常数。试求质点在切向加速度和法向加速度的值相等之前所经历的时间。

解 根据质点的运动学方程，由速度的定义可得质点运动的速率为

$$v=\frac{\mathrm{d}s}{\mathrm{d}t}=b-ct$$

则质点运动的切向加速度和法向加速度的大小分别为

$$a_{\mathrm{t}}=\frac{\mathrm{d}v}{\mathrm{d}t}=-c,\quad a_{\mathrm{n}}=\frac{v^2}{R}=\frac{(b-ct)^2}{R}$$

当质点的切向加速度和法向加速度的值相等时，有 $|a_{\mathrm{t}}|=|a_{\mathrm{n}}|$，即

$$\frac{(b-ct)^2}{R}=c$$

由上式可解得质点在切向加速度和法向加速度的值相等之前所经历的时间应为

$$t=\frac{b-\sqrt{Rc}}{c}$$

例题 1.5 物体以初速度 $\boldsymbol{v}_0$ 与水平方向成 $\alpha=60°$ 角抛出，如图 1.12 所示。

(1) 求证：物体落地时，速度方向与水平方向的夹角与抛出角相等；

(2) 试分别写出抛出点 O、最高点 A 及落地点 B 的切向加速度和法向加速度的大小。

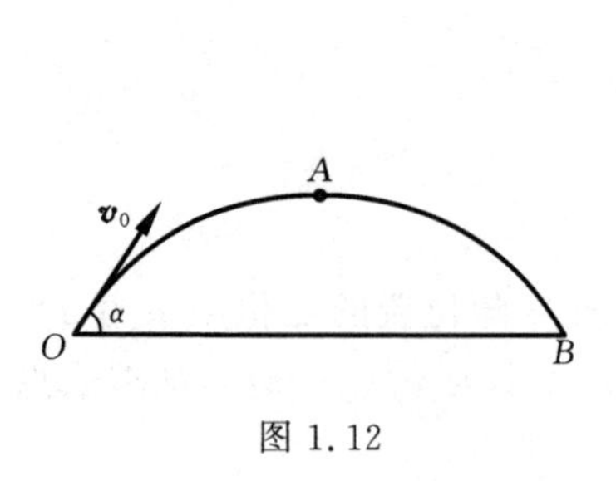

图 1.12

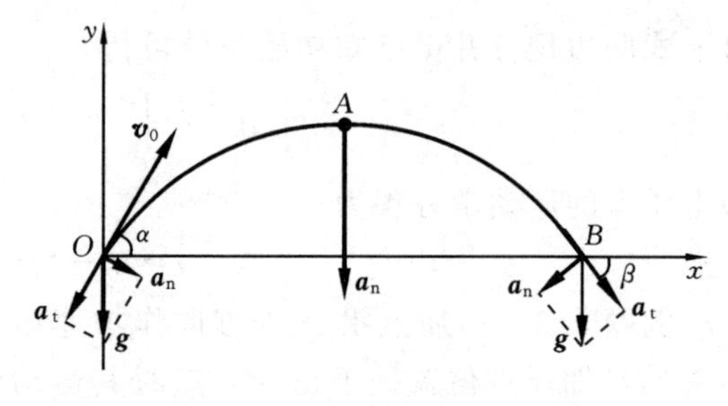

图 1.13

解 (1) 如图 1.13 所示，以物体为研究对象并视其为质点，以抛出点为原点建

立平面直角坐标系。由抛体运动的运动学方程可知

$$y=v_0 t\sin\alpha-\frac{1}{2}gt^2$$

物体落地时应有 $y=0$，代入上式可解得

$$t_1=0,\quad t_2=\frac{2v_0\sin\alpha}{g}$$

$t_1=0$ 时即对应物体抛出点，而物体由抛出至落地所经历时间应为 $t_2=\frac{2v_0\sin\alpha}{g}$，将其代入 $v_y=v_0\sin\alpha-gt$，可得物体落地时速度沿 y 轴的分量为

$$v_y=-v_0\sin\alpha$$

又抛体运动过程中物体速度沿 x 轴的分量始终不变，即 $v_x=v_0\cos\alpha$。现令物体落地时速度与水平方向夹角为 β，则有

$$\tan\beta=\left|\frac{v_y}{v_x}\right|=\left|-\frac{v_0\sin\alpha}{v_0\cos\alpha}\right|=\tan\alpha$$

所以有物体落地时速度方向与水平方向的夹角 β 与抛出角 α 相等。得证。

(2) 物体作抛体运动过程中，其加速度始终恒定为 $\boldsymbol{g}$，任意位置物体的加速度都可以表示为其沿切向和法向的分量形式，即 $\boldsymbol{g}=\boldsymbol{a}_t+\boldsymbol{a}_n$，如图 1.13 所示，物体处于不同点的切向加速度和法向加速度的大小分别为

物体处于 O 点时

$$a_t=-g\sin\alpha=-\frac{\sqrt{3}g}{2},\quad a_n=g\cos\alpha=\frac{g}{2}$$

物体处于 A 点时

$$a_t=0,\quad a_n=g$$

物体处于 B 点时

$$a_t=g\sin\alpha=\frac{\sqrt{3}g}{2},\quad a_n=g\cos\alpha=\frac{g}{2}$$

*1.4　相对运动与伽利略变换

如前所述，对于运动的描述需要建立在一定的时间和空间的前提之下。物体的运动状态会随着时间的延续而发生变化，所以对应不同的时间物体的运动状态必然会有所区别；物体的运动又是相对的，即只有相对于确定的参考系才能对运动进行准确的描述。对应于不同的参考系，虽然物体本身的运动没有发生改变，但所描述出来的运动状态却是迥然不同的，正如前面所描述的车中人和车外人同时观察行驶中的列车车顶上自由下落的小球，虽然观察的是同一物体的运动，但观察到的结果却完全不同，原因就是观察者所处位置不同，即所描述的运动状态的参考系不一样。欲解决上述运动的相对性问题，必须首先确立所选不同参考系之间的时间和空间的关系，伽

利略通过一系列假设解决了相对运动中的时间和空间统一的问题,即伽利略变换,伽利略变换包括坐标变换、速度变换和加速度变换。

首先来讨论对应于不同参考系的时间。根据日常经验,不同的观察者感受到的时间是统一的,即同一运动所经历的时间不会因参考系的改变而变化,亦即时间对于一切参考系都是相同的,同样时间间隔在一切参考系中也都是相同的。时间和空间是彼此独立的,互不相关,且不受物质和运动的影响,这就是时间的绝对性。

设有对应于两个参考系的坐标系 C 和 C'(即坐标系 Oxy 和 $O'x'y'$),如图 1.14所示,两坐标系的 y 轴相互平行,而 x 轴重合。设 $t=0$ 时两坐标系的原点 O 和 O' 重合,随后坐标系 C' 相对于 C 沿 x 轴正方向以速度 $\boldsymbol{u}$ 作直线运动。

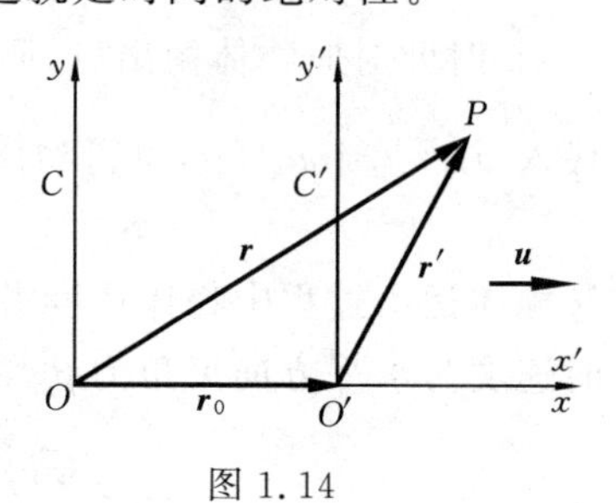

图 1.14

现有一质点 P 在坐标系 C 和 C' 中的位矢分别为 $\boldsymbol{r}$ 和 $\boldsymbol{r}'$,原点 O' 相对于 O 的位矢为 $\boldsymbol{r}_0$,如图 1.14 所示。根据矢量加法运算可得伽利略坐标变换式

$$\boldsymbol{r}=\boldsymbol{r}'+\boldsymbol{r}_0 \tag{1.61}$$

这里需要注意的是,式(1.61)中的 $\boldsymbol{r}$ 和 $\boldsymbol{r}_0$ 是坐标系 C 中的观测值,而 $\boldsymbol{r}'$ 则是坐标系 C' 中的观测值,式(1.61)成立的条件是两坐标系中的观测值完全等价,即空间两点的距离不论从哪个坐标系进行测量,结果都应相同,这就是空间的绝对性。时间的绝对性和空间的绝对性是伽利略变换的两个必要的前提假设。

根据时间的绝对性,坐标系 C 和 C' 中的时间是相同的,即 $t=t'$,因而将式(1.61)两边对时间求导可得 $\frac{\mathrm{d}\boldsymbol{r}}{\mathrm{d}t}=\frac{\mathrm{d}\boldsymbol{r}'}{\mathrm{d}t'}+\frac{\mathrm{d}\boldsymbol{r}_0}{\mathrm{d}t}$,即得伽利略速度变换式

$$\boldsymbol{v}=\boldsymbol{v}'+\boldsymbol{u} \tag{1.62}$$

式中,$\boldsymbol{v}$ 为质点 P 相对于静止坐标系(坐标系 C)的速度,称为绝对速度;$\boldsymbol{v}'$ 为质点 P 相对于运动坐标系(坐标系 C')的速度,称为相对速度;$\boldsymbol{u}$ 为坐标系 C' 相对于坐标系 C 的速度,称为牵连速度。可见,式(1.62)说明绝对速度等于相对速度与牵连速度的矢量和。

将式(1.62)再对时间求导,即得伽利略加速度变换式

$$\boldsymbol{a}=\boldsymbol{a}'+\boldsymbol{a}_0 \tag{1.63}$$

同样,$\boldsymbol{a}$、$\boldsymbol{a}'$ 和 $\boldsymbol{a}_0$ 分别称为绝对加速度、相对加速度和牵连加速度,绝对加速度等于相对加速度与牵连加速度的矢量和。值得一提的是,如果坐标系 C' 相对于 C 作匀速直线运动,即 $\boldsymbol{u}$ 为恒量时,牵连加速度为零,式(1.63)即变为 $\boldsymbol{a}=\boldsymbol{a}'$,即质点的加速度对于作相对匀速运动的各参考系为不变量。

例题 1.6　在一无风的雨天,一辆公交车以速度 $\boldsymbol{v}$ 匀速行驶,车内的乘客观察窗外雨滴与竖直方向成 60°角,试求雨滴下落的速度(设下落的雨滴作匀速运动)。

解　根据题意,可选择雨滴为研究对象。可见,地面为静止参考系,行驶的公交车为运动参考系。因此,运动过程中绝对速度为雨滴下落速度(设为 $\boldsymbol{v}_1$),相对速度应

为车中乘客观察到的雨滴速度（设为$\boldsymbol{v}_2$），牵连速度为公交车行驶的速度$\boldsymbol{v}$。由于风速为零，故雨滴速度方向为竖直向下。如图 1.15 所示，根据伽利略速度变换式可得雨滴下落速度

$$\boldsymbol{v}_1=\boldsymbol{v}_2+\boldsymbol{v}$$

由图 1.15 所示的三个速度的几何关系可知，雨滴下落的速度应为

$$v_1=\frac{v}{\tan 60^\circ}=\frac{\sqrt{3}v}{3}$$

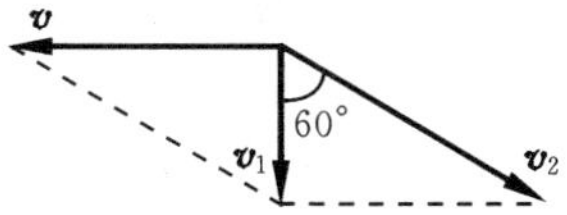

图 1.15

1.5　牛顿运动定律

1.5.1　牛顿第一定律

牛顿第一定律可表述为：任何物体都保持静止或匀速直线运动状态，直到其他物体所作用的力迫使它改变这种运动状态为止。

根据牛顿第一定律的表述内容，下面对其中所包含的具体观点作如下剖析。

（1）在没有外界作用力的前提下，任何物体都会保持静止或匀速直线运动的运动状态。这是自然界物质的共性，通常称为物质的惯性，牛顿第一定律也因此常称为惯性定律。

（2）物体的运动状态会因外力的作用而发生改变。物体的运动状态并不需要外界作用力去维持，但是外力的作用是改变物体运动状态的原因或前提。这里需要注意的是，外力的作用只是改变物体运动状态的必要条件，而非充分条件，也就是说，并不是只要有外力的作用就一定会造成物体运动状态的改变。如果物体同时受几个力的作用，且这些力的合力为零，此时物体的运动状态同样不会改变，即保持静止或匀速直线运动状态。物体处于静止或匀速直线运动的状态称为平衡态，可见，物体处于平衡态的条件为其所受合外力为零。在实际应用中，牛顿第一定律应该表述为：任何物体所受其他物体作用于它的合力为零时，即其处于平衡态时，它都会保持静止或匀速直线运动状态。

（3）静止或匀速直线运动状态的相对性。在前面讨论运动学内容时，我们一直在强调物质运动的相对性，即对物体的运动状态的描述是在选定参考系的前提下，选择的参考系不同，物体的运动状态可能会有差异。因此，这里所描述的静止或匀速直线运动状态是相对于某一绝对静止的参考系的描述，该参考系称为惯性参考系，简称惯性系。其他相对于绝对静止的参考系静止或作匀速直线运动的参考系也是惯性参考系，而相对于静止参考系作加速运动的参考系即为非惯性参考系，牛顿定律只适用于惯性参考系。

1.5.2 牛顿第二定律

牛顿第二定律可表述为:物体受到外力作用时,它所获得的加速度大小与外力的大小成正比,而与物体的质量成反比,加速度的方向与外力的方向相同。其数学表达式为

$$\boldsymbol{F}=m\boldsymbol{a} \tag{1.64}$$

事实上,以上对于牛顿第二定律的表述只是后人对于牛顿所表述的第二定律的理解,而并非牛顿在其著作《自然哲学的数学原理》中的原文。牛顿在他的著作中所给出的原文意思大致是:运动的变化与所施加的力成正比,并沿着力的作用方向发生。牛顿对于其中“运动”一词的定义正是现在所说的动量(用 $\boldsymbol{p}$ 表示),即物体的质量 m 与速度$\boldsymbol{v}$ 的乘积,其数学表达式为

$$\boldsymbol{p}=m\boldsymbol{v} \tag{1.65}$$

这样,牛顿所说的运动的变化实际上指的是动量的变化率,故牛顿第二定律可表示成

$$\frac{\mathrm{d}\boldsymbol{p}}{\mathrm{d}t}=\boldsymbol{F} \tag{1.66}$$

此即牛顿第二定律的微分形式。将式(1.65)代入式(1.66)即得

$$\boldsymbol{F}=\frac{\mathrm{d}\boldsymbol{p}}{\mathrm{d}t}=\frac{\mathrm{d}(m\boldsymbol{v})}{\mathrm{d}t}=m\frac{\mathrm{d}\boldsymbol{v}}{\mathrm{d}t}+\boldsymbol{v}\frac{\mathrm{d}m}{\mathrm{d}t} \tag{1.67}$$

可见,当$\frac{\mathrm{d}m}{\mathrm{d}t}=0$ 时,即对于质量不随时间变化而变化的物体,牛顿第二定律可表述为

$$\boldsymbol{F}=m\frac{\mathrm{d}\boldsymbol{v}}{\mathrm{d}t}=m\boldsymbol{a} \tag{1.68}$$

对于通常的低速运动的宏观物体,其质量一般为常量,此时式(1.66)与式(1.64)完全等效。但对于运动速度接近光速的高速运动的物体,由于其质量会随速度变化而发生改变,因此式(1.64) 不再适用,但式(1.66)仍然成立。除此之外,还有一些物体在运动过程中,质量会随时间变化而有所增减,如火箭在飞行中燃料不断消耗造成其质量不断减少,还有雨滴在形成过程中质量会不断增加,对于这些情况,由于$\frac{\mathrm{d}m}{\mathrm{d}t}\neq 0$,因而式(1.66)与式(1.64)亦不等效,只有前者成立。

牛顿第二定律在质点运动学与质点力学之间搭建起了联系的桥梁,定量地描述了物体的加速度与所受外力之间的瞬时矢量关系,力 $\boldsymbol{F}$ 与加速度 $\boldsymbol{a}$ 是同一时刻的值,它们同时存在,同时改变,同时消失。在物体所受外力相同的情况下,质量越大的物体惯性越大,要使其改变运动状态就越难,因而反映运动状态变化的加速度就越小;质量越小的物体惯性也就越小,要使其改变运动状态就越容易,因而获得的加速度也就越大。

在实际应用中,物体往往都不是只受一个外力的作用,而是同时受到几个力的作用,此时物体产生的加速度等于每个力单独作用时所产生的加速度的叠加,即每个力对运动状态的影响都是各自独立的,这一结论称为力的独立性原理(或力的叠加原

理）。力的叠加原理可表示为

$$\boldsymbol{F}=\boldsymbol{F}_1+\boldsymbol{F}_2+\cdots+\boldsymbol{F}_n=\sum_i^n\boldsymbol{F}_i=m\boldsymbol{a}_1+m\boldsymbol{a}_2+\cdots+m\boldsymbol{a}_n=m\boldsymbol{a} \tag{1.69}$$

在直角坐标系中，牛顿第二定律还可表示为沿 x 轴、y 轴和 z 轴的分量形式，即

$$\begin{cases}F_x=ma_x=m\dfrac{\mathrm{d}v_x}{\mathrm{d}t}=m\dfrac{\mathrm{d}^2x}{\mathrm{d}t^2}\\F_y=ma_y=m\dfrac{\mathrm{d}v_y}{\mathrm{d}t}=m\dfrac{\mathrm{d}^2y}{\mathrm{d}t^2}\\F_z=ma_z=m\dfrac{\mathrm{d}v_z}{\mathrm{d}t}=m\dfrac{\mathrm{d}^2z}{\mathrm{d}t^2}\end{cases} \tag{1.70}$$

在解决平面曲线运动问题时，牛顿第二定律也可以表示为沿法向和切向的分量形式，即

$$\begin{cases}F_{\mathrm{n}}=ma_{\mathrm{n}}=m\dfrac{v^2}{\rho}\\F_{\mathrm{t}}=ma_{\mathrm{t}}=m\dfrac{\mathrm{d}v}{\mathrm{d}t}\end{cases} \tag{1.71}$$

式中，F_{n} 和 F_{t} 分别为物体所受合外力沿法向和切向的分量；ρ 为物体该时刻所处曲线上某点的曲率半径。

1.5.3　牛顿第三定律

牛顿第三定律可表述为：当物体 A 以力 $\boldsymbol{F}$ 作用于物体 B 时，物体 B 也必定同时以力 $\boldsymbol{F}'$ 作用于物体 A，$\boldsymbol{F}$ 和 $\boldsymbol{F}'$ 在同一直线上，大小相等、方向相反，即

$$\boldsymbol{F}=-\boldsymbol{F}' \tag{1.72}$$

牛顿第三定律肯定了物体之间的作用是相互的这一本质。两个物体相互作用时，受力的物体也是施力物体，同时施力物体也是受力物体。如果将其中一个力称为作用力，另一个力则为反作用力，因而牛顿第三定律也常称为作用力与反作用力定律，其内容则可表述为：两个物体之间的作用力与反作用力在同一直线上，大小相等、方向相反。作用力与反作用力总是同时出现，同时消失，分别作用在相互作用着的两个物体上，它们总是属于同种类型的力。如果将相互作用的两个物体看成一个系统，作用力和反作用力则成为系统的内力，根据它们之间的关系可得出系统的内力之和总是等于零，即系统的内力对于整个系统的运动不产生影响的结论。

1.5.4　牛顿运动定律应用举例

例题 1.7　如图 1.16 所示，水平桌面上叠放着两块木块，质量分别为 m_1 和 m_2，两块木块之间的静摩擦因数为 μ_1，木块与桌面之间的静摩擦因数为 μ_2，试问沿水平方向至少用多大的力才能将下面的木块抽出来？

解　以桌面为参考系，将两木块视为质点且作为研究对象，隔离出来后分别进行受力分析，并建立坐标系，如图 1.17 所示。

由题意可知,欲将质量为 m_2 的木块从质量为 m_1 的木块和桌面间抽出来,必须同时满足两个条件:一是要克服质量为 m_1 的木块和桌面作用于质量为 m_2 的木块的最大静摩擦力;二是质量为 m_2 的木块的加速度必须大于质量为 m_1 的木块可能具有的最大加速度。

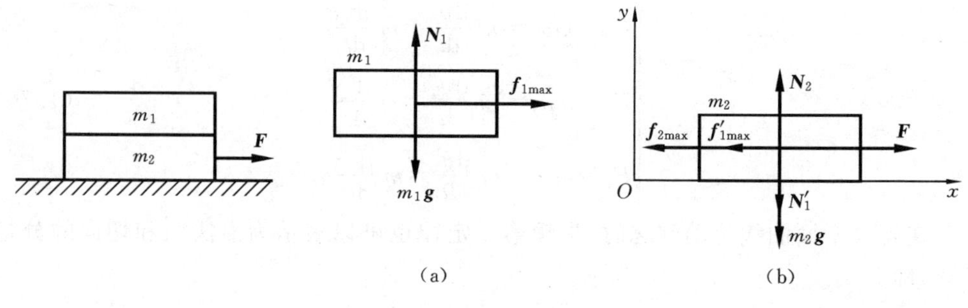

图 1.16　　图 1.17

根据图 1.17 所示受力分析和牛顿运动定律可知,对质量为 m_1 的木块有

$$f_{1\max}=\mu_1 N_1=m_1 a_1$$

$$N_1-m_1 g=0$$

对质量为 m_2 的木块有

$$F-f'_{1\max}-f_{2\max}=F-\mu_1 N_1-\mu_2 N_2=m_2 a_2$$

$$N_2-N'_1-m_2 g=N_2-N_1-m_2 g=0$$

拉力 $\boldsymbol{F}$ 刚好能抽出质量为 m_2 的木块时应有

$$a_1=a_2$$

将以上五式联立可解得

$$F=(\mu_1+\mu_2)(m_1+m_2)g$$

即当拉力 $F\geqslant(\mu_1+\mu_2)(m_1+m_2)g$ 时,可将质量为 m_2 的木块从质量为 m_1 的木块和桌面间抽出来。

例题 1.8　如图 1.18(a)所示,质量为 $m=0.01$ kg 的小环,在劲度系数为 20 N/m 的弹簧作用下,沿一光滑的弯管滑下。在图中所示的位置上,小环的速度为 10 cm/s。试求此时刻小环的加速度及小环对弯管的压力。已知弹簧的原长为 50 cm。

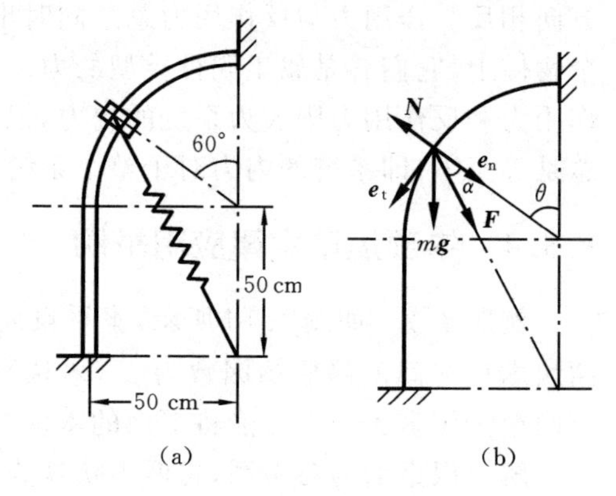

图 1.18

解　如图 1.18(b)所示,以固定的弯管为参考系,小环为研究对象并视为质点,将其隔离并作受力分析,小环的加速度可分解为切向加速度 a_t 和法向加速度 a_n。

根据题意,在切向和法向分别应用牛顿第二定律可得

$$mg\sin\theta + F\sin\alpha = ma_t$$

$$mg\cos\theta + F\cos\alpha - N = ma_n = m\frac{v^2}{R}$$

设弹簧原长为 l_0，则弹簧弹性力 $\boldsymbol{F}$ 的大小为

$$F = k\Delta l = k(2l_0\cos\alpha - l_0)$$

将以上三式联立求解并代入数据可得

$$a_t = g\sin\theta + \frac{F\sin\alpha}{m} = 375\ \mathrm{m/s^2}$$

$$a_n = \frac{v^2}{R} = 0.02\ \mathrm{m/s^2}$$

$$N = mg\cos\theta + F\cos\alpha - ma_n = 6.39\ \mathrm{N}$$

即此时刻小环的加速度为

$$\boldsymbol{a} = a_t\boldsymbol{e}_t + a_n\boldsymbol{e}_n = (375\boldsymbol{e}_t + 0.02\boldsymbol{e}_n)\ \mathrm{m/s^2}$$

小环对弯管的压力为

$$\boldsymbol{N}' = -\boldsymbol{N} = 6.39\boldsymbol{e}_n\ \mathrm{N}$$

例题 1.9　如图 1.19(a)所示，物体 A、B、C 的质量分别为 m_1、m_2、m_3，且 $m_1 \neq m_2 \neq m_3$。已知物体 A 和 B 与其所在桌面间的摩擦因数均为 μ，试求三物体的加速度及绳内的张力(不计绳子和滑轮的质量，不计轴承摩擦力，绳子不可伸长)。

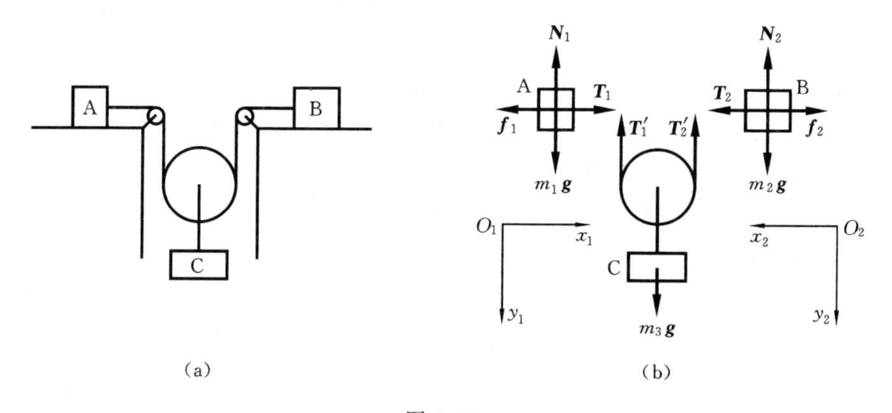

图 1.19

解　以桌面为参考系，分别取物体 A、B、C 为研究对象并视其为质点，假设题设所给条件能使 A 向右运动，B 向左运动。隔离物体并分别作受力分析，建立直角坐标系，如图 1.19(b)所示。

根据题意和受力分析，对物体 A、B、C 分别应用牛顿运动定律可知：

对物体 A 有

$$T_1 - f_1 = T_1 - \mu N_1 = m_1 a_1$$

$$m_1 g - N_1 = 0$$

对物体 B 有

$$T_2-f_2=T_2-\mu N_2=m_2a_2$$
$$m_2g-N_2=0$$

对物体 C 有

$$m_3g-T'_1-T'_2=m_3a_3$$

由于质量可略去的轻绳内部张力处处相等,则有

$$T'_1=T'_2=T_1=T_2=T$$

又由于绳子不可伸长,设物体 A、B、C 的位移分别为 Δx_1、Δx_2 和 Δy_3,则应有 $\Delta x_1+\Delta x_2=2\Delta y_3$。因此,三物体的加速度 a_1、a_2 和 a_3 应满足

$$a_1+a_2=2a_3$$

联立以上各式可求得

$$a_1=\left[\frac{2m_2m_3(1+\mu)}{m_1m_3+m_2m_3+4m_1m_2}-\mu\right]g$$

$$a_2=\left[\frac{2m_1m_3(1+\mu)}{m_1m_3+m_2m_3+4m_1m_2}-\mu\right]g$$

$$a_3=\left[\frac{(m_1+m_2)m_3(1+\mu)}{m_1m_3+m_2m_3+4m_1m_2}-\mu\right]g$$

$$T=\frac{2m_1m_2m_3(1+\mu)}{m_1m_3+m_2m_3+4m_1m_2}g$$

总结以上三个例题的解题过程,可得出应用牛顿运动定律求解质点动力学问题的一般步骤如下。

(1) 根据题意,选取研究对象。在解决实际问题过程中,往往会涉及多个相互作用的物体,此时需要将每个物体依次从相互作用的多个物体中分离出来作为研究对象,并作单独分析,这样有利于问题的最终解决。研究对象的选取需视具体问题而定,选取不同的研究对象不会影响问题的最终结果,但会决定解决问题过程的难易程度。

(2) 作受力分析,画出受力图。力是物体运动状态改变的原因,物体的受力情况将决定着物体的运动状态,故进行正确的受力分析是研究质点动力学问题的关键。在选定研究对象后,就需要对每个研究对象进行受力分析,并将其所受的全部力用图示表明,并标明方向。

(3) 选取坐标系,列出方程。选择合适的坐标系会简化问题的解决过程,所以需要根据具体的问题建立合适的坐标系。再根据有关的定理或定律,列出相应的方程。一般来说,有几个未知量就应列出几个方程,如果所列方程数目少于未知量的数目,则需根据题意找出题目中隐含的某些关系式。

(4) 求解答案,讨论分析。对所列方程进行联立求解,必要时需对所得结果进行讨论和分析,得出符合题意的答案。

提　要

1. 描述质点运动的物理量

位置矢量　$\boldsymbol{r}=\boldsymbol{r}(t)=x(t)\boldsymbol{i}+y(t)\boldsymbol{j}+z(t)\boldsymbol{k}$

位移　$\Delta\boldsymbol{r}=\boldsymbol{r}(t+\Delta t)-\boldsymbol{r}(t)=\Delta x\boldsymbol{i}+\Delta y\boldsymbol{j}+\Delta z\boldsymbol{k}$

速度　$\boldsymbol{v}=\lim\limits_{\Delta t\to 0}\dfrac{\Delta\boldsymbol{r}}{\Delta t}=\dfrac{\mathrm{d}\boldsymbol{r}}{\mathrm{d}t}=\dfrac{\mathrm{d}x}{\mathrm{d}t}\boldsymbol{i}+\dfrac{\mathrm{d}y}{\mathrm{d}t}\boldsymbol{j}+\dfrac{\mathrm{d}z}{\mathrm{d}t}\boldsymbol{k}=v_x\boldsymbol{i}+v_y\boldsymbol{j}+v_z\boldsymbol{k}$

加速度　$\boldsymbol{a}=\dfrac{\mathrm{d}\boldsymbol{v}}{\mathrm{d}t}=\dfrac{\mathrm{d}^2\boldsymbol{r}}{\mathrm{d}t^2}=\dfrac{\mathrm{d}^2x}{\mathrm{d}t^2}\boldsymbol{i}+\dfrac{\mathrm{d}^2y}{\mathrm{d}t^2}\boldsymbol{j}+\dfrac{\mathrm{d}^2z}{\mathrm{d}t^2}\boldsymbol{k}=a_x\boldsymbol{i}+a_y\boldsymbol{j}+a_z\boldsymbol{k}$

2. 圆周运动

(1) 矢量描述。

运动学方程　$\boldsymbol{r}=R\cos\theta\boldsymbol{i}+R\sin\theta\boldsymbol{j}$

速度　$\boldsymbol{v}=(-R\sin\theta\boldsymbol{i}+R\cos\theta\boldsymbol{j})\omega$

加速度　$\boldsymbol{a}=(-R\cos\theta\boldsymbol{i}-R\sin\theta\boldsymbol{j})\omega^2+(-R\sin\theta\boldsymbol{i}+R\cos\theta\boldsymbol{j})\alpha$

(2) 角量描述。

角速度　$\omega=\lim\limits_{\Delta t\to 0}\dfrac{\Delta\theta}{\Delta t}=\dfrac{\mathrm{d}\theta}{\mathrm{d}t}$

角加速度　$\alpha=\lim\limits_{\Delta t\to 0}\dfrac{\Delta\omega}{\Delta t}=\dfrac{\mathrm{d}\omega}{\mathrm{d}t}$

(3) 线量描述。

速度　$v=R\omega$

法向加速度　$a_{\mathrm{n}}=R\omega^2=\dfrac{v^2}{R}$

切向加速度　$a_{\mathrm{t}}=R\alpha=\dfrac{\mathrm{d}v}{\mathrm{d}t}$

加速度　$a=|\boldsymbol{a}|=\sqrt{a_{\mathrm{n}}^2+a_{\mathrm{t}}^2}=\sqrt{(R\omega^2)^2+(R\alpha)^2}=\sqrt{\left(\dfrac{v^2}{R}\right)^2+\left(\dfrac{\mathrm{d}v}{\mathrm{d}t}\right)^2}$

3. 牛顿运动定律

牛顿第一定律：任何物体都保持静止或匀速直线运动状态，直到其他物体所作用的力迫使它改变这种运动状态为止。

牛顿第二定律：物体受到外力作用时，它所获得的加速度大小与外力的大小成正比，而与物体的质量成反比，加速度的方向与外力的方向相同。其数学表达式为

$$\boldsymbol{F}=m\boldsymbol{a}$$

牛顿第三定律：当物体 A 以力 $\boldsymbol{F}$ 作用于物体 B 时，物体 B 也必定同时以力 $\boldsymbol{F}'$ 作用于物体 A，$\boldsymbol{F}$ 和 $\boldsymbol{F}'$ 在同一直线上，大小相等、方向相反，即

$$\boldsymbol{F}=-\boldsymbol{F}'$$

思　考　题

1.1 有一句歌词说“月亮走,我也走”,我们之所以感觉月亮在运动是因为我们选了什么作为参照物?

1.2 请举例说明何种物体可被看做质点。

1.3 质点运动过程中,其位置矢量方向不变,是否表明质点一定作直线运动?质点作直线运动时,其位置矢量是否一定不改变方向?

1.4 某质点沿半径为 R 的圆周运动一周,它的位移和路程分别为多少?质点的位移和路程的区别是什么?什么情况下位移的大小与路程相等?

1.5 有人说“速率等于速度的大小,则平均速率也等于平均速度的大小”,你觉得这种说法对么?为什么?

1.6 已知质点的运动学方程为 $\boldsymbol{r}=x(t)\boldsymbol{i}+y(t)\boldsymbol{j}+z(t)\boldsymbol{k}$,在求质点运动的速度和加速度的大小时,有人先求出位矢的大小 $r=\sqrt{x^2+y^2+z^2}$,再利用 $v=\frac{\mathrm{d}r}{\mathrm{d}t}$ 和 $a=\frac{\mathrm{d}v}{\mathrm{d}t}=\frac{\mathrm{d}^2 r}{\mathrm{d}t^2}$ 求得结果。你认为这种计算方法正确么?你觉得应该如何计算?

1.7 下列说法是否正确?为什么?

(1) 质点作圆周运动时,加速度一定垂直于速度方向并指向圆心;

(2) 加速度始终垂直于速度,则质点一定作圆周运动;

(3) 质点在作匀速圆周运动过程中加速度总是不变的;

(4) 只有切向加速度的运动一定是直线运动。

1.8 一物体以初速度 v_0 作斜抛运动,已知抛射角为 θ,则其运动轨迹的最高点的曲率半径为多少?

1.9 一人坐在一辆行驶着的公交车中,他轻轻向前抛出一粒小石子,结果小石子落在了他的身上。你能解释这种现象么?

1.10 下列说法是否正确?为什么?

(1) 物体运动的方向总是和其所受合外力的方向相同;

(2) 物体一旦受力就会产生加速度;

(3) 物体运动的速率不变则其所受合外力必然为零。

1.11 用一轻绳一端系一小球在水平面内作圆周运动,下列两种情况下绳子长些容易断还是短些容易断:

(1) 小球运动的角速度一定;

(2) 小球运动的线速度一定。

1.12 一人用力拉一木箱上坡,由于力量不够而未能拉动,请分析此时人所受摩擦力与木箱所受摩擦力的关系以及木箱所受摩擦力的方向。

1.13 电梯内的人手持一挂有重物的弹簧秤,现弹簧秤的读数突然变大(人始终未动),请问此时电梯是在作何运动?为什么?

1.14 拔河比赛时,在比赛即将开始之前两队队员都会握紧绳子,身体保持向后倾斜并尽可能降低重心,目的是什么?作何解释?

习　题

1.1　已知质点的运动学方程沿 x、y、z 三个坐标轴的分量形式分别为 $x=R\cos(\omega t)$、$y=R\sin(\omega t)$、$z=\frac{h\omega}{2\pi}t$，其中 R、h 和 ω 均为大于零的常数(SI)。

(1) 以时间 t 为变量，写出质点位矢的表达式；

(2) 试求任意时刻质点的速度和加速度。

1.2　已知质点的运动方程为 $\boldsymbol{r}=t^2\boldsymbol{i}+(t-1)^2\boldsymbol{j}$，式中 r 和 t 分别以 m 和 s 为单位。试求：

(1) 质点的运动轨迹(仅考虑 $(t-1)>0$ 的情况)；

(2) 从 $t=1$ s 至 $t=2$ s 质点的位移；

(3) $t=2$ s 时，质点的速度和加速度。

1.3　一质点作直线运动，其瞬时加速度的变化规律为 $a=-A\omega^2\cos(\omega t)$。已知 $t=0$ 时，质点的速度和位移的大小分别为 $v_0=0$ 和 $x=A$，其中 A 和 ω 均为大于零的常数。试求此质点的运动学方程。

1.4　质点沿 x 轴作变加速直线运动，设质点的初速度为 v_0，初始位置为 x_0，加速度随时间的变化关系式为 $a=ct^2$(式中，c 为常量)，试求质点任意时刻的速度和质点的运动学方程。

1.5　一质点沿半径 R 为 1 m 的圆周运动，$t=0$ 时，质点位于 A 点，如图 1.20 所示。然后，质点沿顺时针方向运动，其运动学方程为 $s=\pi t^2+\pi t$，式中 s 的单位为 m，t 的单位为 s，试求：

(1) 质点绕行一周所经历的路程、位移、平均速度和平均速率；

(2) 质点在第 1 s 末的速度和加速度的大小。

1.6　夜晚，有一身高为 l 的人在路上以速度 v_0 匀速行走，其身后有一高度为 h 的路灯，如图 1.21 所示。试求：

(1) 人影中头顶的移动速度；

(2) 影子长度增长的速度。

1.7　以角速度为 ω_0 匀速转动的电风扇，在关闭电源后，其角加速度与角速度的平方成正比，即 $\alpha=-k\omega^2$，式中 k 为大于零的常量。试求电风扇在关闭电源后又转过的角度 θ、角速度 ω 及角加速度 α 与时间 t 的关系。

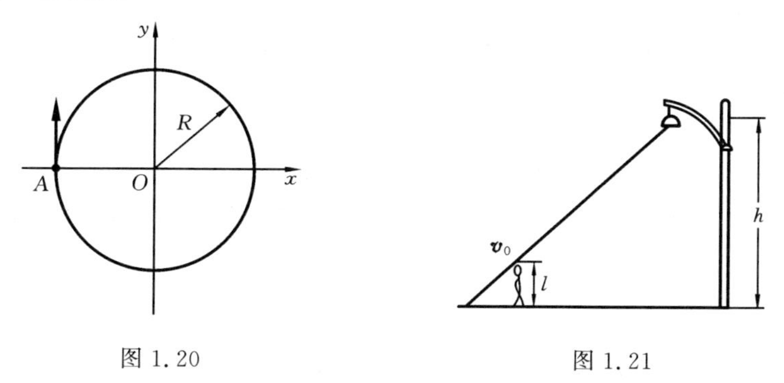

图 1.20　　图 1.21

1.8　滑雪运动员离开水平滑道飞入空中时的速度为 $v=110$ km/h，着陆的斜坡与水平面的夹角为 $\theta=45°$，如图 1.22 所示。

(1) 计算滑雪运动员着陆时沿斜坡的位移 L(略去起飞点到斜面的距离)。

(2) 在实际的跳跃中,运动员所达到的距离 $L=165$ m,此结果为何与计算结果不符?

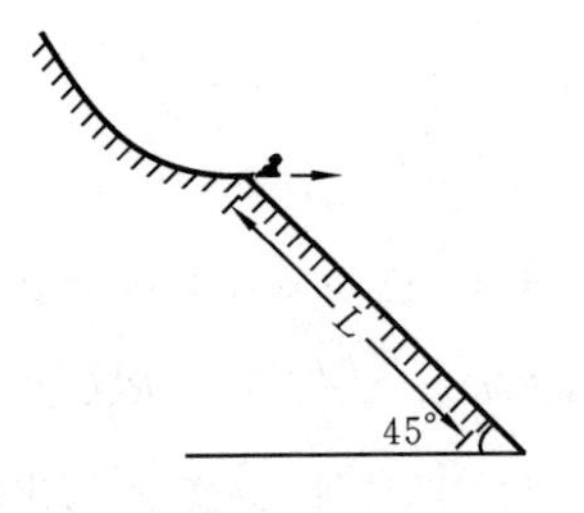

图 1.22

1.9　一质点沿半径为 0.1 m 的圆周运动,其运动方程可用角坐标表示为 $\theta=2+4t^3$,式中 θ 的单位为 rad,t 的单位为 s,试求:

(1) $t=2$ s 时,质点的切向加速度和法向加速度的大小;

(2) 当 θ 等于多少时,质点的加速度和半径的夹角为 45°。

1.10　一足球运动员在正对球门前 25.0 m 处以 20.0 m/s 的初速度罚任意球,已知球门高度为 3.44 m。若要在垂直于球门的竖直平面内将足球直接踢进球门,则他应以什么角度踢出足球?

1.11　在篮球运动员罚篮时,如果以运动员出手时球的中心作为坐标原点,作坐标系 Oxy,如图 1.23 所示。设篮球中心坐标为(x, y),出手高度为 H_1,篮筐的高度为 H_2,篮球出手时的速度为$\boldsymbol{v}_0$。试问:应以怎样的角度出手才能将篮球准确罚进?

1.12　一个半径为 $R=1.0$ m 的圆盘可以绕一水平轴自由转动,一根轻绳绕在圆盘的边缘,其自由端栓有一物体 A,如图 1.24 所示。在重力的作用下,物体由静止开始匀加速下降,经 2.0 s 下降距离为 0.4 m。试求物体开始下降后 3.0 s 末,圆盘边缘的任意一点的切向加速度和法向加速度。

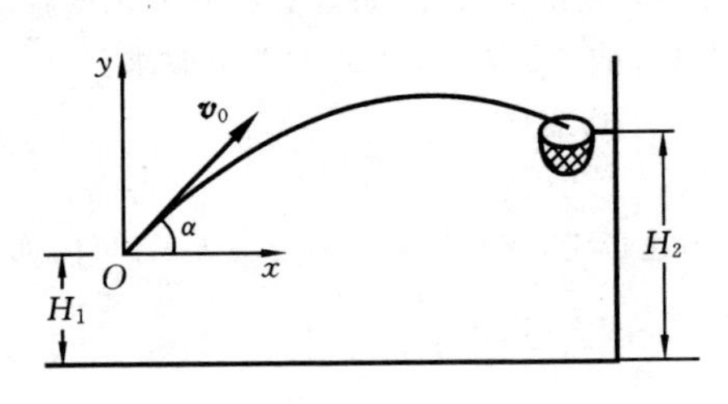

图 1.23

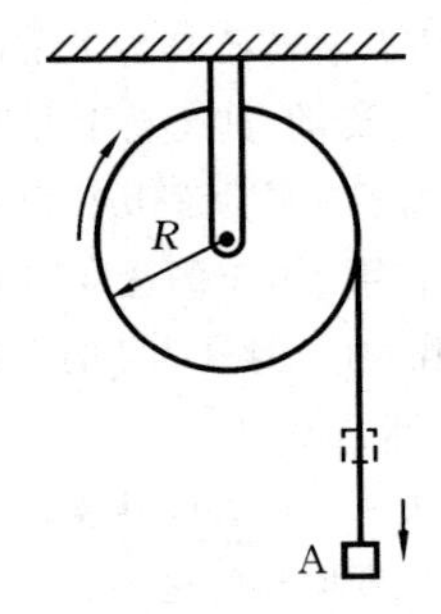

图 1.24

1.13　现有一条宽为 d 的小河,河中各处水流速度与所处位置至河岸的距离成正比,河岸处水流速度为零,河中心处水流速度为 v_0。一条小船以相对速度 u 沿垂直于水流方向行驶,当行驶至河中心处时因故障而调转船头,以同样的相对速度 u 垂直于水流返回岸边。试求:

(1) 小船的运动轨迹;

(2) 小船返回岸边时离原出发点的距离。

1.14　一列车以 5 m/s 的速度沿 x 轴正向行驶,某旅客在车厢中观察一个站在站台上的小孩竖直向上抛出的一个小球。如果以站台为参考系,以小球抛出点为原点建立坐标系,则小球的运动学方程为 $x=0, y=v_0t-\frac{1}{2}gt^2$,其中 v_0 和 g 为常量。

(1) 如果以列车为参考系,旅客所处位置为坐标原点,建立坐标系 $O'x'y'$,x'轴与 x 轴同方向,y'轴与 y 轴相平行。设 $t=0$ 时,原点 O'与 O 相重合,则 x'和 y'的表达式分别是什么?

(2) 在坐标系 $O'x'y'$中,小球的运动轨迹又是如何?

(3) 从车上的旅客与站在站台上的观察者看来,小球的加速度各为多少?方向是怎样的?

1.15　一架战斗机在速度为 150 km/h 的西风中飞行，机头指向正北，它相对于空气的航速为 750 km/h。飞行员从雷达显示中发现一敌机正相对于本机以 950 km/h 的速度从东北方向逼近。试求敌机相对于地面的速度和方向。

1.16　水平地面上放一质量 m 为 2 kg 的物体，物体与地面间的摩擦因数 μ 为 0.2。现有一与水平方向成 37°角的变力 F 作用在物体上，$F=4t$，如图 1.25 所示，试求第 5 s 初物体的速度。

1.17　如图 1.26 所示，水平光滑桌面上有一光滑的小孔，质量为 m_1 和 m_2 的两物体以不可伸长的轻线相连，小孔的直径与质量为 m_1 的物体的线速度及桌面上线长相比可略去不计。质量为 m_2 的物体保持静止，质量为 m_1 的物体沿半径为 r 的圆周匀速运动。试求质量为 m_1 的物体的线速度的大小。

图 1.25　　图 1.26

1.18　如图 1.27 所示，质量分别为 $m_1=100$ kg 和 $m_2=60$ kg 的两物块用一滑轮连接，并放置在两斜面上，两斜面的倾角分别为 $\alpha=30°$ 和 $\beta=60°$。假设物体与斜面间无摩擦力，斜面固定不动，滑轮和绳子的质量均可略去不计，则

(1) 两物块组成的系统将向哪边运动？

(2) 系统的加速度为多大？

(3) 绳中张力为多大？

1.19　如图 1.28 所示，电梯内水平桌面上有一质量为 20 kg 的物体 A，经过一个质量可略去不计的滑轮，物体 A 与一质量为 5 kg 的物体 B 相连。已知物体 A 与桌面间的滑动摩擦因数为 0.2，如果电梯以 $\boldsymbol{g}$ 的加速度向上运动，试求物体 A 的加速度和绳子的张力。

1.20　如图 1.29 所示，在倾角为 θ 的圆锥体的侧面放一质量为 m 的小物块，圆锥体以角速度 ω 绕竖直转轴匀速转动，转轴与物块间的距离为 R，为了使物块能在锥体上该处保持静止，物块与锥体间的静摩擦因数至少为多少？简单讨论所得到的结果。

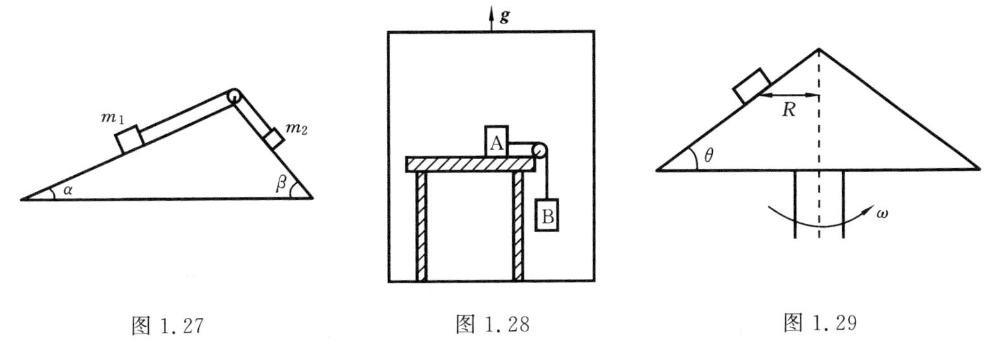

图 1.27　　图 1.28　　图 1.29

1.21　将质量为 m 的物体沿与水平方向成 α 角抛出，初速度为 $\boldsymbol{v}_0$。已知空气阻力与速度成正比，即 $\boldsymbol{F}_t=-k\boldsymbol{v}$，式中 k 为比例系数。试求抛体的运动轨迹。

第 2 章　力学守恒定律

守恒定律是自然界最重要也是最基本的定律，它是自然界普遍遵守的一系列定律，即某一种物理量，它既不会自己产生，也不会消失，其总量守恒。自然界中的守恒定律大体可分为两大类，即物质的守恒和运动的守恒。其中，物质的守恒主要概括的是在物质运动过程中系统总物质的量始终保持恒定，它主要包括质量守恒、电荷守恒及各种粒子数守恒等；而运动的守恒主要概括的是与运动相关的几个物理学参量在运动过程中始终保持恒定，它主要包括能量守恒、动量守恒及角动量守恒。第 1 章介绍了质点运动学的内容，解决了如何描述质点运动的问题，并通过牛顿运动定律的学习，在质点运动学和质点动力学之间建立了联系的桥梁。本章将利用牛顿运动定律，引入另外几个与运动相关的描述物质基本属性的状态量，包括能量（动能和势能等）、动量和角动量等；重点介绍几个与这几种状态量相关的定理，包括动能定理、动量定理和角动量定理；在此基础上，引出几个关于运动的守恒定律即力学守恒定律，包括机械能守恒定律、动量守恒定律和角动量守恒定律。

2.1　功和功率

2.1.1　恒力沿直线做功

如图 2.1 所示，设质点在恒力 $\boldsymbol{F}$ 作用下沿直线运动，经过一段时间后运动的路程为 s，根据我们中学所学习的知识，力对质点做功为

$$A = Fs\cos\theta \tag{2.1}$$

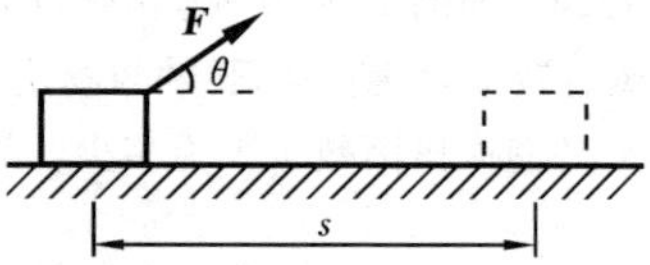

式中，θ 为 $\boldsymbol{F}$ 与位移方向间的夹角。当质点作单向直线运动时，其运动的路程 s 与其位移 $\Delta\boldsymbol{r}$ 的大小 $|\Delta\boldsymbol{r}|$ 相等，则式(2.1)可表示为

图 2.1

$$A = |\boldsymbol{F}|\,|\Delta\boldsymbol{r}|\cos\theta$$

根据矢量标积的定义，上式可以写成

$$A = \boldsymbol{F}\cdot\Delta\boldsymbol{r} \tag{2.2}$$

即质点在恒力 $\boldsymbol{F}$ 作用下沿直线运动，恒力对质点所做的功等于作用力 $\boldsymbol{F}$ 与质点产生位移 $\Delta\boldsymbol{r}$ 的标积。这里需要注意的是，在谈及作用力 $\boldsymbol{F}$ 对质点所做功时，必须保证力和位移是同时存在的；另外，由于位移是与参考系相关的量，所选参考系不同，质点的位移会有所不同，力对质点所做功也会产生差异，因而力对质点做的功也是与参考系

相关的量。

可见，恒力 $\boldsymbol{F}$ 对质点所做功的大小除了与 $\boldsymbol{F}$ 和 $\Delta\boldsymbol{r}$ 的大小有关外，还与它们的夹角 θ 有关。当 $0\leqslant\theta<\pi/2$ 时，$\cos\theta>0$，$A>0$，表示力对质点做正功；当 $\theta=\pi/2$ 时，$\cos\theta=0$，$A=0$，表示力对质点不做功；当 $\pi/2<\theta\leqslant\pi$ 时，$\cos\theta<0$，$A<0$，表示力对质点做负功。功是一种标量，没有方向，但与其他标量不同的是，它除了有大小外还有正负。

2.1.2　变力沿曲线做功

设质点在变力 $\boldsymbol{F}$ 的作用下沿曲线运动，在这种情况下，由于力 $\boldsymbol{F}$ 与位移 $\Delta\boldsymbol{r}$ 的大小和方向在运动过程中都在不停变化，因此无法直接由式(2.2)求得力对质点所做的功。此时，可将整个运动过程分割成 n 段微小的过程，这些微小过程的位移为 $\Delta\boldsymbol{r}_i(i=1,2,\cdots,n)$，当 n 足够大时，每段微小的过程都可视为直线运动，且在该过程中力 $\boldsymbol{F}_i$ 可视为恒力，则力对质点做功可近似写成

$$\Delta A_i=|\boldsymbol{F}_i||\Delta\boldsymbol{r}_i|\cos\theta_i$$

式中，θ_i 为 $\boldsymbol{F}_i$ 与 $\Delta\boldsymbol{r}_i$ 的夹角。当 $n\to\infty$ 即 $\Delta\boldsymbol{r}_i\to 0$ 时，上式可写成

$$\mathrm{d}A=|\boldsymbol{F}||\mathrm{d}\boldsymbol{r}|\cos\theta$$

同样，上式也可写成矢量标积形式，即

$$\mathrm{d}A=\boldsymbol{F}\cdot\mathrm{d}\boldsymbol{r} \tag{2.3}$$

式中，$\mathrm{d}A$ 为力 $\boldsymbol{F}$ 在位移元 $\mathrm{d}\boldsymbol{r}$ 上对质点所做的元功。因此，在整个曲线运动过程中，力 $\boldsymbol{F}$ 对质点所做的功为

$$A=\int\mathrm{d}A=\int_{\boldsymbol{r}_0}^{\boldsymbol{r}_1}\boldsymbol{F}\cdot\mathrm{d}\boldsymbol{r} \tag{2.4}$$

式中，$\boldsymbol{r}_0$ 和 $\boldsymbol{r}_1$ 分别为质点运动始、末位置的位矢。

在直角坐标系下，$\boldsymbol{F}$ 和 $\mathrm{d}\boldsymbol{r}$ 均可表示为分量形式，即

$$\boldsymbol{F}=F_x\boldsymbol{i}+F_y\boldsymbol{j}+F_z\boldsymbol{k}$$

$$\mathrm{d}\boldsymbol{r}=\mathrm{d}x\boldsymbol{i}+\mathrm{d}y\boldsymbol{j}+\mathrm{d}z\boldsymbol{k}$$

则力 $\boldsymbol{F}$ 对质点所做功还可表示为

$$\begin{aligned}A&=\int_{\boldsymbol{r}_0}^{\boldsymbol{r}_1}\boldsymbol{F}\cdot\mathrm{d}\boldsymbol{r}=\int_{(x_0,y_0,z_0)}^{(x_1,y_1,z_1)}(F_x\boldsymbol{i}+F_y\boldsymbol{j}+F_z\boldsymbol{k})\cdot(\mathrm{d}x\boldsymbol{i}+\mathrm{d}y\boldsymbol{j}+\mathrm{d}z\boldsymbol{k})\\&=\int_{(x_0,y_0,z_0)}^{(x_1,y_1,z_1)}(F_x\mathrm{d}x+F_y\mathrm{d}y+F_z\mathrm{d}z)\end{aligned} \tag{2.5}$$

在平面自然坐标系中，由于 $\boldsymbol{F}$ 的法向分量始终垂直于 $\mathrm{d}\boldsymbol{r}$，对质点不做功，因此，力 $\boldsymbol{F}$ 对质点所做功可表示为

$$A=\int_{s_0}^{s_1}F_{\mathrm{t}}\mathrm{d}s \tag{2.6}$$

式中，s_0 和 s_1 分别为质点运动始、末位置的自然坐标。

若质点同时在 n 个力作用下运动，合力为

$$\boldsymbol{F}=\boldsymbol{F}_1+\boldsymbol{F}_2+\cdots+\boldsymbol{F}_n$$

则合力对质点所做的功为

$$\begin{aligned}A&=\int_{r_0}^{r_1}(\boldsymbol{F}_1+\boldsymbol{F}_2+\cdots+\boldsymbol{F}_n)\cdot\mathrm{d}\boldsymbol{r}\\&=\int_{r_0}^{r_1}\boldsymbol{F}_1\cdot\mathrm{d}\boldsymbol{r}+\int_{r_0}^{r_1}\boldsymbol{F}_2\cdot\mathrm{d}\boldsymbol{r}+\cdots+\int_{r_0}^{r_1}\boldsymbol{F}_n\cdot\mathrm{d}\boldsymbol{r}\\&=A_1+A_2+\cdots+A_n=\sum_i^n A_i\end{aligned}\tag{2.7}$$

即合力对质点所做功等于各个分力做功的代数和。

2.1.3 功率

设在时刻 t 至 $t+\Delta t$ 的时间间隔内,力 $\boldsymbol{F}$ 对质点所做功为 ΔA,则功 ΔA 与做功所经历的时间 Δt 之间的比值称为平均功率,用 $\bar{P}$ 表示,即

$$\bar{P}=\frac{\Delta A}{\Delta t}\tag{2.8}$$

当 $\Delta t\to 0$ 时,平均功率趋向于一个极限值,此极限值称为该时刻的瞬时功率,简称功率,用 P 表示,即

$$P=\lim_{\Delta t\to 0}\frac{\Delta A}{\Delta t}=\frac{\mathrm{d}A}{\mathrm{d}t}\tag{2.9}$$

又 $\mathrm{d}A=\boldsymbol{F}\cdot\mathrm{d}\boldsymbol{r}$,故式(2.9)还可写为

$$P=\frac{\boldsymbol{F}\cdot\mathrm{d}\boldsymbol{r}}{\mathrm{d}t}=\boldsymbol{F}\cdot\boldsymbol{v}=Fv\cos\theta\tag{2.10}$$

可见,功率等于力与质点运动速度的标积,在功率一定的情况下,速度越大,力越小,反之力越大。因此,汽车在爬坡的时候总是要降低速度以增大牵引力。

例题 2.1 如图 2.2 所示,在水平力 $\boldsymbol{F}$ 的作用下,两物块相对静止并以共同的加速度向右运动,质量分别为 m_1 和 m_2,位移大小为 s。设质量为 m_1 的物块与质量为 m_2 的物块之间及质量为 m_2 的物块与水平桌面间均无摩擦力,试求质量为 m_1 的物块作用于质量为 m_2 的物块上的正压力所做的功。

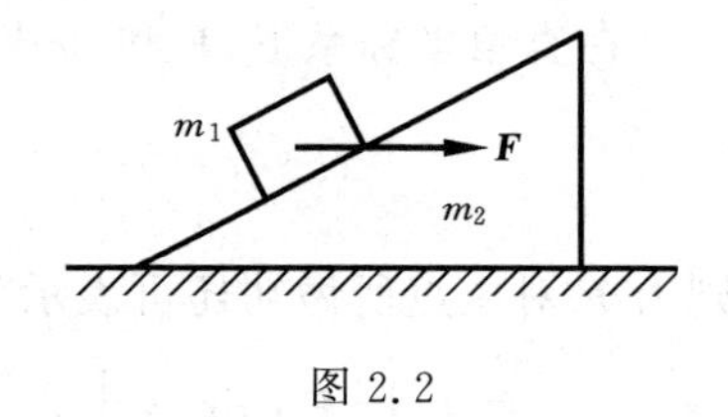

图 2.2

解一 以桌面为参考系,用 $\boldsymbol{a}$ 表示质量为 m_1 的物块和质量为 m_2 的物块共同运动的加速度。分别选质量为 m_1 的物块和质量为 m_2 的物块为研究对象并视为质点,将其隔离并分别作受力分析,选用平面直角坐标系 Oxy,如图 2.3 所示。

根据题意,由受力分析和牛顿运动定律可得

对质量为 m_1 的物块

$$F-N'_{1x}=m_1a$$

$$N'_{1y}-m_1g=0$$

对质量为 m_2 的物块

$$N_{1x}=m_2a$$

$$N-N_{1y}-m_2g=0$$

又

$$N_{1x}=N'_{1x}$$

$$N_{1y}=N'_{1y}$$

根据题意并由功的定义可得，质量为 m_1 的物块作用于质量为 m_2 的物块上的正压力所做的功为

$$A=\boldsymbol{N}_1\cdot\Delta\boldsymbol{r}=N_{1x}s$$

将以上各式联立求解即得

$$A=\frac{m_2Fs}{m_1+m_2}$$

解二　先将质量为 m_1 的物块和质量为 m_2 的物块看做一个整体并视为一个质点，再将质量为 m_2 的物块单独隔离开来并视为质点，对两个质点分别作受力分析，如图 2.4 所示。

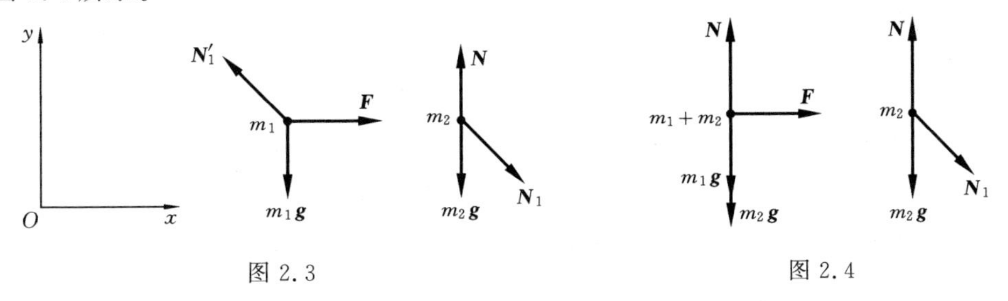

图 2.3　　图 2.4

根据题意，由受力分析和牛顿运动定律可得

对质量为 m_1 的物块和质量为 m_2 的物块组成的整体

$$F=(m_1+m_2)a$$

对质量为 m_2 的物块

$$N_{1x}=m_2a$$

根据题意并由功的定义可得，质量为 m_1 的物块作用于质量为 m_2 的物块上的正压力所做的功为

$$A=\boldsymbol{N}_1\cdot\Delta\boldsymbol{r}=N_{1x}s$$

将以上各式联立求解即得

$$A=\frac{m_2Fs}{m_1+m_2}$$

通过以上两种解法可看出，对于同样的问题，所选择的研究对象不同，计算过程的难易程度会有明显差别，但它们的基本途径是相同的，都是经过受力分析后利用牛顿运动定律列出方程组，求得未知力后再由功的定义得出最终结果。可见，欲计算功，关键在于分析力，特别是对于某些未知的被动力做功，首先需用牛顿运动定律求出力，然后再计算功。

例题 2.2 质点在水平面内由坐标原点 O 出发经过一段路程运动至坐标为(2,4)的 P 点,运动过程中始终受外力 $\boldsymbol{F}=(y^2-x^2)\boldsymbol{i}+3xy\boldsymbol{j}$ 的作用。试求质点经历以下不同路径时力 $\boldsymbol{F}$ 对质点所做的功:

(1) 质点先沿 x 轴正向运动至(2,0)点,再沿与 y 轴平行的方向运动至 P 点;

(2) 质点作单向直线运动;

(3) 质点沿抛物线 $y=x^2$ 运动。

解 由功的定义可得质点由 O 点运动至 P 点,外力 $\boldsymbol{F}$ 对质点所做的功为

$$A=\int_O^P \boldsymbol{F}\cdot \mathrm{d}\boldsymbol{r}=\int_{(0,0)}^{(2,4)}(F_x\mathrm{d}x+F_y\mathrm{d}y)=\int_0^2 F_x\mathrm{d}x+\int_0^4 F_y\mathrm{d}y$$

(1) 质点沿 x 轴正向运动至(2,0)点的过程中,$y=0$,$\mathrm{d}y=0$,故该段路程 $\boldsymbol{F}$ 对质点所做的功为

$$A_1=\int_0^2 F_x\mathrm{d}x=\int_0^2(-x^2)\mathrm{d}x\approx -2.67\ \mathrm{J}$$

沿与 y 轴平行的方向由(2,0)点运动至 P 点的过程中,$x=2$,$\mathrm{d}x=0$,故该段路程 $\boldsymbol{F}$ 对质点所做的功为

$$A_2=\int_0^4 F_y\mathrm{d}y=\int_0^4 6y\mathrm{d}y=48\ \mathrm{J}$$

则全段路程中 $\boldsymbol{F}$ 对质点所做的总功为

$$A=A_1+A_2\approx 45.33\ \mathrm{J}$$

(2) 由两点的坐标可得 O 点至 P 点的直线方程为 $y=2x$,故力 $\boldsymbol{F}$ 对质点所做的功为

$$\begin{aligned}A&=\int_0^2 F_x\mathrm{d}x+\int_0^4 F_y\mathrm{d}y=\int_0^2(y^2-x^2)\mathrm{d}x+\int_0^4 3xy\mathrm{d}y\\&=\int_0^2(4x^2-x^2)\mathrm{d}x+\int_0^4\frac{3}{2}y^2\mathrm{d}y=40\ \mathrm{J}\end{aligned}$$

(3) 质点沿抛物线 $y=x^2$ 运动时,力 $\boldsymbol{F}$ 对质点所做的功为

$$A=\int_0^2(x^4-x^2)\mathrm{d}x+\int_0^4 3y^{\frac{3}{2}}\mathrm{d}y\approx 42.13\ \mathrm{J}$$

从例题 2.2 可以看出,力对质点所做的功不但与质点运动的始、末位置有关,还与质点运动过程中所经历的路径有关,这说明功属于一种过程量。

2.2 动能和势能

2.2.1 质点的动能和动能定理

正如中学物理所学习的知识,质点的动能就是由于质点运动而具有的能量,它的大小等于质点的质量与其运动速度平方乘积的二分之一,用 E_k 表示,即

$$E_k=\frac{1}{2}mv^2 \tag{2.11}$$

可见，质点的动能与其质量和速度大小有关，速度越大，质量越大，质点所具有的动能就越多；动能是一种标量，只有大小而没有方向，且不可能小于零。由于速度的大小取决于参考系的选取，因此，动能同样也是一个相对量，其大小与参考系的选取有关。

质点的动能定理可由牛顿第二定律导出。由牛顿第二定律和加速度的定义有

$$\boldsymbol{F}=m\boldsymbol{a}=m\frac{\mathrm{d}\boldsymbol{v}}{\mathrm{d}t}$$

由功的定义可知，$\boldsymbol{F}$ 对质点所做的元功为

$$\mathrm{d}A=\boldsymbol{F}\cdot\mathrm{d}\boldsymbol{r}=m\frac{\mathrm{d}\boldsymbol{v}}{\mathrm{d}t}\cdot\mathrm{d}\boldsymbol{r}=m\frac{\mathrm{d}\boldsymbol{r}}{\mathrm{d}t}\cdot\mathrm{d}\boldsymbol{v}=m\boldsymbol{v}\cdot\mathrm{d}\boldsymbol{v}=mv\mathrm{d}v=\mathrm{d}\left(\frac{mv^2}{2}\right)$$

即得动能定理的微分形式

$$\mathrm{d}A=\mathrm{d}E_k=\mathrm{d}\left(\frac{mv^2}{2}\right) \tag{2.12}$$

将式(2.12)积分可得 $\boldsymbol{F}$ 对质点所做的功为

$$A=E_k-E_{k0}=\frac{mv^2}{2}-\frac{mv_0^2}{2} \tag{2.13}$$

式中，v_0 和 v 分别为质点始、末状态的速度大小；E_{k0} 和 E_k 分别为质点始、末状态的动能。式(2.13)表明，合力对质点所做的功等于质点始、末状态动能的增量，这就是质点的动能定理。

通过质点的动能定理可看出，动能和功既有联系又有区别，两者不可混淆。当合外力对质点做功时，质点的动能就发生变化，且动能变化大小等于做功多少，即做功是质点动能变化的手段和量度。需要注意的是，质点的运动状态一旦确定，动能就唯一地确定，即动能是运动状态的函数，是反映质点运动状态的物理量，属于一种状态量；功除了与质点受力及运动始、末状态的位置有关外，还与运动过程所经历的具体路径有关，它并不是描述质点状态的物理量，而是过程的函数，属于一种过程量。可以说，处于一定运动状态的质点具有多少动能，但不能说它具有多少功。此外，由于质点运动过程中动能的增量只与质点始、末状态所具有的动能有关，这样，利用动能定理可以通过质点始、末状态的动能而求得运动过程中合外力对质点所做的功，这就为功的计算提供了一条更为简捷方便的路径。

2.2.2　质点系的动能和动能定理

由两个或两个以上质点组成的力学系统称为质点系，与单个质点不同的是，质点系内的各个质点除了受到外界物体的作用力(称为外力)外，还可能受到质点系内其他质点的作用力(称为内力)。同参考系和坐标系的选取原则类似，质点系的选取也是根据便于解决问题的需要任意选取的，而内力和外力的区分正是取决于质点系的选取。

质点系的动能即为其内部各个质点的动能之和,即

$$\sum_i E_{ki} = \sum_i \frac{m_i v_i^2}{2}$$

而对于质点系内第 i 个质点,根据质点动能定理有

$$A_i = E_{ki} - E_{ki0} = \frac{m_i v_i^2}{2} - \frac{m_i v_{i0}^2}{2}$$

式中,A_i 为第 i 个质点所受合外力对质点所做的功。其中,合外力包括质点系外部作用力及内部其他质点对其的作用力,它们对质点所做的功分别用 $A_{i外}$ 和 $A_{i内}$ 表示,则上式可写为

$$A_{i外} + A_{i内} = E_{ki} - E_{ki0} = \frac{m_i v_i^2}{2} - \frac{m_i v_{i0}^2}{2}$$

则对于整个质点系有

$$\sum_i A_{i外} + \sum_i A_{i内} = \sum_i E_{ki} - \sum_i E_{ki0} = \sum_i \frac{m_i v_i^2}{2} - \sum_i \frac{m_i v_{i0}^2}{2}$$

上式表明,作用于质点系内各质点的所有外力和所有内力在运动过程中对质点所做功的总和等于质点系运动始、末状态动能的增量,此即质点系动能定理。

对于质点系的内力,它们总是成对出现,大小相等、方向相反,属于一对作用力与反作用力,且作用在同一条直线上,质点系内力的矢量和为零,但它们做的功并不一定等值反号,即质点系内力做功的代数和不一定等于零。正如第 1 章所介绍的内容,质点系可分为两类,一类质点系内部各质点间无相对位移,对于此类质点系,由于各质点位移均相等,内力做功总是等值反号,所以质点系内力做功的总和等于零;另一类质点系内部各质点间有相对位移,这样,各质点的位移并不相等,由于位移的差异会造成内力做功的差异,故质点系内力做功总和不为零。

2.2.3 重力势能

设质量为 m 的质点 M 在地球附近重力场中从起始点 A 沿曲线运动至 B 点,以地球为参考系,地面为坐标原点,在质点运动轨迹所在平面内建立平面直角坐标系 Oxy,其中 x 轴沿水平方向,y 轴沿竖直方向,如图 2.5 所示。质点所受重力可表示为

$$\boldsymbol{F}_g = -mg\boldsymbol{j}$$

则质点由 A 点沿曲线运动至 B 点时,重力对质点 M 所做的功为

$$A = \int_A^B \boldsymbol{F}_g \cdot \mathrm{d}\boldsymbol{r} = \int_A^B (-mg\boldsymbol{j}) \cdot (\mathrm{d}x\boldsymbol{i} + \mathrm{d}y\boldsymbol{j})$$
$$= \int_{y_A}^{y_B} (-mg)\mathrm{d}y = -(mgy_B - mgy_A) \tag{2.14}$$

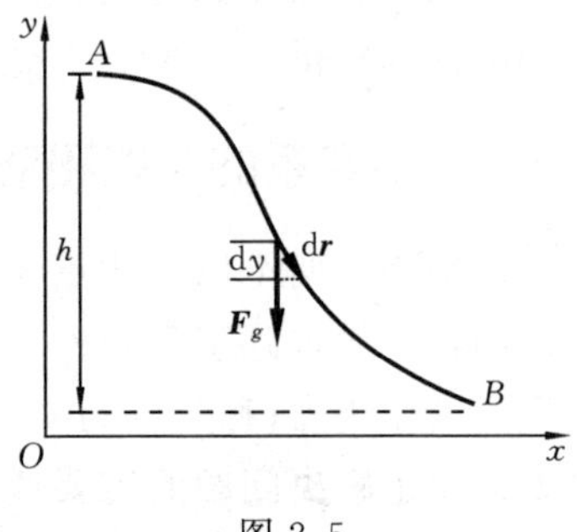

图 2.5

可见,重力对质点所做的功只与质点运动的始、末位

置有关，与运动过程的具体路径无关，这种做功多少与路径无关的力通常称为保守力；反之，做功多少与路径有关的力通常称为非保守力。由式(2.14)可知，质点从 A 点运动至 B 点时，重力对质点 M 做正功，根据动能定理，质点的动能增大。这就表明在质点所处的系统中储存着一种能量，这种能量为位置的函数，当质点位置由 A 点变为 B 点时，能量会释放出来并转换为质点的动能，表现为质点动能的增大，这种与位置有关的能量称为势能，有时也称为位能。显然，势能是和保守力相对应的，每一种保守力都可以引入一种与其相应的势能。

势能的大小是相对的，与所选择的势能零点有关，零点选取不同，势能的大小会有所不同。对于重力势能，通常选取地面为势能零点。这样，重力势能的大小可表示为

$$E_p = mgh \tag{2.15}$$

式中，h 表示质点离地面的高度。因此，上述质点 M 在 A 点和 B 点所具有的重力势能分别为 mgy_A 和 mgy_B，式(2.14)可表述为重力势能的增量等于重力对质点所做功的负值。这一结论可应用到所有保守力，即势能的增量等于保守力所做功的负值，可表示为

$$\Delta E_p = E_p - E_{p0} = -A_{保} \tag{2.16}$$

式中，E_{p0} 和 E_p 分别为质点始、末位置所具有的势能；$A_{保}$ 为保守力所做功。

2.2.4　弹性势能

设光滑的桌面上有一质量为 m 的质点连接在一端固定的弹簧的另一端，如图2.6所示，以弹簧保持原长时质点所在位置为原点，沿着弹簧和质点所处直线建立一维坐标系 Ox。质点由坐标为 x_A 的 A 点运动至坐标为 x_B 的 B 点过程中，弹簧弹性力对质点所做的功为

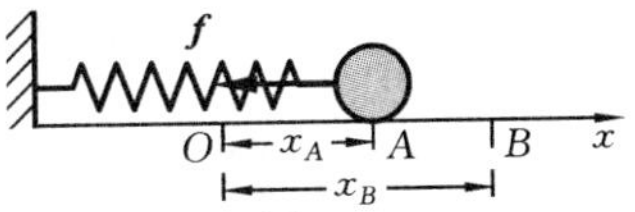

f O x_A A B x x_B

图 2.6

$$A = \int_A^B \boldsymbol{f} \cdot \mathrm{d}\boldsymbol{r} = \int_{x_A}^{x_B} (-kx\boldsymbol{i}) \cdot (\mathrm{d}x\boldsymbol{i})$$

$$= \int_{x_A}^{x_B} (-kx)\mathrm{d}x = -\left(\frac{1}{2}kx_B^2 - \frac{1}{2}kx_A^2\right) \tag{2.17}$$

可见，与重力做功类似，弹性力对质点所做的功与其运动的具体路径无关，因此，弹簧的弹性力也是一种保守力，它所对应的势能为弹性势能。通常情况下，选弹簧保持原长时质点所处位置为势能零点，弹性势能的大小可表述为

$$E_p = \frac{1}{2}kx^2 \tag{2.18}$$

2.2.5　引力势能

设有质量分别为 m 和 M 的两个质点，以质量为 M 的质点所处位置为坐标原点，建立平面直角坐标系 Oxy，质点沿曲线由位矢为 $\boldsymbol{r}_A$ 的 A 点运动至位矢为 $\boldsymbol{r}_B$ 的 B

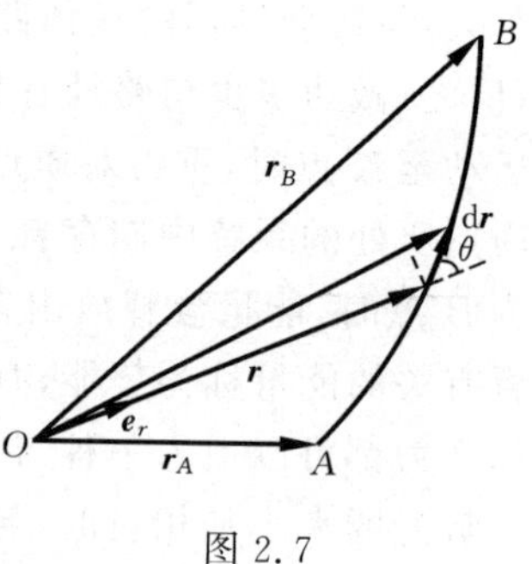

图 2.7

点,如图 2.7 所示。在质量为 m 的质点运动路径上任取一段微小的位移 $\mathrm{d}\boldsymbol{r}$,则万有引力对质量为 m 的质点所做的元功为

$$\mathrm{d}A=-G\frac{mM}{r^2}\boldsymbol{e}_r\cdot\mathrm{d}\boldsymbol{r}$$

式中,$\boldsymbol{e}_r$ 为沿 $\boldsymbol{r}$ 方向的单位矢量,设 $\boldsymbol{e}_r$ 与 $\mathrm{d}\boldsymbol{r}$ 的夹角为 θ,则 $\boldsymbol{e}_r\cdot\mathrm{d}\boldsymbol{r}=|\boldsymbol{e}_r|\cdot|\mathrm{d}\boldsymbol{r}|\cos\theta=\mathrm{d}r$,故上式可写为

$$\mathrm{d}A=-G\frac{mM}{r^2}\mathrm{d}r$$

因此，质点沿曲线由 A 点运动至 B 点的过程中万有引力做功为

$$A=\int_A^B\mathrm{d}A=\int_{r_A}^{r_B}\left(-G\frac{mM}{r^2}\right)\mathrm{d}r=GmM\left(\frac{1}{r_B}-\frac{1}{r_A}\right) \tag{2.19}$$

式(2.19)表明,万有引力对质点所做功只与质点的始、末位置有关,与其运动过程的具体路径无关,即万有引力同样是一种保守力,它所对应的势能为引力势能。引力势能的零点在无穷远处,引力势能的大小可表述为

$$E_\mathrm{p}=-G\frac{mM}{r} \tag{2.20}$$

从上述几种势能的引入过程中可看出,势能的存在源于物体之间的相互作用力,势能变化的过程实际上是这些作用力做功的过程,所以势能属于这些相互作用的物体组成的系统,并不属于某个物体或质点本身。正如重力势能,如果没有地球的存在,也就没有重力及重力势能的存在。此外,保守力场中某点的势能为该点与势能零点之间的势能差,只与这两点的位置有关,根据空间的绝对性,空间两点的位置与参考系的选取无关,因此,系统势能的大小与参考系的选取无关。

*2.2.6　势能曲线

从以上几种势能的定义式可以看出,在坐标系和势能零点确定之后,质点的势能仅为其位置坐标的函数。因此,可以将质点的势能与位置坐标的关系用曲线描绘出来,这种曲线即为势能曲线,图 2.8(a)、图 2.8(b)、图 2.8(c)所示分别为重力势能、引力势能和弹性势能的势能曲线。

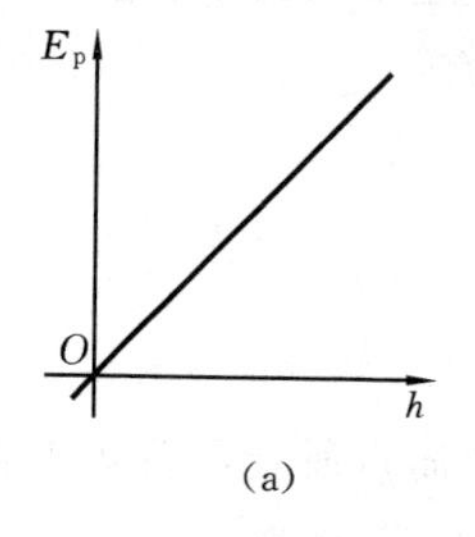

(a)

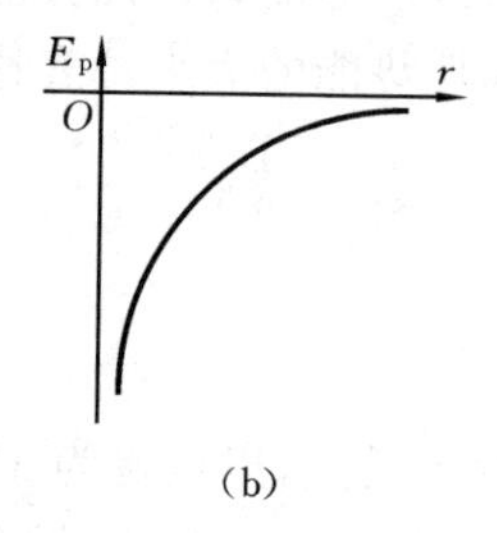

(b)

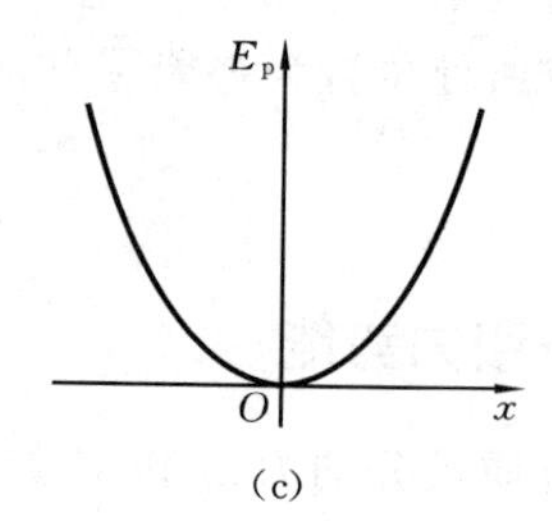

(c)

图 2.8

可见,利用势能曲线可以直观地表示出质点处于任一位置时势能的大小。除此之外,还可以利用势能曲线求出质点在保守力场中各点所受保守力的大小和方向。

前面利用保守力对质点所做的功亦即保守力对路径的线积分定义了势能,反过来,则可从势能函数对路径的导数而求得保守力的大小。设质点在保守力 $\boldsymbol{F}$ 的作用下运动,由保守力做功与质点势能之间的关系可知

$$\Delta E_{\mathrm{p}}=E_{\mathrm{p}}-E_{\mathrm{p0}}=-A_{保}$$

其微分形式应为

$$\mathrm{d}E_{\mathrm{p}}=-\mathrm{d}A_{保}=-\boldsymbol{F}\cdot\mathrm{d}\boldsymbol{r}=-F\cos\theta\mathrm{d}r$$

式中,θ 为保守力 $\boldsymbol{F}$ 与质点运动的位移 $\mathrm{d}\boldsymbol{r}$ 之间的夹角。若令 $F_r=F\cos\theta$ 为保守力 $\boldsymbol{F}$ 沿质点位移 $\mathrm{d}\boldsymbol{r}$ 方向的分量,则上式可写为

$$\mathrm{d}E_{\mathrm{p}}=-F_r\mathrm{d}r$$

即得

$$F_r=-\frac{\mathrm{d}E_{\mathrm{p}}}{\mathrm{d}r} \tag{2.21}$$

式(2.21)表明,保守力 $\boldsymbol{F}$ 沿质点位移 $\mathrm{d}\boldsymbol{r}$ 方向的分量等于与此保守力相应的质点的势能函数对位移大小的变化率(或导数)的负值。于是,可以利用式(2.21),由质点的势能求出与其相对应的保守力的大小。

例题 2.3　长为 l 的细绳一端系于天花板上,另一端栓有一质量为 m 的小球。起初,在手的拉动下,细绳和小球处于水平位置并保持静止状态。松手后,小球下落,如图 2.9 所示。试求细绳摆下角度为 θ 时小球的速度。

解　取小球为研究对象并视为质点,将其隔离并作受力分析。如图 2.9 所示,小球在下落过程中所受的力包括小球自身重力 $m\boldsymbol{g}$ 和细绳对小球的拉力 $\boldsymbol{T}$,则由做功的定义可知,小球下落过程中合力对其做功为

$$A=\int_{r_0}^{r_1}\boldsymbol{F}\cdot\mathrm{d}\boldsymbol{r}=\int_{r_0}^{r_1}(m\boldsymbol{g}+\boldsymbol{T})\cdot\mathrm{d}\boldsymbol{r}=\int_{r_0}^{r_1}m\boldsymbol{g}\cdot\mathrm{d}\boldsymbol{r}+\int_{r_0}^{r_1}\boldsymbol{T}\cdot\mathrm{d}\boldsymbol{r}$$

由题意可知,下落过程中拉力 $\boldsymbol{T}$ 始终垂直于小球运动方向,即拉力对小球不做功,则上式可写为

$$A=\int_{r_0}^{r_1}m\boldsymbol{g}\cdot\mathrm{d}\boldsymbol{r}=\int_{r_0}^{r_1}mg\ |\mathrm{d}\boldsymbol{r}|\ \cos\alpha$$

$$=\int_0^{\theta}mgl\cos\alpha\mathrm{d}\alpha=mgl\sin\theta$$

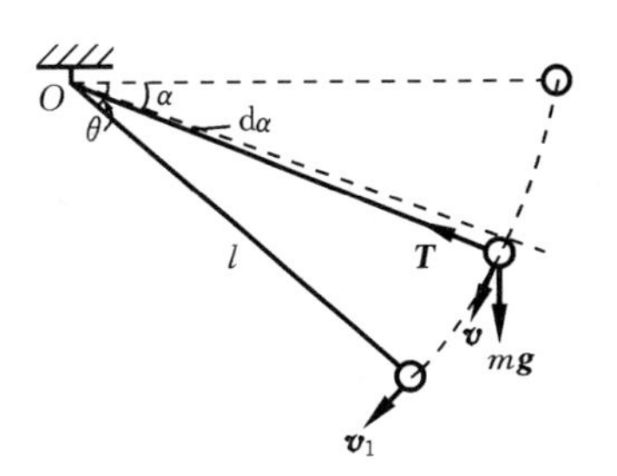

图 2.9

再对小球应用动能定理可得

$$A=\frac{1}{2}mv_1^2-\frac{1}{2}mv_0^2=mgl\sin\theta$$

式中,v_1 为小球摆下 θ 角度时的速度;v_0 为小球下落前速度。根据题意,v_0 应该为零,则上式可写为

$$\frac{1}{2}mv_1^2=mgl\sin\theta$$

即
$$v_1=\sqrt{2gl\sin\theta}$$

例题 2.4 在外力 F 的作用下,质量为 m 的质点沿 Ox 轴作直线运动,已知 $t=0$ 时质点位于原点,初速度为零。外力 F 的大小随质点的坐标变化而呈线性变化,当 $x=0$时,$F=F_0$;当 $x=L$ 时,$F=0$。试求质点从 $x=0$ 处运动至 $x=L$ 处的过程中,力 F 对质点所做的功和质点在 $x=L$ 处的速度。

解 由题设条件可分析得出外力 F 与质点坐标 x 之间的关系为
$$F=F_0-\frac{F_0}{L}x$$
由做功的定义可知,质点从 $x=0$ 处运动至 $x=L$ 处的过程中力 F 对质点所做的功为
$$A=\int_0^L F\mathrm{d}x=\int_0^L\left(F_0-\frac{F_0}{L}x\right)\mathrm{d}x=\frac{F_0L}{2}$$
再由动能定理可得
$$A=\frac{1}{2}mv^2-0$$
即得质点在 $x=L$ 处的速度为
$$v=\sqrt{\frac{2A}{m}}=\sqrt{\frac{F_0L}{m}}$$

例题 2.5 如图 2.10 所示,一质量为 m 的物体位于质量可以略去的直立弹簧正上方高度为 h 处,该物体从静止开始落向弹簧,若弹簧的劲度系数为 k,不考虑空气阻力,试求物体可能获得的最大动能。

解 根据题意,可将物体、弹簧及地球看成一个系统,则整个系统不受外力作用,内力包括物体所受重力、物体受弹簧的弹性力。因此根据质点系动能定理可得
$$A_g+A_k=E_k-E_{k0}$$
式中,A_g 和 A_k 分别为重力做功和弹力做功;E_{k0} 和 E_k 分别为系统始、末状态所具有的动能。根据题意可知系统初动能应为零,设物体动能最大时弹簧伸长为 x,则此时重力做功为 $A_g=mg(h+x)$,弹簧的弹性力做功为 $A_k=-\frac{1}{2}kx^2$。因此,上式可写为

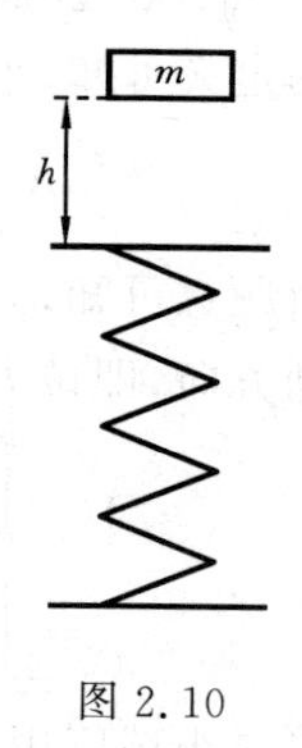

图 2.10

$$mg(h+x)-\frac{1}{2}kx^2=E_k$$
当 $x=\frac{mg}{k}$时,上式等号左边取最大值,即此时物体具有的最大动能为
$$E_{k\max}=mgh+\frac{(mg)^2}{2k}$$

2.3 机械能守恒定律

2.3.1 质点系的机械能定理

如前所述,质点系受力可分为内力和外力,而质点系的内力又可分为保守力和非保守力,因此,质点系的动能定理还可写为

$$\sum_i A_{i外} + \sum_i A_{i内保} + \sum_i A_{i内非} = \sum_i E_{ki} - \sum_i E_{ki0}$$

又由 $E_p - E_{p0} = - A_保$,上式可写为

$$\sum_i A_{i外} - \sum_i (E_{pi} - E_{pi0}) + \sum_i A_{i内非} = \sum_i E_{ki} - \sum_i E_{ki0}$$

即

$$\sum_i A_{i外} + \sum_i A_{i内非} = \sum_i E_{ki} - \sum_i E_{ki0} + \sum_i (E_{pi} - E_{pi0})$$

$$= \sum_i (E_{ki} + E_{pi}) - \sum_i (E_{ki0} + E_{pi0})$$

质点系的动能和势能之和通常被称为机械能,即上式中等号右边两项分别为末、始状态质点系所具有的机械能。该式表明,质点系机械能的增量等于一切外力和一切非保守内力所做功的代数和,这就是质点系的机械能定理。

2.3.2 质点系的机械能守恒定律

由质点系的机械能定理可知,当 $\sum_i A_{i外} = 0$ 且 $\sum_i A_{i内非} = 0$ 时,有

$$\sum_i (E_{ki} + E_{pi}) - \sum_i (E_{ki0} + E_{pi0}) = 0$$

即

$$\sum_i (E_{ki} + E_{pi}) = 恒量 \tag{2.22}$$

式(2.22)表明,当所有作用于系统的外力对系统所做功为零,且非保守内力所做的功也为零时,系统的机械能恒定不变,这就是质点系的机械能守恒定律。

这里需要注意以下几个问题。

(1) 质点系的机械能定理与动能定理并无本质区别,只不过前者考虑了势能,而后者则没有考虑势能,这正是机械能定理的优越之处。因此,在具体应用时,若计算了保守内力的功就不可再考虑势能的变化;反之,若考虑了势能的变化,则不能再计算保守内力所做的功。

(2) 只有外力和非保守内力做功才会引起机械能的改变。对于机械能守恒的质点系来说,保守内力做功仅意味着动能与势能的相互转换。

(3) 质点系机械能守恒是指在所讨论的过程中,质点系的机械能一直保持不变(若系统机械能从某初始值开始,经历一系列变化后又回到初始值,则并不算机械能守恒)。守恒条件是外力不做功且每一对非保守内力不做功,更确切地说,是在所讨

论的过程中的任意时间间隔内,每对非保守内力做功的代数和为零。

(4) 在应用质点系的机械能定理和机械能守恒定律时,都要注意系统的选取、势能零点的选取以及参考系的选取。

例题 2.6 有一劲度系数为 k 的弹簧,其一端固定于 A 点,另一端连有一质量为 m 的物体,弹簧原长为 L,在变力 $\boldsymbol{F}$ 的作用下物体沿着半径为 R 的圆柱体的光滑表面由 B 点极其缓慢地移动至 C 点,如图 2.11 所示。试求物体运动过程中变力 $\boldsymbol{F}$ 所做的功。

解 以地球为参考系,取物体、弹簧、圆柱体和地球为系统。由于圆柱体表面光滑,故运动过程中并无摩擦力作用。系统所受外力为 $\boldsymbol{F}$;物体与圆柱体表面之间的一对正压力始终垂直于物体运动方向,故不做功;还有物体的重力及弹簧的弹性力均属于保守内力,它们所做的功可用相应的势能表示。

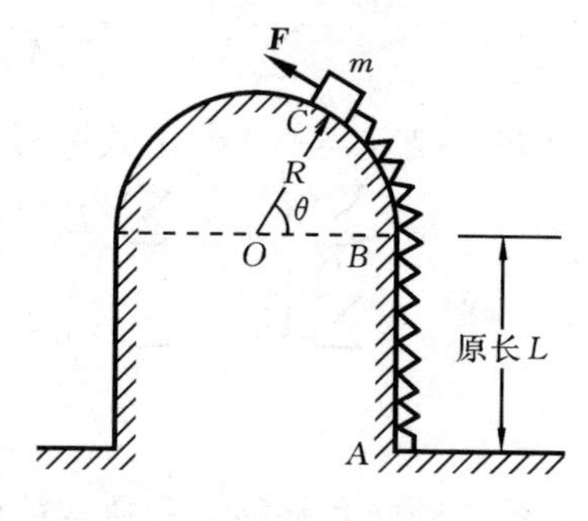

图 2.11

现将 B 点确立为重力势能和弹簧弹性势能的势能零点,则由题意可知,当物体运动至 C 点时,系统的重力势能为 $mgR\sin\theta$,弹性势能为$\frac{1}{2}k(R\theta)^2$。又由于整个运动过程中物体移动极其缓慢,可以认为物体运动始、末状态动能不变,亦即系统始、末状态动能不变。故由质点系机械能定理可求得变力 $\boldsymbol{F}$ 所做的功为

$$A = \Delta\sum_i(E_{ki} + E_{pi}) = mgR\sin\theta + \frac{1}{2}k(R\theta)^2$$

例题 2.6 还可利用变力做功的定义式通过积分的方法求解,但相比之下,利用机械能定理求解更为便捷。可见,机械能定理在解决功能问题中的优越性。此外,系统选取的不同会造成内力和外力的差异,势能零点确立在不同位置,系统的势能也会有所不同,但这些都不会对最终结果造成影响,只是解题过程略有繁简差异,而一般的选取原则依然是便于解决问题。

例题 2.7 一根长为 L 的均质细链条一半平直放在光滑的桌面上,另一半沿桌面自由下垂,如图 2.12 所示。开始时链条保持静止,在重力作用下链条逐渐下滑,试求此链条滑至桌边时的速度(桌面高度大于链条的长度)。

解 取链条和地球组成的系统为研究对象,该系统的机械能守恒。以水平桌面上的任一点为重力势能的零点,则初始时刻系统的机械能为

$$E_1 = -\left(\frac{m}{2}\right)g\left(\frac{L}{4}\right) = -\frac{mgL}{8}$$

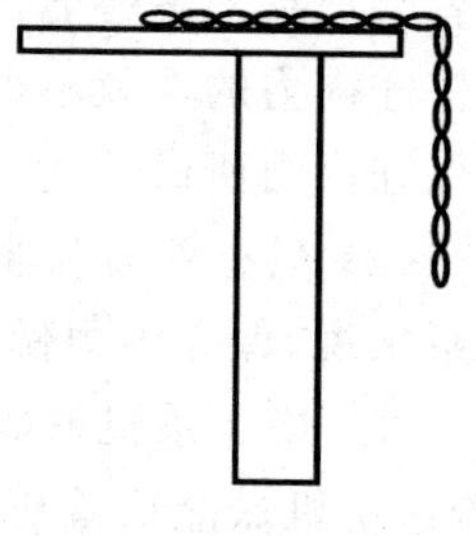

图 2.12

链条末端滑至桌边时系统的机械能为

$$E_2=\frac{mv^2}{2}-mg\,\frac{L}{2}$$

根据机械能守恒定律有

$$\frac{mv^2}{2}-mg\,\frac{L}{2}=-\frac{mgL}{8}$$

故链条末端滑至桌边时的速度为

$$v=\frac{\sqrt{3gL}}{2}$$

2.4　冲量　动量　动量守恒定律

2.4.1　力的冲量

从牛顿第二定律可知，物体在合外力的作用下发生运动状态的改变，产生加速度，从加速度的瞬时性可知牛顿第二定律描述的是一个瞬时关系。而实际上物体的受力往往并不是瞬时的，而是在一段时间内不断地受到力的作用。为了描述力在一段时间内的累积作用，可引入冲量的概念。

1. 恒力的冲量

如果作用在物体上的力为恒力，则其冲量为恒力与其作用时间的乘积，可用 $\boldsymbol{I}$ 表示，即

$$\boldsymbol{I}=\boldsymbol{F}(t-t_0)=\boldsymbol{F}\Delta t \tag{2.23}$$

可见，冲量为一种矢量，是描述力对时间累积作用的物理量，是一种过程量。冲量不仅与恒力 $\boldsymbol{F}$ 有关，还与过程所持续的时间 Δt 有关，因此，它是反映力在其作用时间内对受力质点所产生的冲击作用的物理量。

2. 变力的冲量

如果作用在质点上的力随时间变化，不论是数值变化还是方向变化，或者两者均发生变化，都不能直接用式(2.23)来计算一段时间内作用力的冲量。此时，可将整个运动过程分割成 n 段微小的过程，这些微小过程所经历的时间为 $\Delta t_i(i=1,2,\cdots,n)$，当 n 足够大时，每段微小的过程中力 $\boldsymbol{F}_i$ 均可看成恒力，则每一小段作用时间内力的冲量均可用式(2.23)来计算，整个过程中力的总冲量就等于各小段时间内冲量的矢量和，即

$$\boldsymbol{I}=\sum_i \boldsymbol{F}_i\Delta t_i$$

当 $n\to\infty$ 即 $\Delta t_i\to 0$ 时，上式可写为

$$\boldsymbol{I}=\int_{t_0}^{t}\boldsymbol{F}\mathrm{d}t \tag{2.24}$$

对于变力来说，冲量 $\boldsymbol{I}$ 的方向并不能由某一瞬时的作用力来决定，而应由这段时

间内所有微分冲量(即元冲量)$\mathrm{d}\boldsymbol{I}=\boldsymbol{F}\mathrm{d}t$ 的矢量总和决定。

3. 合力的冲量

如果质点同时受到若干个力的作用,则合力的冲量为

$$\boldsymbol{I}=\int_{t_0}^{t}\left(\sum_i \boldsymbol{F}_i\right)\mathrm{d}t=\sum_i\int_{t_0}^{t}\boldsymbol{F}_i\mathrm{d}t=\sum_i \boldsymbol{I}_i \tag{2.25}$$

即合力在一段作用时间内的冲量等于各分力在同一段作用时间内冲量的矢量和。因此,在计算合力的冲量时,可先求出合力,再计算合力冲量,也可以先求出各个分力的冲量,再求它们的矢量和而得到合力的冲量。

2.4.2 质点的动量和动量定理

正如第1章中所描述的,质点的质量 m 与速度$\boldsymbol{v}$ 的乘积即为质点的动量,用 $\boldsymbol{p}$ 表示,即

$$\boldsymbol{p}=m\boldsymbol{v}$$

动量是一种矢量,是描述质点机械运动状态的物理量,是反映质点对其他质点所产生的冲击作用本领的物理量,是状态量。

如同质点的动能定理,质点的动量定理可由牛顿第二定律导出。根据牛顿第二定律有

$$\boldsymbol{F}=m\boldsymbol{a}=m\frac{\mathrm{d}\boldsymbol{v}}{\mathrm{d}t}=\frac{\mathrm{d}(m\boldsymbol{v})}{\mathrm{d}t}=\frac{\mathrm{d}\boldsymbol{p}}{\mathrm{d}t}$$

即得质点动量定理的微分形式

$$\mathrm{d}\boldsymbol{p}=\boldsymbol{F}\mathrm{d}t \tag{2.26}$$

这说明,作用在质点上的合力 $\boldsymbol{F}$ 在 $\mathrm{d}t$ 时间内的元冲量等于质点动量的增量。将式(2.26)积分即得

$$\boldsymbol{I}=\int_{t_0}^{t}\boldsymbol{F}\mathrm{d}t=\int_{\boldsymbol{p}_0}^{\boldsymbol{p}}\mathrm{d}\boldsymbol{p}=\boldsymbol{p}-\boldsymbol{p}_0 \tag{2.27}$$

即作用在质点上的合力在一段时间内的冲量等于质点动量的改变量,这就是质点动量定理的积分形式。

这里需要注意以下几点。

(1) 动量是对质点而言的,而冲量是对力而言的。质点的动量是状态量,力的冲量则是过程量。可见,质点的动量定理是一个描述过程量与状态量之间变化关系的规律。动量和冲量均为矢量,该规律是矢量规律,应用时应注意矢量的特点,在具体计算时根据解决问题需要可采用标量形式。

(2) 质点的动量与力的关系是:作用在质点上的合力等于质点的动量随时间的变化率,即 $\boldsymbol{F}=\frac{\mathrm{d}(m\boldsymbol{v})}{\mathrm{d}t}=\frac{\mathrm{d}\boldsymbol{p}}{\mathrm{d}t}$,此即牛顿第二定律的最初表达形式或微分形式。

(3) 注意区别力的方向和冲量的方向:如果力为恒力,冲量的方向与力的方向相同;此外,元冲量的方向也总是和力的方向相同。但在有限长的时间内,力的方向随

时间发生变化时，该力冲量的方向取决于这段时间内所有元冲量矢量和的方向，而并不同于任一时刻力的方向。

(4) 力的功和力的冲量虽说都属于过程量，但两者在本质上是不同的。前者描述的是力对空间的积累作用，后者则是力对时间的积累作用；前者为标量，有正负之分，后者却是矢量。由于位移的产生总是在一段时间内完成的，故某力做功必然会有该力的冲量，反之则不然，某力有冲量但不一定会做功。

(5) 在解决打击、碰撞及爆炸此类问题时，由于力的相互作用时间极其短暂，力的变化很快且数值很大，这种作用力通常称为冲力。冲力与时间的关系较为复杂，很难确定某一时刻冲力的大小。为了便于研究问题，可引入平均冲力的概念，它是一段时间内冲力的平均值，通常用 $\overline{\boldsymbol{F}}$ 表示，即

$$\overline{\boldsymbol{F}} = \frac{\int_{t_0}^{t} \boldsymbol{F} \mathrm{d}t}{t - t_0} = \frac{\boldsymbol{p} - \boldsymbol{p}_0}{t - t_0} \tag{2.28}$$

(6) 质点的动量与参考系的选取有关，质点的动量定理也仅适用于惯性参考系，若要应用于非惯性参考系，则需考虑惯性力的冲量。

2.4.3　质点系的动量和动量定理

质点系内各质点动量的矢量和即为质点系的动量，亦即

$$\sum_i \boldsymbol{p}_i = \sum_i m_i \boldsymbol{v}_i \tag{2.29}$$

由质点的动量定理可推得

$$\left(\sum_i \boldsymbol{F}_i\right)\mathrm{d}t = \mathrm{d}\left(\sum_i \boldsymbol{p}_i\right)$$

式中，$\boldsymbol{F}_i$ 为质点系内各质点所受的合力，它包括质点系外的作用力及质点系内其他质点施加的作用力，可分别用 $\boldsymbol{F}_{外}$ 和 $\boldsymbol{F}_{内}$ 表示，则上式可写为

$$\left(\sum_i \boldsymbol{F}_{外i}\right)\mathrm{d}t + \left(\sum_i \boldsymbol{F}_{内i}\right)\mathrm{d}t = \mathrm{d}\left(\sum_i \boldsymbol{p}_i\right)$$

正如我们之前所讨论的，质点系内力总是成对出现，且属于一对作用力与反作用力，大小相等、方向相反，作用在一条直线上，质点系内力的矢量和为零。因此，上式可写为

$$\left(\sum_i \boldsymbol{F}_{外i}\right)\mathrm{d}t = \mathrm{d}\left(\sum_i \boldsymbol{p}_i\right) \tag{2.30}$$

式(2.30)说明，作用于质点系的一切外力的矢量和在 $\mathrm{d}t$ 时间内的元冲量等于质点系动量的增量。式(2.30)两边积分可得

$$\int_{t_0}^{t}\left(\sum_i \boldsymbol{F}_{外i}\right)\mathrm{d}t = \sum_i \boldsymbol{p}_i - \sum_i \boldsymbol{p}_{i0} \tag{2.31}$$

即作用于质点系的外力的矢量和在一段时间内的冲量等于在这段时间内质点系动量的改变量。

2.4.4　动量守恒定律

由式(2.27)可知,当质点所受合力 $\boldsymbol{F}$ 为零时,有

$$\int_{t_0}^{t}\boldsymbol{F}\mathrm{d}t=\boldsymbol{p}-\boldsymbol{p}_0=\boldsymbol{0}$$

即

$$\boldsymbol{p}=m\boldsymbol{v}=\text{恒矢量}\tag{2.32}$$

也就是说,在一段时间内作用于质点的合力始终为零时,质点的动量为恒矢量,这就是质点的动量守恒定律。在这里,由于质点的质量 m 为一恒量,如果质点动量守恒,则质点的速度必然保持不变。可见,单个质点的动量守恒实际上对应的正是质点作匀速直线运动的情形。

由式(2.31)可知,在一段时间内,若质点系所受合外力为零,即 $\sum\limits_i\boldsymbol{F}_{外i}=\boldsymbol{0}$,则有

$$\int_{t_0}^{t}\Big(\sum_i\boldsymbol{F}_{外i}\Big)\mathrm{d}t=\sum_i\boldsymbol{p}_i-\sum_i\boldsymbol{p}_{i0}=\boldsymbol{0}$$

即

$$\sum_i\boldsymbol{p}_i=\sum_i m_i\boldsymbol{v}_i=\text{恒矢量}\tag{2.33}$$

式(2.33)说明,在某一时间段内,如果质点系所受合外力为零,则质点系的动量为恒矢量,此即质点系的动量守恒定律。

这里需要注意以下几点。

(1) 动量守恒是指在一段时间内或某一过程中质点或质点系的动量一直保持不变,并不只是始、末状态动量相等。

(2) 动量守恒定律成立的条件是质点或质点系所受合外力为零,对内力的性质没有任何限制(当然,内力仅对质点系而言)。

(3) 在某个方向上,如果质点或质点系不受外力或所受外力在该方向上的分量为零,则质点或质点系的动量在该方向上的分量是守恒的。

(4) 应用动量守恒定律可作合理的近似,即在极其短暂的时间内如果质点系所受外力远远小于内力时,可略去外力的作用认为系统满足动量守恒定律,并利用其解决实际问题。例如,物体在爆炸过程中内力远远大于外力,此时就可以利用动量守恒定律来解决问题。

(5) 动量守恒定律是自然界中普遍适用的规律之一,但就参考系而言,它只适用于惯性参考系,且必须是同时相对于同一惯性参考系中的同一质点或质点系。

例题 2.8　一质量 $m=1$ kg 的质点从 O 点开始沿半径 $R=2$ m 的圆周运动,如图 2.13 所示。以 O 点为自然坐标系原点,已知质点的运动学方程为 $s=\dfrac{1}{2}\pi t^2$(s 的单位为 m)。试求从 $t_1=\sqrt{2}$ s 到 $t_2=2$ s 这段时间内作用于质点的合力的冲量。

解　取质点为研究对象。由题意并根据速率的定义可得质点速率随时间的变化规律为

$$v=\frac{ds}{dt}=\pi t$$

故当 $t_1=\sqrt{2}$ s 时，质点的自然坐标为 $s_1=\pi$ m，即此时质点沿圆周已绕过$\frac{1}{4}$周长而处于图中的 A 点，该时刻质点的速率为

$$v_1=\pi t_1=\sqrt{2}\pi\ \text{m/s}$$

质点动量大小为

$$p_1=mv_1=\sqrt{2}\pi\ \text{kg}\cdot\text{m/s}$$

动量的方向沿着该点圆周切线的方向，如图 2.13 所示。

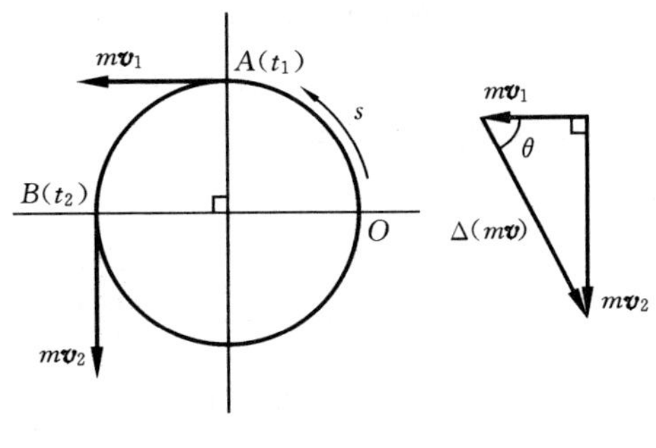

图 2.13

$t_2=2$ s 时，$s_2=2\pi$ m，即此时质点沿圆周已绕过$\frac{1}{2}$周长而处于图中的 B 点，该时刻质点的速率为

$$v_2=\pi t_2=2\pi\ \text{m/s}$$

质点动量大小为

$$p_2=mv_2=2\pi\ \text{kg}\cdot\text{m/s}$$

动量的方向沿着该点圆周切线的方向，如图 2.13 所示。

根据动量定理，质点从 $t_1=\sqrt{2}$ s 到 $t_2=2$ s 这段时间内作用于质点的合力的冲量为

$$\boldsymbol{I}=\boldsymbol{p}_2-\boldsymbol{p}_1$$

由图 2.13 所示三个矢量的几何关系可得冲量大小为

$$|\boldsymbol{I}|=\sqrt{p_1^2+p_2^2}=\sqrt{2\pi^2+4\pi^2}\ \text{kg}\cdot\text{m/s}=\sqrt{6}\pi\ \text{kg}\cdot\text{m/s}$$

冲量 $\boldsymbol{I}$ 的方向可由夹角 θ 确定

$$\tan\theta=\frac{p_2}{p_1}=\frac{2}{\sqrt{2}}=\sqrt{2}$$

例题 2.9　一根质量为 m、长度为 l 的均质柔软链条竖直地悬挂起来，其最底端刚好与其下方的秤盘接触。现将链条释放让其自由地落到秤盘上，如图 2.14 所示。试求链条下落长度为 x 时秤的读数。

解　依题意，链条单位长度的质量为 $\rho_l=\frac{m}{l}$，故落到秤盘上的一段链条质量为

$$\Delta m=\rho_l x=\frac{m}{l}x$$

根据题意并由自由落体运动知识可知，当链条下落长度为 x 时，未落下的部分仍在继续向下运动，此时其运动速度大小为 $v=\sqrt{2gx}$，所以在 dt 时间内，将有长度为 $dl=vdt$ 的小段链条继续落至秤盘上，该段链条的质量设为 dm，则有

$$dm=\rho_l dl=\frac{m}{l}v dt$$

图 2.14

该小段链条刚接触秤盘时速度为 v,则其动量大小应为 $dmv=\frac{m}{l}v^2 dt$,在 dt 时间内由于受秤盘作用力而使其动量变为零。设秤盘作用于质量为 dm 的小段链条的平均冲力为 N,略去 dm 所受重力,取竖直向下为坐标轴正方向,根据动量定理可得

$$-Ndt=0-\frac{m}{l}v^2 dt$$

即

$$N=\frac{m}{l}v^2=\frac{2mgx}{l}$$

由牛顿第三定律可得,dm 对秤盘的作用力大小为 $N'=N=\frac{2mgx}{l}$,方向竖直向下。

链条下落长度为 x 时秤的读数即为此刻秤盘所受链条的作用力,包括已落到秤盘上一段链条的正压力和 dm 对秤盘的作用力,即

$$F=\Delta mg+N'=\frac{m}{l}xg+\frac{2mgx}{l}=\frac{3mgx}{l}$$

从以上例题可以看出,某段时间内或某一过程中合力的冲量只与始、末状态的动量增量有关,而与过程中动量变化的细节无关,因此,在研究对象受力情况较为复杂,不便利用冲量定义直接计算其冲量时,可根据动量定理,通过其始、末状态动量求得合力的冲量。

例题 2.10　如图 2.15 所示,一质量为 m 的滑块在质量为 M 的 $\frac{1}{4}$ 圆弧形滑槽中由静止状态沿槽滑下。已知圆弧形滑槽的半径为 R,略去所有摩擦力。试求当滑块滑到槽底时,滑槽在水平方向移动的距离。

解　以质量为 m 的滑块和质量为 M 的滑槽为研究系统,根据题意可知,系统所受外力包括滑槽和滑块的重力以及地面对滑槽的支持力,这些外力的方向均沿竖直方向,而系统水平方向不受外力作用,因此系统在水平方向动量守恒。设在滑块下滑过程中,滑块相对于滑槽的速度为 v,滑槽相对于地面的速度为 V。在水平方向上,由动量守恒定律可得

$$m(v_x-V)-MV=0$$

求解上式即得速度 v 沿水平方向的分量

$$v_x=\frac{m+M}{m}V$$

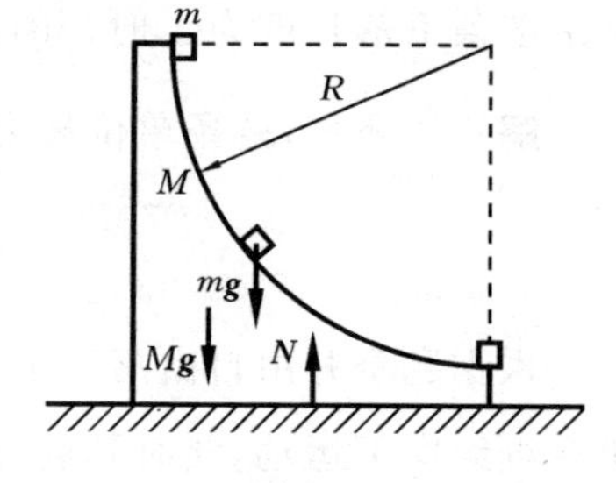

图 2.15

设滑块在滑槽上滑行的时间为 t,在水平方向相对于滑槽移动的距离为 R,即

$$R=\int_0^t v_x\mathrm{d}t=\frac{m+M}{m}\int_0^t V\mathrm{d}t$$

则滑槽在水平方向移动的距离为

$$s=\int_0^t V\mathrm{d}t=\frac{mR}{m+M}$$

例题 2.11　如图 2.16 所示，一颗质量为 m 的子弹 A 沿水平方向以速度 v 垂直穿过一细绳下悬挂的物块 B 后速度减小为原先的一半，细绳另一端固定。已知物块 B 的质量为 M，细绳长度为 l。现若使物块 B 能在竖直平面内完成一个完整的圆周运动，子弹 A 的速度 v 至少应为多大？

解　以子弹 A 和物块 B 为研究系统，并将其分别视为质点，由于系统所受外力（包括重力和细绳拉力）均为竖直方向，其水平方向所受合外力为零，故系统在水平方向满足动量守恒，由系统水平方向的动量守恒定律可得

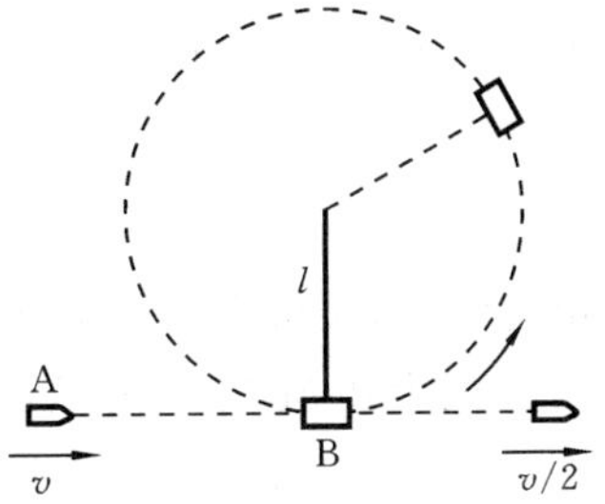

$$mv=m\frac{v}{2}+MV_0$$

图 2.16

式中，V_0 为物块被穿透后运动的初速度。

根据题意可知，物块 B 被击穿后在细绳的约束下将绕着固定点作圆周运动，而 B 刚好能够完成一个完整的圆周运动的条件为其运动至竖直方向最高点时细绳对其拉力为零，物块自身重力提供圆周运动所需的向心力，即

$$Mg=M\frac{V^2}{l}$$

式中，V 为物块被穿透后运动至最高点时的速度。又物块在作圆周运动过程中，物块和地球组成的系统满足机械能守恒定律，故有

$$\frac{1}{2}MV_0^2=\frac{1}{2}MV^2+Mg\times 2l$$

联立以上三式求解可得子弹 A 所需速度的最小值为

$$v=\frac{2M}{m}\sqrt{5gl}$$

2.5　力矩　角动量　角动量守恒定律

2.5.1　力矩

力是引起质点或平动物体运动状态发生变化的原因，而当物体绕某一转轴转动时，影响其运动状态的不仅仅是其所受合外力的作用，影响物体转动状态的三个因素为力的大小、方向和作用点的位置。例如，在用力推门的时候，如果用力的作用点位

置靠近门轴则不容易推开门;如果作用点位置远离门轴就很容易将门推开。下面引入力矩这一物理量来概括影响物体转动状态的三个因素的作用,这样,力矩便是改变物体转动状态的原因。

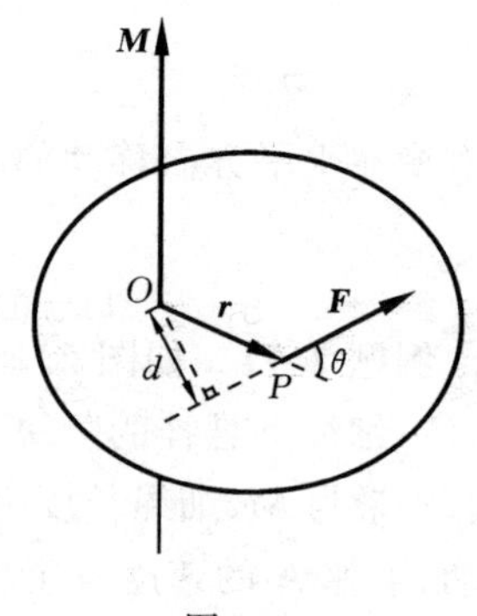

图 2.17

设转动中心(或参考点)O 到力 $\boldsymbol{F}$ 的作用点 P 的矢径为 $\boldsymbol{r}$,$\boldsymbol{r}$ 与 $\boldsymbol{F}$ 之间的夹角为 θ,如图 2.17 所示,则力矩大小 M 等于作用力大小 F 与力臂 d 的乘积,即

$$M=Fd$$

又力臂 d 与矢径大小 r 间的关系为 $d=r\sin\theta$,则上式可写为

$$M=Fr\sin\theta \tag{2.34}$$

力矩为矢量,又根据矢量矢积的运算法则,式(2.34)可演变为矢量形式,即力 $\boldsymbol{F}$ 对参考点 O 的力矩 $\boldsymbol{M}$ 等于矢径 $\boldsymbol{r}$ 与力 $\boldsymbol{F}$ 的矢积,即

$$\boldsymbol{M}=\boldsymbol{r}\times\boldsymbol{F} \tag{2.35}$$

力矩 $\boldsymbol{M}$ 的大小可用式(2.34)表示,由矢量矢积运算法则可知,力矩的方向垂直于 $\boldsymbol{r}$ 和 $\boldsymbol{F}$ 所决定的平面,且满足右手螺旋定则。

这里需要注意的是,力矩 $\boldsymbol{M}$ 是与力 $\boldsymbol{F}$ 对应的,且是对应于一定参考点的,它的大小和方向不仅与力有关,还与参考系和参考点的选取有关。除此之外,力矩并非只可应用于转动问题,对于任意运动的物体,只要确定某一参考点,都可以相应地确定它的力矩,而力矩的大小和方向则取决于作用力和所选取的参考点。

合力对某一参考点的力矩等于各个分力对同一参考点力矩的矢量和,即

$$\boldsymbol{M}=\boldsymbol{r}\times\sum_i\boldsymbol{F}_i=\sum_i(\boldsymbol{r}\times\boldsymbol{F}_i)=\sum_i\boldsymbol{M}_i \tag{2.36}$$

力矩的普遍意义应归结为力对参考点的力矩。而力对过参考点某转轴的力矩只不过是力对参考点的力矩在此轴上的投影,它与轴上参考点的位置无关,此时,表现为对轴的性质。因此,讨论力矩时必须事先明确是对点还是对轴。

2.5.2 角动量

通过前面的学习,可以知道力是改变质点运动状态的原因,质点在力的作用下,经过一段时间的积累,造成描述其运动状态的物理量即动量的变化。同样,当质点相对于空间某一点转动时,力矩是改变其转动状态的原因,此时,可以用另一个物理量来描述质点的转动状态,即角动量,也称为动量矩,通常用 $\boldsymbol{L}$ 表示。质点相对于所选参考点的角动量等于其相对于参考点的位矢 $\boldsymbol{r}$ 与其动量 $\boldsymbol{p}$ 的矢积,即

$$\boldsymbol{L}=\boldsymbol{r}\times\boldsymbol{p}=\boldsymbol{r}\times m\boldsymbol{v} \tag{2.37}$$

角动量的大小为

$$L=rp\sin\theta=rmv\sin\theta \tag{2.38}$$

角动量方向的确定与力矩方向确定方法类似，符合右手螺旋定则。

角动量的应用较为广泛，大到宏观天体运动，小到质子、电子等微观粒子的运动，都需要利用它来描述。例如，电子绕核运动时具有轨道角动量，电子本身自旋运动时则利用自旋角动量来描述。

质点系对于参考点的角动量等于其内部各质点对于参考点的角动量的矢量和，可写成

$$\boldsymbol{L} = \sum_i \boldsymbol{r}_i \times \boldsymbol{p}_i = \sum_i \boldsymbol{r}_i \times m\boldsymbol{v}_i \tag{2.39}$$

质点（或质点系）相对于某参考点的角动量为矢量，它不仅与参考系的选取有关，还依赖于参考点的位置。如果只考虑一个分量，例如，沿 z 轴的分量，则 L_z 与参考点选在 z 轴上的哪一点无关，L_z 便是相对于 z 轴的角动量。

2.5.3 角动量定理

质点的角动量定理可由牛顿第二定律导出。由牛顿第二定律有

$$\boldsymbol{F}=m\boldsymbol{a}=m\frac{\mathrm{d}\boldsymbol{v}}{\mathrm{d}t}=\frac{\mathrm{d}(m\boldsymbol{v})}{\mathrm{d}t}$$

故有

$$\boldsymbol{r}\times\boldsymbol{F}=\boldsymbol{r}\times\frac{\mathrm{d}(m\boldsymbol{v})}{\mathrm{d}t}$$

又

$$\frac{\mathrm{d}(\boldsymbol{r}\times m\boldsymbol{v})}{\mathrm{d}t}=\left(\frac{\mathrm{d}\boldsymbol{r}}{\mathrm{d}t}\right)\times m\boldsymbol{v}+\boldsymbol{r}\times\frac{\mathrm{d}(m\boldsymbol{v})}{\mathrm{d}t}=\boldsymbol{r}\times\frac{\mathrm{d}(m\boldsymbol{v})}{\mathrm{d}t}$$

因此

$$\boldsymbol{r}\times\boldsymbol{F}=\frac{\mathrm{d}(\boldsymbol{r}\times m\boldsymbol{v})}{\mathrm{d}t}$$

即

$$\boldsymbol{M}=\frac{\mathrm{d}\boldsymbol{L}}{\mathrm{d}t} \tag{2.40}$$

式(2.40)表明，质点相对于参考点的角动量随时间的变化率等于作用于质点的合力对该点的力矩，这就是质点对参考点的角动量定理。

对于质点系来说，其力矩等于所有内力和外力力矩的矢量和，而由于内力总是成对出现并互为作用力与反作用力，即所有内力矩的矢量和为零，故有

$$\boldsymbol{M} = \sum_i \boldsymbol{M}_{i内} + \sum_i \boldsymbol{M}_{i外} = \sum_i \boldsymbol{M}_{i外}$$

再由式(2.40)可知

$$\sum_i \boldsymbol{M}_{i外} = \frac{\mathrm{d}\boldsymbol{L}}{\mathrm{d}t} \tag{2.41}$$

式(2.41)表明，质点系对于参考点的角动量随时间的变化率等于外力对该点的力矩的矢量和，这就是质点系对参考点的角动量定理。

角动量定理不仅要求力矩和角动量相对于同一参考系的同一参考点，且要求该参考点始终保持不变。该定理为矢量式，若向 z 轴投影，即得质点（或质点系）对 z 轴的角动量定理。

2.5.4 角动量守恒定律

由式(2.40)可知,当 $\boldsymbol{M}=\boldsymbol{0}$ 时,$\frac{\mathrm{d}\boldsymbol{L}}{\mathrm{d}t}=\boldsymbol{0}$,即 $\boldsymbol{L}=$ 恒矢量。这就表明,如果作用于质点的合力对参考点的力矩始终为零,则质点对该点的角动量保持不变,此即质点对参考点的角动量守恒定律。

再由式(2.41)可知,当 $\sum_i \boldsymbol{M}_{i外}=\boldsymbol{0}$ 时,有 $\frac{\mathrm{d}\boldsymbol{L}}{\mathrm{d}t}=\boldsymbol{0}$,即 $\boldsymbol{L}=$ 恒矢量。可见,若外力对参考点的力矩的矢量和始终为零,则质点系对该点的角动量保持不变,这就是质点系对参考点的角动量守恒定律。

这里需要注意的是,合力矩为零可有两种情况,一种是合外力为零,另一种是合外力不为零但通过参考点。质点运动过程中,始终通过参考点的作用力称为有心力,此时的参考点称为力心。可见,有心力对力心的力矩始终为零,仅在有心力作用下运动的质点对该力心的角动量一定守恒,这种情况下,质点将被限制在与角动量方向垂直的平面内运动。此外,由于角动量是对于所选参考点来说的,故角动量守恒与否也与参考点的选取有关,对于某一参考点满足角动量守恒并不意味着对于其他参考点也能满足。

若 $\boldsymbol{M}\left(或\sum_i \boldsymbol{M}_{i外}\right)$ 在某方向(如 z 轴)的分量始终为零,则质点(或质点系)对该方向的角动量保持不变。

例题 2.12 如图 2.18 所示,在阶梯形滑轮上绕有两条绳,绳下悬有两重物,质量分别为 m_1 和 m_2,且 $m_1>m_2$,滑轮半径分别为 r_1 和 r_2,释放后 m_1 向下运动。不计滑轮和绳子的质量,不计绳子的伸长,不计轴承摩擦力。试求滑轮的角加速度。

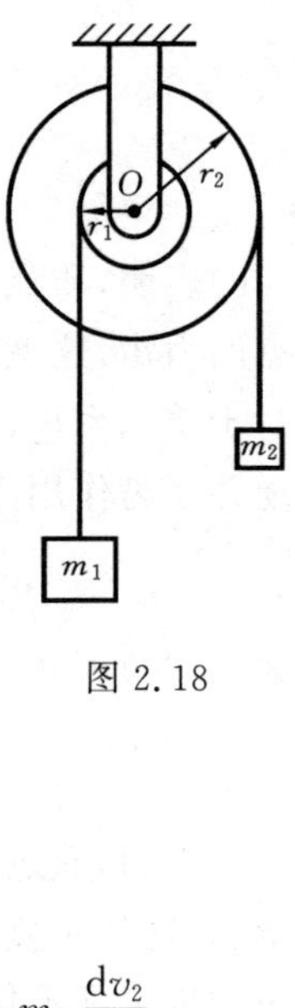

解 以两重物为研究对象。根据题意并由力矩的定义可得该系统对参考点 O 的合外力矩大小为

$$M=r_1m_1g-r_2m_2g$$

由右手螺旋定则可知,力矩方向垂直纸面向外。

再由角动量的定义可得系统对参考点 O 的角动量为

$$L=r_1m_1v_1+r_2m_2v_2$$

图 2.18

由质点系角动量定理可得

$$M=\frac{\mathrm{d}L}{\mathrm{d}t}$$

即

$$r_1m_1g-r_2m_2g=\frac{\mathrm{d}(r_1m_1v_1+r_2m_2v_2)}{\mathrm{d}t}=r_1m_1\frac{\mathrm{d}v_1}{\mathrm{d}t}+r_2m_2\frac{\mathrm{d}v_2}{\mathrm{d}t}$$

$$=r_1m_1\frac{\mathrm{d}(\omega r_1)}{\mathrm{d}t}+r_2m_2\frac{\mathrm{d}(\omega r_2)}{\mathrm{d}t}=(m_1r_1^2+m_2r_2^2)\frac{\mathrm{d}\omega}{\mathrm{d}t}$$

从而解得滑轮的角加速度为

$$\alpha=\frac{\mathrm{d}\omega}{\mathrm{d}t}=\frac{(m_1r_1-m_2r_2)g}{m_1r_1^2+m_2r_2^2}$$

例题 2.13　如图 2.19 所示，水平放置的光滑桌面中间有一光滑的小孔，轻绳一端伸入孔中，另一端系一质量为 10 g 的小球，小球沿半径为 40 cm 的圆周作匀速圆周运动，这时从小孔下拉绳的力为 10^{-3} N。如果继续向下拉绳，并使小球沿半径为 10 cm 的圆周作匀速圆周运动，这时小球的速度为多少？拉力所做的功是多少？

解　以小球为研究对象。根据题意，由于轻绳作用在小球上的力始终通过小孔即圆周运动的中心，为有心力，故小球受轻绳的拉力对小孔的力矩始终为零。因此，在小球整个运动过程中角动量守恒。设小球质量为 m，圆周运动半径为 $r_0=40$ cm 时其运动速度为 v_0，轻绳拉力为 F；圆周运动半径为 $r=10$ cm 时其运动速度为 v。于是由角动量守恒定律可得

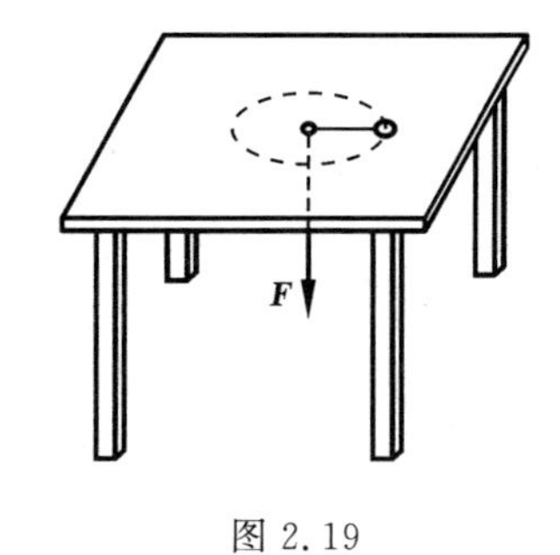

图 2.19

$$mv_0r_0=mvr$$

又由于轻绳对小球的拉力等于小球圆周运动的向心力，故有

$$F=\frac{mv_0^2}{r_0}$$

联立以上两式即得

$$v=\sqrt{\frac{Fr_0}{m}}\frac{r_0}{r}=0.8\ \mathrm{m/s}$$

再由质点动能定理可得轻绳拉力所做的功为

$$A=\frac{1}{2}mv^2-\frac{1}{2}mv_0^2=\frac{1}{2}m\frac{Fr_0^3}{mr^2}-\frac{1}{2}m\frac{Fr_0}{m}=\frac{1}{2}F\left(\frac{r_0^3}{r^2}-r_0\right)=3.0\times10^{-3}\ \mathrm{J}$$

*2.6　碰　撞

两个或多个物体在运动过程中相互靠近或发生接触时，物体之间在很短的时间内发生相互作用，且相互作用一般较为强烈，这就是碰撞。碰撞的含义较为广泛，包括日常生活中常见的宏观物体之间的碰撞，如交通事故中汽车之间的碰撞，台球运动中本球与目标球之间的碰撞；还包括微观粒子之间的碰撞，如两个带同性电荷的微观粒子相互靠近时，由于它们之间的库仑力相互作用而产生强烈的斥力，在它们接触之前就相互偏离原来的运动方向而分离开来，这种碰撞是非接触式的，常称为散射。两个物体发生碰撞时产生巨大的瞬时相互作用力，物体所受其他作用力一般远远小于这种作用力而被略去不计，故在处理碰撞问题时，常将相互碰撞的物体作为一个系统来考虑，这样系统可被看做只有瞬时相互作用的内力，可利用动量守恒定律来解决问题。

为了简单起见,下面以两球的碰撞为例来讨论碰撞问题。若两个小球碰撞前的速度方向均在其中心连线上,而碰撞后的速度方向也都在这一连线上,这样的碰撞称为正碰撞或对心碰撞,如图 2.20 所示。

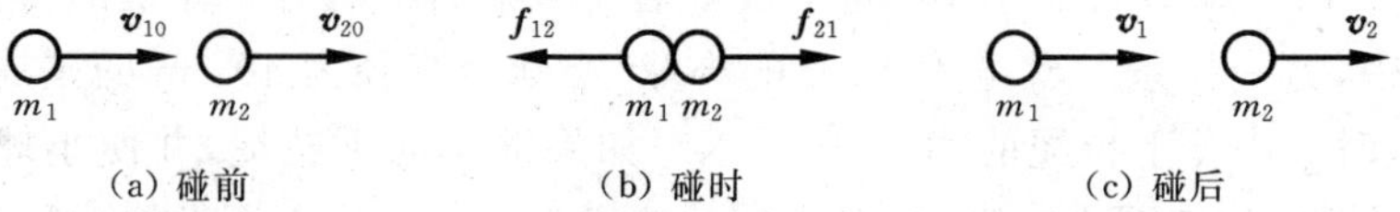

(a) 碰前　(b) 碰时　(c) 碰后

图 2.20

在正碰过程中,要想确定小球碰撞后的速度,需要两个独立的动力学方程。在略去外力的情况下,动量守恒提供一个方程,另一个方程则需由碰撞过程中的能量关系提供,即

$$m_1 v_1 + m_2 v_2 = m_1 v_{10} + m_2 v_{20} \tag{2.42}$$

$$\sum A_{内} = \left(\frac{1}{2} m_1 v_1^2 + \frac{1}{2} m_2 v_2^2\right) - \left(\frac{1}{2} m_1 v_{10}^2 + \frac{1}{2} m_2 v_{20}^2\right) \tag{2.43}$$

在内力性质没有确定之前, 内力做功 $\sum A_{内}$ 无法确定,由式(2.42)和式(2.43)还不能完全确定两小球碰撞后的速度。下面可以根据内力做功情况将正碰撞大致分为三类:如果两球碰撞前后机械能没有损失,即内力做功 $\sum A_{内} = 0$, 这种碰撞称为完全弹性碰撞,这是理想的情形;如果两球碰撞后以同一速度运动且不再分开,这种碰撞所对应的 $\left|\sum A_{内}\right|$ 有最大值,称为完全非弹性碰撞;介于这两者之间的碰撞,即两球在碰撞时损失了一部分机械能,称为非完全弹性碰撞。下面将就这三类碰撞形式分别作简要讨论。

2.6.1 完全弹性碰撞

将 $\sum A_{内} = 0$ 代入式(2.43)并与式(2.42)联立求解可得

$$v_{10} - v_{20} = v_2 - v_1 \tag{2.44}$$

式(2.44)等号左边表达式代表碰撞前质量为 m_1 的小球相对于质量为 m_2 的小球的速度,也称为碰撞前两小球的相对接近速度;等号右边则为碰撞后质量为 m_1 的小球相对于质量为 m_2 的小球的速度的负值,也称为碰撞后两小球的相对分离速度。可见,式(2.44)表明完全弹性碰撞前后,两质点的相对速度大小不变、方向相反,这就是完全弹性碰撞的运动特征。

由式(2.42)与式(2.44)联立求解即得两小球碰撞后速度

$$\begin{cases} v_1 = \dfrac{(m_1 - m_2) v_{10} + 2 m_2 v_{20}}{m_1 + m_2} \\[2ex] v_2 = \dfrac{(m_2 - m_1) v_{20} + 2 m_1 v_{10}}{m_1 + m_2} \end{cases} \tag{2.45}$$

这里有以下两种特例。

(1) 两球质量相等,即 $m_1=m_2$,代入式(2.45)即得

$$v_1=v_{20},\quad v_2=v_{10}$$

可见,两质量相等的小球经过完全弹性碰撞后彼此交换速度。若质量为 m_2 的小球碰撞前为静止状态,则当质量为 m_1 的小球与其相撞后便会停下来,而将速度传递给它。

(2) 两球质量不等,质量为 m_2 的小球碰撞前为静止状态,即 $v_{20}=0$,则由式(2.45)可得

$$v_1=\frac{(m_1-m_2)v_{10}}{m_1+m_2},\quad v_2=\frac{2m_1 v_{10}}{m_1+m_2}$$

若 $m_1\ll m_2$,则有

$$v_1\approx -v_{10},\quad v_2\approx 0$$

可见,当质量有限的物体与一质量极大的静止物体发生完全弹性碰撞时,碰撞后,大质量物体几乎保持原来的静止状态,而小质量物体碰撞前后的速度相反,大小几乎不变。例如,皮球竖直地落到地面后几乎以同样的速度反弹回来,气体分子与器壁垂直相碰后也是如此情形。

2.6.2　完全非弹性碰撞

完全非弹性碰撞的运动特征是两球碰撞后以共同的速度 v 运动,即

$$v_1=v_2=v \tag{2.46}$$

由式(2.42)和式(2.46)联立可解得两球碰撞后的共同速度为

$$v=\frac{m_1 v_{10}+m_2 v_{20}}{m_1+m_2}$$

若用 ΔE_k 表示碰撞前后动能的损失,则有

$$\Delta E_k=-\sum A_{内}'=\left(\frac{1}{2}m_1 v_{10}^2+\frac{1}{2}m_2 v_{20}^2\right)-\frac{1}{2}(m_1+m_2)v^2$$

$$=\frac{m_1 m_2(v_{10}-v_{20})^2}{2(m_1+m_2)}$$

上式表明,在 m_1、m_2、v_{10} 和 v_{20} 相同的条件下,两质点相向碰撞与同向碰撞相比,可以把更多的机械能转换为其他形式的能量。

2.6.3　非完全弹性碰撞

在非完全弹性碰撞中,碰撞后两小球分开,但有残留形变,机械能不守恒。此时,要确定碰撞后两小球的速度,则需要知道碰撞过程中机械能的损失或与之等价的一个条件。牛顿在总结了实验结果的基础上提出一条碰撞定律,即由一定物质制成的两个小球,碰撞后相对分离速度 v_2-v_1 与碰撞前的相对接近速度 $v_{10}-v_{20}$ 成正比,可表示为

$$v_2-v_1=e(v_{10}-v_{20})$$

或
$$e=\frac{v_2-v_1}{v_{10}-v_{20}} \tag{2.47}$$

式中,比例系数 e 称为恢复系数,它由两球的材料性质决定,而与两球的质量及初速度无关。式(2.47)不仅能够反映非完全弹性碰撞的运动特征,还可把另外两种碰撞概括进去。对于完全弹性碰撞,$e=1$;对于完全非弹性碰撞,$e=0$,这恰好是两种极限。而对于一般情形的非完全弹性碰撞,恢复系数则处于两种极限情形之间,即$0<e<1$。

若恢复系数 e 已知,则可由式(2.42)和式(2.47)联立解得非完全弹性碰撞时两球碰撞后的速度

$$v_1=v_{10}-\frac{m_2(1+e)(v_{10}-v_{20})}{m_1+m_2}$$

$$v_2=v_{20}+\frac{m_1(1+e)(v_{10}-v_{20})}{m_1+m_2}$$

进而可求得碰撞过程中的动能损失

$$\Delta E_k=-\sum A_{内}=\frac{m_1m_2(1-e^2)(v_{10}-v_{20})^2}{2(m_1+m_2)}$$

例题 2.14 如图 2.21 所示,两根绳上挂有质量相等的两个小球,两球碰撞时的恢复系数 $e=0.5$。球 A 由静止状态释放并撞击球 B,刚好能使球 B 到达与绳成水平的位置。试求悬挂球 A 的绳释放前与铅直方向的夹角 θ。

解 以地球为参考系,该问题可分为三个过程。

碰撞前:球 A 由静止状态释放并下落至铅直位置还未与球 B 相撞。此时,球 A 的速度大小设为 v,方向沿水平方向向左。

取球 A 与地球为系统。根据题意可知,球 A 所受重力为保守内力,拉力 $\boldsymbol{T}$ 不做功,系统机械能守恒。取球 A 和球 B 所在最低点(铅直位置)为重力势能零点,则由质点系机械能守恒定律可得

$$\frac{1}{2}mv^2=mg\times 2L(1-\cos\theta)$$

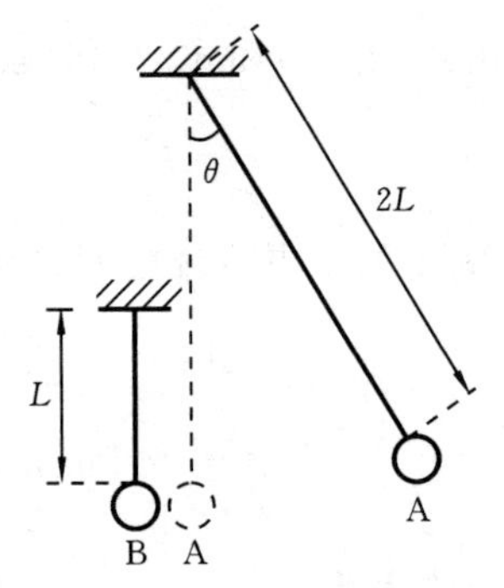

图 2.21

碰撞时:球 A 和球 B 发生非完全弹性碰撞。取球 A 和球 B 为系统,则相互作用的冲力为内力,且内力作用远远大于合外力作用,因而可利用系统在水平方向动量守恒求其近似解。设碰撞后球 A 和球 B 的速度分别为 v_A 和 v_B,且方向均向左,以速度向左为正方向,则由质点系动量守恒定律可得

$$mv_A+mv_B=mv$$

又由恢复系数定义可得

$$e=\frac{v_B-v_A}{v-0}=\frac{v_B-v_A}{v}$$

碰撞后：球B由铅直位置最低点刚好到达与绳成水平的位置。取球B和地球为系统，球B所受重力为保守内力，拉力$\boldsymbol{T}'$不做功，系统的机械能守恒。仍取球A和球B所在最低点为重力势能零点，则由质点系机械能守恒定律可得

$$mgL=\frac{1}{2}mv_B^2$$

联立以上各式并将$e=0.5$代入可求得

$$\cos\theta=1-\frac{2}{(1+e)^2}=\frac{1}{9}$$

即
$$\theta=83°37'$$

例题 2.15　如图2.22所示，在劲度系数为k的弹簧下挂有一质量为M的盘，一质量为m的铅块由距盘底高为h处自由落下，并与盘作完全非弹性碰撞。弹簧的质量略去不计，空气阻力不计。试求弹簧的最大伸长量。

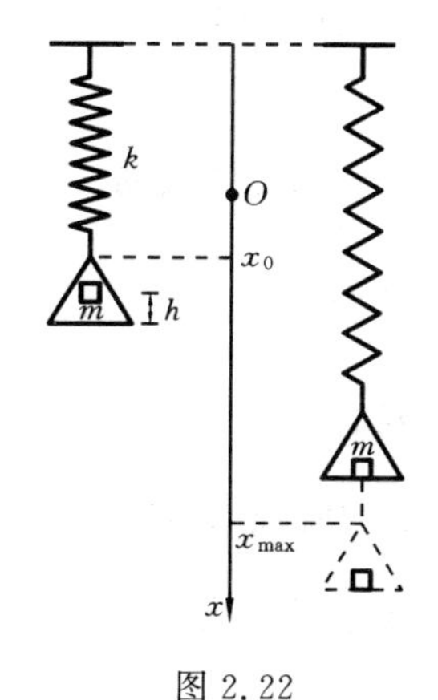

图 2.22

解　以地球为参考系，取弹簧自然长度的端点为坐标原点O，竖直向下为x轴正方向。该问题可分为三个过程。

碰撞前：弹簧在挂上盘M而具有一定伸长x_0后静止，铅块m作自由落体运动。对盘来说，有

$$Mg-kx_0=0$$

以m和地球为研究对象，取盘所处的水平面为重力势能零点，设m下落距离h后速度为v_0，则由质点系机械能守恒定律，有

$$\frac{1}{2}mv_0^2=mgh$$

碰撞时：以铅块m和盘M为研究对象。该系统同时受竖直向下的重力和竖直向上的弹簧拉力作用，由于短暂的碰撞过程中m和M之间的相互作用内力远远大于上述两个外力，因而系统可看做动量守恒。设m和M碰撞后的共同速度为v，由质点系动量守恒可得

$$(m+M)v=mv_0$$

碰撞后：以铅块m、盘M、弹簧及地球为研究对象。碰撞后m和M在重力和弹性力的作用下运动，一开始，向下的重力大于向上的弹性力，m和M一起向下加速运动；随着弹簧被拉长，弹性力增大，当弹性力和重力相等时，m和M的运动速度（动能）达最大值；此后，弹簧继续被拉长，弹性力继续增大，而重力保持不变，m和M作减速运动，直到速度（动能）为零，此时弹簧具有最大伸长量x_{max}。在此过程中，悬挂点对弹簧所施加的力（外力）不做功，系统内部无非保守力，故系统机械能守恒。取弹簧自然长度的端点O为弹性势能和重力势能零点，则由质点系机械能守恒定律可得

$$\frac{kx_{\max}^2}{2}-(m+M)gx_{\max}=\frac{kx_0^2}{2}-(m+M)gx_0+\frac{(m+M)v^2}{2}$$

联立以上各式求解即得弹簧的最大伸长量为

$$x_{\max}=\frac{(m+M)g}{k}+\frac{mg}{k}\sqrt{1+\frac{2kh}{(m+M)g}}$$

提　　要

1. 功和功率

恒力沿直线做功　　$A=\boldsymbol{F}\cdot\Delta\boldsymbol{r}$

变力沿曲线做功　　$A=\int \mathrm{d}A=\int_{r_0}^{r_1}\boldsymbol{F}\cdot\mathrm{d}\boldsymbol{r}$

平均功率　　$\overline{P}=\frac{\Delta A}{\Delta t}$

瞬时功率　　$P=\lim\limits_{\Delta t\to 0}\frac{\Delta A}{\Delta t}=\frac{\mathrm{d}A}{\mathrm{d}t}=\frac{\boldsymbol{F}\cdot\mathrm{d}\boldsymbol{r}}{\mathrm{d}t}=\boldsymbol{F}\cdot\boldsymbol{v}=Fv\cos\theta$

2. 动能和势能

质点的动能　　$E_{\mathrm{k}}=\frac{1}{2}mv^2$

质点的动能定理　　$A=E_{\mathrm{k}}-E_{\mathrm{k0}}=\frac{mv^2}{2}-\frac{mv_0^2}{2}$

质点系的动能　　$\sum\limits_i E_{\mathrm{k}i}=\sum\limits_i\frac{m_iv_i^2}{2}$

质点系的动能定理

$$\sum_i A_{i外}+\sum_i A_{i内}=\sum_i E_{\mathrm{k}i}-\sum_i E_{\mathrm{k}i0}=\sum_i\frac{m_iv_i^2}{2}-\sum_i\frac{m_iv_{i0}^2}{2}$$

重力势能　　$E_{\mathrm{p}}=mgh$　(通常选地面为势能零点)

弹性势能　　$E_{\mathrm{p}}=\frac{1}{2}kx^2$　(通常选弹簧保持原长时质点所处位置为势能零点)

引力势能　　$E_{\mathrm{p}}=-G\frac{mM}{r}$　(通常选无穷远处为势能零点)

势能增量与保守力做功间的关系　　$E_{\mathrm{p}}-E_{\mathrm{p0}}=-A_{保}$

3. 机械能守恒定律

质点系的机械能定理　　$\sum\limits_i A_{i外}+\sum\limits_i A_{i内非}=\sum\limits_i(E_{\mathrm{k}i}+E_{\mathrm{p}i})-\sum\limits_i(E_{\mathrm{k}i0}+E_{\mathrm{p}i0})$

质点系的机械能守恒定律

当$\sum\limits_i A_{i外}=0$且$\sum\limits_i A_{i内非}=0$时　　$\sum\limits_i(E_{\mathrm{k}i}+E_{\mathrm{p}i})=$恒量

4. 冲量　动量　动量守恒定律

恒力的冲量　$$\boldsymbol{I}=\boldsymbol{F}(t-t_0)=\boldsymbol{F}\Delta t$$

变力的冲量　$$\boldsymbol{I}=\int_{t_0}^{t}\boldsymbol{F}\mathrm{d}t$$

合力的冲量　$$\boldsymbol{I}=\int_{t_0}^{t}\left(\sum_i\boldsymbol{F}_i\right)\mathrm{d}t=\sum_i\int_{t_0}^{t}\boldsymbol{F}_i\mathrm{d}t=\sum_i\boldsymbol{I}_i$$

质点的动量　$$\boldsymbol{p}=m\boldsymbol{v}$$

质点的动量定理　$$\boldsymbol{I}=\int_{t_0}^{t}\boldsymbol{F}\mathrm{d}t=\int_{\boldsymbol{p}_0}^{\boldsymbol{p}}\mathrm{d}\boldsymbol{p}=\boldsymbol{p}-\boldsymbol{p}_0$$

质点系的动量　$$\sum_i\boldsymbol{p}_i=\sum_i m_i\boldsymbol{v}_i$$

质点系的动量定理　$$\int_{t_0}^{t}\left(\sum_i\boldsymbol{F}_{外i}\right)\mathrm{d}t=\sum_i\boldsymbol{p}_i-\sum_i\boldsymbol{p}_{i0}$$

质点的动量守恒定律

$$\boldsymbol{p}=m\boldsymbol{v}=\text{恒矢量}\quad(\text{当质点所受合外力}\ \boldsymbol{F}\ \text{为零时})$$

质点系的动量守恒定律

$$\sum_i\boldsymbol{p}_i=\sum_i m_i\boldsymbol{v}_i=\text{恒矢量}\quad\left(\sum_i\boldsymbol{F}_{外i}=\boldsymbol{0}\ \text{时}\right)$$

5. 力矩　角动量　角动量守恒定律

力矩　$$\boldsymbol{M}=\boldsymbol{r}\times\boldsymbol{F}$$

质点的角动量　$$\boldsymbol{L}=\boldsymbol{r}\times\boldsymbol{p}=\boldsymbol{r}\times m\boldsymbol{v}$$

质点系的角动量　$$\boldsymbol{L}=\sum_i\boldsymbol{r}_i\times\boldsymbol{p}_i=\sum_i\boldsymbol{r}_i\times m\boldsymbol{v}_i$$

质点对参考点的角动量定理　$$\boldsymbol{M}=\frac{\mathrm{d}\boldsymbol{L}}{\mathrm{d}t}$$

质点系对参考点的角动量定理　$$\sum_i\boldsymbol{M}_{i外}=\frac{\mathrm{d}\boldsymbol{L}}{\mathrm{d}t}$$

质点角动量守恒定律

$$\frac{\mathrm{d}\boldsymbol{L}}{\mathrm{d}t}=\boldsymbol{0},\quad\text{即}\quad\boldsymbol{L}=\text{恒矢量}\quad(\text{当}\ \boldsymbol{M}=\boldsymbol{0}\ \text{时})$$

质点系角动量守恒定律

$$\frac{\mathrm{d}\boldsymbol{L}}{\mathrm{d}t}=\boldsymbol{0},\quad\text{即}\quad\boldsymbol{L}=\text{恒矢量}\quad\left(\text{当}\sum_i\boldsymbol{M}_{i外}=\boldsymbol{0}\ \text{时}\right)$$

***6. 碰撞**

恢复系数(牛顿碰撞定律)　$$e=\frac{v_2-v_1}{v_{10}-v_{20}}$$

完全弹性碰撞　$e=1$

完全非弹性碰撞　$e=0$

非完全弹性碰撞　$0<e<1$

思 考 题

2.1 两个相互作用的物体 A 和 B,若 A 对 B 做正功,则 B 对 A 做负功,作用力的功在数值上恒等于反作用力的功,因而这一对力做的功之和恒为零。你认为这种说法正确么?请举例说明。

2.2 有两个弹簧 A 和 B,它们的劲度系数分别为 k_A 和 k_B,且有 $k_A > k_B$。下列两种情况下拉伸弹簧的过程中,拉力对哪个弹簧做的功更多?

(1) 用力将弹簧拉伸同样的距离;

(2) 用同样的力将两个弹簧拉伸到某个长度。

2.3 力的功是否与所选择的参考系有关?为什么?

2.4 "由于作用于质点系内所有质点上的一切内力的矢量和恒等于零,所以内力不能改变质点系的总动能。"你觉得这种说法是否正确?为什么?你能举出几个内力改变质点系总动能的例子么?

2.5 为什么重力势能有正有负,弹性势能只有正值,而引力势能只有负值?

2.6 人从静止开始步行,如鞋底不在地面上打滑,作用于鞋底的摩擦力是否做功?人体的动能是从哪里来的?分析这个问题应该用动能定理还是用能量守恒定律更为方便?

2.7 如图 2.23 所示,两个由轻质弹簧和小球组成的系统,都放在光滑的水平面上,现拉长弹簧后松手。在小球来回运动的过程中,对所选的参考系,两系统的动量是否都改变?动能是否都改变?机械能呢?

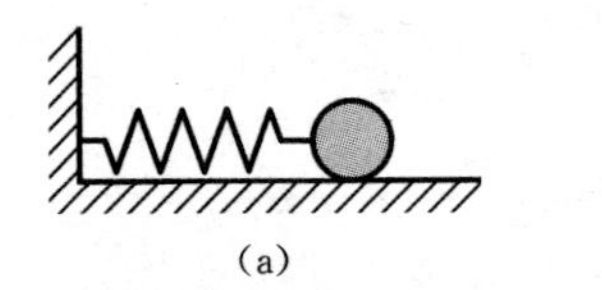
(a)

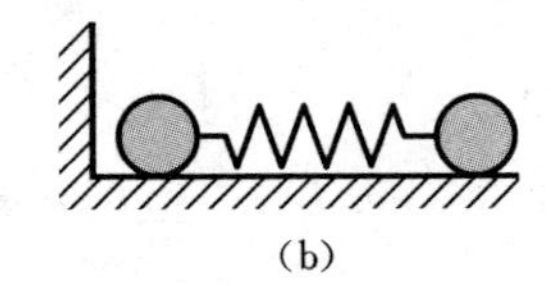
(b)

图 2.23

2.8 篮球运动中传接球时,接球运动员在手接触皮球以后总会向后收缩一小段距离,其目的何在?你能用所学知识加以解释么?

2.9 动量守恒定律和机械能守恒定律成立的前提分别是什么?如果系统动量守恒则其机械能是否一定守恒?反之,如果系统机械能守恒是否意味着其动量一定守恒?

2.10 能否利用放置在小船上的风扇扇动空气而使小船前行?为什么?

2.11 体重和身高均相同的两个人甲和乙分别用双手握住跨过无摩擦的轻滑轮的轻质绳子的各一端。他们由静止开始向上爬,经过一段时间,甲相对于绳子的速度是乙相对于绳子的速度的 3 倍,请问他们谁先到达顶点?请用所学知识加以解释。

2.12 在匀速圆周运动中,质点的动量是否守恒?角动量呢?

2.13 地球绕太阳公转的轨道为椭圆形,太阳位于椭圆的一个焦点,请问地球与太阳组成的系统的角动量是否守恒?地球位于近日点和远日点的公转速度哪个更大?为什么?

习 题

2.1 质量为 $m=2$ kg 的质点在力 $\boldsymbol{F}=12t\boldsymbol{i}$ 作用下由静止状态开始沿 x 轴作直线运动,试求开

始 3 s 内该力所做的功。

2.2　一质量为 3.0 kg 的质点受沿 x 轴正方向的力的作用而作直线运动，已知质点的运动方程为 $x=3t-4t^2+t^3$。试求：

(1) 力在最初 4 s 内所做的功；

(2) 在 $t=1$ s 时，力的瞬时功率。

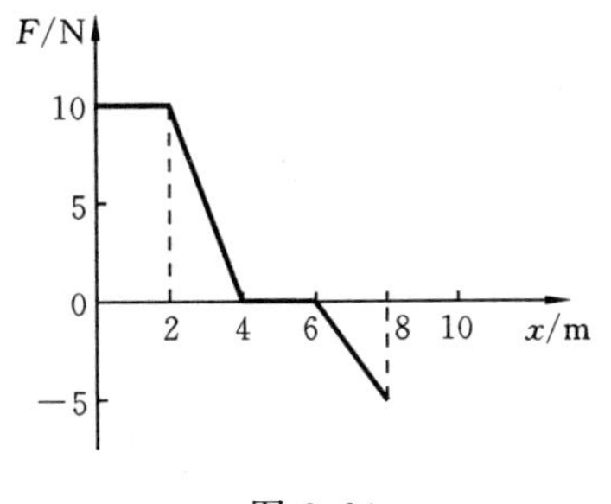

图 2.24

2.3　在一变力作用下，质量为 5.0 kg 的木块在光滑水平面上作直线运动，力随位置变化关系如图 2.24 所示。试问：

(1) 木块从原点运动至 $x=8.0$ m 处，作用于木块的力所做的功为多少？

(2) 如果木块通过原点时的速率为 4.0 m/s，则通过 $x=8.0$ m 处时，它的速度为多大？

2.4　一辆卡车沿着斜坡以 15 km/h 的速度向上行驶，斜坡与水平面夹角的正切为 $\tan\alpha=0.02$，卡车所受阻力等于卡车重量的 0.04 倍。试问：如果卡车以同样的功率匀速下坡，它的速度应为多少？

2.5　如图 2.25 所示，劲度系数为 k 的弹簧一端固定于墙上，另一端与一质量为 m_1 的木块 A 相接，A 又与质量为 m_2 的木块 B 通过一段不可伸长的轻绳相连，整个系统放置在光滑的水平面上。现以不变的力 $\boldsymbol{F}$ 向右拉木块 B，使 B 从平衡位置由静止状态开始运动。试求木块 A 和木块 B 组成的系统所受合外力为零时两木块的速度，以及此过程中绳的拉力 $\boldsymbol{T}$ 对 A 所做的功和恒力 $\boldsymbol{F}$ 对 B 所做的功。

2.6　如图 2.26 所示，劲度系数为 $k=8.9$ N/m 的弹簧一端固定在天花板上，另一端竖直悬挂着质量分别为 $m_1=500$ g 和 $m_2=300$ g 的两个物体。开始时两物体都处于静止状态，现突然撤除质量为 m_2 的物体，试求质量为 m_1 的物体运动的最大速度。

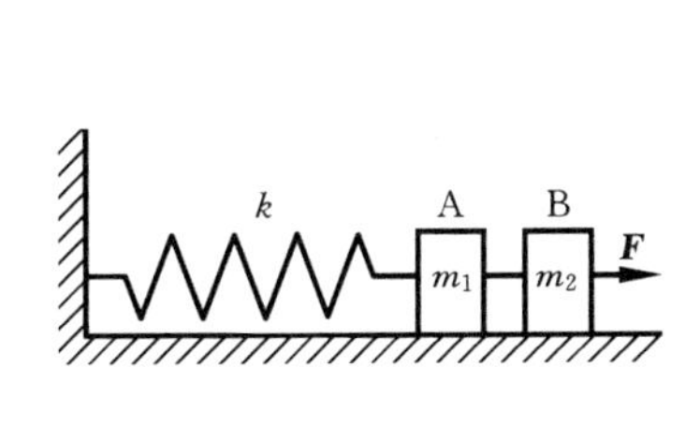

图 2.25

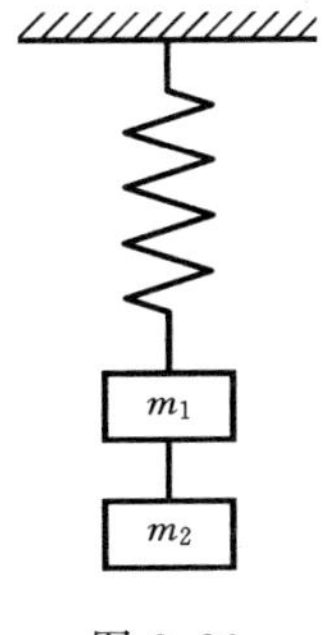

图 2.26

2.7　一质量为 5.6 g 的子弹 A 以 501 m/s 的速度水平射入一静止在水平面上的质量为 2 kg 的木块 B 内，A 射入 B 后，B 向前移动了 50 cm 后停止。试求：

(1) B 与水平面间的摩擦因数；

(2) B 对 A 所做的功；

(3) A 对 B 所做的功；

(4) 比较一下 B 对 A 所做的功和 A 对 B 所做的功，看它们是否相同，为什么？

2.8　倾角为 45°的光滑斜面上有一质量为 0.5 kg 的物块，物块由静止状态往下滑动 3 m 后与一弹簧接触并压缩弹簧。已知弹簧的劲度系数为 400 N/m,试求弹簧的最大压缩量。

2.9　落锤打桩的示意图如图 2.27 所示。设锤和桩的质量分别为 m_1 和 m_2,锤的下落高度为 h。假设地基的阻力为常数 R,试求每次落锤木桩被打进土中的深度 d。

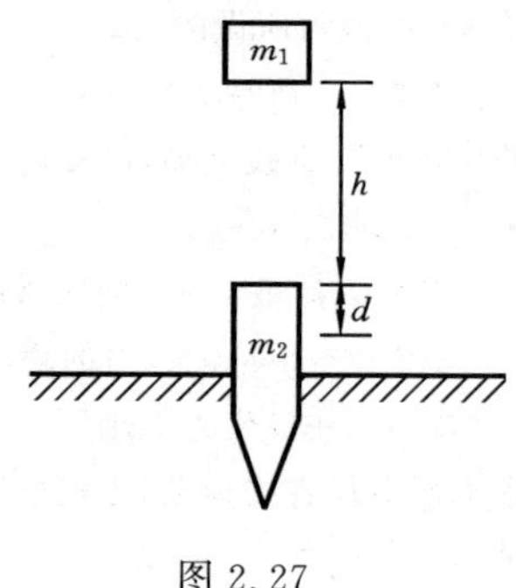

图 2.27

2.10　气球下悬挂一软梯,气球和软梯的总质量为 M,软梯上站一质量为 m 的人,它们在气球所受浮力 F 的作用下共同加速上升。若人以相对于软梯的加速度 a_r 向上爬,试问气球的加速度。

2.11　在质量为 M 的木腔内连接一劲度系数为 k 的轻弹簧,如图 2.28 所示。开始时,木腔保持静止状态,弹簧被压缩了 x,质量为 m 的小物体紧靠着弹簧并保持静止状态。试求弹簧释放后木腔的速度及小物体与木腔的动能之比(略去小物体与木腔间的摩擦力)。

2.12　如图 2.29 所示,一质量为 M 的木块高为 h,木块的曲面在 B 点处与水平面相切。质量为 m 的小滑块自木块顶端由静止状态下滑(不计所有摩擦力),试求:

(1) 当小滑块滑到水平面时,木块的速度 v;

(2) 当小滑块从顶点滑到 B 点时,木块对小滑块所做的功。

2.13　一质量为 $m=2.5$ g 的乒乓球以 $v_1=10$ m/s 的速度飞来,运动员用球拍推挡后,乒乓球又以 $v_2=20$ m/s 的速度飞出。已知推挡前后乒乓球运动的方向与球拍板面夹角分别为 45°和 60°,试求:

(1) 乒乓球得到的冲量;

(2) 球拍施予球的平均冲力(设球拍与乒乓球撞击的时间为 0.01 s)。

2.14　如图 2.30 所示,轻绳一端固定于天花板上,另一端栓有一质量为 m 的小球,小球在水平面内以速度 v 作匀速圆周运动,轻绳与竖直方向的夹角为 θ。略去空气阻力,若小球绕圆周运动一周,试求:

(1) 作用于小球上的合力的冲量;

(2) 轻绳对小球拉力的冲量及小球自身所受重力的冲量。

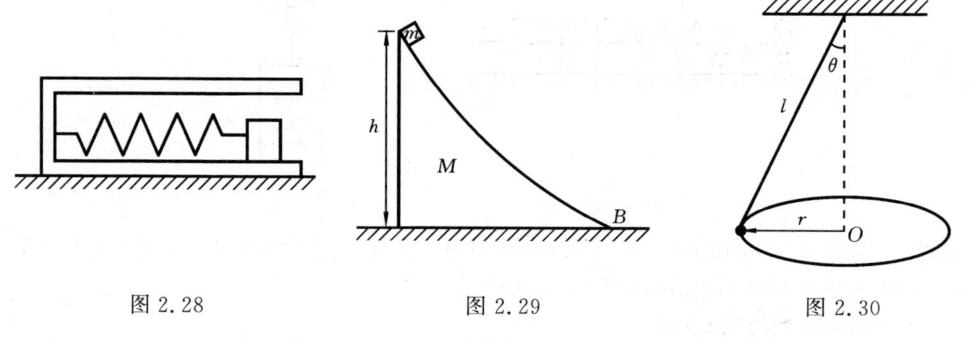

图 2.28　　图 2.29　　图 2.30

2.15　一根均质绳子,其单位长度的质量为 ρ_l,盘绕在光滑的水平面上。现将绳子由静止向上拉起,试求:

(1) 若以恒定的加速度 a 竖直向上拉起,作用于绳端的拉力 F 与拉起高度 y 的关系;

(2) 若以恒定的速度 v 竖直向上拉起,作用于绳端的拉力 F 与拉起高度 y 的关系;

(3) 若以恒定的力 F 竖直向上拉起,绳端的速度与拉起高度 y 的关系。

2.16　光滑的水平面上,质量分别为 m_1 和 m_2 的两个物块由一劲度系数为 k 的轻弹簧相连,如图 2.31 所示。初始时刻,弹簧维持原长。现有一质量为 m 的子弹以速度 v_0 沿水平方向射入质量为 m_1 的物块内,试问弹簧最多被压缩多少?

图 2.31

2.17　在光滑的水平面上放有一质量为 M 的木块,木块与一劲度系数为 k 的弹簧相连,弹簧另一端固定在 O 点,开始时刻弹簧保持原长 l_0,如图 2.32 所示。现有一质量为 m 的子弹以速度 v_0 沿垂直于 OA 的方向射入木块,并嵌入其中。当木块运动至 B 点时,弹簧长度为 l,试求木块到达 B 点时的速度 $\boldsymbol{v}$。

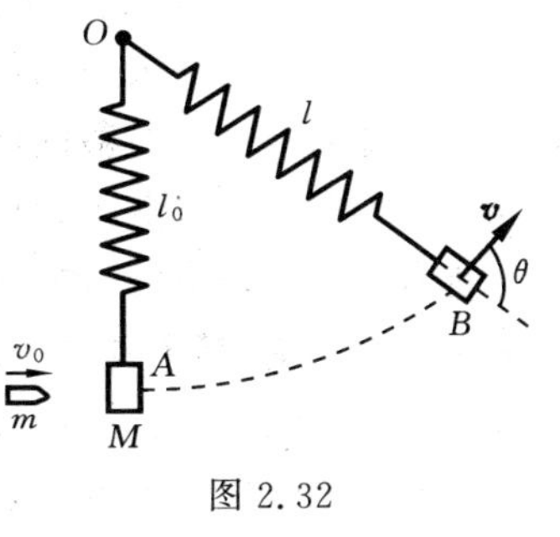

图 2.32

2.18　平静的湖面上停放着一条质量为 $M=200$ kg,长度为 $l=4$ m 的小船,船头站立着一个质量为 $m=50$ kg 的人。试求当人走到船尾时小船移动的距离(略去水的阻力)。

2.19　地球处于远日点时距太阳 1.52×10^{11} m,轨道速度为 2.93×10^{4} m/s。半年后,地球处于近日点,此时距太阳 1.47×10^{11} m。试求地球处于近日点时的轨道速度。

2.20　如图 2.33 所示,一劲度系数为 k 的轻弹簧,一端固定在墙壁上,另一端与质量为 m_2 的物体相连,物体静止于光滑的水平面上。质量为 m_1 的小车自高为 h 处沿光滑轨道下滑并与物体相撞,若小车和物体相撞后粘合在一起运动,试求弹簧所受的最大压力。

2.21　一质量为 $m_1=100$ g 的小球 A 从河岸上一半径为 $R=0.8$ m 的 $\frac{1}{4}$ 圆形光滑轨道滑下,抵达轨道最低点(离河面距离 $h=5$ m)时,与放置于该点的小球 B 发生完全弹性碰撞,小球 B 的质量为 $m_2=400$ g,密度为 $\rho=0.5$ g/cm^3,如图 2.34 所示。小球 B 落入河中后未到河底又上浮至河面,试求 B 浮出水面时距河岸的水平距离 s(取 $g=10$ m/s^2,水的阻力和小球 B 落入水中时的能量损失均略去不计)。

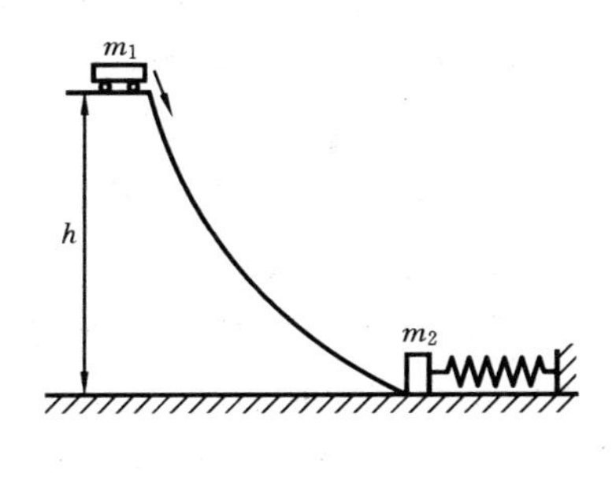

图 2.33

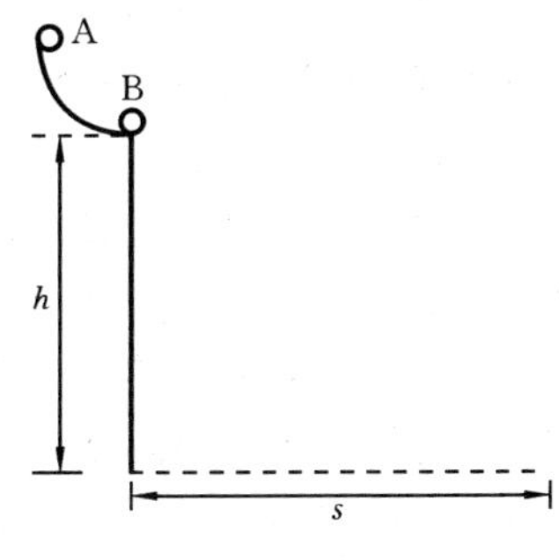

图 2.34

第3章 刚体和流体力学基础

前两章,我们学习了质点的运动规律。当把物体看成质点时,略去了物体的形状和大小。但在许多实际问题中,物体的形状和大小往往不能略去,如研究物体转动时,就不能将物体简化成一个质点。

具有一定形状和大小的物体,可以作平动、转动,甚至更复杂的运动,而且在运动中还可能发生形变。一般固体在外力的作用下,形状、大小都要发生变化,但变化并不显著,可以略去不计。这种在任何情况下形状和大小都保持不变的物体,称为刚体。刚体考虑了物体的形状和大小,但不考虑形变,是一个理想的模型。刚体是一个特殊的质点系统,其上各质点间的相对位置保持不变,任意两点间的距离在运动过程中始终保持不变,有关质点系的规律都可用于刚体。

液体和气体统称为流体,其主要特征是具有流动性,它的各部分很容易发生相对运动,因此流体没有固定的形状,而是随容器的形状而异。流体和其他物体一样,是由分子构成的,由于流体力学主要研究流体的宏观运动规律,因此在流体力学中并不涉及流体内部的微观结构,而是把它看做由无限多个质元组成的连续介质。本章主要介绍刚体绕定轴转动的转动定律、转动惯量、角动量、转动动能和静止流体中压强的分布规律、流体的定常流动、伯努利方程等。

3.1 刚体定轴转动的运动学描述

3.1.1 刚体的运动形式

刚体可以有多种运动形式,但其最基本的运动形式只有平动和转动两种。刚体上任一条直线在运动过程中的各个时刻的位置都互相平行,这种运动称为平动(见图 3.1(a))。例如,活塞的往返、电梯的升降、刨刀的运动等。刚体平动时,只要了解其上任一质点的运动就足以掌握整个刚体的运动情况。在任意一段时间内,刚体中所有质点的位移相同。在任何时刻,各个质点的速度和加速度也都相同。

刚体运动时,如果刚体的各个质点在运动中都绕同一直线作圆周运动,则这种运动称为转动,这条直线称为转轴。转动可分为定轴转动和非定轴转动。定轴转动是指刚体上各点均作圆周运动,且其圆心都在一条固定不动的直线(转轴)上,即转轴的位置和方向不随时间改变(见图 3.1(b))。常见的门窗、砂轮、钟摆的运动和电动机的转子等的转动都属于定轴转动。非定轴转动的转轴位置、方向随时间而改变,如旋转陀螺的转动。定点转动是非定轴转动的特例(见图 3.1(c)),指刚体上只有一点固

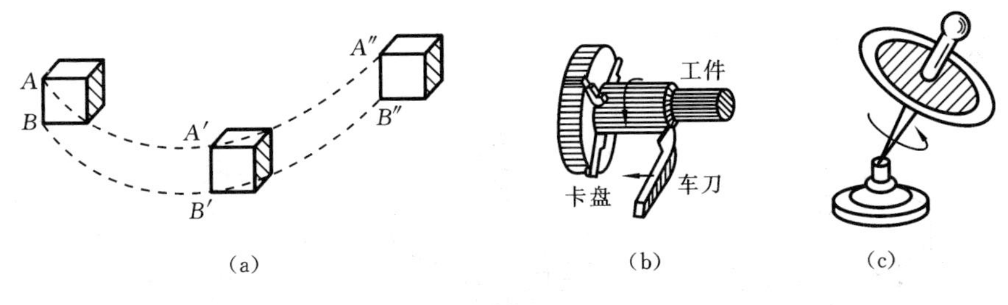

(a)　　(b)　　(c)

图 3.1

定不动,整个刚体绕过该点的某一瞬时轴线转动,如气象雷达天线的转动就属于定点转动。

刚体的运动一般比较复杂,可视为平动和转动的叠加。例如,在拧紧或松开螺帽时,螺帽同时作平动和转动。钻床上的钻头在工作时,也同时作转动和平动。本章重点讨论刚体的定轴转动这一最简单的情况。

3.1.2 刚体定轴转动的运动学

1. 角坐标

刚体定轴转动时,刚体上各点都绕同一转轴作圆周运动,而轴本身在空间的位置不变。通常取任一垂直于转轴的平面作为转动平面,如图 3.2 所示,O 为转轴与某一转动平面的交点,P 为刚体上的一个质点,在这一转动平面内绕 O 点作圆周运动,Ox 轴为参考方向。设矢径 $\boldsymbol{r}$ 与 Ox 轴的夹角为 θ,把 θ 称为角坐标,很显然用 $\boldsymbol{r}$、θ 就能确定刚体在空间的位置。刚体定轴转动时,角坐标 θ 是时间的函数,$\theta=\theta(t)$,即为刚体绕定轴转动时的运动学方程。规定当矢径 $\boldsymbol{r}$ 从 Ox 轴开始逆时针方向转动时,角坐标为正;顺时针方向转动时,角坐标为负。显然,不同位置的质点在 Δt 时间内的角位移 $\Delta\theta$ 都相同,由此可知,$\Delta\theta$ 描述的是整个刚体转过的角度,称为刚体转动的角位移。

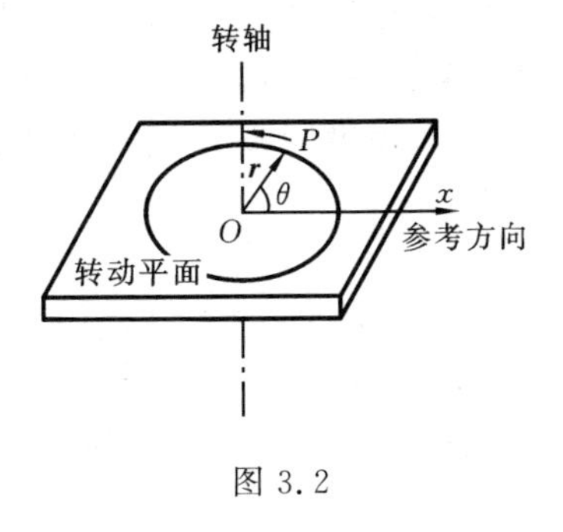

图 3.2

2. 角速度

为充分反映刚体的转动情况,常用矢量表示角速度,角速度矢量的方向与刚体转动方向之间的关系由右手螺旋定则规定:右手拇指伸直,其余四指弯曲,使弯曲的方向与刚体转动的方向一致,此时拇指所指的方向就是角速度 $\boldsymbol{\omega}$ 的方向,如图 3.3 所示。刚体作定轴转动时,只有顺时针、逆时针两种转动方向,通过 ω 的正、负就可以说明,通常规定:面对 z 轴观察,$\omega>0$,刚体逆时针转动;$\omega<0$,刚体顺时针转动。

在刚体转动时,刚体内各质点角速度和角加速度都相同,可以用刚体内某质点的角速度代表整个刚体的角速度。设在时刻 t,刚体上质点 P 的矢径 $\boldsymbol{r}$ 对 Ox 轴的角坐标为 θ,经过时间间隔 $\mathrm{d}t$,质点 P 的角坐标变为 $\theta+\mathrm{d}\theta$,$\mathrm{d}\theta$ 为刚体在 $\mathrm{d}t$ 时间内的角位

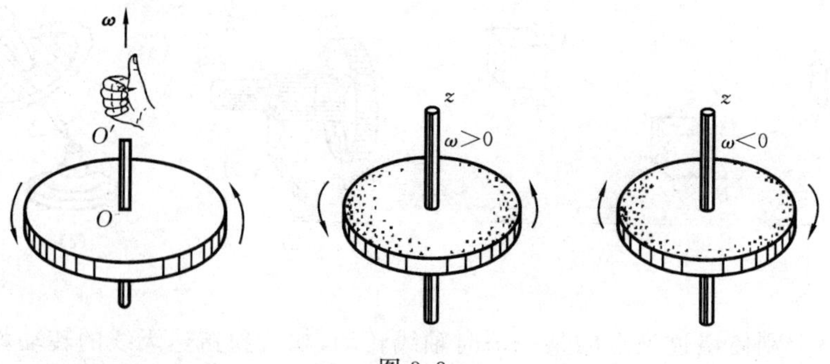

图 3.3

移,于是刚体对转轴的角速度大小定义为

$$\omega=\frac{\mathrm{d}\theta}{\mathrm{d}t} \tag{3.1}$$

在转轴上确定了角速度矢量后,刚体上任一质点 P 的线速度可表示为

$$\boldsymbol{v}=\boldsymbol{\omega}\times\boldsymbol{r}$$

式中,质点 P 到转轴的距离 OP 为 r,相应的位矢为 $\boldsymbol{r}$。由此式可以看出,采用两矢量的矢积表示式,可同时表述角速度和线速度之间方向和量值的关系。

3. 角加速度

刚体绕定轴转动时,如果角速度发生了变化,则其就具有了角加速度。设在时刻 t_1,角速度为 ω_1,在时刻 t_2,角速度为 ω_2,则在时间间隔 $\Delta t=t_2-t_1$ 内,此刚体角速度的增量为 $\Delta\omega=\omega_2-\omega_1$。当 Δt 趋近于零时,$\Delta\omega/\Delta t$ 趋近于某一极限值,称为瞬时角加速度,简称角加速度,用 α 表示,即

$$\alpha=\lim_{\Delta t\to 0}\frac{\Delta\omega}{\Delta t}=\frac{\mathrm{d}\omega}{\mathrm{d}t}=\frac{\mathrm{d}^2\theta}{\mathrm{d}t^2} \tag{3.2}$$

当角加速度 α 与角速度 ω 的符号相同时,刚体作加速运动;当角加速度 α 与角速度 ω 的符号相反时,刚体作减速运动。

刚体上任意一点 P 的切向加速度 a_{t} 与刚体的角加速度 α 符合式(3.3),即

$$a_{\mathrm{t}}=\frac{\mathrm{d}v}{\mathrm{d}t}=r\,\frac{\mathrm{d}\omega}{\mathrm{d}t}=r\alpha \tag{3.3}$$

质点 P 的法向加速度 a_{n} 符合式(3.4),即

$$a_{\mathrm{n}}=\frac{v^2}{r}=\omega^2 r \tag{3.4}$$

当刚体作匀变速运动时,角加速度为常量,角速度、角坐标的相应公式为

$$\begin{cases}\omega=\omega_0+\alpha t\\ \theta=\theta_0+\omega_0 t+\dfrac{1}{2}\alpha t^2\\ \omega^2=\omega_0^2+2\alpha(\theta-\theta_0)\end{cases} \tag{3.5}$$

式中,ω_0 和 θ_0 分别是 $t=0$ 时刚体的角速度和角坐标。这组公式同质点运动学中的

质点作匀加速直线运动的公式相似。虽然刚体中不同质点运动的线速度、线加速度各不相同，但是各个质点的角位移 $\Delta\theta$、角速度 ω 和角加速度 α 都相同，因此在描述刚体定轴转动的运动状态时，用角量描述比用线量描述更方便。

例题 3.1　如图 3.4 所示。一飞轮的半径为 0.5 m，以转速 $n=150$ r/min 转动，因受到制动而均匀减速，经 $t=20$ s 后静止。试求：

（1）角加速度和飞轮从制动到静止所转的圈数；

（2）制动开始后 $t=8$ s 时飞轮的角速度；

（3）$t=8$ s 时飞轮边缘上一点 P 的线速度、切向加速度和法向加速度。

解　（1）由题意知飞轮的初角速度的大小

$$\omega_0=\frac{2\pi\times150}{60}\ \text{rad/s}=5\pi\ \text{rad/s}$$

$t=20$ s 时，$\omega=0$。设 $t=0$ 时，$\theta_0=0$。对于匀减速运动，应用角量表示的运动方程，代入方程 $\omega=\omega_0+\alpha t$ 得

$$\alpha=\frac{\omega-\omega_0}{20}=\frac{0-5\pi}{20}\ \text{rad/s}^2=-\frac{\pi}{4}\ \text{rad/s}^2$$

上式中"－"号表示 α 的方向与 ω_0 的方向相反。飞轮在 20 s 内的角位移为

$$\Delta\theta=\theta-\theta_0=\omega_0 t+\frac{1}{2}\alpha t^2=\left(5\pi\times20-\frac{1}{2}\times\frac{\pi}{4}\times20^2\right)\ \text{rad}=50\pi\ \text{rad}$$

于是，飞轮转动的圈数

$$N=\frac{\Delta\theta}{2\pi}=25\ (\text{圈})$$

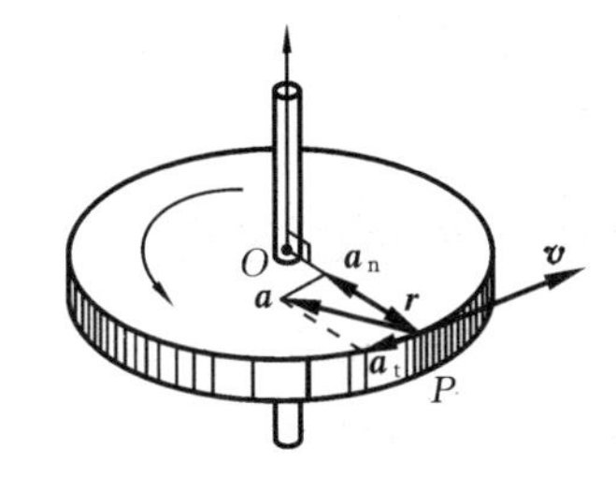

图 3.4

（2）制动开始后 $t=8$ s 时飞轮的角速度为

$$\omega=\omega_0+\alpha t=\left(5\pi-\frac{\pi}{4}\times8\right)\ \text{rad/s}=3\pi\ \text{rad/s}$$

（3）$t=8$ s 时飞轮边缘上一点 P 的线速度的大小为

$$v=r\omega=0.5\times3\pi\ \text{m/s}\approx4.71\ \text{m/s}$$

该点的切向加速度和法向加速度大小分别为

$$a_t=r\alpha=0.5\times\left(-\frac{\pi}{4}\right)\ \text{m/s}^2\approx-0.393\ \text{m/s}^2$$

$$a_n=r\omega^2=0.5\times(3\pi)^2\ \text{m/s}^2\approx44.4\ \text{m/s}^2$$

角速度、切向加速度和法向加速度的方向如图 3.4 所示。

例题 3.2　光盘是一张表面覆盖一层信息记录物质的塑性圆片。音轨区域的内半径 $R_1=2.2$ cm，外半径 $R_2=5.6$ cm。沿径向音轨密度 $N=650$ 条/mm。在程序驱动下，光盘每转一周，激光头沿径向向外移动一条音轨。激光束相对于光盘以 $v=1.3$ m/s的恒定线速度运动。试求：

(1) 这张光盘的全部放音时间是多长?

(2) 激光束到达离盘心 5 cm 处时,光盘转动的角速度和角加速度各是多少?

解 (1) 以光盘中心为圆心,取半径为 r、宽度为 $\mathrm{d}r$ 的圆环,$\boldsymbol{r}$ 为激光束打到音轨上的点到光盘中心的矢径。在 $\mathrm{d}r$ 宽度内,音轨的长度为 $2\pi rN\mathrm{d}r$,激光束划过这样长度的时间为 $\mathrm{d}t=2\pi rN\mathrm{d}r/v$,光盘全部放音时间为

$$T=\int_{R_1}^{R_2}\frac{2\pi Nr\,\mathrm{d}r}{v}=\frac{\pi N}{v}(R_2^2-R_1^2)\approx 4\ 164\ \mathrm{s}=69.4\ \mathrm{min}$$

(2) 光盘转动的角速度

$$\omega=\frac{v}{r}=\frac{1.3}{0.05}\ \mathrm{rad/s}=26\ \mathrm{rad/s}$$

光盘转动的角加速度

$$\alpha=\frac{\mathrm{d}\omega}{\mathrm{d}t}=-\frac{v}{r^2}\frac{\mathrm{d}r}{\mathrm{d}t}=-\frac{v}{r^2}\frac{v}{2\pi rN}=-\frac{v^2}{2\pi Nr^3}\approx-3.31\times10^{-3}\ \mathrm{rad/s^2}$$

3.2 刚体定轴转动的动力学描述

在 3.1 节里,讨论了刚体定轴转动的运动学问题。下面将讨论刚体定轴转动的动力学问题,即研究刚体获得角加速度的原因,以及刚体在作定轴转动时满足的基本定律。经验表明,静止的刚体,要使之转动,离不开力矩的作用,为此先认识力矩的概念。

3.2.1 刚体的力矩

在 2.5.1 节中,介绍了作用在质点上的力对参考点的力矩,下面讨论作用在刚体上的力对转轴的力矩。

若作用在刚体上的外力在垂直于转轴的平面内,如图 3.5(a)所示,则外力 $\boldsymbol{F}$ 对该转轴的力矩 $\boldsymbol{M}$ 为

$$\boldsymbol{M}=\boldsymbol{r}\times\boldsymbol{F} \tag{3.6}$$

$\boldsymbol{M}$ 的大小为 $M=Fr\sin\theta=Fd$;$\boldsymbol{M}$ 的方向垂直于 $\boldsymbol{r}$ 与 $\boldsymbol{F}$ 构成的平面,可用右手螺旋定则确定,在定轴转动中,力矩 $\boldsymbol{M}$ 的方向是沿着转轴的。

若作用在刚体上的外力不在垂直于转轴的平面内,如图 3.5(b)所示。因定轴转动中,平行于转轴的外力对刚体的绕轴转动不起作用,力 $\boldsymbol{F}$ 在平面内的分矢量才对刚体转动产生影响。将力 $\boldsymbol{F}$ 分解为平行于转轴的分力 $\boldsymbol{F}_{/\!/}$ 和垂直于转轴的分力 $\boldsymbol{F}_{\perp}$,只有分力 $\boldsymbol{F}_{\perp}$ 能使刚体转动,则力矩可写成

$$\boldsymbol{M}=\boldsymbol{r}\times\boldsymbol{F}_{\perp}$$

在定轴转动中,如果力 $\boldsymbol{F}$ 经过转轴,则力矩 $\boldsymbol{M}$ 等于零,不能使刚体转动;如果几个外力同时作用在一个绕定轴转动的刚体上,且这几个外力都在与转轴垂直的平面

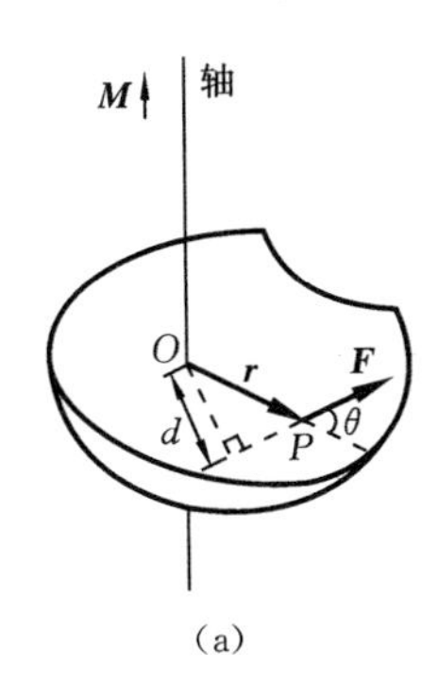

(a)

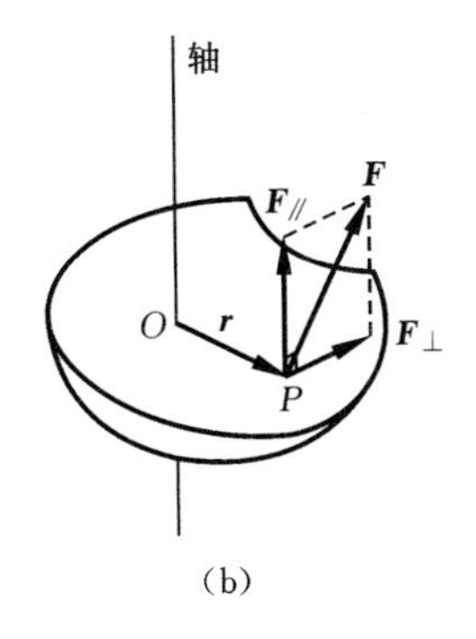

(b)

图 3.5

内，则它们的合外力矩等于这几个外力矩的代数和。若刚体内各质点间存在相互作用力(内力)，由于质点间的作用力总是成对出现，并遵守牛顿第三定律，故在讨论刚体的定轴转动时，这些内力对转轴的合内力矩为零。

3.2.2　定轴转动的转动定律

大家知道，在力的作用下，质点会获得加速度，力和加速度的关系由牛顿第二定律给出。在力矩的作用下，绕定轴转动的刚体的角速度也会发生变化，即刚体会获得角加速度。下面讨论力矩和角加速度之间的关系。

如图 3.6 所示，一刚体在直角坐标系里绕通过点 O 垂直于 Oxy 平面的 z 轴转动，某时刻 t，其角速度为 ω，角加速度为 α。此刚体可看做是由无限多个非常小的质点 Δm 组成的，每个质点都绕 Oz 轴作圆周运动。设某一质点 i 的质量为 Δm_i，绕 Oz 轴作半径为 r_i 的圆周运动，它受两个力的作用，一个是外力 $\boldsymbol{F}_i$，另一个是刚体中其他质点作用的内力 $\boldsymbol{F}'_i$，并设外力 $\boldsymbol{F}_i$ 和内力 $\boldsymbol{F}'_i$ 均在与 Oz 轴垂直的同一平面内。由牛顿第二定律可知，质点 i 的运动方程为

$$\boldsymbol{F}_i+\boldsymbol{F}'_i=\Delta m_i\boldsymbol{a}_i \tag{3.7}$$

式中，$\boldsymbol{a}_i$ 为质点 i 的加速度。如用 F_{it} 和 F'_{it} 分别表示外力 F_i 和内力 F'_i 在切向的分力，则质点 i 的切向运动方程为

$$F_{it}+F'_{it}=\Delta m_i a_{it}$$

式中，a_{it} 为质点 i 的切向加速度。由于切向加速度和角加速度之间符合 $a_{it}=r_i\alpha$，所以上式可写为

$$F_{it}+F'_{it}=\Delta m_i r_i\alpha \tag{3.8}$$

将式(3.8)两边同乘以 r_i，有

$$F_{it}r_i+F'_{it}r_i=\Delta m_i r_i^2\alpha \tag{3.9}$$

式中，$F_{it}r_i$ 和 $F'_{it}r_i$ 分别为外力 F_i 和内力 F'_i 切向分力的力矩。考虑到外力和内力在法向的分力 F_{in} 和 F'_{in} 均通过转轴 Oz，它们的力矩均为零，故式(3.9)左

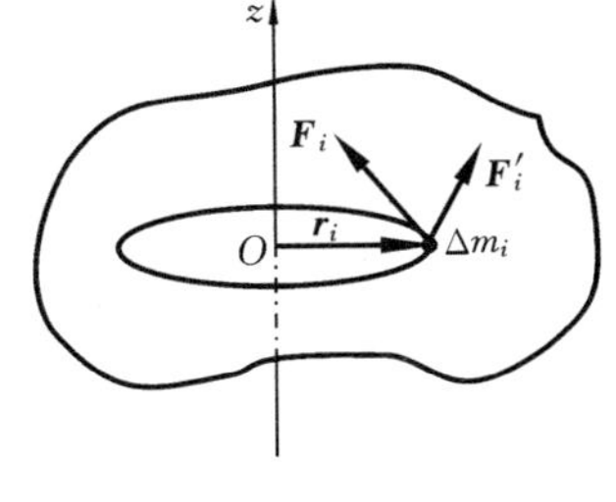

图 3.6

边就可以理解为作用在质点 i 上的外力矩与内力矩之和。

对刚体中所有质点求和,由式(3.9)可得

$$\sum_i F_{it} r_i + \sum_i F'_{it} r_i = \sum_i (\Delta m_i r_i^2)\alpha \tag{3.10}$$

由前所述,刚体内各质点的内力对转轴的合内力矩为零,即 $\sum_i F'_{it} r_i = 0$,因此式(3.10)可写成

$$\sum_i F_{it} r_i = \sum_i (\Delta m_i r_i^2)\alpha \tag{3.11}$$

式(3.11)左边为作用于刚体上所有外力的合力矩,用 M 来表示。令式(3.11)中右边的 $\sum_i \Delta m_i r_i^2 = I$,称为刚体对转轴的转动惯量,则有

$$M = I\alpha \tag{3.12}$$

式(3.12)表明,刚体作定轴转动时,刚体的角加速度与合外力矩成正比,与转动惯量成反比,该关系式称为刚体定轴转动时的转动定律,简称转动定律。它是解决刚体作定轴转动时的动力学问题的重要定律。

刚体定轴转动定律表明,刚体定轴转动时的运动状态的改变取决于施加于刚体上的合外力矩 M。正如质点所受合力是产生加速度 $\boldsymbol{a}$ 的原因一样,M 是产生角加速度 α 的原因。在外力矩给定情况下,刚体的转动惯量大,则所获得的角加速度小,即角速度改变得慢,也就是保持原有转动状态的惯性大;反之,刚体的转动惯量小,则所获得的角加速度大,即角速度改变得快,也就是保持原有转动状态的惯性小。转动定律是刚体定轴转动的动力学量化公式,是质点系角动量定理在刚体定轴转动时的特殊形式,也是刚体定轴转动时的瞬时规律。如果力矩与力相对应,转动惯量与质量相对应,角加速度与加速度相对应,显然转动定律与牛顿第二定律的形式类似,其地位相当于质点动力学中的牛顿第二定律。

3.2.3 转动惯量

由前面的内容,可以知道反映刚体定轴转动时惯性大小的转动惯量,其定义式为

$$I = \sum_i \Delta m_i r_i^2$$

从上式可以看出,刚体对某一转轴的转动惯量等于每个质元的质量与这一质元到转轴的距离平方的乘积之和。转动惯量只与刚体的形状、质量分布以及转轴的位置有关,即它只与绕定轴转动的刚体本身的性质和转轴的位置有关,这是刚体的固有属性。转动惯量是相对于转轴来定义的,离开转轴谈转动惯量是没有意义的。

通常可认为刚体的质量是连续分布的,所以可把转动惯量的计算式由求和式改为积分式,即

$$I = \int_V r^2 \mathrm{d}m \tag{3.13}$$

式中,r 是质元到转轴的距离;$\mathrm{d}m$ 是刚体中某一质元的质量,积分遍及整个刚体;转

动惯量的单位为 $kg \cdot m^2$。在实际计算中为了使问题简化，往往将刚体理想化，如图 3.7所示，对于一个长度较长而半径很小的直棒，可略去其截面，将之视为一条直线，引入质量线密度 ρ_l，则 $dm=\rho_l dl$；对于厚度可以略去的薄面，可认为质量分布在没有厚度的面上，引入质量面密度 ρ_S，则 $dm=\rho_S dS$；若质量为体分布，则 $dm=\rho dV$。

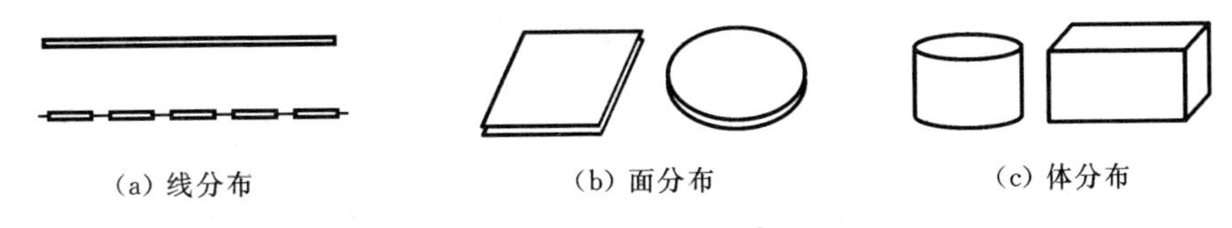

图 3.7

影响刚体转动惯量大小的因素有以下几种。

(1) 刚体的总质量。同样形状和大小的物体，质量越大则转动惯量越大。

(2) 转轴的位置。对同一刚体，转轴的位置不同时转动惯量大小也不一样，转轴通过质心时转动惯量最小，转轴离开质心越远，相应的转动惯量就越大。

(3) 刚体的质量分布。相同质量的刚体，质量分布不同，转动惯量也不同，质量分布越靠外，转动惯量就越大。如常在一些机械的回转轴上装上飞轮，而且飞轮的质量绝大部分都集中在轮的边缘，以增大飞轮对转轴的转动惯量，使机械工作时平稳运行。

反映转动惯量性质的定理有三个，分别如下。

(1) 平行轴定理。若两轴平行，其中一轴过质心，则刚体对两轴的转动惯量的关系为

$$I=I_C+md^2$$

式中，m 为刚体质量；I_C 为刚体对通过质心轴的转动惯量；I 为刚体对另一平行轴的转动惯量；d 为两轴的垂直距离。由该定理可知，在刚体对各平行轴的不同转动惯量中，对质心轴的转动惯量最小。

(2) 垂直轴定理。无穷小厚度的薄板对一与它垂直的坐标轴的转动惯量，等于薄板对板面内另两直角坐标轴的转动惯量之和。若 z 轴与薄板垂直，Oxy 面在薄板内，则有 $I_z=I_x+I_y$。需要说明的是，本定理对于有限厚度的板不成立。

(3) 组合定理。几个刚体对同一转轴的转动惯量等于各刚体对此轴的转动惯量之和，即 $I=\sum_i I_i$。

下面举几个简单而重要的例子，以说明转动惯量的计算。

例题 3.3　如图 3.8 所示，质量为 m、长为 l 的均匀细棒 AB，试求该细棒对下面两种转轴的转动惯量：

(1) 转轴通过棒的中心并和棒垂直；

(2) 转轴通过棒的一端并和棒垂直。

解　(1) 取坐标如图 3.8(a)所示，在棒上距原点为 x 处取一长度元 dx，若棒的质量线密度为 ρ_l，则该长度元的质量 $dm=\rho_l dx=\frac{m}{l}dx$，由转动惯量的定义知，此时棒

的转动惯量为

$$I_C=\int_{-l/2}^{l/2}x^2\mathrm{d}m=\int_{-l/2}^{l/2}x^2\frac{m}{l}\mathrm{d}x=\frac{1}{12}ml^2$$

(2) 当转轴通过棒的一端并和棒垂直(见图 3.8(b))时,棒的转动惯量为

$$I_A=\int_0^l x^2\frac{m}{l}\mathrm{d}x=\frac{1}{3}ml^2$$

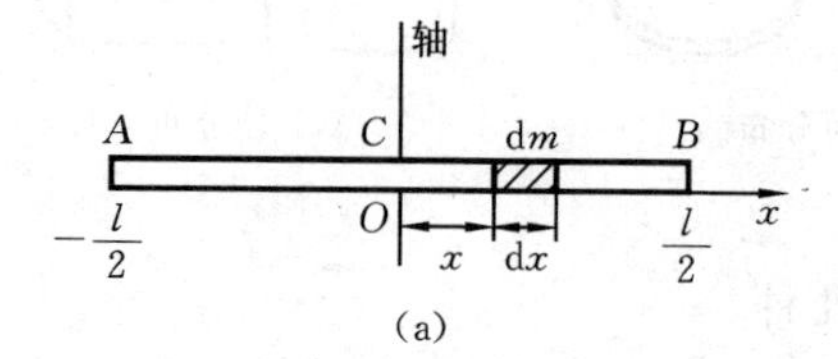

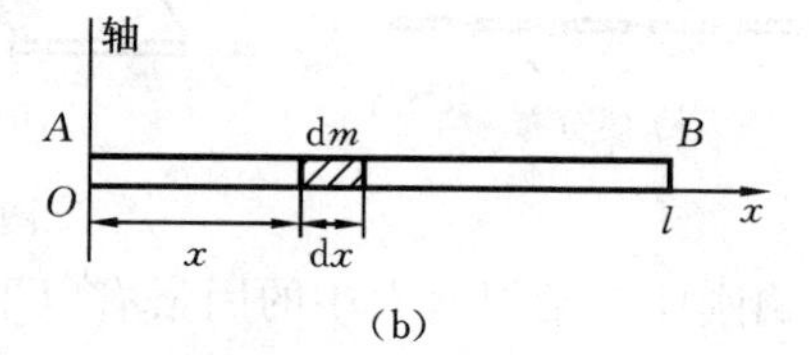

图 3.8

上述结果表明,同一个物体对于不同位置的转轴,转动惯量不同,可见转动惯量与转轴位置有关。由于通过棒的中心并和棒垂直的转轴与通过棒的一端并和棒垂直的转轴之间的垂直距离为$\frac{l}{2}$,应用平行轴定理,可以将(1)、(2)两部分有机地结合起来,即

$$I_A=I_C+m\left(\frac{l}{2}\right)^2=\frac{1}{12}ml^2+\frac{1}{4}ml^2=\frac{1}{3}ml^2$$

例题 3.4　如图 3.9 所示,试求半径为 R、质量为 m 的均匀薄圆环绕垂直环面通过中心转轴的转动惯量。若把圆环改为圆盘,其他条件都不变,试再求之。

解　由于均匀薄圆环中的所有质元都离轴等距离,故 R 为常量,由转动惯量的定义,有

$$I=\int r^2\mathrm{d}m=R^2\int\mathrm{d}m=mR^2$$

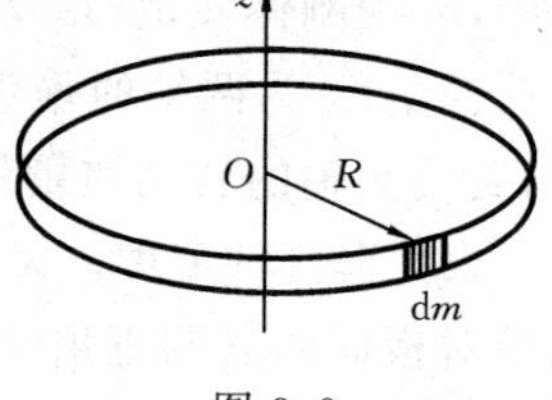

图 3.9

若把圆环改为圆盘,由于圆盘可看成由许多半径不同的同心圆环组成,在圆盘上取一半径为 r、宽度为 $\mathrm{d}r$ 的圆环,其面积 $\mathrm{d}S=2\pi r\mathrm{d}r$,其质量 $\mathrm{d}m=\rho_S\mathrm{d}S$,其中 $\rho_S=\frac{m}{\pi R^2}$是圆盘质量面密度。由此,小圆环对转轴的转动惯量为

$$\mathrm{d}I=r^2\mathrm{d}m=r^2\rho_S\mathrm{d}S=2\pi\frac{m}{\pi R^2}r^3\mathrm{d}r$$

于是整个圆盘对转轴的转动惯量为

$$I=\int\mathrm{d}I=2\pi\frac{m}{\pi R^2}\int_0^R r^3\mathrm{d}r=\frac{1}{2}mR^2$$

从例题 3.4 可以看出,转动惯量与刚体的质量分布有关。实际上,应用垂直轴定理,可以容易地求出均匀薄圆环或薄圆盘绕直径的转动惯量。由于对称性,$I_x=I_y=\frac{1}{2}I_z$,所以可知匀薄圆环或薄圆盘绕直径的转动惯量分别为$\frac{1}{2}mR^2$ 和$\frac{1}{4}mR^2$。

例题 3.5　如图 3.10 所示，在不计质量的细杆组成的正三角形的顶角上，各固定一个质量为 m 的小球，三角形边长为 l。试求：

(1) 系统对过质心且与三角形平面垂直的轴 C 的转动惯量；

(2) 系统对过 A 点，且平行于轴 C 的定轴的转动惯量；

(3) 若 A 处质点也固定在 B 处，(2)的结果如何？

图 3.10

解　(1) $I_C=m\left(\frac{l}{\sqrt{3}}\right)^2+m\left(\frac{l}{\sqrt{3}}\right)^2+m\left(\frac{l}{\sqrt{3}}\right)^2=\frac{1}{3}Ml^2\quad(M=3m)$

(2) $I_A=ml^2+ml^2=\frac{2}{3}Ml^2\quad(M=3m)$

(3) $I_A=ml^2+2ml^2=Ml^2\quad(M=3m)$

讨论

(1) I 与质量有关(见(1)、(2)、(3)的结果)；

(2) I 与轴的位置有关(比较(1)、(2)的结果)；

(3) I 与刚体质量分布有关(比较(2)、(3)的结果)。

图 3.11 列举了几种常见的几何规则刚体的转动惯量，如圆柱、圆环、球等，均可用积分法求出，读者可自己计算。

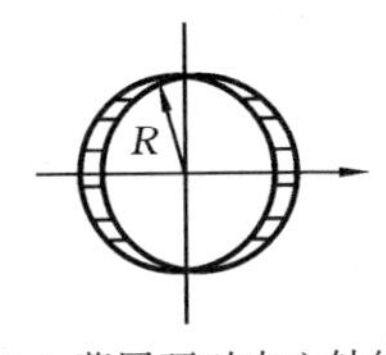

(a) 薄圆环对中心轴线

$I=mR^2$

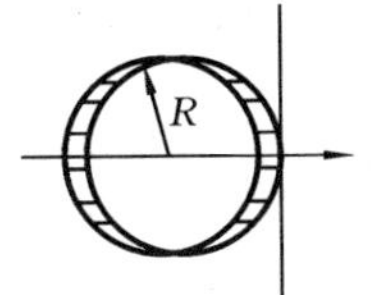

(b) 细圆环对任意切线

$I=\frac{3}{2}mR^2$

(c) 圆柱体对柱体轴线

$I=\frac{1}{2}mR^2$

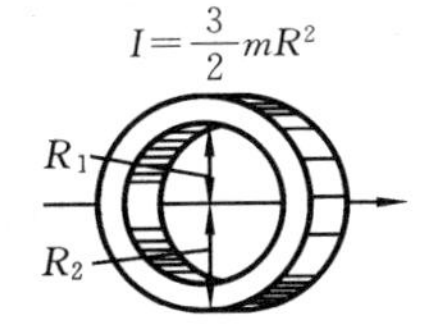

(d) 圆柱环对柱体轴线

$I=\frac{1}{2}m(R_1^2+R_2^2)$

(e) 细杆对过中心且与杆垂直的轴线

$I=\frac{1}{12}ml^2$

(f) 实圆柱体对中心直径

$I=\frac{1}{4}mR^2+\frac{1}{12}ml^2$

图 3.11

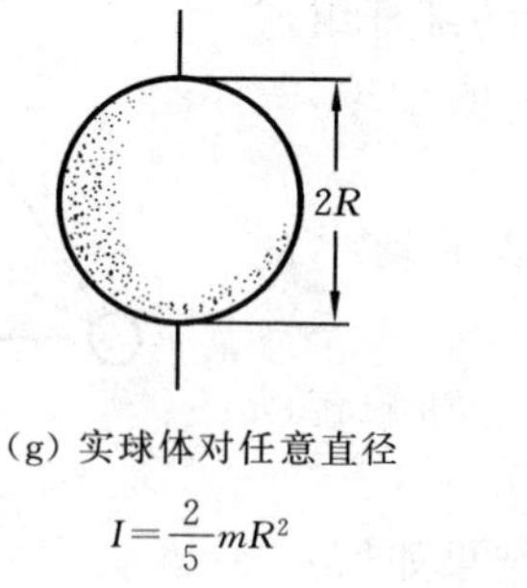

(g) 实球体对任意直径

$I=\frac{2}{5}mR^2$

(h) 薄球壳对任意直径

$I=\frac{2}{3}mR^2$

续图 3.11

3.2.4 转动定律的应用举例

应用转动定律求解定轴转动问题的一般步骤可以归纳如下。

(1) 区分系统中,哪些物体作平动,哪些物体作转动。

(2) 对作平动的物体进行受力分析,应用牛顿第二定律列出方程;对作转动的物体进行受力矩分析,应用转动定律列出方程。

(3) 建立平动与转动之间的联系,联立方程求解。

例题 3.6　如图 3.12(a)所示,轻绳经过水平光滑桌面上的定滑轮 C 连接两物体 A 和 B,A、B 质量分别为 m_A、m_B,滑轮视为圆盘,其质量为 m_C、半径为 R,AC 水平并与轴垂直,绳与滑轮无相对滑动,不计轴处摩擦,试求 B 的加速度以及 AC、BC 间绳的张力大小。

解　物体 A、B 作平动,定滑轮作转动,受力与受力矩分析如图 3.12(b)所示。

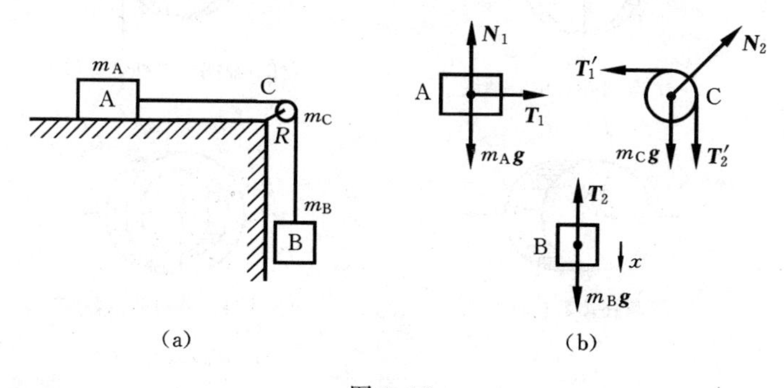

(a)　　(b)

图 3.12

A:重力 $m_A \boldsymbol{g}$,桌面支持力 $\boldsymbol{N}_1$,绳的拉力 $\boldsymbol{T}_1$。

B:重力 $m_B \boldsymbol{g}$,绳的拉力 $\boldsymbol{T}_2$。

C:重力 $m_C \boldsymbol{g}$,轴作用力 $\boldsymbol{N}_2$,绳作用力 $\boldsymbol{T}'_1$、$\boldsymbol{T}'_2$。

取物体运动方向为正,由牛顿定律及转动定律得

$$T_1=m_A a,\quad m_B g-T_2=m_B a,\quad RT'_2-RT'_1=I\alpha$$

$$T'_1=T_1,\quad T'_2=T_2,\quad a=R\alpha,\quad I=\frac{1}{2}m_C R^2$$

解得

$$a=\frac{m_{\mathrm{B}}g}{m_{\mathrm{A}}+m_{\mathrm{B}}+\frac{1}{2}m_{\mathrm{C}}}$$

$$T_1=\frac{m_{\mathrm{A}}m_{\mathrm{B}}g}{m_{\mathrm{A}}+m_{\mathrm{B}}+\frac{1}{2}m_{\mathrm{C}}}$$

$$T_2=\frac{\left(m_{\mathrm{A}}+\frac{1}{2}m_{\mathrm{C}}\right)m_{\mathrm{B}}g}{m_{\mathrm{A}}+m_{\mathrm{B}}+\frac{1}{2}m_{\mathrm{C}}}$$

讨论

不计 m_{C} 时，有

$$a=\frac{m_{\mathrm{B}}g}{m_{\mathrm{A}}+m_{\mathrm{B}}},\quad T_1=T_2=\frac{m_{\mathrm{A}}m_{\mathrm{B}}g}{m_{\mathrm{A}}+m_{\mathrm{B}}}\quad \text{（即为质点情况）}$$

例题 3.7　如图 3.13 所示，一质量为 m、半径为 R、厚度为 e、密度为 ρ 的均质圆盘，平放在粗糙的水平面上。设盘与桌面间的摩擦因数为 μ，圆盘最初以角速度 ω_0 绕通过中心且垂直盘面的轴旋转，试问它将经过多长时间才停止转动？

分析　由图 3.13 可看出，摩擦力不是集中作用于一点，而是分布在整个圆盘与桌子的接触面上，故计算摩擦力矩要用积分法。

解　把圆盘表面分成许多圆环，设任意两个圆环的半径分别为 r 和 $r+\mathrm{d}r$，取扇形质元，每个质元的质量 $\mathrm{d}m=\rho\left[\frac{1}{2}(r+\mathrm{d}r)^2\mathrm{d}\theta-\frac{1}{2}r^2\mathrm{d}\theta\right]e\approx\rho re\mathrm{d}\theta\mathrm{d}r$，所受到的阻力矩为 $r\mu g\mathrm{d}m$，则整个圆盘所受到的阻力矩可写成

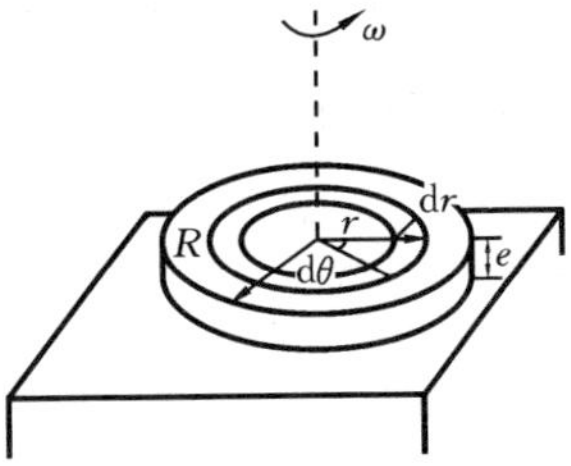

图 3.13

$$\begin{aligned}M_{\mathrm{r}}&=\int r\mu g\,\mathrm{d}m=\mu g\int\rho r^2e\mathrm{d}\theta\mathrm{d}r\\&=\mu g\rho e\int_0^{2\pi}\mathrm{d}\theta\int_0^R r^2\,\mathrm{d}r=\frac{2}{3}\mu ge\rho\pi R^3\end{aligned}$$

因 $m=\rho e\pi R^2$，代入得

$$M_{\mathrm{r}}=\frac{2}{3}mg\mu R$$

根据定轴转动定律，阻力矩使圆盘减速，即获得负的角加速度，因此有

$$-\frac{2}{3}mg\mu R=I\alpha=\frac{1}{2}mR^2\frac{\mathrm{d}\omega}{\mathrm{d}t}$$

设圆盘经过时间 t 停止转动，则有

$$-\frac{2}{3}g\mu\int_0^t\mathrm{d}t=\frac{1}{2}R\int_{\omega_0}^0\mathrm{d}\omega$$

解得

$$t=\frac{3}{4}\frac{R}{\mu g}\omega_0$$

例题 3.8　如图 3.14 所示，飞轮的质量为 60 kg，半径为 0.25 m，转速为 1 000 r/min，在 5 s 内使其制动，试求制动力。假定闸瓦与飞轮间的摩擦因数为 $\mu=0.4$，飞轮的质

量全分布在圆周上，闸杆的尺寸如图 3.14 所示。

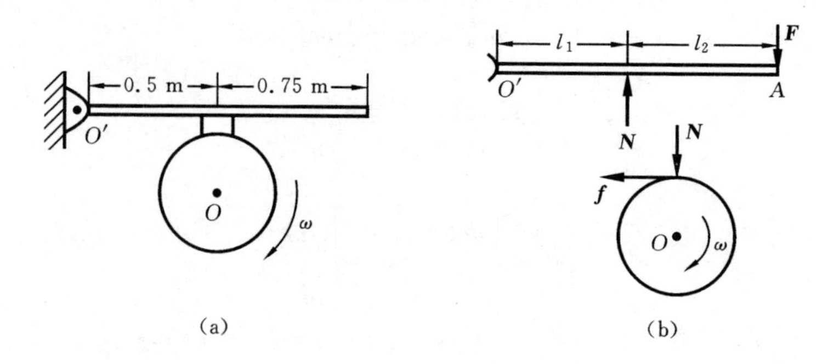

图 3.14

解 首先分析杆和轮的受力情况，如图 3.14(b)所示(通过支点 O 的力未画)。杆在制动过程中处于平衡状态，则其所受合力矩为零，有

$$F(l_1+l_2)-Nl_1=0$$

由飞轮的受力分析可知，N 通过支点 O，对该支点无力矩，只有摩擦力有力矩，对飞轮应用转动定律，有

$$M=fR=\mu NR=I\alpha=mR^2\alpha$$

设飞轮在转动时逆时针为正，初角速度 $\omega_0=-2\pi\times\frac{1\ 000}{60}<0$，其终了速度 $\omega=0$，且它们之间符合下式

$$\omega-\omega_0=\alpha t$$

联立上式，解得

$$F=\frac{l_1 mR^2(\omega-\omega_0)}{\mu(l_1+l_2)Rt}\approx 3.14\times 10^2\ \text{N}$$

通过以上例题，可以得出以下结论。

(1) 分析受力时，要特别注意力的作用点，同一个力，作用点不同，力矩不同，对转动刚体的作用效果也不同；

(2) 对转动刚体，假定一个正的转向，列出转动方程；对系统中的质点，可以分别选择坐标系，列出质点运动方程；对于质点平动与刚体转动相联系的情况，往往要用到角量与线量的关系；

(3) 在一般情况下，由于转动，在轴上会产生附加压力。对于均质刚体，如转轴为对称轴或垂直于刚体的对称平面且通过质心时，此附加压力为零。

3.3 刚体定轴转动的机械能守恒

3.3.1 力矩的功

若质点在力的作用下发生了位移，就说力对质点做了功。类似地，若刚体在力矩的作用下绕定轴转动而发生角位移时，就说力矩对刚体做了功，这体现了力矩的空间积累效应。刚体定轴转动时，作用力可以作用在刚体的不同质点上，各个质点的位移也不相同，只有将各个力对各个相应质点做的功加起来，才能求得力对刚体做的功。在刚体定轴转动的研究中，使用角量比使用线量方便，因此在功的表达式中力以力矩的形式出现，力做的功也就是力矩的功。

如图3.15所示，刚体在垂直于转轴的平面内的外力 $\boldsymbol{F}$ 作用下，绕定轴转过了角位移 $\mathrm{d}\theta$，这时力 $\boldsymbol{F}$ 的作用点的位移大小为 $\mathrm{d}s=r\mathrm{d}\theta$，由功的定义，力 $\boldsymbol{F}$ 在这段位移内所做的功为

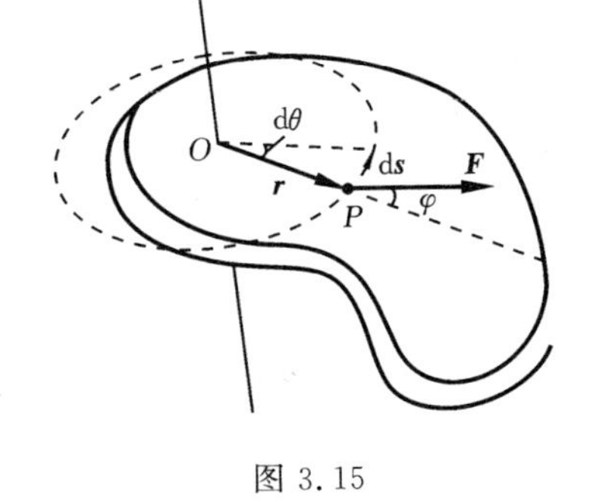

图 3.15

$$\mathrm{d}A=\boldsymbol{F}\cdot\mathrm{d}\boldsymbol{s}=Fr\mathrm{d}\theta\cos\left(\frac{\pi}{2}-\varphi\right)=Fr\mathrm{d}\theta\sin\varphi$$

由于力 $\boldsymbol{F}$ 对转轴的力矩

$$M=Fr\sin\varphi$$

所以力矩所做的元功

$$\mathrm{d}A=M\mathrm{d}\theta$$

也就是说，力矩所做的元功 $\mathrm{d}A$ 等于力矩 M 与角位移 $\mathrm{d}\theta$ 的乘积。

若力矩的大小和方向都不变，则当刚体在此力矩作用下转过角度 θ 时，力矩所做的功为

$$A=\int_0^\theta \mathrm{d}A=\int_0^\theta M\mathrm{d}\theta=M\int_0^\theta \mathrm{d}\theta=M\theta \tag{3.14}$$

式(3.14)表明，恒力矩对绕定轴转动的刚体所做的功，等于力矩的大小与转过的角度 θ 的乘积。若作用在绕定轴转动的刚体上的力矩不是恒定值，则变力矩所做的功应表示为

$$A=\int M\mathrm{d}\theta \tag{3.15}$$

在式(3.14)和式(3.15)中，力矩 M 应理解为作用在刚体上的所有外力的合力矩，上述两式表示的是合外力矩对刚体做的功。力矩的功本质上仍是力的功，而并非新概念，是力的功在刚体转动时的一种方便表达形式。

*3.3.2　力矩的功率

大家知道，力对质点做功的快慢由单位时间内力对质点做功的多少来表示，同样地，可以用单位时间内力矩对刚体做的功来表示力矩做功的快慢，称为力矩的功率，用 P 表示。

设刚体在恒力矩作用下绕定轴转动时，在时间 $\mathrm{d}t$ 内转过 $\mathrm{d}\theta$ 角，则力矩的功率可表示为

$$P=\frac{\mathrm{d}A}{\mathrm{d}t}=\frac{\mathrm{d}(M\theta)}{\mathrm{d}t}=M\left(\frac{\mathrm{d}\theta}{\mathrm{d}t}\right)=M\omega$$

上式表明,力矩的功率等于力矩与角速度的乘积。当功率一定时,若转速越低,则力矩越大;反之,若转速越高,则力矩越小。当力矩与角速度同方向时,力矩的功和功率为正值;当力矩与角速度方向相反时,力矩的功和功率为负值,这时的力矩常称为阻力矩。

3.3.3 转动动能

刚体可看成许多质点组成的质点系,设其绕定轴转动的角速度为 ω,各质元的质量与线速度分别为 $\Delta m_1,\Delta m_2,\cdots,\Delta m_i$ 与 $v_1,v_2,\cdots,v_i$,各质元到转轴的垂直距离为 $r_1,r_2,\cdots,r_i$,第 i 个质元的动能为

$$E_{i\mathrm{k}}=\frac{1}{2}\Delta m_i v_i^2=\frac{1}{2}\Delta m_i r_i^2\omega^2$$

整个刚体的转动动能是所有质点的转动动能之和,故整个刚体的转动动能为

$$E_\mathrm{k}=\sum_i E_{i\mathrm{k}}=\sum_i\frac{1}{2}\Delta m_i r_i^2\omega^2=\frac{1}{2}\Big(\sum_i\Delta m_i r_i^2\Big)\omega^2$$

其中 $\sum_i\Delta m_i r_i^2$ 为整个刚体的转动惯量,用 I 表示,所以有

$$E_\mathrm{k}=\frac{1}{2}I\omega^2\tag{3.16}$$

式(3.16)表明,刚体绕定轴转动的转动动能等于刚体的转动惯量与角速度平方的乘积的一半。这跟质点的动能 $E_\mathrm{k}=\frac{1}{2}mv^2$ 在形式上是完全相似的,也说明了转动惯量相当于平动时的质量,是物体在转动中惯性大小的量度。应该指出,转动动能并不是一个新的能量,仅是刚体内各部分的平动动能之和,是表示转动刚体动能的一种简便方法。

3.3.4 定轴转动的动能定理

设在合外力矩 M 的作用下,刚体绕定轴转过角位移 $\mathrm{d}\theta$,则合外力矩对刚体所做的元功为

$$\mathrm{d}A=M\mathrm{d}\theta\tag{3.17}$$

又由转动定律

$$M=I\alpha=I\frac{\mathrm{d}\omega}{\mathrm{d}t}$$

结合上述两式,得

$$\mathrm{d}A=I\frac{\mathrm{d}\omega}{\mathrm{d}t}\mathrm{d}\theta=I\frac{\mathrm{d}\theta}{\mathrm{d}t}\mathrm{d}\omega=I\omega\mathrm{d}\omega$$

通常,绕定轴转动的刚体,其转动惯量为常数,则在 Δt 时间内,合外力矩对刚体做功,使刚体的角速度从 ω_1 变到 ω_2 的过程中,合外力矩所做的功为

$$A=\int \mathrm{d}A=\int_{\omega_1}^{\omega_2} I\omega \mathrm{d}\omega=\frac{1}{2}I\omega_2^2-\frac{1}{2}I\omega_1^2 \tag{3.18}$$

式中，$\frac{1}{2}I\omega_2^2$ 与 $\frac{1}{2}I\omega_1^2$ 分别是刚体在不同时刻的转动动能。因此式(3.18)表明，在刚体的定轴转动过程中，合外力矩对刚体所做的功等于刚体转动动能的增量，这就是刚体绕定轴转动的动能定理。该定理是功能转化的定量关系式，是能量守恒定律的结果，它刻画了刚体的状态量(转动动能)与使之状态发生变化的过程量(力矩的功)之间的因果关系。这一点与刚体的转动定律相同。

若刚体受到阻力矩的作用，则其转动将逐渐变慢。此时转动动能的增量为负值，就是说转动刚体反抗阻力矩做功，刚体的转动动能逐渐减小。

刚体的动能定理在工程上有很多应用，例如，冲床在冲孔时冲力很大，如果由电动机直接带动冲头，电动机将无法承受这样大的负荷。因此，中间要装上减速箱和飞轮储能装置，电动机通过减速箱带动飞轮转动，转动的飞轮因转动惯量很大，可以把能量以转动动能的形式储存起来。在冲孔时，由飞轮带动冲头对钢板冲孔做功，使飞轮转动动能减少。利用转动飞轮释放能量，可以大大减少电动机的负荷，从而解决了上述矛盾。

3.3.5　刚体的势能

刚体没有形变，是理想化的模型，所以没有内部的弹性势能。刚体在定轴转动中涉及的势能主要是重力势能，刚体的重力势能指的是刚体与地球共有的重力势能，等于各质元与地球共有势能之和，通常取地面坐标系来计算势能值。

刚体处于不同方位时重力作用线共同通过的那一点称为刚体的重心。重心与质心是两个不同的物理概念，重心以物体受到重力为前提，如果讲地球的重心、太阳的重心便没有意义，普通物体在完全失重的宇航器上也无所谓重心。质心是物体或质点系的质量中心，在刚体运动中质心是具有特殊地位的几何点，其概念适用于一切力学系统，即便是地球、太阳，乃至于分子、原子等，都有质心。重心与质心的重合不是必然的，只有当物体的线度与它们到地心的距离相比很小时，才能认为各部分所受重力互相平行，因此重心与质心重合。若物体很大，以至不能认为物体各部分重力彼此平行，则重心与质心不重合。

对于一个不太大的质量为 m 的刚体，质心与重心重合，它的重力势能等于组成刚体的各个质元的重力势能之和，即

$$E_{\mathrm{p}}=\sum_i \Delta m_i g h_i=g\sum_i \Delta m_i h_i$$

根据刚体质心的定义，质心的高度应为

$$h_C=\frac{\sum_i \Delta m_i h_i}{m}$$

因此有

$$E_{\mathrm{p}}=mgh_C \tag{3.19}$$

可见,刚体的重力势能取决于刚体质量和其质心距离势能零点的高度。

3.3.6 刚体的机械能守恒定律

刚体作为一种特殊的质点系,必然遵从一般质点系在一定条件下的机械能守恒定律。在刚体绕定轴转动的过程中,如果只有保守力重力做功,则刚体在重力场中的机械能守恒,转动刚体的动能与势能被本节的转动动能与重力势能所代替,即

$$E_{\mathrm{k}}+E_{\mathrm{p}}=\frac{1}{2}I\omega^2+mgh_C=恒量 \tag{3.20}$$

在包括定轴转动的刚体、某些质点和地球的系统中,第 2 章的机械能守恒定律也完全适用。在某些问题中,如果应用动能定理和机械能守恒定律解题,常使问题方便、快速地解决。下面通过一些例题来介绍动能定理或机械能守恒定律的应用。

* **例题 3.9** 均质杆的质量为 m、长为 l,一端为光滑的支点,最初处于水平位置,释放后杆向下摆动,如图 3.16 所示。试求杆在铅垂位置时,其下端的线速度 v 和杆对支点的作用力。

解 先求 v:取杆和地球为系统,在杆下摆过程中,只有作用于杆的保守内力——重力做功,系统的机械能守恒。选杆在铅垂位置时的重心位置为势能零点,则

$$mgh_C=\frac{1}{2}I\omega^2$$

而 $h_C=\frac{l}{2}$,$I=\frac{ml^2}{3}$,$v=\omega l$,故可解得

$$v=\sqrt{3gl}$$

v 方向向左。

再求杆对支点的作用力:以杆为研究对象,受力分析及所选自然坐标系如图 3.16(b)所示,有

$$N_{\mathrm{t}}=ma_{C\mathrm{t}},\quad N_{\mathrm{n}}-mg=m\frac{v_C^2}{r_C},\quad M=I\alpha$$

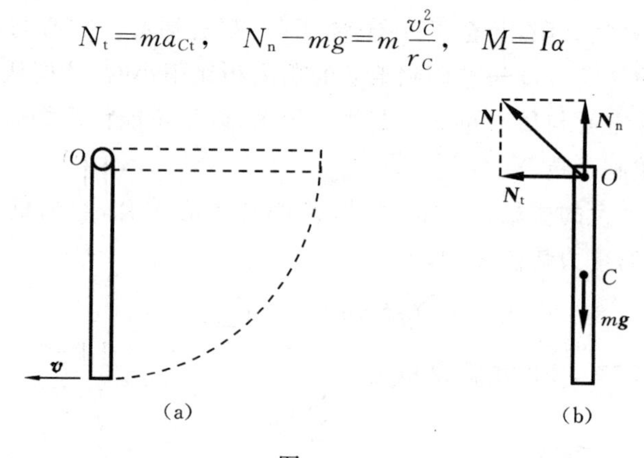

图 3.16

因杆在铅垂位置时 $M=0, r_C=\dfrac{l}{2}, v_C=\dfrac{v}{2}=\dfrac{\sqrt{3gl}}{2}, a_{Ct}=\alpha r_C, I=\dfrac{ml^2}{3}$，代入上式得

$$N_t=0,\quad N=N_n=mg+\frac{3}{2}mg=\frac{5}{2}mg$$

N 方向向上。

由牛顿第三定律，杆对支点的作用力方向竖直向下，且大小等于 $\dfrac{5}{2}mg$。

例题 3.10　如图 3.17 所示，一匀质细杆质量为 m，长为 l，可绕过一端 O 的水平轴自由转动，杆于水平位置由静止开始摆下。试求：

（1）初始时刻的角加速度；

（2）杆转过 θ 角时的角速度。

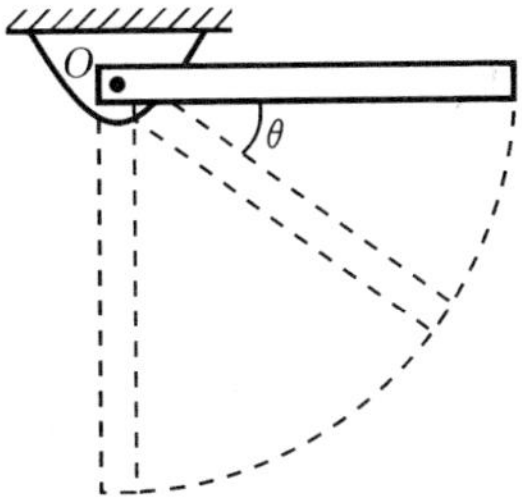

图 3.17

解　（1）初始时刻，均质细杆绕一端转动时，转动惯量 $I=\dfrac{1}{3}ml^2$，它处在水平位置时，对转轴的力矩 $M=mg\dfrac{l}{2}$。由转动定律 $M=I\alpha$，有

$$mg\frac{l}{2}=\left(\frac{1}{3}ml^2\right)\alpha$$

则

$$\alpha=\frac{3g}{2l}$$

（2）杆在下落过程中，受到重力 mg 和转轴的支撑力 N，该支撑力通过 O 点，所以其对 O 点的力矩为零。重力的力矩是变力矩，大小等于 $mg\dfrac{l}{2}\cos\theta$。均质细杆转过一极小的角位移 $d\theta$ 时，重力矩所做的元功是 $dA=mg\dfrac{l}{2}\cos\theta d\theta$。在该细杆从水平位置下摆转过 θ 角时，重力矩所做总功为

$$A=\int dA=\int_0^\theta mg\frac{l}{2}\cos\theta d\theta=mg\frac{l}{2}\sin\theta$$

此过程中，细杆的动能增量 $E_k=\dfrac{1}{2}I\omega^2=\dfrac{1}{2}\times\left(\dfrac{1}{3}ml^2\right)\omega^2$，该细杆可看成是刚体，由刚体转动的动能定理得

$$mg\frac{l}{2}\sin\theta=\frac{1}{2}\times\left(\frac{1}{3}ml^2\right)\omega^2$$

所以有

$$\omega=\sqrt{\frac{3g\sin\theta}{l}}$$

例题 3.10 还可以在用转动定律求出杆的角加速度 α 后，用 α 对时间 t 积分求出角速度 ω。有兴趣的同学可以自己尝试计算。但这种方法比较复杂，简单的方法是利用动能定理或者机械能守恒定律求解，如上所示。

例题 3.11 如图 3.18 所示,可视为均质圆盘的滑轮,质量为 m_1、半径为 R,绕在滑轮上的轻绳的一端系一质量为 m_2 的物体。在重力作用下,物体加速下落。设开始时系统处于静止,试求物体下落的距离为 h 时,滑轮的角速度和角加速度。

分析 绳中的张力使滑轮加速转动,作用于物体上的重力克服绳中的张力做功并使物体下落。可对滑轮和物体分别利用动能定理求解。

解 设物体下落距离为 h 时,滑轮的角速度为 ω,绳中的张力所做的功为 A,则此时物体的速度为 $v=\omega R$,重力对物体做功为 mgh。应用动能定理,有

$$A=\frac{1}{2}I\omega^2-0=\frac{1}{2}\times\left(\frac{1}{2}m_1R^2\right)\omega^2=\frac{1}{4}m_1R^2\omega^2$$

$$m_2gh-A=\frac{1}{2}m_2v^2$$

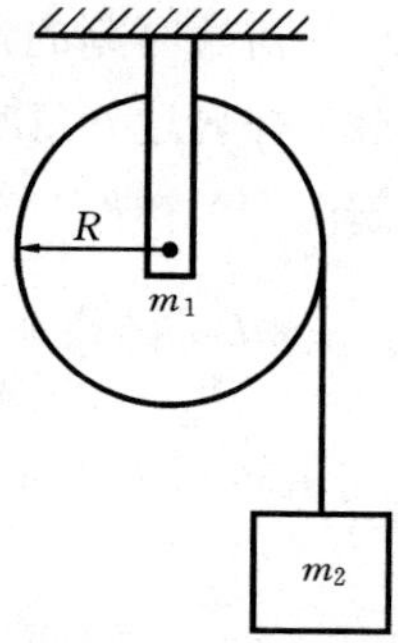

解得

$$\omega=\frac{2}{R}\sqrt{\frac{m_2gh}{2m_2+m_1}}$$

将上式对时间求导,利用$\frac{\mathrm{d}h}{\mathrm{d}t}=\omega R$,可得角加速度

$$\alpha=\frac{\mathrm{d}\omega}{\mathrm{d}t}=\frac{2m_2g}{(m_1+2m_2)R}$$

R
m_1
m_2

图 3.18

例题 3.11 中,也可以把滑轮和物体作为一个系统考虑,该系统只有重力做功,机械能守恒,重力做的功转化为物体的动能和滑轮的转动动能,由机械能守恒定律,有

$$m_2gh=\frac{1}{2}m_2v^2+\frac{1}{2}I\omega^2=\frac{1}{2}m_2v^2+\frac{1}{4}m_1R^2\omega^2$$

求得 v 后,利用 $v=\omega R$ 即可求得 ω 和 α。

3.4 刚体定轴转动的角动量守恒

在第 2 章中,曾从力对时间的积累效应出发导出了动量定理,从而得到了动量守恒定律;还从力对空间的积累效应出发,导出了动能定理,从而得到了机械能守恒定律。对于刚体,已经讨论了在外力矩作用下刚体绕定轴转动的转动定律。同样,当力矩作用于质点或刚体时,运动也在一定的空间和时间进行着,3.3 节已讨论了力矩对空间的积累效应,得出刚体的转动动能定理。本节,将从力矩对时间的积累效应入手,得出角动量定理和角动量守恒定律。

3.4.1 刚体的角动量

本节主要介绍定轴转动刚体的角动量。如图 3.19 所示,有一刚体以角速度 ω 绕定轴 Oz 转动,其上每个质点都以相同的角速度绕定轴作圆周运动。其中质量为

Δm_i 的质点对 Oz 轴的角动量为 $\Delta m_i v_i r_i$，于是刚体上所有质点对定轴的角动量之和，即刚体对定轴 Oz 的角动量为

$$L=\sum_i \Delta m_i v_i r_i=\sum_i \Delta m_i r_i^2 \omega=\left(\sum_i \Delta m_i r_i^2\right)\omega$$

式中，$\sum_i \Delta m_i r_i^2$ 是刚体绕定轴的转动惯量 I。于是刚体绕定轴的角动量为

$$L=I\omega \tag{3.21}$$

式(3.21)表明，刚体绕定轴转动时，对转轴的角动量等于刚体对该轴的转动惯量与角速度的乘积。

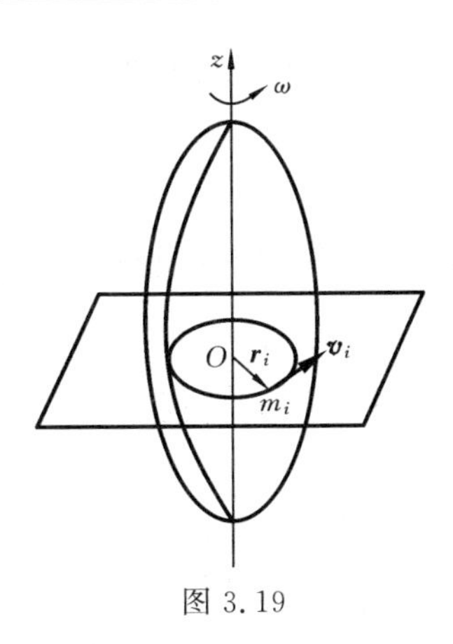

图 3.19

3.4.2　刚体的角动量定理

大家知道，一个质点的动量对时间的变化率是由质点受的合力决定的，力对质点作用的时间积累效应，导致质点动量的增加。那么角动量的时间变化率又由什么决定呢？力矩对质点作用的时间积累效应，会导致什么结果呢？下面将讨论定轴转动刚体的角动量定理。

设刚体作定轴转动时，所受的合外力矩为 M，转动惯量为 I，角速度为 ω，角加速度为 α，则根据刚体定轴转动的转动定律，有

$$M=I\alpha=I\frac{\mathrm{d}\omega}{\mathrm{d}t}=\frac{\mathrm{d}(I\omega)}{\mathrm{d}t}$$

由式(3.21)可知，定轴转动刚体的角动量满足 $L=I\omega$，因此有

$$M=\frac{\mathrm{d}L}{\mathrm{d}t} \tag{3.22}$$

这就是刚体作定轴转动时的角动量定理。式(3.22)表明刚体绕定轴转动时，作用于刚体上的合外力矩等于刚体绕此定轴的角动量随时间的变化率，也可理解为刚体的角动量对时间的导数，等于刚体所受的合外力矩。虽然式(3.22)由转动定律推导而来，是转动定律的另一种表达形式，但其意义更加普遍。例如，当绕定轴转动物体的转动惯量发生变化时，转动定律已经不能适用，但刚体定轴转动的角动量定理仍然成立。如果绕定轴转动的刚体，在合外力矩 M 的作用下，经过 $\Delta t=t_2-t_1$ 时间，角速度由 ω_1 变为 ω_2，则由刚体定轴转动的角动量定理，积分可得

$$\int_{t_1}^{t_2} M\mathrm{d}t=\int_{L_1}^{L_2}\mathrm{d}L=I\int_{\omega_1}^{\omega_2}\mathrm{d}\omega=I\omega_2-I\omega_1 \tag{3.23}$$

如果绕定轴转动的物体是非刚体，即在转动过程中，物体内各质点相对于转轴的位置发生了变化，那么物体的转动惯量也必然随时间发生变化。设定轴转动的非刚体在合外力矩的作用下，经过 $\Delta t=t_2-t_1$ 时间，转动惯量由 I_1 变为 I_2，角速度由 ω_1

变为 ω_2,则由刚体定轴转动的角动量定理,积分可得

$$\int_{t_1}^{t_2} M\mathrm{d}t = \int_{L_1}^{L_2} \mathrm{d}L = L_2 - L_1 = I_2\omega_2 - I_1\omega_1$$

3.4.3 刚体的角动量守恒定律

由定轴转动刚体的角动量定理可知,当其所受的合外力矩为零时,其角动量保持不变,即 $M=0$ 时,有

$$L = I\omega = \text{恒量} \tag{3.24}$$

这就是说,如果刚体所受的合外力矩等于零或者不受外力矩的作用时,刚体的角动量保持不变。这就是定轴转动刚体的角动量守恒定律,也称为动量矩守恒定律。对于绕定轴转动的刚体,转动惯量为常量,角动量不变,就是角速度保持不变。例如,一个正在转动的飞轮,当所受的摩擦阻力矩可以略去不计时,就可以近似为转动惯量和角速度都不变;对于绕定轴转动的可变形物体来说,转动惯量和角速度都在改变,但是两者的乘积保持恒定,即一个量变大时,另一个量就要减小。例如,人的两手各握一个很重的哑铃,站在凳上。当他平举两臂时,借助外力使人和凳一起以一定的角速度转动起来,然后除去外力。如果此人在转动过程中放下两臂时,则转动惯量减小。由于这时没有外力矩作用,凳和人的角动量保持不变,所以当他放下两臂时,角速度就增大。如果符合角动量守恒的定轴转动系统,由两个物体组成,则当系统内一个物体的角动量发生改变时,另一个物体的角动量必然与之有等值异号的改变,从而使总角动量保持不变。

日常生活中,利用角动量守恒的例子也很多。如溜冰运动员或芭蕾舞演员,绕通过重心的轴高速旋转时,由于外力对转轴的力矩为零,他们对转轴的角动量守恒,他们可以通过收回或伸展手脚的动作来改变旋转角速度,作出各种优美的动作。还有,体操运动员或跳水运动员做动作时,在空中翻腾时将身体收紧,以减小转动惯量,增加旋转速度,完成多圈的旋转;等快着地或入水时,将身体打开,增大转动惯量,减小旋转速度,才能比较平稳地着地或垂直入水。

需要注意的是,由于角动量是对某一参考点或某一转轴而言的,所以角动量守恒也与参考点或转轴的选择有关,可能对某一点或某一转轴的角动量守恒,但对另外的点或转轴的角动量则是不守恒的。最后还应指出,角动量守恒定律和动量守恒定律都是在不同的理想化条件(如刚体、质点)下,用经典的牛顿力学原理推导出来的,但它们的适用范围,却远远超出原有条件的限制,不仅适用于牛顿力学所研究的宏观、低速领域,而且通过相应的扩展和修正后也适用于牛顿力学失效的微观、高速领域。

例题 3.12 如图 3.20 所示,两个半径分别为 R_1 和 R_2 的圆柱体,对其中心轴的转动惯量分别为 I_1 和 I_2,分别可绕其轴转动。最初大圆柱的角速度为 ω_0,小圆柱不转动,现将小圆柱向右平移,碰到大圆柱后由于摩擦力的作用而被带着转动,最后两圆柱无滑动地各自以恒定角速度沿相反方向转动。试求小圆柱和大圆柱的最终角

速度。

分析　大圆柱与小圆柱接触后，由于摩擦力矩作用，大圆柱转速减小，小圆柱转速变大，最后稳定。对两圆柱分别应用角动量定理，稳定后接触点的线速度相等，$\omega_1 R_1 = \omega_2 R_2$，即可求出稳定后两圆柱的角速度。需要注意的是，由于从开始接触到稳定过程中，均受到外力矩的作用，因此角动量不守恒，只能对两圆柱体分别使用角动量定理求解。

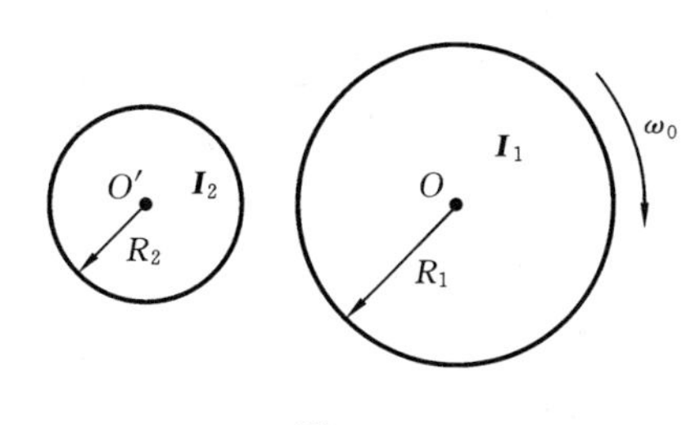

图 3.20

解　由两圆柱间的摩擦力相等 $f_1 = f_2$，对两圆柱分别应用角动量定理，可得

$$-\int M_1 \mathrm{d}t = -\int R_1 f_1 \mathrm{d}t = I_1 \omega_1 - I_1 \omega_0$$

$$\int M_2 \mathrm{d}t = \int R_2 f_2 \mathrm{d}t = I_2 \omega_2$$

上式中的负号表示摩擦力矩的方向与原来转动的方向相反。由以上两式，可得

$$\frac{R_1}{R_2} = \frac{I_1(\omega_0 - \omega_1)}{I_2 \omega_2}$$

两圆柱稳定后，其接触点线速度相等，$\omega_1 R_1 = \omega_2 R_2$，可得

大圆柱最终角速度

$$\omega_1 = \frac{\omega_0 I_1 R_2^2}{I_1 R_2^2 + I_2 R_1^2}$$

小圆柱最终角速度

$$\omega_2 = \frac{\omega_0 I_1 R_1 R_2}{I_1 R_2^2 + I_2 R_1^2}$$

例题 3.13　一个质量为 M、半径为 R 并以角速度 ω 转动着的飞轮（可看做均质圆盘），在某一瞬时突然有一片质量为 m 的碎片从轮的边缘上飞出，如图 3.21 所示，假定碎片脱离飞轮时的瞬时速度方向正好竖直向上，试求：

（1）碎片能飞多高？

（2）余下部分的角速度、角动量和转动动能。

解　（1）瞬时的线速度即是碎片上升的初速度

$$v_0 = R\omega$$

设碎片上升高度 h 时的速度为 v，则有 $v^2 = v_0^2 - 2gh$。当其上升到最大高度时，其瞬时速度为 0，因此有

$$H = \frac{v_0^2}{2g} = \frac{1}{2g}\omega^2 R^2$$

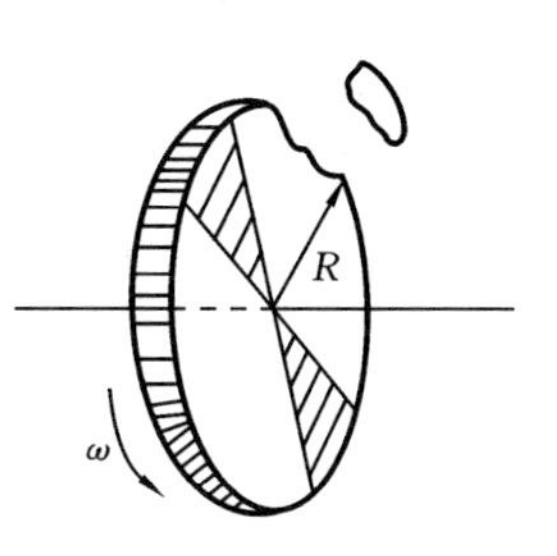

图 3.21

（2）碎片抛出前圆盘的转动惯量为 $I = \frac{1}{2}MR^2$，碎片

抛出后圆盘的转动惯量为 $I'=\frac{1}{2}MR^2-mR^2$；碎片脱离前盘的角动量为 $I\omega$，碎片刚脱离后，碎片与破盘之间的内力变为零，但内力不影响系统的总角动量，即碎片与破盘的总角动量应守恒，设破盘的角速度为 ω'，则有

$$I\omega=I'\omega'+mv_0R$$

将 I 与 I' 代入、化简，得到

$$\omega'=\omega$$

即碎片脱离前后，角速度保持不变。

圆盘余下部分的角动量为

$$L=\left(\frac{1}{2}MR^2-mR^2\right)\omega$$

转动动能为

$$E_k=\frac{1}{2}\times\left(\frac{1}{2}MR^2-mR^2\right)\omega^2$$

例题 3.14 如图 3.22 所示，质量为 M、长为 l 的均匀直棒，可绕垂直于棒一端的水平轴 O 无摩擦地转动，它原来静止在平衡位置上。现有一质量为 m 的弹性小球飞来正好在棒的下端与棒垂直地相撞，使棒从平衡位置处摆到最大角度 $\theta=30°$ 处。设碰撞为完全弹性碰撞：

(1) 试计算小球的初速度 v_0 值；

(2) 相撞时小球受到多大的冲量？

解 (1) 设棒与小球碰撞后，棒得到的初角速度为 ω，小球的速度为 v。按照题意，碰撞时遵从角动量守恒和机械能守恒定律，棒的转动惯量为 I，于是可列下式

$$mv_0l=I\omega+mvl$$

$$\frac{1}{2}mv_0^2=\frac{1}{2}I\omega^2+\frac{1}{2}mv^2$$

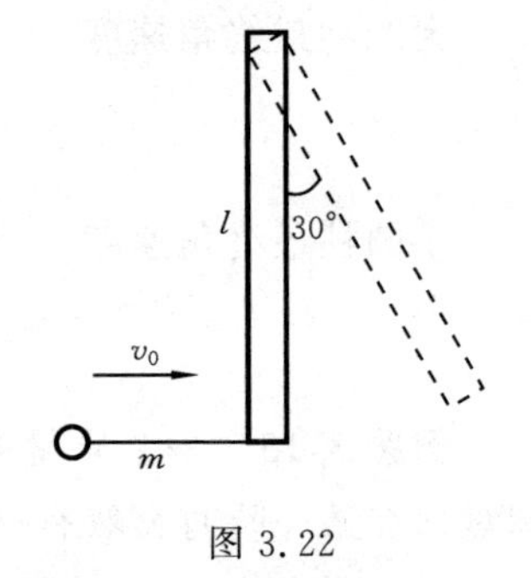

图 3.22

碰撞过程极为短暂，可认为棒没有显著的位移。碰撞后棒从竖直位置上摆的最大角度为 30°，按照机械能守恒定律，可列下式

$$\frac{1}{2}I\omega^2=Mg\,\frac{l}{2}(1-\cos30°)$$

联立上述三式，由 $I=\frac{1}{3}Ml^2$，解得

$$v_0=\frac{\sqrt{6\times(2-\sqrt{3})}}{12}\frac{3m+M}{m}\sqrt{gl}$$

(2) 碰撞时，小球受到的冲量为

$$\int F\mathrm{d}t=mv-mv_0$$

则

$$mv - mv_0 = -\frac{I\omega}{l}$$

联立以上两式,可得

$$\int F\mathrm{d}t = -\frac{M\sqrt{6\times(2-\sqrt{3})}}{6}\sqrt{gl}$$

*3.5　流体力学简介

气体和液体统称为流体。流体最显著的特征是具有流动性,表现为在外力作用下各部分之间很容易发生相对运动,因而没有固定的形状,其形状随着容器的形状而异。流体可以发生形状和大小的改变,这一点和弹性体相似。但流体具备体积压缩弹性。例如,用力推活塞可以压缩汽缸中的气体,在撤销外力后,气体会恢复原状,将活塞推出。

从微观角度看,流体是由大量无规则热运动的分子或原子组成的。但在流动情况下,无规则热运动退居次要地位,宏观整体的运动占据主导地位。因此在流体力学中,将流体视为由连续分布的质元或流体微团组成,而不考虑流体的物质结构及热运动。流体力学把流体看做连续介质,运用有关质点和质点系的知识,研究流体的平衡和运动规律。本节主要介绍静止流体内的压强、理想流体的连续性方程和伯努利方程等。

3.5.1　流体静力学

在讨论流体的运动之前,先简单介绍流体静力学,主要讨论静止流体内部的压强分布规律,为学习后续知识作铺垫。

1. 静止流体内一点的压强

水库中的水对拦水大坝有压力作用,巨型客机能凭借大气的升力飞行,这些都说明水或空气等流体能给物体以力的作用。此外,流体内各部分之间也存在着相互作用力。为了研究静止流体内部各相邻部分的相互作用力,设想在流体内部某点附近沿某一方向取一截面,此截面将流体分为左上和右下两部分,两部分流体通过此截面互施作用力。倘若把截面左上方流体对右下方流体的作用力分解为垂直于截面的法向分量和平行于截面的切向分量,则平行于截面的切向作用力会导致右下方的流体沿该方向流动。既然流体是静止的,切向分力只能为零,即截面左上方流体对右下方流体的作用力与截面垂直。另外,流体也不能承受拉力,否则也将破坏流体的静止状态,因此静止流体内部的相互作用力只能是垂直于截面的正压力。

为了描述流体内部正压力的特性,可在流体内部某点附近取一无限小的假想面元 ΔS,作用于面元上的压力大小为 ΔF,令所取面积 $\Delta S\rightarrow 0$,则 $\Delta F/\Delta S$ 的极限就称

为该点流体的压强，记为 p，即

$$p=\lim_{\Delta S\to 0}\frac{\Delta F}{\Delta S}$$

通过流体内一点，可作出取向不同的多个无限小的面元，下面将证明这些不同面元上的压强大小相等。如图 3.23 所示，在静止流体 A 点附近作一微小的直角三棱柱，其在 x 轴、y 轴和 z 轴方向的长度分别为 Δx、Δy、Δz，斜边长度为 $\Delta\lambda$，A 点位于两个不同平面的交线上。由于流体是静止的，故该三棱柱受力平衡，考虑三棱柱在 y 方向上的受力及平衡条件，有

$$p_y\Delta x\Delta z-p_n\Delta x\Delta\lambda\sin\alpha=0$$

又由几何关系 $\Delta z=\Delta\lambda\sin\alpha$

则有 $p_y=p_n$

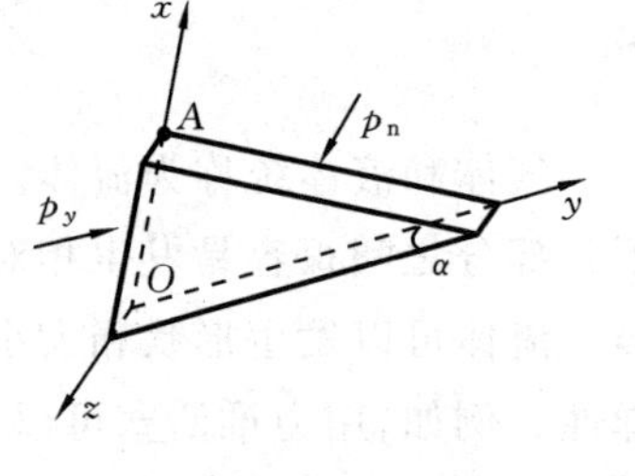

图 3.23

上式表明，过 A 点的两个无线小截面上的压强是相等的。又因为三棱柱三个边的长度 Δx、Δy、Δz 具有一定的任意性，三棱柱的斜面与 Oxy 面的夹角 α 可以取不同的值。因此可以说，静止流体内某一点处的压强大小只取决于该点的位置，与压强作用面的取向无关。或者说，静止流体内任一点沿各个方向的压强都相等。

2. 静止流体中压强的分布

如前所述，静止流体内某一点的压强沿各方向都相等，但流体内不同点处的压强却不一定相等。下面来讨论在重力场中静止流体内各点的压强分布。

如图 3.24(a)所示，在同一种静止流体内作一水平线 AB，并截取一个以该水平线为轴、横截面积为 ΔS 的圆柱形流体元，以这段静止的圆柱形流体为研究对象，分析在水平方向受周围流体对它的压力作用。设 p_A 和 p_B 分别为左、右两侧截面的压强，因圆柱体两端面积足够小，可以认为 ΔS 上的压强处处相等。因而两侧截面受到的压力分别为 $F_A=p_A\Delta S$，$F_B=p_B\Delta S$，两者都沿水平方向，指向相反。由静止流体在水平方向上的力学平衡条件得

$$p_A\Delta S-p_B\Delta S=0$$

上式表明，在同一静止流体内部，等高点的压强相等，也可以说，水平面是一个等压面。

若在静止流体内作一竖直线，并截取一个以该竖直线为轴的圆柱体元，如图3.24(b)所示，在上底面上取一点 C，在下底面上取一点 D，设 C、D 两点的高度差为 h，圆柱的底面积为 ΔS。对于密度为 ρ 的均匀流体，在竖直方向上受重力 $(h\Delta S)\rho g$、上端面压力 $F_C=p_C\Delta S$ 和下端面压力 $F_D=p_D\Delta S$，由静止流体在竖直方向上的平衡条件，得

$$p_D\Delta S-p_C\Delta S-(h\Delta S)\rho g=0$$

化简得

$$p_D=p_C+\rho gh$$

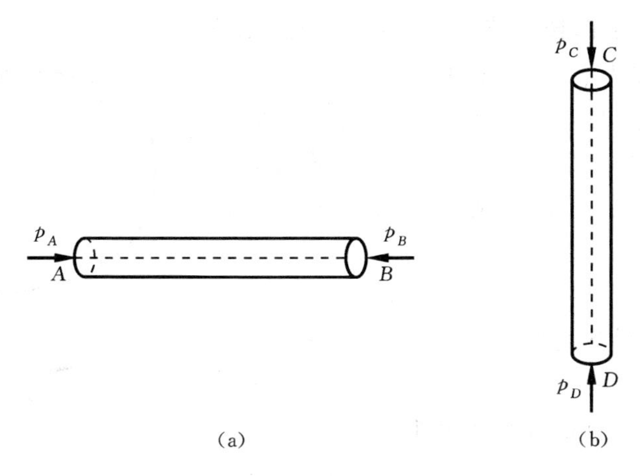

图 3.24

上式表明，在静止流体内部同一竖直线上的两点压强不等，压强随其在流体内高度的增加而减少。若 C、D 两点不在同一竖直线上，C、D 两点的高度差仍为 h，则可在 D 点正上方取一点 C'，使 C、C' 两点在同一水平线上，可知 $p_C=p_{C'}$，由 $p_D-p_{C'}=\rho gh$，仍可得 $p_D-p_C=\rho gh$。总之，同一种静止流体内，高度差为 h 的任意两点间的压强差都等于 ρgh。在流体静力学中，很多情况下流体的上表面及其压强都是已知的。设流体上表面处压强为 p_0，利用上式很容易求出，在上表面下深为 h 处的流体的压强为

$$p=p_0+\rho gh \tag{3.25}$$

3. 帕斯卡原理

帕斯卡原理是 17 世纪法国人帕斯卡提出的，可表述为：施加到静止流体某处的压强能等值地传到流体内的任何地方。

前面已经证明，静止流体内两点之间的压强差，仅由流体密度和两点之间的高度差决定。当采取施加外力的方法使得流体中某处增加 Δp，必然导致流体中每点都增加同一个量 Δp，才能保证任意两点间的压强差不变。

帕斯卡原理在油压和水压机械中有广泛的应用，对液压机而言，如果在面积为 S_1 的小活塞上施加一个较小的力 F_1，使得小活塞处压强增加 $\Delta p=\dfrac{F_1}{S_1}$，则该压强传到面积为 S_2 的大活塞处就能获得较大的力，其值为

$$F_2=\Delta pS_2=\frac{S_2}{S_1}F_1$$

4. 阿基米德原理

阿基米德原理是公元前 3 世纪由希腊的阿基米德提出的，其内容如下：物体在流体中所受到的浮力等于该物体所排开的同体积流体的重量。阿基米德原理在潜水艇及热气球的设计中有重要应用。

阿基米德原理很容易从流体静力学的基本原理导出。如图 3.25 所示，在浸入流

体的物体上取一小四棱柱体元,该体元上表面面积为 dS_1,该处压强为 p_1,下表面面积为 dS_2,该处压强为 p_2。上、下表面的高度差为 h。水平截面的面积为 dS,则该体元的体积为 $dV=hdS$。水平截面与上、下表面的夹角分别为 α_1 和 α_2,则 dS 与 dS_1、dS_2 之间的关系为

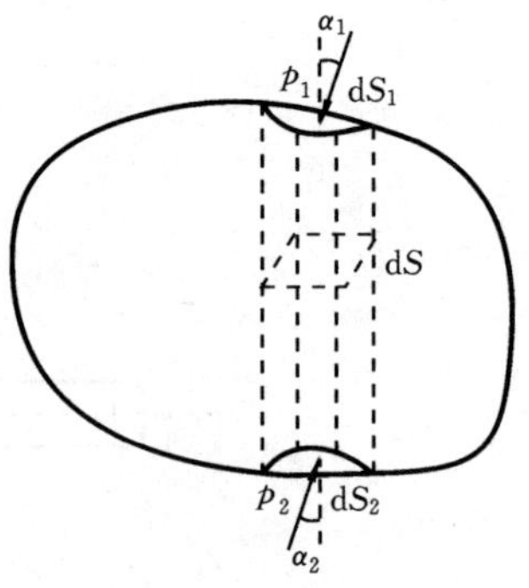

$$dS=dS_1\cos\alpha_1=dS_2\cos\alpha_2$$

作用在该体元上的压力在竖直方向上的合力为

$$dF=p_2dS_2\cos\alpha_2-p_1dS_1\cos\alpha_1=(p_2-p_1)dS$$

图 3.25

又由静止流体内压强的分布规律可知

$$p_2-p_1=\rho gh$$

则

$$dF=\rho ghdS=\rho gdV$$

上式表明,该体元所受浮力恰为该体元所排开的同体积流体的重力,则整个物体所受浮力为

$$F=\int_V\rho g\,dV=\rho gV \tag{3.26}$$

从而阿基米德原理得证。

3.5.2 理想流体的连续性方程

1. 理想流体

大家知道,一般日常生活中的气体和液体都是可以压缩的。有人曾对水和水银等液体进行了压缩性测量,在 500 个大气压下,每增加一个大气压,水银体积的减少量不到百万分之四,水的体积的减少量不到两万分之一,压缩量都很小,因而通常可不考虑液体的可压缩性。气体的可压缩性却很明显,例如,对于封闭在汽缸中的一个大气压的气体,可轻而易举地压缩很多。但是,对于流动的气体,在一定条件下(流速远低于声速),当对某处气体施压时,只是改变气体的流动状态而不显著改变气体的体积,其体积的可压缩性也能略去。因此,若不考虑流体的压缩性,便可抽象为不可压缩流体。在不可压缩的假设下,流体的密度是常量,描述流体压强随密度、温度变化的物态方程已经没有必要,这使问题大大简化。

流体流动时,流体层间有阻碍相对运动的内摩擦力,称为流体的黏性。常见的如河流中心的水流动较快,越靠近河岸流速越慢的现象就是黏性的表现。在某些情况下,若流体的流动性是主要的,而黏性可以不予考虑,则此流体可看做是无黏性的流体。流体运动时,若其可压缩性和黏性都处于极次要的地位,就可以把它看做理想流体。换句话说,理想流体就是既不可压缩又没有黏性的流体,理想流体是对实际流体的科学抽象,是流体力学中的一个理想模型。理想流体没有黏性,在流动中机械能不

会转化为内能。

2. 流体运动的描述方法

流体可看做是由无穷多质点组成的连续介质，流体的运动便是这无穷多流体质点运动的综合。由于流体的流动，各质点之间的相对位置不断发生变化，对其运动的描述要比刚体复杂得多。根据着眼点的不同，研究流体运动的方法有拉格朗日法和欧拉法两种。

1）拉格朗日法

拉格朗日法着眼于整个流场中所有流体质点，可得到整个流体的流动参数随时间的变化，求出它们普遍的运动规律。由质点力学可知，质点的运动规律不仅取决于动力学方程，而且还与质点的初始条件有关。初位置为(x_0,y_0,z_0)的质点在任意时刻的位置、速度和加速度都可表示为初始坐标和时间 t 的函数，即

$$\boldsymbol{r}=\boldsymbol{r}(x_0,y_0,z_0,t)$$

$$\boldsymbol{v}=\boldsymbol{v}(x_0,y_0,z_0,t)$$

$$\boldsymbol{a}=\boldsymbol{a}(x_0,y_0,z_0,t)$$

不同的质元对应不同的(x_0,y_0,z_0)值，也就有不同的运动轨迹，通常把流体质元的轨迹称为流迹。拉格朗日法是将牛顿力学的方法和理论直接用于流体质元，是对流体质点运动过程的研究，对每个质点都可利用牛顿定律研究其动力学问题。但要确定无穷多质点的初位置并求解其运动，通常是相当困难的，故该法在流体力学中较少被采用。

2）欧拉法

欧拉法不跟踪流体质点的运动，而是着眼于整个流场中各空间点流动参数随时间的变化，综合流场中的所有点，便可得到整个流场流动参数的变化规律。该法是对流动参数场的研究，如速度场、压强场、密度场和温度场等。考察不同时刻经过空间各点流体质点的速度和加速度，这样可将质点的速度、加速度写成空间坐标和时间的函数，即

$$\boldsymbol{v}=\boldsymbol{v}(x,y,z,t)$$

$$\boldsymbol{a}=\boldsymbol{a}(x,y,z,t)$$

流体力学中，一般并不需要了解某个质点运动的全过程，而只需知道空间各点流体的运动情况及其随时间的变化，因而欧拉法比拉格朗日法更形象直观、简单实用。接下来仅用欧拉法讨论流体的运动。

3. 定常流动

一般来说，流速场的空间分布是随时间变化而变化的，即

$$\boldsymbol{v}=\boldsymbol{v}(x,y,z,t)$$

此种情况下，无论是用拉格朗日法还是用欧拉法来研究流体的运动，都是比较复杂、困难的。为了简化，只讨论流速场的空间分布不随时间变化而改变的情况，即

$$\boldsymbol{v}=\boldsymbol{v}(x,y,z)$$

通常把空间各点流体的流速不随时间变化而变化的流动,称为流体的定常流动,亦称为稳恒流动;把空间各点流体的流速随时间变化而变化的流动,称为非定常流动。有时候,当流体的流速随时间变化而变化非常缓慢时,在较短的时间内,可以近似认为是定常流动,或称准定常流动。

在定常流动中,空间各点的加速度和压强也不随时间变化而变化,但不同点的速度、加速度和压强一般并不相等。在定常流动情形下,流速场是静态场,不随时间变化而变化。值得注意的是,空间都是与坐标系相联系的,而坐标系又建立在一定的参考系上。因此定常流动和非定常流动与参考系的选择有关,在某参考系下流体是定常流动,而在另外一个参考系下可能就不是定常流动了。例如,船在静止的水流中缓慢等速直线行驶,在岸上的人看来(坐标系选在岸上),船周围的水流是非定常的;但在船上的人看来(坐标系选在船上),船周围的水流则是定常的。

4. 流线和流管

每一点均有一定的流速矢量与之相对应的空间称为流速场。为了形象地描绘场中流体的运动,引进流线的概念,在流场中画一簇具有如下特点的曲线:某时刻位于曲线上各点的流体质元,它们的速度方向为曲线在该点的切线方向,流速的大小在数值上与所在处曲线的密度(该处垂直于流速方向的单位面积上的曲线条数)相等。流速较大处,曲线较密集;流速较小处,曲线较稀疏。这些曲线描述了流体的运动,称为流线,如图 3.26(a)所示。流线的性质是,任意两条流线不能相交。假设两流线交于一点,根据流线的定义,在交点处流体质元将具有两种不同的速度,这是不可能的。一般来说,对非定常流动,流线的分布及形状是随时间变化而变化的,但对定常流动则保持不变。此外,由定义可知,流线不同于流迹,通常两者并不重合,但对于定常流动,流迹与流线是重合的。

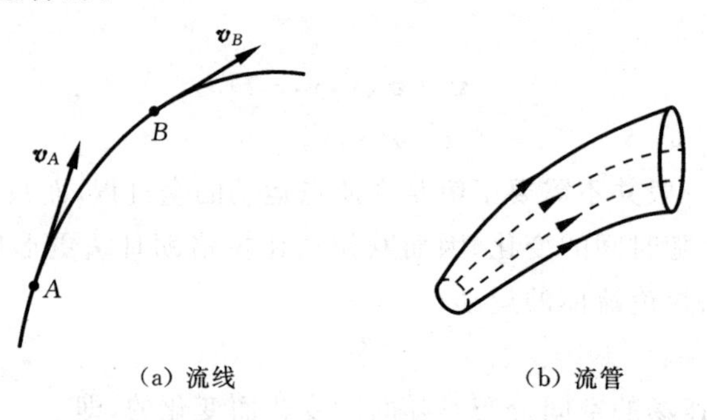

(a) 流线　　(b) 流管

图 3.26

在流体内任取一条微小的封闭曲线,通过该曲线上各点的流线所围成的细管称为流管,如图 3.26(b)所示。由于流线不能相交,故流管内的流体不能穿越管外，而管外的流体也不能穿越管内。对于定常流动，流管的形状不随时间变化，可以设想整个运动流体由许多流管组成，流管就像固定的真实管道一样约束着流体的运动。

5. 连续性方程

在定常流动的理想流体中，引入流量的概念。在 Δt 时间间隔内，通过流管某横截面 ΔS 的流体的体积为 ΔV，ΔV 和 Δt 之比当 $\Delta t \to 0$ 时的极限称为该横截面上的流量。如果流管很细，则可认为形成流管的各条流线互相平行，且横截面上各点流速相等，取与这些流线垂直的横截面，用 v 表示该横截面上的流速，Δl 表示 Δt 时间内的位移，Q 表示流量，则

$$Q=\lim_{\Delta t\to 0}\frac{\Delta V}{\Delta t}=\lim_{\Delta t\to 0}\frac{\Delta l\Delta S}{\Delta t}=v\Delta S$$

由此式可知，流量 Q 在数值上等于单位时间内通过面积 ΔS 的流体的体积，在国际单位制中，流量的单位是 m^3/s。

在流场中取一细流管，如图 3.27 所示，任意取 A、B 两横截面，设 A 横截面处流管横截面积为 ΔS_A，流速为 v_A，流体密度为 ρ_A；B 横截面处流管横截面积为 ΔS_B，流速为 v_B，流体密度为 ρ_B。根据流管性质，流体不能通过流管壁面出入流管，只能顺流管通过 ΔS_A 进入并通过 ΔS_B 排出。根据质量守恒定律，在相同的时间内由 ΔS_A 进入和由 ΔS_B 排出的流体质量相等，即 $\rho_A v_A \Delta t \Delta S_A=\rho_B v_B \Delta t \Delta S_B$。对理想流体而言，流体内各处的密度相等，从而有

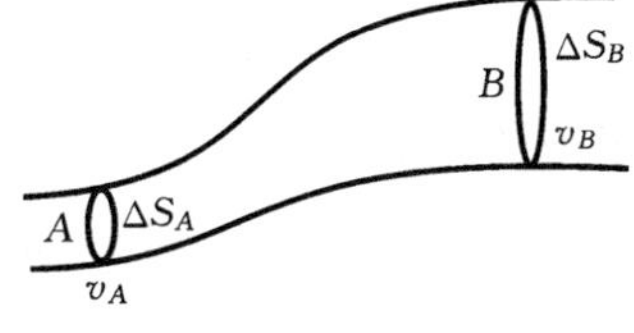

图 3.27

$$v_A\Delta S_A=v_B\Delta S_B$$

由于横截面 A、B 是任意选取的，故对同一流管的任一横截面，有

$$v\Delta S=\text{恒量} \tag{3.27}$$

式(3.27)表明，对于理想流体的定常流动，通过同一流管不同横截面的流量相等，称为理想流体的连续性原理。上两式称为理想流体的连续性方程。由该方程可知，同一流管横截面大的地方流速较小，横截面小的地方流速较大。

借助于连续性方程，可以在流场中作出一系列的流管，只需了解流场中某一截面上流速分布的情况，就可推知整个流场中流速的分布，这样会使问题大大简化。

连续性方程是流体运动学的基本方程，是质量守恒定律的流体力学表达式。根据连续性方程，还可以看出，对同一流管，截面积大处流线疏，截面积小处流线密，亦即流线的疏密也可反映流速的大小。

3.5.3　伯努利方程及其应用

理想流体定常流动的伯努利方程是 1738 年首先由瑞士物理学家提出的。该方

程是流体力学的基本规律之一，它对于研究运动流体内部的压强和流速分布规律有重要意义，在水利工程、交通工具设计等方面有着广泛的应用。此方程不是一个新的基本原理，而是把机械能守恒定律表述成适合于流体力学应用的形式。下面根据质点系的功能原理推导出伯努利方程。

如图 3.28 所示，在作定常流动的理想流体中任取一段细管，研究此段流管中流体的运动。流管外的流体对这段流体的压力垂直于它的流动方向，因而不做功。在理想流体的流动过程中，除了重力以外，只有在它前后的流体对它作用的力做功。在它后面的流体推它前进，做正功；在它前面的力阻碍它前进，做负功。设在某时刻 t，这段流体在 A_1B_1 位置，经过极短时间 Δt 后，这段流体到达 A_2B_2 位置。设 A_1 处流管横截面积、流速、压强和相对于某一参考水平面的高度分别为 ΔS_1、v_1、p_1 和 h_1，B_1 处相应参量为 ΔS_2、v_2、p_2 和 h_2。由于时间 Δt 极短，所以 A_1A_2 和 B_1B_2 是两段极短的位移，在每段极短的位移中，流管横截面积、流速、压强和相对于某一参考水平面的高度都可看做不变。后面流体的作用力是 $p_1\Delta S_1$，位移是 $v_1\Delta t$，所做的正功是 $p_1\Delta S_1v_1\Delta t$，而前面流体所做的负功是 $-p_2\Delta S_2v_2\Delta t$。因此，外力的总功为

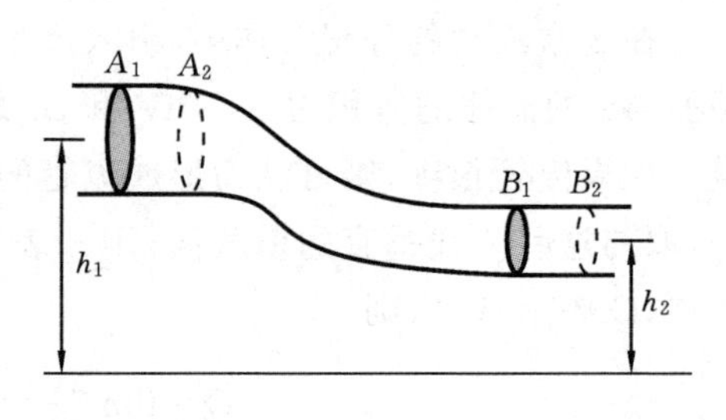

图 3.28

$$A=p_1\Delta S_1v_1\Delta t-p_2\Delta S_2v_2\Delta t$$

因为流体不可压缩，所以 A_1A_2 和 B_1B_2 两小段流体的体积 $\Delta S_1v_1\Delta t$ 和 $\Delta S_2v_2\Delta t$ 必相等，用 ΔV 表示，则上式可写成

$$A=(p_1-p_2)\Delta V$$

接下来考虑这段流体在 Δt 时间内能量的变化。设流体的密度为 ρ，重力势能参考面为图示参考水平面。在 Δt 时间内从横截面 ΔS_1 进入流管的流体质量为 $\Delta m=\rho\Delta V$，其动能为 $E_{k1}=\Delta mv_1^2/2=\rho\Delta Vv_1^2/2$，势能为 $E_{p1}=\Delta mgh_1=\rho\Delta Vgh_1$；从横截面 ΔS_2 流出流管的流体拥有的动能为 $E_{k2}=\rho\Delta Vv_2^2/2$，势能为 $E_{p2}=\rho\Delta Vgh_2$。由于是定常流动，在 A_2、B_1 间的流体的动能和势能保持不变，整段流体的能量变化等于 B_1、B_2 间流体的能量与 A_1、A_2 间流体的能量之差。综合分析，在 Δt 时间内，所研究的这段流体的机械能增量为

$$\Delta E=\left(\frac{1}{2}\rho\Delta Vv_2^2+\rho\Delta Vgh_2\right)-\left(\frac{1}{2}\rho\Delta Vv_1^2+\rho\Delta Vgh_1\right)$$

考虑到理想流体的特性，并且流体内部也没有非保守力做功，根据功能原理，有

$$(p_1-p_2)\Delta V=\left(\frac{1}{2}\rho\Delta Vv_2^2+\rho\Delta Vgh_2\right)-\left(\frac{1}{2}\rho\Delta Vv_1^2+\rho\Delta Vgh_1\right)$$

整理后得
$$p_1+\frac{1}{2}\rho v_1^2+\rho g h_1=p_2+\frac{1}{2}\rho v_2^2+\rho g h_2$$
由于 A_1、B_1 是在流管中任意选取的两个横截面，故上式表明：在惯性参考系中，当理想流体在重力作用下作定常流动时，同一流管各截面处的 $p+\frac{1}{2}\rho v^2+\rho g h$ 是一个恒量，把
$$p+\frac{1}{2}\rho v^2+\rho g h=\text{恒量} \tag{3.28}$$
称为理想流体定常流动的伯努利方程，简称伯努利方程。对某一确定的理想流体，式(3.28)也可写成
$$\frac{p}{\rho g}+\frac{v^2}{2g}+h=\text{恒量}$$
上式左边前三项$\frac{p}{\rho g}$、$\frac{v^2}{2g}$和 h 的量纲都是长度，其国际单位都是 m(米)。因此，在工程上常把它们分别称为压力头、速度头和位置头。因此，伯努利方程也可表述为：理想流体作定常流动时，在同一条流管内任一横截面上，压力头、速度头和位置头三者之和为恒量。

若令 ΔS_1 和 ΔS_2 趋近零，则细流管就缩为流线。可见伯努利方程的物理意义是：理想流体定常流动时，同一流线上各点的压强、单位体积流体的动能与势能之和为一恒量。不同流线上的这个恒量可能不等，但当不同流线来自同一个匀速流场时，则不同流线上的各个恒量均相等。伯努利方程能应用于很多流体力学问题中，下面举些实例，以加深对该方程的理解。

例题 3.15　水电站常用水库出水管处水流的动能来发电，出水管到水面的距离为 h，管道截面积为 S，试求出水管处水的流速和流量。

解　把水看成理想流体，由于出水管道很小，可以看做是定常流动。如图3.29所示，在出水管中取一流线 ab，在水面和管口的流速分别为 v_a 和 v_b。由题意，水库大而管道小，水面的流速远比管口的流速小，所以 v_a 可略去不计，即 $v_a=0$。a、b 两点的压强相等，都等于大气压 $p_a=p_b=p_0$。设水的密度为 ρ，由伯努利方程可得
$$\frac{1}{2}\rho v_b^2+p_0=\rho g h+p_0$$
解得
$$v_b=\sqrt{2gh}$$
可以看出，管口处的流速和物体从高度为 h 处自由下落的速度相等。

流量是单位时间内从管口流出的流体体积，常用 Q 表示，即
$$Q=Sv_b=S\sqrt{2gh}$$

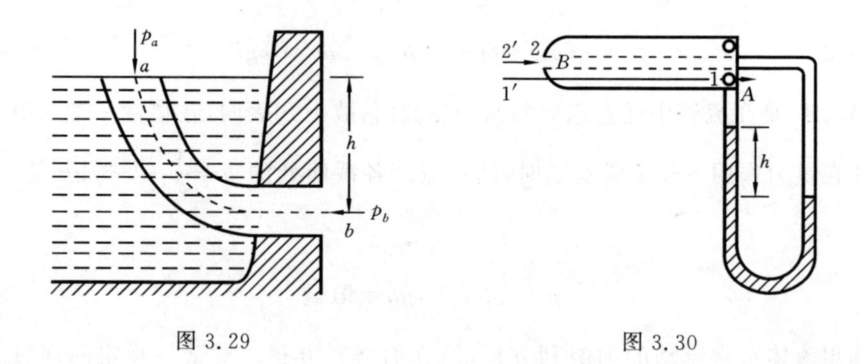

图 3.29　　图 3.30

例题 3.16　皮托管常用于测气体的流速。如图 3.30 所示的是 L 形皮托管,它由两个连通的 L 形内、外管组成,外管管壁开有若干个小孔。使用时 B 端开口朝前方,A 端开口朝上。当 U 形管中的汞柱稳定时,即可根据两侧汞柱的高度差求气体流速,试分析之。

分析　因空气可视作定常流动的理想气体,并在惯性参考系的重力场中,故可应用伯努利方程。用皮托管测流速,相当于在流体内放一障碍物,流体将被迫分成两路绕过此物体,在物体前方流体开始分开的地方,在流线上流速等于零的一点,称为驻点,在本题中 2 点是驻点。

解　设气体密度为 ρ,U 形管中的液体密度为 $\rho_{液}$,管内液面高度差为 h。在流场中取两条水平流线 $1-1'$ 和 $2-2'$,并且 1、2 两点在 A、B 端的开口处,2 点为驻点,设远方气流速度为 v,对 $2-2'$ 流线和 $1-1'$ 流线,分别有

$$p_2 = p_{2'} + \frac{1}{2}\rho v_{2'}^2$$

$$p_1 + \frac{1}{2}\rho v^2 = p_{1'} + \frac{1}{2}\rho v_{1'}^2$$

由于两条流线均来自远方同一匀速流场,两条流线的伯努利方程中的常量相等。两流线的高度差很小,可以略去不计,则有

$$p_2 = p_{1'} + \frac{1}{2}\rho v_{1'}^2$$

由于 $v_{1'} = v_{2'} = v$,因此有

$$p_2 - p_{1'} = \frac{1}{2}\rho v_{1'}^2 = \frac{1}{2}\rho v^2$$

由于气体密度 ρ 较小,可略去两侧空气柱的压强差,则有

$$p_2 - p_{1'} = p_2 - p_1 = \rho_{液} g h$$

由以上两式,得到

$$\frac{1}{2}\rho v^2 = \rho_{液} g h$$

因此气体流速为

$$v=\sqrt{\frac{2\rho_{液}gh}{\rho}}$$

例题 3.17　一喷泉喷出竖直向上高度为 H 的水流，喷泉的喷嘴具有上细下粗的圆截面，上截面的直径为 d，下截面的直径为 D，喷嘴高度为 h，设大气压强为 p_0，试求：

(1) 水的体积流量；

(2) 喷嘴下截面处的压强。

解　沿喷嘴轴线作一条流线，设上截面为 A，下截面为 B，根据连续性原理和伯努利方程及喷嘴射高，有

$$S_A v_A = S_B v_B$$

$$p_0+\frac{1}{2}\rho v_A^2+\rho gh = p_B+\frac{1}{2}\rho v_B^2$$

$$v_A^2=2gH,\quad Q=S_A v_A$$

解得

$$Q=\frac{\sqrt{2gH}\pi d^2}{4}$$

$$p_B=p_0+\rho gH\left(1-\frac{d^4}{D^4}\right)$$

例题 3.18　如图 3.31 所示，一个水平放置的圆柱形储水罐，半径为 R，长度为 L，底面开有放水孔，直径为 d，储水罐内水面高度为 H，顶端开有小孔通大气。计算放完储水罐内的水需要多长时间？

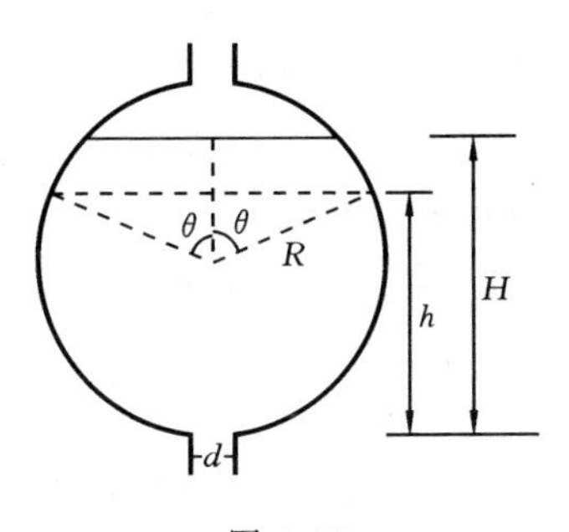

图 3.31

分析　储水罐内的水面高度随时间逐渐变小，小孔流速亦逐渐变小，但因储水罐横截面积远大于小孔的面积，在计算中水作定常流动，放水孔处的流速可按小孔流速处理，将储水罐和放水管视为一根流管，根据连续性原理可得水面下降速度(水面处水的流动速度)与放水孔截面处流速之间的关系，从而可以导出水面下降 $\mathrm{d}h$ 与所用时间 $\mathrm{d}t$ 的关系，通过积分可求出所用的时间。

解　将储水罐和放水孔视为一根流管，当水深为

$$h=R+R\cos\theta$$

时水面的表面积为

$$S_1=2LR\sin\theta$$

该处流速为 v_1，则

$$v_1=-\frac{\mathrm{d}h}{\mathrm{d}t}$$

放水孔处流速为

$$v_2=\sqrt{2gh}$$

根据连续性原理，有

$$S_1 v_1=\pi\frac{d^2}{4}v_2$$

联立以上五式，考虑到 $\mathrm{d}h=-R\sin\theta\mathrm{d}\theta$，整理得

$$\frac{16LR^2\sin^2(\theta/2)\cos(\theta/2)\mathrm{d}\theta}{\pi d^2\sqrt{Rg}}=\mathrm{d}t$$

积分得

$$t=\int_{\theta_0}^{\pi}\frac{16LR^2\sin^2(\theta/2)\cos(\theta/2)\mathrm{d}\theta}{\pi d^2\sqrt{Rg}}=\frac{32LR^2}{3\pi d^2\sqrt{Rg}}[1-\sin^3(\theta_0/2)]$$

而

$$\sin(\theta_0/2)=\sqrt{1-\frac{H}{2R}}$$

故

$$t=\frac{32LR^2}{3\pi d^2\sqrt{Rg}}\left[1-\left(1-\frac{H}{2R}\right)^{3/2}\right]$$

3.5.4 黏性流体的流动

前面讨论的理想流体,没有黏性,在流动过程中没有能量损耗。实际流体都不同程度地具有黏性,具有黏性的流体称为黏性流体。虽然不考虑流体的黏性,可对一些现象作出令人满意的解释,如气体和一些黏性小的液体在小范围内流动时,黏性作为次要因素可略去不计。但有些情况下,流体的黏性起重要作用,必须要考虑流体的黏性。如黏性很大的流体或黏性虽小,但由于远距离输送,黏滞性的影响却不能略去不计的流体。大家知道,静止流体中是不存在剪切应力的,但当黏性流体内部有相对滑动时各层之间有切向的摩擦力,因而有能量的损耗。如用管道输送石油和天然气的过程中必须考虑黏性力的影响,以提供足够的能量来弥补传输过程中的能量损耗。

1. 牛顿黏性定律

黏性流体定常流动的特点是层流。按流速将黏性流体分成不同的层,每一层具有相同的速度,不同的层流动速度不同。这样由于存在相对运动,层间会产生摩擦力,这种力与层平行或相切。所以,流动着的黏性流体内部存在着切应力。图3.32显示了流体作层流时的速度分布,当黏性流体在管道中定常流动时,紧靠管壁的第一层附着在管壁上,流速为零,与之相邻的一层受到最外层的内摩擦力的作用。同理,第三层流动过程中也会受到第二层的摩擦力。这样层层牵制,使各层的流速不同。

如图3.33所示,设流体中相距 $\mathrm{d}z$ 的两个平面上流体的切向速度分别为 v_z 和 $v_{z+\mathrm{d}z}$,则把流速沿与速度垂直方向上的变化率

$$\frac{\mathrm{d}v}{\mathrm{d}z}=\lim_{\Delta z\to 0}\frac{v_{z+\mathrm{d}z}-v_z}{\Delta z}$$

称为速度梯度,它反映了速度随空间位置变化缓急的情况。实验表明,当流体作层流且流速不太大时,流体内部相邻各层间的黏滞力 f 正比于速度梯度和两层间的接触面积 ΔS,即

$$f=\eta\frac{\mathrm{d}v}{\mathrm{d}z}\Delta S \tag{3.29}$$

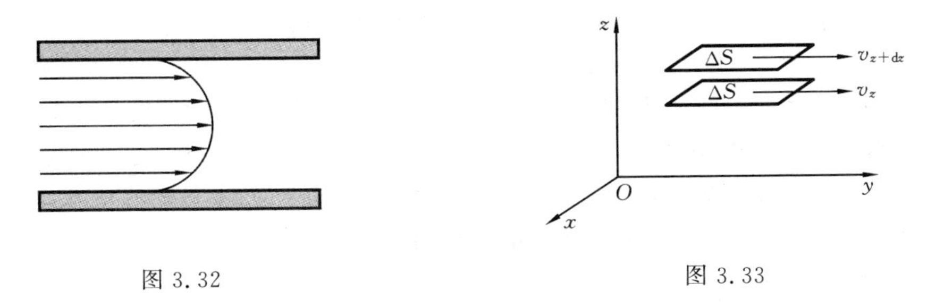

图 3.32　　图 3.33

式(3.29)称为牛顿黏性定律,凡是满足式(3.29)的黏性流体称为牛顿流体,否则称为非牛顿流体。式(3.29)中的比例系数 η 称为黏度,在国际单位制中,黏度的单位为帕[斯卡]秒,国际符号为 Pa·s。黏度 η 除了因材料而异外,还与温度有密切的关系,液体的黏度随温度的升高而减小,气体黏度随温度的升高而增加。气体黏性基本不受压强的影响,液体的黏性在压强不太大时变化不大,压强很高时,黏性急剧增加。通常,液体内黏性力小于固体间的摩擦力,故在机械上常用机油润滑,以减少摩擦,延长使用寿命。在生产上,人们根据不同的需要来选择合适黏度的液体。如在液压传动中,油液黏度过高则会增大摩擦和功率的损失;油液黏度过低则会加重漏油现象,因此需要取平衡态,选择合适的黏度。

2. 层流和湍流、雷诺数

通常,层流发生在黏性流体流速较小的情形,层流时各层之间发生不相混杂的分层流动。当流速增大到一定程度时,层流被破坏,流动具有混杂、紊乱的特征。黏性较大的流体在直径较小的管道中缓慢流动,会出现层流,如石油在管道中的缓慢流动。黏性较小的流体在直径较大的管道中快速流动,往往形成湍流,如自来水管中的水流或通风管道中的气流。在风速不大时,点燃一支香烟,青烟一缕袅袅腾空,起初烟柱是直的,达到一定高度时,突然变得紊乱起来。这是热气流在加速上升的过程中,层流变湍流的绝妙演示。

为了研究流体由层流向湍流的转变,英国的雷诺研究了注入染料的水在管道中流动的情况。经过一系列的实验,他发现从层流向湍流的转变不但与流速有关,而且还与流体的密度 ρ、黏度 η 及管道的半径有关。雷诺提出用一个无量纲数表征流动的性质,称为雷诺数,记为 Re,其定义式为

$$Re=\frac{\rho v l}{\eta} \tag{3.30}$$

式中,v 表示特征流速,如流体在直圆管中流动时中轴线上的流速,绕过机翼的来自无穷远处均匀流动流体的流速等;l 表示物体的特征尺寸,如圆管直径、机翼宽度等。

从层流向湍流过渡的雷诺数,称为临界雷诺数,用 Re_c 表示。当 $Re<Re_c$ 时为层流,当 $Re>Re_c$ 时为湍流。往往临界雷诺数不是一个明确的数,而是一个数值范围。流体的流动存在流动边界条件的问题,如水在圆管中流动,圆管及其粗细即为边界条件,飞机飞行时,机身机翼形状即构成边界条件。若两种流动边界条件相似且具有相同的雷诺数,则流体具有相同的动力特征,若流动相似,只要雷诺数不变,流动性质就

不变,称为雷诺相似准则。该准则具有很好的实用价值,当设计水利工程时,可制造远小于实物的模型,并令其中流动的雷诺数与实际情况相近,则模型的流动能反映真实流动的基本特征。在实验室中,采用与实际飞机或轮船大小成比例的模型并使实物和模型具有相同的雷诺数,将模型通以一定速度的水流或气流,这和实物在流体中运动的效果及所遵循的规律是一致的。如果模型飞机比实际飞机的尺寸小很多,则由雷诺数的定义,要求实验室中气流的速度比实物飞机的速度大很多。

3. 泊肃叶公式

水平放置的圆管中黏性流体作层流运动时,各流层为自管道中心开始而半径逐渐加大的圆桶形,中心处的流速最大,靠近管壁的流体黏附于壁面,流速为零,层流流速 v 随半径 r 变化的规律是

$$v=\frac{\Delta p}{4\eta l}(R^2-r^2)$$

式中,l 表示管内被观测长度;Δp 表示这段长度两端的压强差;R 表示圆管的内半径。1839 年哈根从实验得出通过圆管横截面的流量 $Q\propto \Delta pR^4$,法国医生泊肃叶于 1840 年研究动物血液在毛细管中的流动时发现了如下公式

$$Q=\frac{\pi R^4}{8\eta l}\Delta p \tag{3.31}$$

式(3.31)称为泊肃叶公式。式(3.31)表明,当牛顿流体在圆形管道中作定常流动时,流量与单位长度的压强差成正比,与管道半径的四次方成正比,与流体的黏度成反比。由泊肃叶公式可知,若无压强差,则流量等于零,即需要压强差来克服内摩擦力,维持水平管内的流动。

细管内缓慢的液体流动常可看做是层流,血液可近似看做牛顿流体,它在血管中的流动可以认为是层流并可应用泊肃叶公式。心肌梗死、急性炎症等疾病会引起血液黏度的变化,因此,血液黏度的测量以及对血液流动特性的研究有着重要的医学和生物学意义。

4. 黏力与斯托克斯公式

物体在黏性流体中相对运动时,物体表面就会附着一层流体,于是在物体表面附近形成速度梯度,流层之间产生摩擦力,阻碍物体的运动。这种由于流体的黏性直接产生的阻力称为黏力。比较小的物体在黏度较大的流体中缓慢运动,物体后边不会产生旋涡,所受到的阻力就是黏力。若物体在流体中的运动速度较大,在物体的后边将形成旋涡,造成物体前后的压强差,由这种压强差引起的阻力称为压差阻力。

考虑一个在黏性流体中低速运动的半径为 r 的刚性小球,实验发现黏力与小球相对于黏性流体的运动速度 v、小球半径 r 以及流体的黏度 η 成正比,可以表示为

$$f=6\pi\eta vr \tag{3.32}$$

式(3.32)称为斯托克斯公式。当一个小球在黏性流体中自由沉降时,它将受到重力、黏力以及流体对它的浮力的作用。由于阻力与其速度成正比,因此加速度越来越小,最终以匀速 v 运动,小球处于平衡状态,合外力为零,小球重力的方向向下,浮力与黏力的方向向上,故有

$$\frac{4}{3}\pi r^3\rho g-\frac{4}{3}\pi r^3\rho_0 g-6\pi r\eta v=0$$

式中，ρ 和 ρ_0 分别表示小球和流体的密度。从上式中可以解得流体的黏度，有

$$\eta=\frac{2(\rho-\rho_0)}{9v}gr^2$$

由该式可知，如果测定了 ρ、ρ_0、r 和 v，就可计算出流体的黏度。

提　　要

1. 刚体定轴转动的运动学

当刚体作匀变速运动时，有

$$\omega=\frac{\mathrm{d}\theta}{\mathrm{d}t},\quad \alpha=\lim_{\Delta t\to 0}\frac{\Delta\omega}{\Delta t}=\frac{\mathrm{d}\omega}{\mathrm{d}t}=\frac{\mathrm{d}^2\theta}{\mathrm{d}t^2},\quad \omega=\omega_0+\alpha t$$

$$\theta=\theta_0+\omega_0 t+\frac{1}{2}\alpha t^2,\quad \omega^2=\omega_0^2+2\alpha(\theta-\theta_0)$$

线量和角量的关系为

$$s=r\theta,\quad a_{\mathrm{t}}=r\alpha,\quad a_{\mathrm{n}}=\omega^2 r,\quad v=r\omega$$

2. 转动惯量

定义式为　　$I=\sum_i \Delta m_i r_i^2$

对于质量连续分布的刚体，有

$$I=\int_V r^2\mathrm{d}m=\int_V r^2\rho\mathrm{d}V$$

反映刚体转动惯量性质的定理有

（1）平行轴定理　　$I=I_C+md^2$

（2）垂直轴定理　　$I_z=I_x+I_y$

（3）组合定理　　$I=\sum_i I_i$

3. 定轴转动定律

$$M=I\alpha=I\frac{\mathrm{d}\omega}{\mathrm{d}t}$$

4. 刚体定轴转动的机械能守恒

（1）力矩的功　　$A=\int M\mathrm{d}\theta$

（2）转动动能　　$E_{\mathrm{k}}=\frac{1}{2}I\omega^2$

（3）转动动能定理　　$A=\int\mathrm{d}A=\int_{\omega_1}^{\omega_2}I\omega\,\mathrm{d}\omega=\frac{1}{2}I\omega_2^2-\frac{1}{2}I\omega_1^2$

（4）刚体的势能　　$E_{\mathrm{p}}=mgh_C$

(5) 刚体的机械能守恒 $E_k + E_p = \frac{1}{2}I\omega^2 + mgh_C = $ 恒量

5. 刚体定轴转动的角动量守恒

(1) 刚体的角动量 $L = I\omega$

(2) 刚体的角动量定理 $M = \frac{dL}{dt} = \frac{d(I\omega)}{dt}$

(3) 角动量守恒定律

若 $M = \frac{dL}{dt} = 0$,则 $L = I\omega = $ 恒量

***6. 理想流体的连续性方程**

定常流动时,沿任意流管的横截面上有

$$\rho v \Delta S = \text{恒量}$$

若流体不可压缩,则

$$v \Delta S = \text{恒量}$$

***7. 理想流体的伯努利方程**

$$p + \frac{1}{2}\rho v^2 + \rho g h = \text{恒量}$$

***8. 黏性流体的流动**

牛顿黏性定律 $f = \eta \frac{dv}{dz}\Delta S$

流速分布公式 $v = \frac{\Delta p}{4\eta l}(R^2 - r^2)$

泊肃叶公式 $Q = \frac{\pi R^4}{8\eta l}\Delta p$

黏力与斯托克斯公式 $f = 6\pi\eta v r$

思　考　题

3.1 火车在转弯时所作的运动是不是平动?

3.2 试判断以下关于力矩的说法正确与否:

(1) 内力矩不会改变刚体对某个定轴的角动量;

(2) 作用力和反作用力对同一轴的力矩之和为零;

(3) 大小相同、方向相反的两个力对同一轴的力矩之和一定为零;

(4) 质量相等、形状和大小不同的刚体,在相同力矩作用下,它们的角加速度一定相等。

3.3 试判断下列说法正确与否:

(1) 作用在定轴转动刚体上的力越大,刚体转动的角加速度越大;

(2) 作用在定轴转动刚体上的合力矩越大,刚体转动的角速度越大;

(3) 作用在定轴转动刚体上的合力矩为零,刚体转动的角速度为零;

(4) 作用在定轴转动刚体上的合力矩越大,刚体转动的角加速度越大;

(5) 作用在定轴转动刚体上的合力矩为零,刚体转动的角加速度为零。

3.4　为什么在研究刚体转动时，要研究力矩的作用？力矩和哪些因素有关？在计算物体的转动惯量时，能把物体的质量集中在质心处吗？

3.5　对一个静止的质点施力，如果合外力（外力的矢量和）为零，此质点不会运动。如果是一个刚体，是否也有同样的规律？对于刚体，一个外力对它引起的影响，与质点相比有哪些不同？

3.6　“平行于 z 轴的力对 z 轴的力矩一定是零，垂直与 z 轴的力对 z 轴的力矩一定不是零”，这种说法对吗？

3.7　假定时钟的指针是质量均匀的矩形薄片。分针长而细，时针短而粗，两者具有相等的质量。哪个指针有较大的转动惯量？哪个指针有较大的动能和角动量？

3.8　一个站在水平转盘上的人，左手举一个自行车轮，使轮子的轴竖直。当他用右手拨动轮缘使车轮转动时，他自己会同时沿相反方向转动起来，解释其中的道理。

3.9　两个同样大小的轮子，质量也相同。一个轮子的质量均匀分布，另一个轮子的质量主要集中在轮缘，试问：

(1) 如果作用在它们上面的外力矩相同，则哪个轮子转动的角加速度较大？

(2) 如果它们的角加速度相等，则作用在哪个轮子上的力矩较大？

(3) 如果它们的角动量相等，则哪个轮子上的力矩较大？

3.10　一个平台可绕中心轴无摩擦地转动，开始静止。一辆带有马达的玩具小汽车相对平台由静止开始绕中心轴作圆周运动，试问这时小车对地怎样运动？圆台将如何运动？经一段时间后，小车突然刹车，则圆台和小车又将怎样运动？在此过程中小车和圆台系统动量是否守恒？机械能是否守恒？角动量是否守恒？为什么？

3.11　“静止不可压缩流体内两点的压强差等于 ρgh，ρ 为流体密度，h 为两点间的高度差，g 为重力加速度，该结论对任何静止流体均成立”，这种说法对吗？为什么？

3.12　流线和流迹有什么区别与联系？流体的定常流动与其是否为理想流体有无关系？伯努利方程在什么条件下成立？

3.13　在航海指南里，为什么规定同向并行船舶的速度和距离？“河道宽处水流缓，河道窄处水流急”，如何解释？

3.14　试用伯努利方程分析并解释足球运动中的香蕉球和飞机在空气中飞行时机翼所受的升力。

3.15　试解释家用喷雾器的工作原理。

习　题

3.1　一半径 $R = 1$ m的飞轮以每分钟1 500转的转速绕垂直盘面过圆心的定轴转动，受到制动后均匀地减速，经 $t = 50$ s后静止。试求：

(1) 角加速度和飞轮从制动开始到静止转过的转数 N；

(2) 制动开始后25 s时，飞轮的角速度；

(3) $t = 25$ s时飞轮边缘上一点的速度和加速度。

3.2　如图3.34所示，质量为 m、长为 l 的均匀细棒 AB，试求转轴通过棒上距中心为 h 的一点并和棒垂直的转动惯量。

3.3　(1) 试求地球自转和公转的角速度；

(2) 地球在自转时，试讨论球面上各点的速度、加速度和纬度的关系。

3.4　如图3.35所示，长度为 l、质量为 m 的均匀细杆与转轴的夹角为 φ，试求其转动惯量。

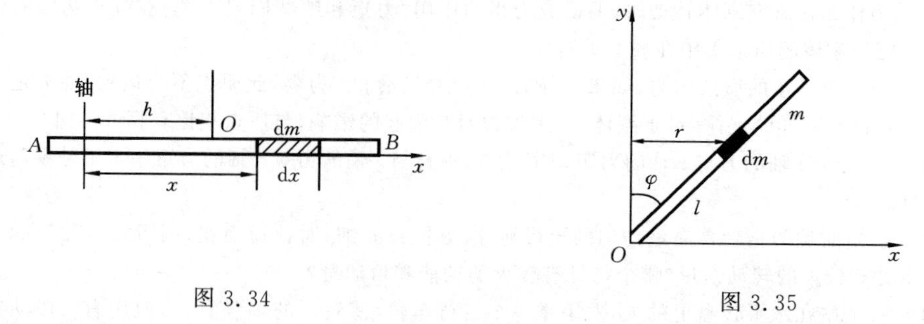

图 3.34　　图 3.35

3.5　如图 3.36 所示，一轻绳跨过一定滑轮，滑轮视为圆盘，绳的两端分别悬有质量为 m_1、m_2 的物体 1 和 2，设滑轮的质量为 m，半径为 r，所受摩擦阻力矩为 M_r。绳与滑轮之间无相对滑动。试求物体的加速度和绳的张力。

3.6　如图 3.37 所示，一质量为 m 的物体悬于一条轻绳的一端，绳的另一端绕在轮轴的轴上，轴水平且垂直于轮轴面，其半径为 r，整个装置架在光滑的固定轴承之上。当物体从静止释放后，在时间 t 内下降了一段距离 s。试求整个轮轴的转动惯量(用 m、r、t 和 s 表示)。

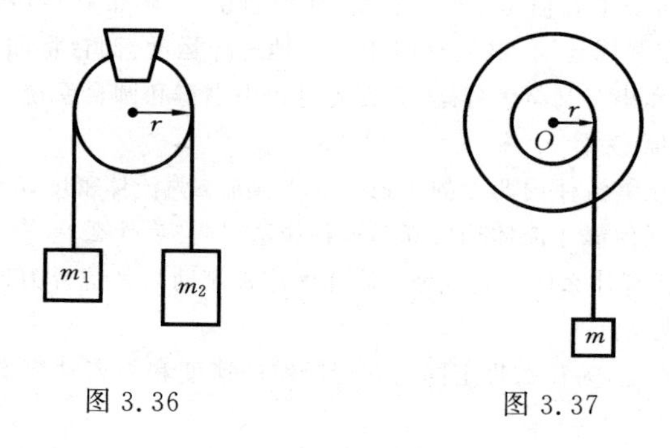

图 3.36　　图 3.37

3.7　从半径为 R 的匀质圆板挖去半径为 $\frac{1}{2}R$ 的内切小圆，已知其质量面密度为 ρ_S，试求其剩余部分对于过盘心且垂直于盘面的轴的转动惯量。

3.8　以 $M = 20\ \text{N} \cdot \text{m}$ 的恒力矩作用在有固定轴的转轮上，经 10 s 后该转轮的转速由 0 变为 100 r/min，此时移去该力矩，转轮因摩擦力矩的作用经 100 s 后停止，试推算此转轮对其固定轴的转动惯量。

3.9　如图 3.38 所示，空心圆环可绕光滑的竖直轴 AC 自由转动，转动惯量为 I_0，环的半径为 R，初始时环的角速度为 ω_0，质量为 m 的小球静止在环内最高处 A 点，由于某种微小干扰，小球沿环向下滑动，问小球滑到与环心 O 在同高度的 B 点和环的最低处 C 点时，环的角速度及小球相对于环的速度为多大(小球可视为质点，环截面半径 $r \ll R$)？

3.10　如图 3.39 所示，将一个质点沿一个半径为 r 的光滑半球碗的内面水平地投射，碗保持静止。设 v_0 是质点恰好能达到碗口所需要的初速度。试求 v_0 和 θ_0 的函数关系式，其中 θ_0 是用角度表示的质点的初位置。

3.11　恒星晚期在一定条件下，会发生超新星爆发，这时星体中有大量物质喷入星际空间，同时星的内核却向内坍缩，成为体积很小的中子星。中子星是一种异常致密的星体，一汤匙中子星物质就有几亿吨质量！设某恒星绕自转轴每 45 天转一周，它的内核半径 R_0 约为 2×10^7 m，坍缩成半

径仅为 6×10^3 m 的中子星。试求中子星的角频率。坍缩前后的星体内核均看做匀质圆球。

3.12　如图 3.40 所示，有一根长为 l、质量为 m 的均匀细棒，棒的一端可绕通过点 O 并垂直于纸平面的轴转动，棒的另一端有质量为 m 的小球。开始时，棒静止地处于水平位置 A。当棒转过角 θ 到达位置 B 时，棒的角速度为多少？

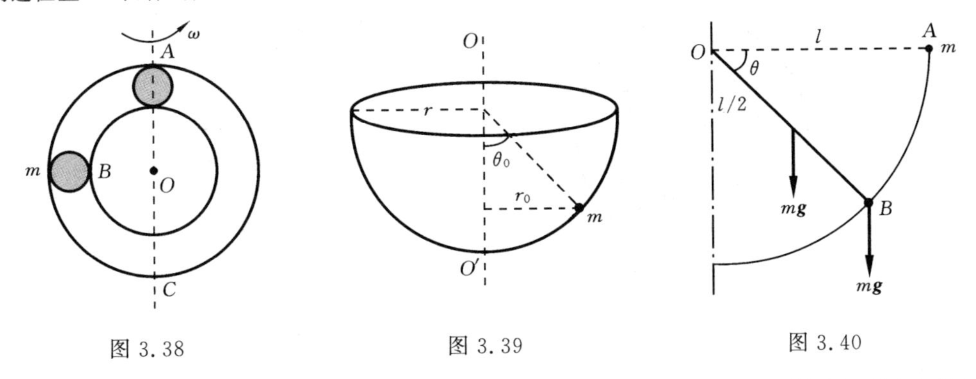

图 3.38　　图 3.39　　图 3.40

3.13　在光滑的水平面上有一木杆，其质量 $m_1=1.0$ kg，长 $l=40$ cm，可绕通过其中心并与之垂直的轴转动，一质量为 $m_2=10$ g 的子弹以 $v=200$ m/s 的速度射入杆端，其方向与杆及轴正交，如图 3.41 所示，若子弹陷入杆中，试求所得到的角速度。

3.14　一轻绳绕过一半径为 R、质量为 m 的滑轮，质量为 $5m$ 的人抓住了绳的一端，而在绳的另一端系了一个质量为 $2m$ 的重物，如图 3.42 所示。试求当人相对于绳匀速上爬时，重物上升的加速度是多少？

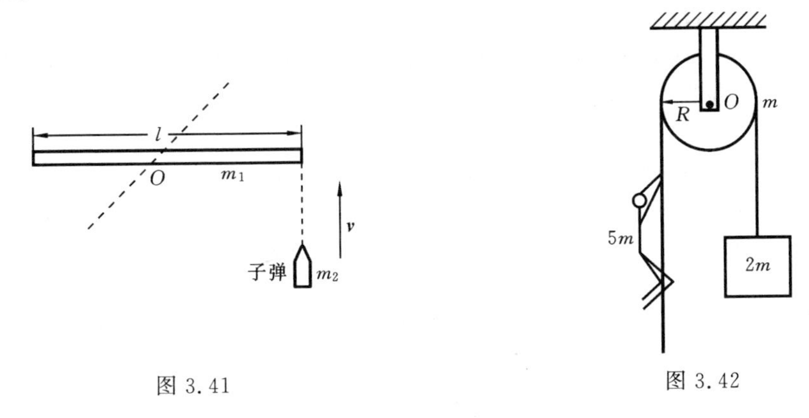

图 3.41　　图 3.42

3.15　在半径为 R 的具有光滑竖直中心轴的水平圆盘内，有一个静止站立在距转轴为 $\frac{1}{2}R$ 处的人，人的质量是圆盘质量的 $\frac{1}{10}$，开始时盘载人相对地以角速度 ω_0 匀速转动，如果此人垂直圆盘半径，相对盘以速度 v 沿与盘转动的相反方向作圆周运动。如图 3.43 所示，已知圆盘对中心轴的转动惯量为 $\frac{1}{2}MR^2$。试求：

(1) 圆盘对地的角速度；

(2) 欲使圆盘对地静止，人沿着 $\frac{1}{2}R$ 圆盘运动，相对圆盘的速度的大小及方向。

*3.16　单摆是一种理想模型,实际物体绕某轴(悬挂点O)的摆动并不严格符合单摆的条件,实际是复摆,如图3.44所示,物体绕过O点的轴,因重力作用而摆动,设刚体对O轴的转动惯量为I_0,质心为C,对质心的转动惯量为I_C,$OC = a$。试求复摆的周期。

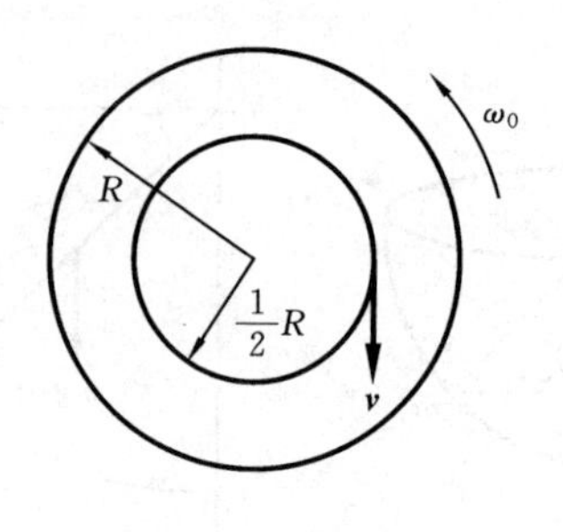

图3.43

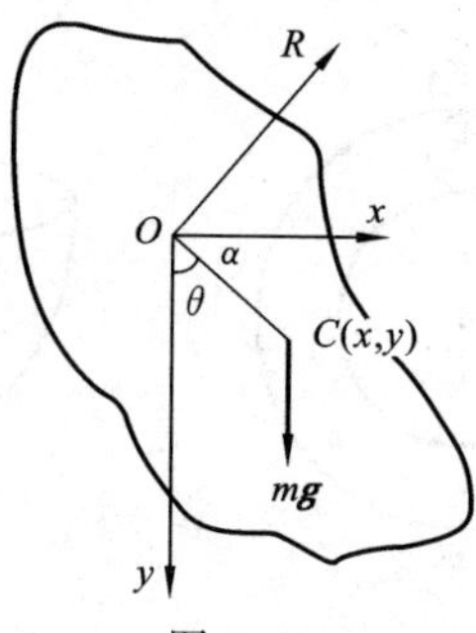

图3.44

*3.17　密闭水箱中的水,经由一圆锥形管嘴向大气空间出流,如图3.45所示。已知$H = 3$ m,$d_1 = 100$ mm,$d_2 = 50$ mm,压力计读数$p_m = 1.05 \times 10^6$ Pa,流动阻力不计。试求:(1) 通过管嘴的体积流量;(2) 水在管d_1处的流速。

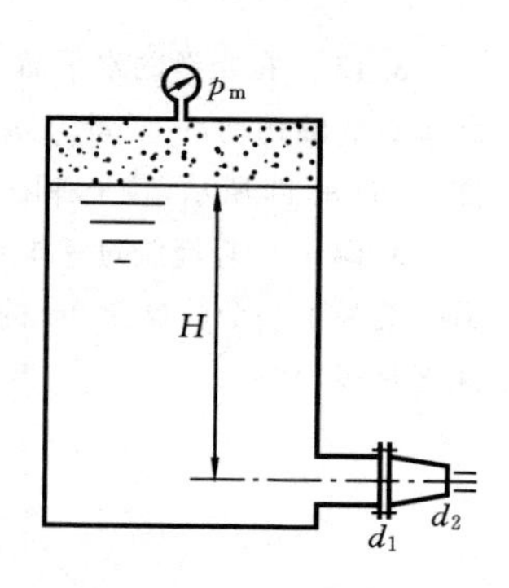

图3.45

*3.18　由于飞机机翼形状的关系,在机翼上面的气流速度大于下面的流速,在机翼上、下两面间就形成压强差,因而产生使机翼上升的力。假定空气流过机翼是定常流动,并假定空气的密度不变,等于1.29×10^{-3} g/cm。如果机翼下面的气流速度为100 m/s,问机翼要得到1 000 Pa的压强差,机翼上面的气流速度应该是多少(略去机翼高度差)?

*3.19　东风从一栋坐北朝南、关门闭户的民房吹过,如果室内外压强差为$2\% p_0$($p_0 = 100$ kPa),若空气密度仍为1.29 kg/m³,则风速为多少?

*3.20　20 ℃的水,以0.5 m/s的速度在直径为3 mm的管内流动,试求:

(1) 雷诺数是多少?

(2) 是哪一种类型的流动?已知20 ℃时水的黏度为$\eta = 1.005 \times 10^{-3}$ Pa·s,并设该管的临界雷诺数$Re_c = 2\ 000$。

*3.21　如图3.46所示,油液($v = 1.0 \times 10^{-4}$ m²/s,$\rho = 900$ kg/m³)以10^{-3} m³/s的流量通过虹吸管自上油池流向下油池,上、下油池的液位差为2.0 m,虹吸管的长度为100 m,局部阻力不计。试问:

(1) 为保证虹吸管内油流处在水力光滑管区($4\ 000 < Re < 10^5$),虹吸管的直径应为多少?

(2) 若在虹吸管的中点A截面处的最大真空度为5.4 m水柱,则A点距上油池液面的最大允许高度Z_{max}应为多少?

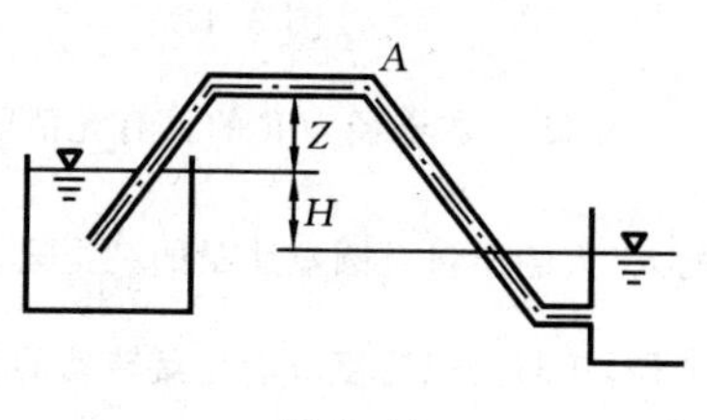

图3.46

*3.22　直径为d_1的圆柱形开口容器的底部,有一直径为d_2的小圆孔。试求容器中水面下降的速度v_1与水面高度h的函数关系(已知$d_1 \gg d_2$)。

第4章　静　电　场

电磁学是一门研究电磁相互作用基本规律的基础学科。电磁相互作用是自然界中一种基本的相互作用，电磁相互作用对原子和分子的结构起着关键作用，因而在很大程度上决定着各种物质的物理性质与化学性质。通过分析带电粒子因受电磁作用在各种特定条件下的运动，形成了电路学、电工学、无线电电子学、等离子体物理学和磁流体力学等学科，并在此基础上诞生了许多新的应用学科和工程学科。光是电磁波的证实，使电磁学成为光的电磁理论的基础。电磁学是经典物理的重要组成部分，与近代物理的许多领域有着密切的联系，是学习近代物理不可缺少的基础。近代物理的许多新成果，要用于技术，转化成生产力，也不能没有电磁学的辅助。因此，理解和掌握电磁运动的规律具有非常重要的意义。

电场和磁场是物质存在的一种形态，本章主要研究静止电荷所激发的静电场的基本性质和规律。

4.1　电荷守恒定律　库仑定律

4.1.1　电荷守恒定律

自然界的雷电现象是人类最早观察到的电现象。我国远在三四千年前殷商时代的甲骨文中就出现了“雷”字；在西周时代，青铜器的铭文中就出现了“电”字。随后，关于雷电现象的记载和产生雷电原因的推测也不断增多起来。另一类电现象是摩擦起电。相传古希腊时代“七贤”之一的泰勒斯曾发现琥珀经摩擦后可以吸引轻微物体的摩擦起电现象。希腊文“琥珀 ”就成为“电”的字源。现在把经互相摩擦后就能吸引羽毛与纸屑等轻小物体的性质称为物体带了电荷。实验证明，无论用哪一种方法起电，物体所带电荷只有两种，一种称为正电荷，用“+”表示；另一种称为负电荷，用“−”表示。同种电荷互相排斥，异种电荷互相吸引。由实验测得电子和质子所带电荷量的绝对值都是 $e=1.602\times10^{-19}$ C(库[仑])，任何带电体所带的电荷都是电子电荷 e 的整数倍，即 $q=\pm ne$，$n=1,2,\cdots$。这种电荷只能取分立的、不连续的量值的性质，称为电荷的量子化。

实验证明，在孤立系统中，无论系统内部电荷如何转移，系统内部正、负电荷的代数和始终保持不变，这是自然界的一个基本守恒定律，称为电荷守恒定律。无论是在宏观领域里，还是在微观粒子范围内，电荷守恒定律都是成立的。

任何带电体都有形状和大小，但在有些问题中可以不考虑其形状和大小，而把它看做一个点状的带电体,称为点电荷。例如,当两个带电体自身的线度远小于其间的距离时,就可以把它们看做点电荷。因此,点电荷和质点一样,也是从实际问题中抽象出来的一个理想模型。带电体能否看成是点电荷,依据的不是其大小和形状。如果带电体不能看做点电荷,则可以把它看做是由许多连续分布的点电荷组成的一个整体,称为点电荷体系。

4.1.2 库仑定律

法国物理学家库仑在 1785 年,利用一种全新的实验方法 —— 扭力秤实验的方法,从静力学和动力学两个角度,证明了电荷相互作用力遵循与距离平方成反比的规律,由此总结出了真空中两个静止的点电荷之间的作用力的规律,称为库仑定律。

库仑定律的内容为:真空中两个静止的点电荷之间的作用力的大小与这两个点电荷的电荷量 q_1 和 q_2 的乘积成正比,与它们之间的距离 r 的平方成反比;力的方向沿着两点电荷的连线,同号电荷相互排斥,异号电荷相互吸引。如图 4.1 所示,q_1 和 q_2 为两个点电荷,q_2 受 q_1 的作用力 $\boldsymbol{F}_{12}$ 可以表示为

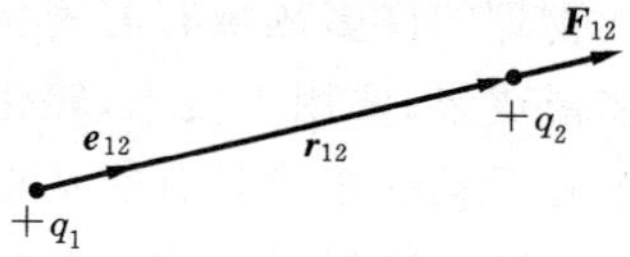

图 4.1

$$\boldsymbol{F}_{12} = k\frac{q_1 q_2}{r_{12}^2}\boldsymbol{e}_{12} \tag{4.1}$$

式中,k 为比例系数;$\boldsymbol{e}_{12}$ 为由 q_1 指向 q_2 的单位矢量。k 的取值与单位制的选取有关,在国际单位制中,$k = 8.988\,0\times 10^9$ m/F。通常令 $k = \dfrac{1}{4\pi\varepsilon_0}$,$\varepsilon_0 \approx 8.854\times 10^{-12}$ F/m,ε_0 称为真空电容率。由式(4.1)可知,当 q_1 和 q_2 同号时,$q_1q_2 > 0$,q_2 受力方向与 $\boldsymbol{e}_{12}$ 同向,表示 q_2 受的是斥力;当 q_1 和 q_2 异号时,$q_1q_2 < 0$,q_2 受力方向与 $\boldsymbol{e}_{12}$ 反向,表示 q_2 受的是引力。这与库仑定律相符。

4.2 电场强度　高斯定理

4.2.1 电场

对于电荷间的相互作用,历史上有两种观点:一种是不需要传递作用力的媒质,也不需要时间,可以超越空间,直接地、瞬时地相互作用,称为超距作用;另一种是中间需要有传递作用力的媒质,当两个电荷不直接接触时,其相互作用必须依赖于其间的物质作为传递媒质,称为近距作用。现在知道超距作用是不存在的,任何物体之间的作用力都是靠中间媒质传递的,电荷也不例外。这就说明电荷周围必然存在一种特殊物质,尽管看不到、摸不着,但它确实存在,是物质存在的一种形态,而且现代科学的理论和实验已经证实,这种物质和一切实物粒子一样,具有质量、能量和动量等属

性。这种特殊物质称为电场。任何电荷在空间都要激发电场，电荷间的相互作用是通过空间的电场传递的，电场对处于其中的其他电荷有力的作用。若电荷相对于惯性参考系是静止的，则在它周围所激发的电场是不随时间变化的电场，称为静电场。

4.2.2　电场强度

下面讨论静电场的性质，引入描述电场性质的物理量 —— 电场强度。为此在电场中引入一个试探电荷 q_0 来测量电场对它的作用力 $\boldsymbol{F}$。试探电荷 q_0 必须是点电荷，而且所带电荷量也必须足够小，以便把它放入电场后，不会对原有的电场构成影响。

实验表明，在电场中给定点处，试探电荷 q_0 所受到电场力 $\boldsymbol{F}$ 的大小和方向是确定的；但在电场中的不同点，试探电荷 q_0 所受到电场力 $\boldsymbol{F}$ 的大小和方向一般不同；而且在电场中同一位置，试探电荷 q_0 所受到的电场力 $\boldsymbol{F}$ 的大小和方向随试探电荷 q_0 而变化，但无论试探电荷 q_0 如何变化，其所受电场力 $\boldsymbol{F}$ 与其电荷量 q_0 的比值始终保持不变。可见 $\boldsymbol{F}/q_0$ 与试探电荷 q_0 无关，反映了电场中某点的性质。因此，可以把 $\boldsymbol{F}/q_0$ 作为描述电场性质的物理量，称为电场强度，简称场强，用 $\boldsymbol{E}$ 表示，即

$$\boldsymbol{E} = \frac{\boldsymbol{F}}{q_0} \tag{4.2}$$

如果 $q_0 = 1\ \mathrm{C}$，则 $\boldsymbol{E}$ 与 $\boldsymbol{F}$ 数值相等，方向相同。可见，电场中某点的电场强度在量值上等于单位正电荷在该点所受的电场力的大小，电场强度的方向就是正电荷在该点所受的电场力的方向。

在国际单位制中，电场强度的单位是 V/m(伏[特]每米)。

例题 4.1　根据电场强度 $\boldsymbol{E}$ 的定义，计算点电荷 Q 所产生的电场中的电场强度分布。

解　如图 4.2 所示，以点电荷 Q 所在处为坐标原点 O，在其所产生的电场中任取一点 p，令 $Op = r$，然后在 p 点放入一个试探电荷 q_0，根据库仑定律，试探电荷 q_0 在 p 点所受的电场力为

$$\boldsymbol{F} = \frac{1}{4\pi\varepsilon_0} \frac{Qq_0}{r^2} \boldsymbol{e}_r$$

根据电场强度的定义，p 点的电场强度为

$$\boldsymbol{E} = \frac{1}{4\pi\varepsilon_0} \frac{Q}{r^2} \boldsymbol{e}_r \tag{4.3}$$

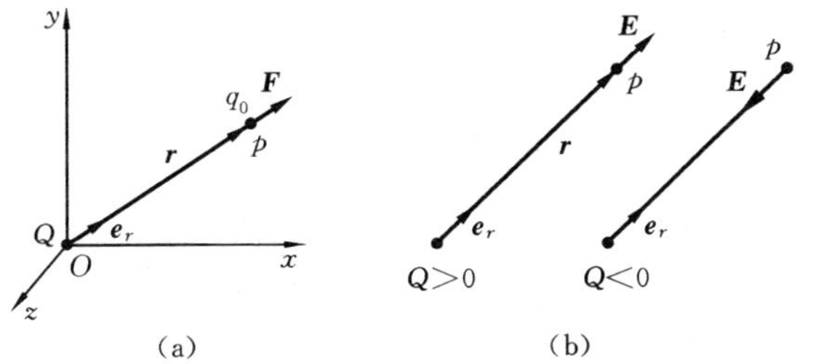

图 4.2

当 $Q>0$ 时,电场强度的方向与 $\boldsymbol{e}_r$ 方向相同;当 $Q<0$ 时,电场强度的方向与 $\boldsymbol{e}_r$ 方向相反。如图4.2(b)所示,$\boldsymbol{e}_r$ 为由 Q 指向 p 点的单位矢量。如果以 Q 为球心、r 为半径作一球面,则球面上各点电场强度的大小相等,方向均沿着球的径向。由此可以看出点电荷电场强度分布的规律性。

4.2.3　电场强度叠加原理

设电场是由 n 个点电荷 $Q_1,Q_2,\cdots,Q_n$ 共同产生的,在电场中任取一点,然后在该点放入一个试探电荷 q_0,根据力的叠加原理,试探电荷 q_0 所受的电场力应为各个点电荷对试探电荷 q_0 的电场力的矢量和,即

$$\boldsymbol{F}=\boldsymbol{F}_1+\boldsymbol{F}_2+\cdots+\boldsymbol{F}_n$$

而

$$\boldsymbol{E}=\frac{\boldsymbol{F}}{q_0}=\frac{\boldsymbol{F}_1}{q_0}+\frac{\boldsymbol{F}_2}{q_0}+\cdots+\frac{\boldsymbol{F}_n}{q_0}$$

因而

$$\boldsymbol{E}=\boldsymbol{E}_1+\boldsymbol{E}_2+\cdots+\boldsymbol{E}_n=\sum_{i=1}^{n}\boldsymbol{E}_i \tag{4.4}$$

式中,$\boldsymbol{E}_i=\dfrac{Q_i}{4\pi\varepsilon_0 r_i^2}\boldsymbol{e}_{ri}$ 是 Q_i 在场点产生的电场强度;r_i 是场点到 Q_i 的距离;$\boldsymbol{e}_{ri}$ 是由 Q_i 指向场点的单位矢量。

式(4.4)说明,在多个点电荷产生的电场中,任意一点的电场强度等于各个点电荷单独存在时,在该点产生的电场强度的矢量和。这就是电场强度叠加原理,简称场强叠加原理。

例题4.2　根据电场强度叠加原理计算电偶极子轴线延长线和中垂线上的电场强度。

电偶极子是由一对分别带有 $+q$ 和 $-q$ 的等量异号点电荷组成的电荷系统,其间距离为 r_0。以两电荷的连线为轴线,由负电荷指向正电荷的矢量 $\boldsymbol{r}_0$ 的方向为轴线的正方向,当所考察的场点到两电荷连线中点的距离 r 远大于 r_0 时,这一电荷系统称为电偶极子。电荷量 q 与矢量 $\boldsymbol{r}_0$ 的乘积称为电偶极矩,用 $\boldsymbol{p}$ 表示,即

$$\boldsymbol{p}=q\boldsymbol{r}_0 \tag{4.5}$$

解　(1) 延长线上的电场强度。如图4.3所示,取电偶极子连线中点为坐标原点 O,以轴线的延长线为轴,在轴上任取一点 A,A 点到 O 的距离为 x。由式(4.3)可得,$+q$ 和 $-q$ 在 A 点产生的电场强度分别为

$$\boldsymbol{E}_+=\frac{1}{4\pi\varepsilon_0}\frac{q}{(x-r_0/2)^2}\boldsymbol{i},\quad \boldsymbol{E}_-=-\frac{1}{4\pi\varepsilon_0}\frac{q}{(x+r_0/2)^2}\boldsymbol{i}$$

由电场强度叠加原理可知,A 点处的电场强度 $\boldsymbol{E}$ 为

$$\boldsymbol{E}=\boldsymbol{E}_++\boldsymbol{E}_-=\frac{q}{4\pi\varepsilon_0}\left[\frac{2xr_0}{(x^2-r_0^2/4)^2}\right]\boldsymbol{i}$$

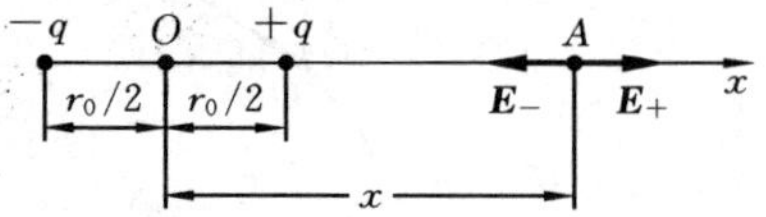

-q　O　+q　A　x　$r_0/2$　$r_0/2$　E_-　E_+　x

图4.3

当 A 点到电偶极子连线中点 O 的距离 x 比 r_0 大得多,即 $x\gg r_0$ 时,$(x^2-r_0^2/4)\approx x^2$,于是有

$$\boldsymbol{E}=\frac{1}{4\pi\varepsilon_0}\frac{2r_0q}{x^3}\boldsymbol{i}$$

而电偶极矩 $\boldsymbol{p}=q\boldsymbol{r}_0$，所以上式可表示为

$$\boldsymbol{E}=\frac{1}{4\pi\varepsilon_0}\frac{2\boldsymbol{p}}{x^3} \tag{4.6}$$

由此可知，电偶极子在轴线的延长线上任意点所产生的电场强度 $\boldsymbol{E}$ 的大小与电偶极矩 $\boldsymbol{p}$ 的大小成正比，与场点到连线中点的距离 x 的立方成反比；电场强度 $\boldsymbol{E}$ 的方向与电偶极矩 $\boldsymbol{p}$ 的方向一致。

(2) 中垂线上的电场强度。如图 4.4 所示，在电偶极子的中垂线上取一点 B，其坐标为 $(0,y)$，由式(4.3) 可得点电荷 $+q$ 和 $-q$ 在 B 点所产生的电场强度大小为

$$E_+=E_-=\frac{q}{4\pi\varepsilon_0\left(y^2+\frac{r_0^2}{4}\right)}$$

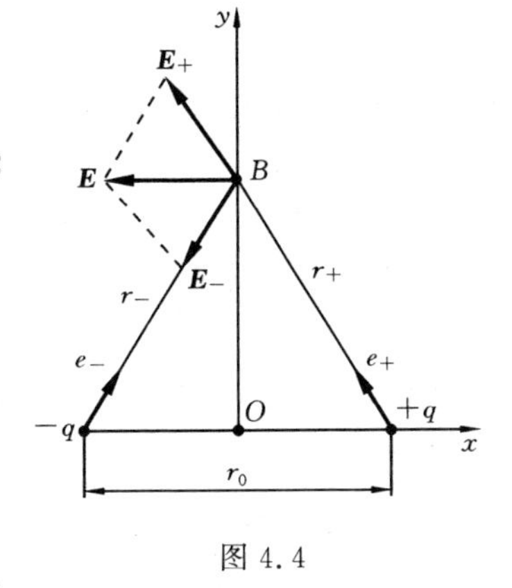

图 4.4

电场强度的方向关于 x 轴对称，如图 4.4 所示。因而 B 点的总电场强度应等于 x 轴分量之和，其值为

$$E_B=E_{+x}+E_{-x}=2\frac{q}{4\pi\varepsilon_0\left(y^2+\frac{r_0^2}{4}\right)}\cos\alpha$$

$$=\frac{qr_0}{4\pi\varepsilon_0\left(y^2+\frac{r_0^2}{4}\right)^{3/2}}$$

式中，α 为 $\boldsymbol{E}_+$ 与 $\boldsymbol{E}$ 之间的夹角。而当 $y\gg r_0$ 时，$\left(y^2+\frac{r_0^2}{4}\right)^{3/2}\approx y^3$，由此可得

$$E_B=\frac{qr_0}{4\pi\varepsilon_0y^3}=\frac{p}{4\pi\varepsilon_0y^3}$$

方向沿 x 轴负向，因此其矢量表示式为

$$\boldsymbol{E}_B=-\frac{qr_0}{4\pi\varepsilon_0y^3}\boldsymbol{i}=-\frac{\boldsymbol{p}}{4\pi\varepsilon_0y^3} \tag{4.7}$$

由式(4.6) 和式(4.7) 可知，在远离电偶极子处各点的电场强度与该点到电偶极子中点的距离的三次方成反比，与电偶极矩成正比。电偶极子是一个重要的物理模型，在研究电磁波的发射和吸收、电介质的极化以及中性分子之间的相互作用等问题时，都要用到这一模型。

下面利用电场强度叠加原理来计算任意形状的带电体所产生的电场强度。由于带电体电荷是连续分布的，可以把带电体分割成无限多个电荷元，使得每个电荷元都可以看做是点电荷。任取一个电荷元 $\mathrm{d}q$，它在电场中一给定点产生的电场强度为

$$\mathrm{d}\boldsymbol{E}=\frac{\mathrm{d}q}{4\pi\varepsilon_0r^2}\boldsymbol{e}_r$$

式中，$\boldsymbol{e}_r$ 是由电荷元 $\mathrm{d}q$ 指向该点的单位矢量。根据电场强度叠加原理，带电体在该

点产生的电场强度为

$$E = \int \frac{\mathrm{d}q}{4\pi\varepsilon_0 r^2}\boldsymbol{e}_r$$

式中,$\mathrm{d}q=\rho\mathrm{d}V$,$\rho$ 为带电体的电荷体密度。如果带电体可以看成是电荷连续分布的面带电体或线带电体时,电荷元可以表示为 $\mathrm{d}q=\sigma\mathrm{d}S$ 或 $\mathrm{d}q=\lambda\mathrm{d}l$,其中,$\sigma$ 为带电体的电荷面密度,λ 为带电体的电荷线密度。相应的计算电场强度的公式为

$$\begin{cases} \boldsymbol{E} = \dfrac{1}{4\pi\varepsilon_0}\displaystyle\int \frac{\rho\mathrm{d}V}{r^2}\boldsymbol{e}_r \\ \boldsymbol{E} = \dfrac{1}{4\pi\varepsilon_0}\displaystyle\int \frac{\sigma\mathrm{d}S}{r^2}\boldsymbol{e}_r \\ \boldsymbol{E} = \dfrac{1}{4\pi\varepsilon_0}\displaystyle\int \frac{\lambda\mathrm{d}l}{r^2}\boldsymbol{e}_r \end{cases} \tag{4.8}$$

式(4.8)是矢量积分运算,具体计算时要首先分析各电荷元在场点产生的电场强度的方向是否相同,如果不同,应先将 $\boldsymbol{E}$ 分解为三个分量,分别计算 E_x、E_y、E_z,然后合成即可。下面通过几个典型的例题,来说明其计算方法。

例题 4.3 试求均匀带电圆环轴线上的电场强度。设圆环的半径为 R,带电总量为 q。

解 以环心为坐标原点 O,建立如图 4.5 所示坐标系。在轴线上任取一点 p,p 点到环心的距离为 x,根据题意知,圆环上的电荷是均匀分布的,因此其电荷线密度 $\lambda=\dfrac{q}{2\pi R}$。在圆环上取线电荷元,长度为 $\mathrm{d}l$,电荷量为 $\mathrm{d}q=\lambda\mathrm{d}l$,它在 p 点处产生的电场强度为

$$\mathrm{d}\boldsymbol{E}=\frac{\lambda\mathrm{d}l}{4\pi\varepsilon_0 r^2}\boldsymbol{e}_r$$

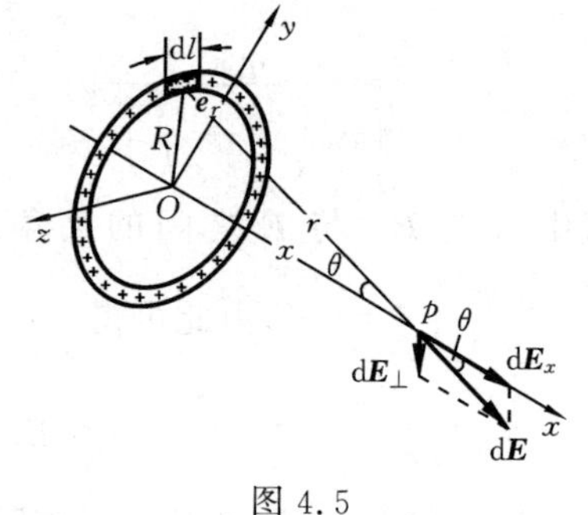

图 4.5

由于电荷元分布具有对称性,圆环上各电荷元在 p 点产生的电场强度也具有对称性。根据对称性分析,任意一条直径两端的两个电荷元在 p 点产生的电场强度与 Ox 轴垂直的分量大小相等、方向相反,互相抵消;与 Ox 轴平行的分量大小相等、方向相同,所以圆环上的电荷在 p 点产生的电场强度必然沿着圆环的轴线方向。因此,计算电荷元在 p 点产生的电场强度在 Ox 轴上的分量即可。

$$E = \int \mathrm{d}E_x = \int \mathrm{d}E\cos\theta = \frac{\lambda x}{4\pi\varepsilon_0 r^3}\int_0^{2\pi R}\mathrm{d}l$$

$$= \frac{\lambda x}{4\pi\varepsilon_0 (x^2+R^2)^{3/2}} \times 2\pi R$$

即

$$E = \frac{qx}{4\pi\varepsilon_0 (x^2+R^2)^{3/2}}$$

上式表明,均匀带电圆环在轴线上任意点产生的电场强度 $\boldsymbol{E}$ 与该点到环心的距离 x

有关，下面就几种特殊情况进行讨论。

(1) 若 $x=0$，则 $\boldsymbol{E}=0$，表明环心处的电场强度为零。

(2) 若 $x \gg R$，则 $(x^2+R^2)^{3/2} \approx x^3$，$E=\dfrac{q}{4\pi\varepsilon_0 x^2}$，这与环上电荷都集中在环心处的点电荷的电场强度一致，即在远离圆环的地方，可以把带电圆环看成点电荷。由此可以进一步体会到点电荷这一概念的相对性。

例题 4.4　试求均匀带电薄圆盘轴线上的电场强度。设盘的半径为 R_0，电荷面密度为 σ。

解　如图 4.6 所示，在圆盘轴线上任取一点 p，p 点到盘心的距离为 x。为了计算圆盘产生的电场强度，不妨把圆盘分成许多同心的细圆环带，取一半径为 R、宽度为 $\mathrm{d}R$ 的细圆环带，其面积为 $\mathrm{d}S=2\pi R\mathrm{d}R$，所带的电荷量为 $\mathrm{d}q=\sigma\mathrm{d}S=\sigma\times 2\pi R\mathrm{d}R$。由例题 4.3 可知，此圆环带在 p 点产生的电场强度为

$$\mathrm{d}E=\frac{x\mathrm{d}q}{4\pi\varepsilon_0(x^2+R^2)^{3/2}}=\frac{\sigma}{2\varepsilon_0}\frac{xR\,\mathrm{d}R}{(x^2+R^2)^{3/2}}$$

当 $\sigma>0$ 时，E 沿 x 轴正向；当 $\sigma<0$ 时，E 沿 x 轴负向。由于所有细圆环带在 p 点处产生的电场强度的方向都相同，由上式可得带电薄圆盘在轴线上 p 点产生的电场强度为

$$E=\int\mathrm{d}E=\frac{\sigma x}{2\varepsilon_0}\int_0^{R_0}\frac{R\mathrm{d}R}{(x^2+R^2)^{3/2}}=\frac{\sigma x}{2\varepsilon_0}\left(\frac{1}{\sqrt{x^2}}-\frac{1}{\sqrt{x^2+R_0^2}}\right)$$

讨论　当 $x\ll R_0$ 时，$\left(\dfrac{1}{\sqrt{x^2}}-\dfrac{1}{\sqrt{x^2+R_0^2}}\right)\approx\dfrac{1}{x}$，此时可把带电薄圆盘看成是“无限大”的均匀带电平面，于是有

$$E=\frac{\sigma}{2\varepsilon_0}$$

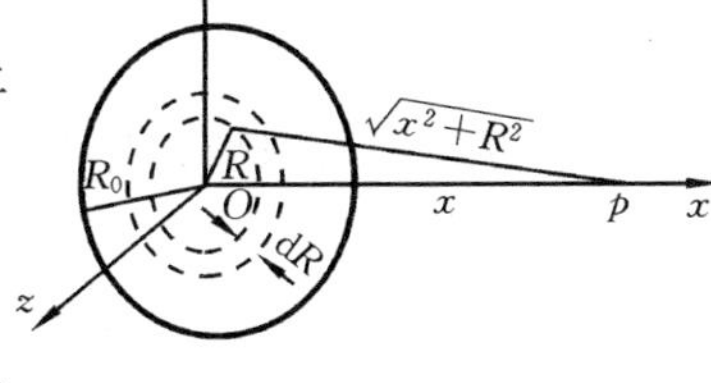

图 4.6

上式表明无限大均匀带电平面所产生的电场强度与场点到平面的距离无关，即在平面两侧各点电场强度大小相等、方向相同且与带电面垂直，平面两侧的电场关于带电平面对称，电场的这种分布称为面对称分布。

例题 4.5　试求一长为 l、带电荷为 q 的均匀带电细棒外一点处的电场强度。

解　在棒外任取一点 p，p 点到棒的垂直距离为 d，它与棒两端的连线和棒所在直线之间的夹角分别为 θ_1 和 θ_2，带电细棒可以看成是均匀带电线，其电荷线密度为 $\lambda=q/l$，在带电线上任取一个电荷元 $\mathrm{d}q=\lambda\mathrm{d}x$，它在 p 点产生的电场强度为

$$\mathrm{d}\boldsymbol{E}=\frac{\mathrm{d}q}{4\pi\varepsilon_0 r^2}\boldsymbol{e}_r=\frac{\lambda}{4\pi\varepsilon_0 r^2}\mathrm{d}x\boldsymbol{e}_r$$

$\boldsymbol{e}_r$ 是由电荷元 $\mathrm{d}x$ 指向 p 点的单位矢量。建立如图 4.7 所示坐标系 Oxy，p 点在 y 轴上，设 $\mathrm{d}\boldsymbol{E}$ 与 x 轴之间的夹角为 θ，则 $\mathrm{d}\boldsymbol{E}$ 的两个分量分别为 $\mathrm{d}E_x=\mathrm{d}E\cos\theta$，$\mathrm{d}E_y=\mathrm{d}E\sin\theta$。

由图 4.7 可知，

$$x = d\cot(\pi - \theta) = -d\cot\theta$$

$$\mathrm{d}x = d\csc^2\theta\mathrm{d}\theta$$

$$r^2 = x^2 + d^2 = d^2\csc^2\theta$$

所以

$$\mathrm{d}E_x = \frac{\lambda}{4\pi\varepsilon_0 d}\cos\theta\mathrm{d}\theta$$

$$\mathrm{d}E_y = \frac{\lambda}{4\pi\varepsilon_0 d}\sin\theta\mathrm{d}\theta$$

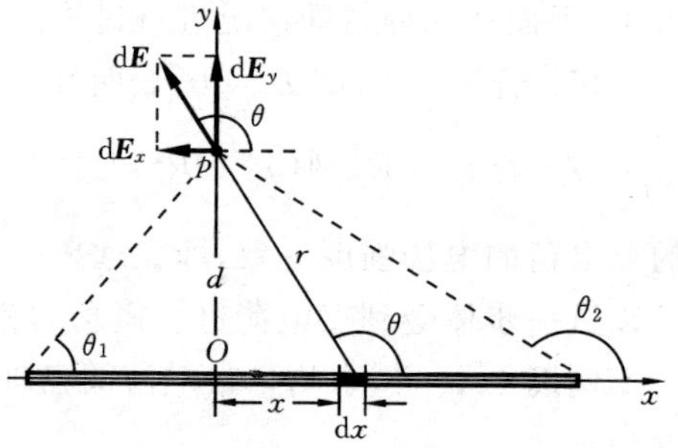

图 4.7

对上述两式积分得

$$E_x = \int\mathrm{d}E_x = \int_{\theta_1}^{\theta_2}\frac{\lambda}{4\pi\varepsilon_0 d}\cos\theta\mathrm{d}\theta = \frac{\lambda}{4\pi\varepsilon_0 d}(\sin\theta_2 - \sin\theta_1)$$

$$E_y = \int\mathrm{d}E_y = \int_{\theta_1}^{\theta_2}\frac{\lambda}{4\pi\varepsilon_0 d}\sin\theta\mathrm{d}\theta = \frac{\lambda}{4\pi\varepsilon_0 d}(\cos\theta_1 - \cos\theta_2)$$

电场强度的大小为

$$E = \sqrt{E_x^2 + E_y^2}$$

E 与 x 轴之间的夹角为

$$\alpha = \arctan\frac{E_y}{E_x}$$

讨论两种情况：

(1) 若 p 点在棒的中垂线上，则 $\theta_2 = \pi - \theta_1$，故

$$E_x = 0$$

$$E_y = \frac{2\lambda}{4\pi\varepsilon_0 d}\cos\theta_1 = \frac{\lambda}{2\pi\varepsilon_0 d}\frac{l}{\sqrt{4d^2 + l^2}}$$

(2) 若 $d \ll l$，即均匀带电细棒可以看成是无限长的，亦即 $\theta_1 = 0$，$\theta_2 = \pi$，则

$$E_x = 0$$

$$E = E_y = \frac{\lambda}{2\pi\varepsilon_0 d}$$

即无限长均匀带电细棒产生的电场强度与场点到棒的距离成反比，方向与棒垂直，$\lambda > 0$时，背离棒而去；$\lambda < 0$ 时，指向棒而来。而且，凡是到棒的距离相等的点电场强度的大小相等，电场强度的这种分布称为轴对称分布。

*4.2.4　电场线

为了形象、直观地描述电场在空间的分布，可以假想在电场中分布着一系列带箭头的曲线，曲线上各点的切线方向表示该点电场强度的方向。用曲线的疏密程度来表示电场的强弱：曲线分布越密的区域表示电场越强；分布越疏的区域表示电场越弱，即电场强度的大小与曲线的分布密度成正比，这些曲线称为电场线。静电场的电场线的性质有以下几点：

(1) 电场线起于正电荷，止于负电荷，在没有电荷的地方不会中断；

(2) 电场线不会构成闭合曲线；

(3) 任何两条电场线不会相交。

性质(1)、(2)可以用两个著名的定理来表示，在以后的章节中会见到；性质(3)说明了电场强度的方向性，电场中每一点都只有一个确定的方向。图 4.8 是几种常见电场的电场线的分布图形。

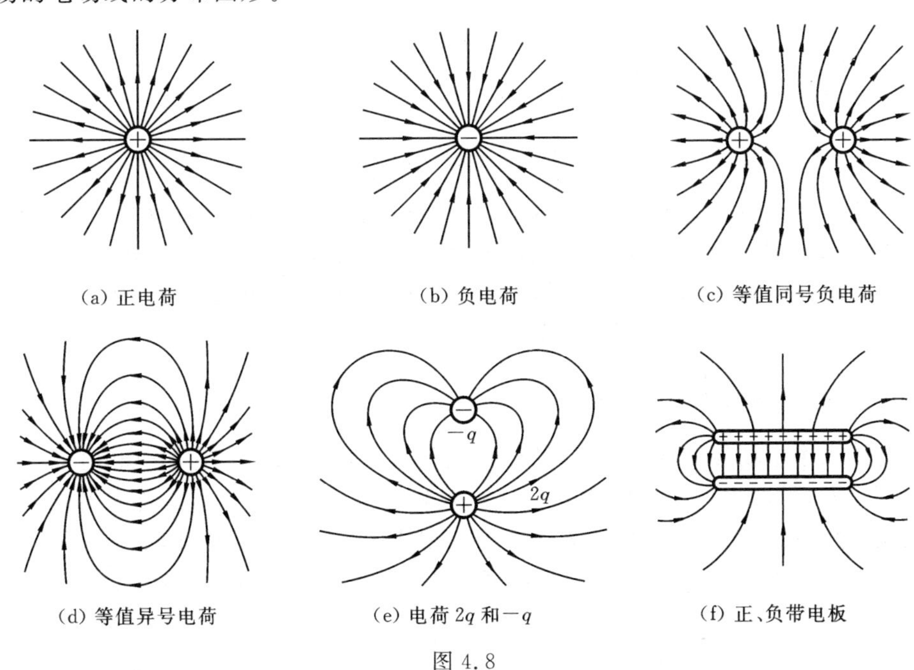

(a) 正电荷　(b) 负电荷　(c) 等值同号负电荷

(d) 等值异号电荷　(e) 电荷 $2q$ 和 $-q$　(f) 正、负带电板

图 4.8

4.2.5 电场强度通量

通过电场中任一曲面的电场线的条数称为通过这一曲面的电场强度通量，简称电通量，通常用 Φ_e 表示。下面讨论电场强度通量的数学表示式。因为电场强度与电场线密度数值相等，不妨在电场中取一面元矢量 $\mathrm{d}\boldsymbol{S}$，其法线方向与电场强度方向平行，垂直穿过面元矢量 $\mathrm{d}\boldsymbol{S}$ 的电场线的条数为 $\mathrm{d}N$，则

$$E_n = \frac{\mathrm{d}N}{\mathrm{d}S}$$

则通过面元矢量 $\mathrm{d}\boldsymbol{S}$ 的电场强度通量为

$$\mathrm{d}\Phi_e = E_n \mathrm{d}S \tag{4.9}$$

对于任意面元矢量 $\mathrm{d}\boldsymbol{S}$，其法线方向与电场强度 $\boldsymbol{E}$ 成 θ 角，如图 4.9 所示，这时穿过面元矢量 $\mathrm{d}\boldsymbol{S}$ 的电场强度通量为

$$\mathrm{d}\Phi_e = E\mathrm{d}S\cos\theta = \boldsymbol{E}\cdot\mathrm{d}\boldsymbol{S} \tag{4.10}$$

如果 θ 是锐角，则 $\mathrm{d}\Phi_e>0$；如果 θ 是钝角，则 $\mathrm{d}\Phi_e<0$；如果 $\theta=\pi/2$，则 $\mathrm{d}\Phi_e=0$。

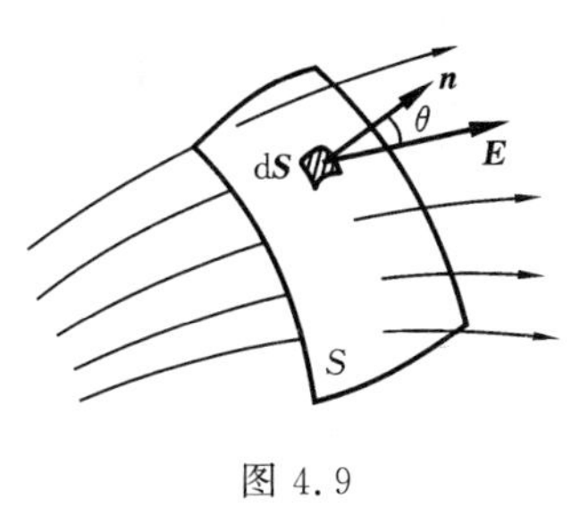

图 4.9

一般情况下，电场是非均匀场，而且所取的几何面是有限的任意曲面 S，曲面上的电场强度的大小和方向是逐点变化的，此时可以把曲面 S 分割成许多面元矢量 $\mathrm{d}\boldsymbol{S}$，按照式(4.10)计算出通过每一个面元矢量的电场强度通量，然后把所有电场强度通量加起来，即得到通过整个曲面的总电场强度通量。所以，对整个曲面积分就可求得通过任意曲面的电场强度通量，即

$$\Phi_e = \int_S E\cos\theta \mathrm{d}S = \int_S \boldsymbol{E}\cdot \mathrm{d}\boldsymbol{S} \tag{4.11}$$

如果是闭合曲面时，式(4.11)可表示为

$$\Phi_e = \oint_S E\cos\theta \mathrm{d}S = \oint_S \boldsymbol{E}\cdot \mathrm{d}\boldsymbol{S} \tag{4.12}$$

对于曲面的法线方向，如果不是闭合曲面，法线的正方向可以取曲面的任一侧；若是闭合曲面，通常规定从曲面内侧指向曲面外侧为法线方向的正方向。因此，在电场线穿出闭合曲面的地方，即 $\theta<\pi/2$ 时，电场强度通量为正；在电场线进入闭合曲面的地方，即 $\theta>\pi/2$ 时，电场强度通量为负。

4.2.6　静电场的高斯定理

在引入了电场强度通量和电场线两个概念以后，下面从库仑定律和电场强度叠加原理出发，讨论表征静电场性质的一个基本定理——高斯定理。首先讨论最简单的情况，静电场是由一个点电荷 q 产生的。在其所产生的电场中任取一点，该点到点电荷 q 的距离为 r，以 q 为中心、r 为半径在电场中作一个球面，如图 4.10(a)所示，通过该球面的电场强度通量为

$$\Phi_e = \oint_S E\cos\theta \mathrm{d}S = \oint_S \frac{q}{4\pi\varepsilon_0 r^2}\cos 0^\circ \mathrm{d}S = \frac{q}{4\pi\varepsilon_0 r^2}\oint_S \mathrm{d}S = \frac{q}{4\pi\varepsilon_0 r^2}\times 4\pi r^2 = \frac{q}{\varepsilon_0}$$

如果 $q>0$，则 $\Phi_e>0$，表示有 q/ε_0 条电场线从球面内穿出；如果 $q<0$，则 $\Phi_e<0$，表示有 q/ε_0 条电场线穿入球面。根据电场强度通量的定义，如果包围点电荷的是一个任意形状的闭合曲面，如图 4.10(b)所示，上述结论仍然成立。如果点电荷在闭合曲面外，即闭合曲面没有包围点电荷，则根据电场线的性质，通过闭合曲面的电场强度通量必为零，即凡是穿入闭合曲面的电场线，必定从闭合曲面内穿出，如图 4.10(c)所示。

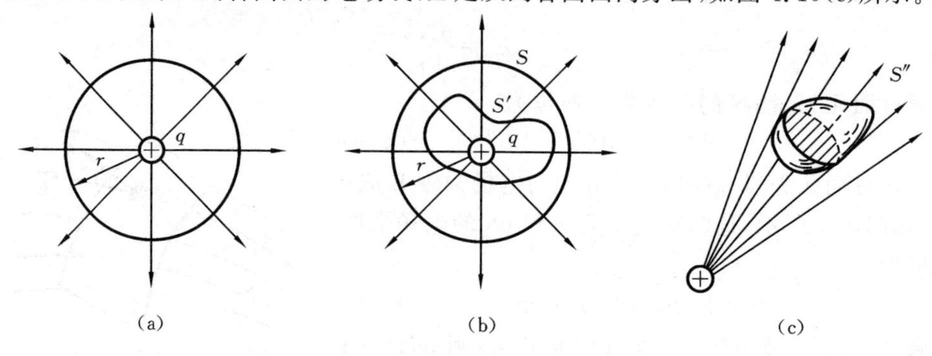

图 4.10

如果静电场是由 n 个点电荷 $q_1,q_2,\cdots,q_k,q_{k+1},\cdots,q_n$ 共同产生的，其中前 k 个点电荷在闭合曲面内，而其余 $n-k$ 个点电荷在闭合曲面外，则闭合曲面上任一点的电场强度为

$$\boldsymbol{E}=\boldsymbol{E}_1+\boldsymbol{E}_2+\cdots+\boldsymbol{E}_k+\boldsymbol{E}_{k+1}+\cdots+\boldsymbol{E}_n$$

通过闭合曲面的电场强度通量为

$$\Phi_e=\oint_S\boldsymbol{E}\cdot d\boldsymbol{S}=\int(\boldsymbol{E}_1+\boldsymbol{E}_2+\cdots+\boldsymbol{E}_k+\boldsymbol{E}_{k+1}+\cdots+\boldsymbol{E}_n)\cdot d\boldsymbol{S}$$
$$=\frac{q_1}{\varepsilon_0}+\frac{q_2}{\varepsilon_0}+\cdots+\frac{q_k}{\varepsilon_0}$$

即

$$\oint_S\boldsymbol{E}\cdot d\boldsymbol{S}=\frac{1}{\varepsilon_0}\sum q_{内} \tag{4.13}$$

如果静电场是由一个电荷连续分布的带电体产生的，则可以把带电体细分成无限多个电荷元，每个电荷元都可以看成点电荷，因此式(4.13)仍然成立。通常把式(4.13)称为真空中静电场的高斯定理。

高斯定理的文字表述为：电场中通过任意一个闭合曲面 S 的电场强度通量 Φ_e 等于闭合曲面内包围的所有电荷量的代数和 $\sum q_{内}$ 除以 ε_0。

高斯定理具有重要的理论意义，它指出：当 $\sum q_{内}>0$ 时，即总体来看闭合曲面内是正电荷时，$\Phi_e>0$，说明有电场线从闭合曲面内穿出，所以正电荷是静电场的源头；当 $\sum q_{内}<0$ 时，即总体来看闭合曲面内是负电荷时，$\Phi_e<0$，说明有电场线穿入闭合曲面，而终止于负电荷，所以负电荷是静电场的归宿，这说明静电场是有源场。

4.2.7 高斯定理应用举例

高斯定理的应用很广泛，其中之一是用于计算电场强度。一般情况下，用高斯定理直接计算电场强度是比较困难的，但是当某一个带电体带电分布具有对称规律，而且它在空间激发的电场也具有某种对称规律时，就可以根据电场的对称规律选取合适的闭合曲面(以后统称为高斯面)，利用高斯定理来计算电场强度。对于高斯面的选取方法有一定要求：

(1) 使高斯面上的电场强度的方向处处与高斯面垂直，而且大小处处相等；

(2) 或者在高斯面的某一部分上电场强度的大小相等，方向与高斯面垂直，其他部分上电场强度的方向与高斯面平行，以使通过该部分的电场强度通量为零，从而使计算变得简单。因此，分析电场的对称规律是应用高斯定理求解电场强度的一个十分重要的问题。下面通过几个例子说明利用高斯定理计算电场强度的方法。

例题 4.6 试求半径为 R 的均匀带电球体在空间所激发电场的电场强度。

解 设均匀带电球体所带的电荷量为 q，其电荷分布密度为 ρ。因为电荷是均匀分布的，所以可以把球体分成一层层同心的均匀带电球面，通过分析，均匀带电球面在空间产生的电场强度的分布具有球对称规律，即凡是到球心距离相等的点电场强

度的大小相等,方向均沿着球的径向。按照电场强度叠加原理,均匀带电球体在空间产生的电场强度也应该具有球对称规律。因此,可以在其所产生的电场中任取一点,该点到球体球心的距离为 r,以 r 为半径作一个与球体同心的球面为选取的高斯面,计算通过该球面的电场强度通量。

首先在球体内部任取一点,该点到球心的距离为 r,以 r 为半径作一个同心球面,通过该球面的电场强度通量为

$$\oint_S \boldsymbol{E} \cdot \mathrm{d}\boldsymbol{S} = E \times 4\pi r^2$$

球面内包围的电荷量的代数和为

$$\sum q_{内} = \rho \frac{4}{3}\pi r^3 = \frac{q}{\frac{4}{3}\pi R^3} \times \frac{4}{3}\pi r^3 = \frac{qr^3}{R^3}$$

根据高斯定理有

$$E \times 4\pi r^2 = \frac{qr^3}{\varepsilon_0 R^3}$$

所以有

$$E = \frac{qr}{4\pi\varepsilon_0 R^3}$$

$\boldsymbol{E}$ 的方向沿球的径向。

然后在球体外部任取一点,该点到球心的距离还用 r 表示,以 r 为半径作一同心球面,通过该球面的电场强度通量为

$$\oint_S \boldsymbol{E} \cdot \mathrm{d}\boldsymbol{S} = E \times 4\pi r^2$$

球面内包围的电荷的代数和为

$$\sum q_{内} = q$$

根据高斯定理有

$$E \times 4\pi r^2 = \frac{q}{\varepsilon_0}$$

所以有

$$E = \frac{q}{4\pi\varepsilon_0 r^2}$$

$\boldsymbol{E}$ 的方向沿球的径向。

结论 均匀带电球体内部的电场强度 $\boldsymbol{E}$ 的大小随 r 的增大而线性地增大,在球面上 E 达最大值;均匀带电球体外部空间的电场强度 $\boldsymbol{E}$ 的大小随 r 的增大而渐趋减小,当 $r \to \infty$ 时,$E \to 0$。其变化曲线如图 4.11 所示。

例题 4.7 试求无限长均匀带电圆柱体产生的电场强度,设圆柱体单位长度所带的电荷量为 λ。

解 设圆柱体的半径为 R,因为其电荷分布具有轴对称规律,通过分析,圆柱体产生的电场分布也应该具有轴对称规律,即凡是到圆柱体轴线距离相等的点,电场强度的大小一定相等,方向均与轴线垂直,由此可以利用高斯定理求解电场强度。

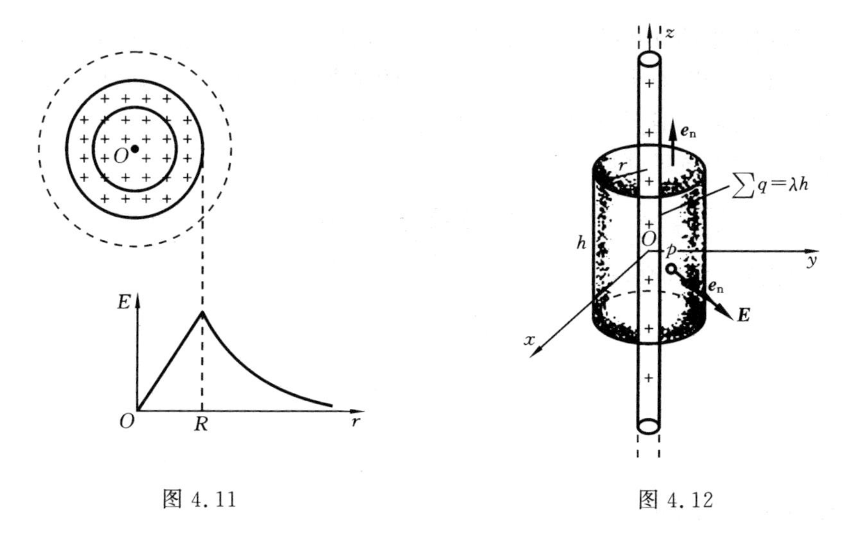

图 4.11　　　图 4.12

(1) 计算柱体外部的电场强度。在柱体外部任取一点,该点到轴线的距离为 r,以 r 为半径、h 为高作一个与柱体同轴的圆柱面,作为选取的高斯面,如图 4.12 所示,计算通过该高斯面的电场强度通量

$$\oint_S \boldsymbol{E} \cdot \mathrm{d}\boldsymbol{S} = \int_{S_1} \boldsymbol{E} \cdot \mathrm{d}\boldsymbol{S} + \int_{S_2} \boldsymbol{E} \cdot \mathrm{d}\boldsymbol{S} + \int_{S_3} \boldsymbol{E} \cdot \mathrm{d}\boldsymbol{S}$$

式中,S_1 表示其上底面的面积;S_2 表示其下底面的面积;S_3 表示其侧面的面积。而上、下底面的法线方向与电场强度方向垂直,即 $\boldsymbol{E} \cdot \mathrm{d}\boldsymbol{S}=0$,所以通过上、下底面的电场强度通量等于零,即 $\int_{S_1} \boldsymbol{E} \cdot \mathrm{d}\boldsymbol{S} = \int_{S_2} \boldsymbol{E} \cdot \mathrm{d}\boldsymbol{S} = 0$;侧面的法线方向与电场强度方向一致,通过侧面的电场强度通量为 $\int_{S_3} \boldsymbol{E} \cdot \mathrm{d}\boldsymbol{S} = \int_{S_3} E\mathrm{d}S = E \times 2\pi rh$,因此,通过该高斯面的电场强度通量为

$$\oint_S \boldsymbol{E} \cdot \mathrm{d}\boldsymbol{S} = E \times 2\pi rh$$

高斯面内包围的电荷量为

$$\sum q_{内} = \lambda h$$

根据高斯定理有

$$E \times 2\pi rh = \frac{\lambda h}{\varepsilon_0}$$

所以有

$$E = \frac{\lambda}{2\pi\varepsilon_0 r}$$

上式表明,无限长均匀带电圆柱体外部一点的电场强度 $\boldsymbol{E}$ 的大小与该点到柱体轴线的距离 r 成反比,电场强度 $\boldsymbol{E}$ 的方向与轴线垂直:当 $\lambda>0$ 时,背离轴线而去;当 $\lambda<0$ 时,指向轴线而来。

(2) 求柱体内部的电场强度。在圆柱体内部任取一点,该点到轴线的距离还用 r 表示,同理,作一个底面半径为 r、高为 h 的同轴圆柱面作为选取的高斯面,计算通过该高斯面的电场强度通量,然后利用高斯定理求解即可。

通过高斯面的电场强度通量为

$$\oint_S \boldsymbol{E} \cdot \mathrm{d}\boldsymbol{S} = E \times 2\pi rh$$

此时高斯面内所包围的电荷为

$$\sum q_{\text{内}} = \frac{\lambda h r^2}{R^2}$$

根据高斯定理有

$$E \times 2\pi rh = \frac{\lambda h}{\varepsilon_0 R^2} r^2$$

因此柱体内部任一点的电场强度为

$$E = \frac{\lambda r}{2\pi\varepsilon_0 R^2}$$

$\boldsymbol{E}$ 的方向与轴线垂直。

例题 4.8 试求电荷面密度为 σ 的无限大均匀带电平面所产生的电场强度。

解 由于电荷均匀分布在带电平面上,通过分析,其所产生的电场分布具有对称规律,即在平面两侧,到平面距离相等的点,电场强度的大小相等,方向与平面垂直:当 $\sigma > 0$ 时,背离平面而去;当 $\sigma < 0$ 时,指向平面而来。因此,在平面两侧不妨分别取一个与带电面平行、面积为 S 的平面,以它们为底面作一个轴线与带电面垂直的柱面为选取的高斯面,计算通过该高斯面的电场强度通量,然后利用高斯定理计算电场强度即可。

如图 4.13 所示,通过高斯面的电场强度通量为

$$\oint_S \boldsymbol{E} \cdot \mathrm{d}\boldsymbol{S} = \int_{S_1} \boldsymbol{E} \cdot \mathrm{d}\boldsymbol{S} + \int_{S_2} \boldsymbol{E} \cdot \mathrm{d}\boldsymbol{S} + \int_{S_3} \boldsymbol{E} \cdot \mathrm{d}\boldsymbol{S}$$

式中,S_1 表示其左底面的面积;S_2 表示其右底面的面积;S_3 表示其侧面的面积。侧面法线方向与电场强度方向垂直,即 $\boldsymbol{E} \perp \mathrm{d}\boldsymbol{S}$,所以通过侧面的电场强度通量为零,即 $\int_{S_3} \boldsymbol{E} \cdot \mathrm{d}\boldsymbol{S} = 0$;左、右底面法线方向与电场强度方向相同,所以通过左、右底面的电场强度通量为

$$\int_{S_1} \boldsymbol{E} \cdot \mathrm{d}\boldsymbol{S} = \int_{S_2} \boldsymbol{E} \cdot \mathrm{d}\boldsymbol{S} = ES$$

因此

$$\oint_S \boldsymbol{E} \cdot \mathrm{d}\boldsymbol{S} = 2ES$$

高斯面内的电荷量为

$$\sum q_{\text{内}} = \sigma S$$

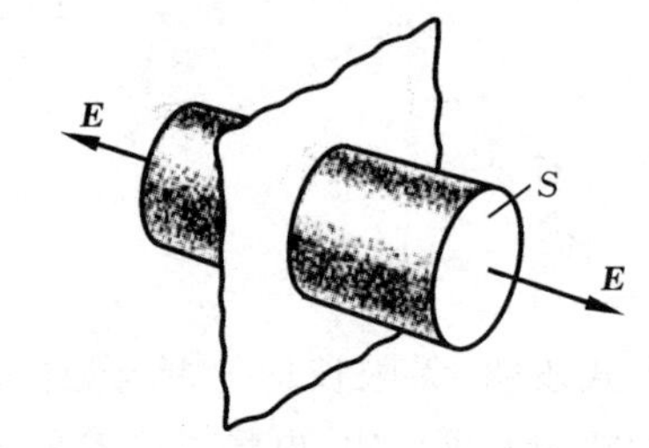

图 4.13

根据高斯定理有

$$2ES = \frac{\sigma S}{\varepsilon_0}$$

因此有

$$E = \frac{\sigma}{2\varepsilon_0}$$

上式表明，无限大均匀带电平面所产生的电场强度的大小与场点到平面的距离无关，平面两侧都是均匀电场。平面带正电时，电场强度的方向垂直于平面向外；平面带负电时，电场强度的方向垂直指向平面。

通过以上几个例题的讨论，可以看出，利用高斯定理求解电场强度需要经过以下几个基本步骤：

(1) 首先根据电荷的分布，分析电场分布的对称规律，在此基础上选取恰当的高斯面；

(2) 然后计算通过高斯面的电场强度通量；

(3) 再计算高斯面内电荷量的代数和；

(4) 最后根据高斯定理求得电场强度。

在电场中选取恰当的高斯面，是解题的关键。

同时可以看到，要想在电场中选取恰当的高斯面，产生电场的电荷分布必须具有一定的对称规律，大致可以归纳为以下三类。

(1) 球对称规律，如点电荷、均匀带电球壳、均匀带电球体和均匀带电球面等；

(2) 某些轴对称规律，如无限长均匀带电细棒、无限长均匀带电圆筒、无限长均匀带电圆柱体、无限长均匀带电圆柱面等；

(3) 面对称规律，如无限大均匀带电平板、无限大均匀带电平面等。

而像有限长均匀带电圆筒、有限长均匀带电圆柱体或有限长均匀带电圆柱面，电荷分布虽然具有轴对称，但是其所产生的电场没有对称规律。

4.3　静电场的环路定理　电势

前面从电荷在电场中受电场力出发引入了描述静电场性质的物理量——电场强度，下面将从电场力对电荷做功的特性出发，引入描述静电场性质的另外一个物理量——电势。

4.3.1　静电场力做功的特点

从库仑定律和电场强度叠加原理出发来讨论。在静止的点电荷 q 所产生的电场中，放置一个试探电荷 q_0，使试探电荷 q_0 从 a 点经过任意路径移动到 b 点，如图 4.14 所示。当试探电荷 q_0 移动微小位移 $\mathrm{d}\boldsymbol{l}$ 时，电场力做的元功为

$$\mathrm{d}A = q_0\boldsymbol{E}\cdot\mathrm{d}\boldsymbol{l} = q_0E\mathrm{d}l\cos\theta = q_0E\mathrm{d}r$$

而

$$E = \frac{q}{4\pi\varepsilon_0 r^2}$$

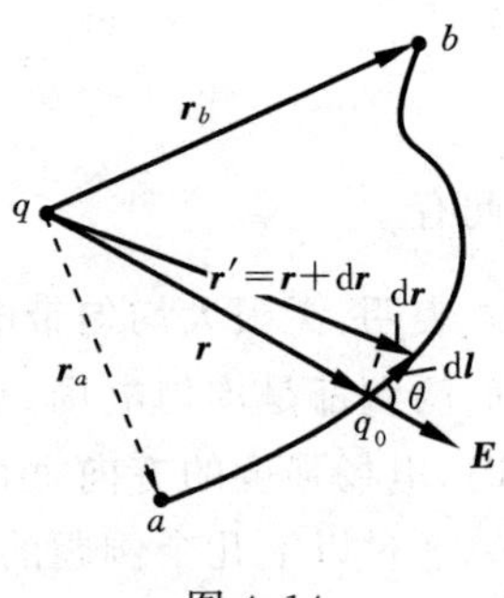

图 4.14

所以 $$dA=\frac{qq_0}{4\pi\varepsilon_0 r^2}dr$$

在由 a 点经过任意路径到 b 点的过程中,电场力所做的功为

$$A=\int_a^b dA=\int_{r_a}^{r_b}\frac{qq_0}{4\pi\varepsilon_0 r^2}dr=\frac{qq_0}{4\pi\varepsilon_0}\left(\frac{1}{r_a}-\frac{1}{r_b}\right) \tag{4.14}$$

式(4.14)说明,在点电荷 q 所激发的电场中,移动试探电荷 q_0 时,电场力所做的功与路径无关,仅与试探电荷 q_0 路径的起点和终点位置有关。

如果试探电荷 q_0 在点电荷系 $q_1,q_2,\cdots,q_n$ 所产生的静电场中运动,根据电场强度叠加原理,电场力所做的功应该等于各个点电荷的电场力做功的代数和。而每个点电荷的电场力做的功均与路径无关,所以相应的代数和也应与路径无关。

$$A=A_1+A_2+\cdots+A_n=\sum_{i=1}^{n}\frac{q_iq_0}{4\pi\varepsilon_0}\left(\frac{1}{r_{ia}}-\frac{1}{r_{ib}}\right) \tag{4.15}$$

式中,r_{ia} 与 r_{ib} 分别为点电荷 q_i 到 a 点和 b 点的距离。由于任意带电体可以看做是电荷连续分布的点电荷系,由此可以得出结论:试探电荷 q_0 在任意静电场中移动时,电场力所做的功只与试探电荷 q_0 起点和终点的位置有关,而与其所经过的路径无关。

4.3.2 静电场的环路定理

既然静电场力做功与路径无关,则当试探电荷 q_0 在电场中沿一个闭合路径绕行一周时,电场力做的功应该为零,即

$$q_0\oint_L \boldsymbol{E}\cdot d\boldsymbol{l}=0$$

而试探电荷 $q_0\neq 0$,所以上式也可写作

$$\oint_L \boldsymbol{E}\cdot d\boldsymbol{l}=0 \tag{4.16}$$

即静电场的环路积分(也称为环流)等于零,称为静电场的环路定理,它与静电场力做功与路径无关等价。这是静电场的重要特性之一,这一性质表明静电场力是保守力,静电场是保守场;同时表明电场线不会构成闭曲线,因此,静电场也称为无旋场。

综合静电场的高斯定理和环路定理,可知静电场是有源无旋场。

4.3.3 电势能 电势和电势差

静电场是保守场,对于保守场可以引入势能的概念。在力学中根据重力、引力、弹性力做功的特性,分别引入了重力势能、引力势能和弹性势能;根据电场力做功的特性,则可以引入电势能的概念。在学习力学时已经知道,保守力做的功等于相

应的势能增量的负值。对于静电场,试探电荷 q_0 从 a 点经任意路径到 b 点时电场力做的功为

$$A = \int_a^b q_0 \boldsymbol{E} \cdot \mathrm{d}\boldsymbol{l}$$

如果用 W_a 和 W_b 分别表示 a、b 两点的电势能,则有

$$W_a - W_b = \int_a^b q_0 \boldsymbol{E} \cdot \mathrm{d}\boldsymbol{l} \tag{4.17}$$

和其他势能一样,电势能也是相对的,即电势能的大小与势能零点的选取有关。如果电荷分布在有限区域时,通常选取无限远处为电势能零点,即令式(4.17)中的 $W_b = W_\infty = 0$。因而试探电荷 q_0 在电场中 a 点的电势能为

$$W_a = A_{a\infty} = \int_a^\infty q_0 \boldsymbol{E} \cdot \mathrm{d}\boldsymbol{l} \tag{4.18}$$

即试探电荷 q_0 在电场中某一点 a 的电势能 W_a 在数值上等于把试探电荷 q_0 从 a 点经任意路径移动到无限远处时电场力所做的功 $A_{a\infty}$。

从 $W_a = \int_a^\infty q_0 \boldsymbol{E} \cdot \mathrm{d}\boldsymbol{l}$ 可知,W_a 的大小既与电场本身的性质有关,又与试探电荷 q_0 有关,但比值 $\dfrac{W_a}{q_0}$ 与 q_0 无关,只取决于 a 点处电场的性质,因此用这一比值来作为表征静电场性质的物理量,称之为电势,用 V_a 表示,即

$$V_a = \frac{W_a}{q_0} = \int_a^\infty \boldsymbol{E} \cdot \mathrm{d}\boldsymbol{l} \tag{4.19}$$

式(4.19)表明,电场中某点的电势在数值上等于单位正电荷在该点处所具有的电势能,或者说等于单位正电荷由该点沿任意路径移动到电势零点时电场力所做的功。

电势是标量,它的单位是伏[特],简称伏,符号用 V 表示。如果 1 库仑的电荷在电场中某点的电势能为 1 焦[耳],那么该点的电势就是 1 伏[特],即 1 V = 1 J/C。

在静电场中,任意两点之间的电势差(也称为电压),用 U 表示,即

$$U = V_a - V_b = \int_a^\infty \boldsymbol{E} \cdot \mathrm{d}\boldsymbol{l} - \int_b^\infty \boldsymbol{E} \cdot \mathrm{d}\boldsymbol{l} = \int_a^b \boldsymbol{E} \cdot \mathrm{d}\boldsymbol{l} \tag{4.20}$$

式(4.20)表明,静电场中任意两点 a、b 之间的电势差,等于把单位正电荷从 a 点沿任意路径移动到 b 点时电场力所做的功。因此,当把试探电荷 q_0 从电场中 a 点经任意路径移动到 b 点时,电场力所做的功可表示为

$$A = q_0(V_a - V_b) = q_0 U \tag{4.21}$$

在实际应用中,常常用到的是两点之间的电势差,而不是某一点的电势。电场中各点的电势的数值与电势零点的选取有关,但两点间的电势差与电势零点的选取无关。和电势能的零点选取一样,电势零点的选取也是任意的,可以根据处理问题的需要而定。在理论上,如果带电体的电荷分布在有限空间,电势零点往往选取在无限远处。但在许多实际问题中,常常以地球的电势为零。

4.3.4 电势的计算

1. 点电荷电场中的电势分布

设空间有一个静止的点电荷 q,在它所产生的电场中任取一点 p,该点到 q 的距离为 r,由电势的定义可得,p 点的电势为

$$V_p = \int_p^{\infty} \boldsymbol{E} \cdot \mathrm{d}\boldsymbol{l} = \int_r^{\infty} \frac{q}{4\pi\varepsilon_0 r^2}\mathrm{d}r = \frac{q}{4\pi\varepsilon_0 r} \tag{4.22}$$

由式(4.22)可知,当点电荷 q 为正值时,电势 V_p 为正值;当点电荷 q 为负值时,电势 V_p 为负值。这说明,如果选取无限远处为电势零点,则正电荷所激发电场的电势恒为正值,离点电荷距离越远,电势越低;负电荷所激发电场的电势恒为负值,离点电荷距离越远,电势越高;而且在以点电荷为球心的球面上的各点的电势相等。

2. 点电荷系电场中的电势分布 —— 电势叠加原理

设空间有 n 个静止的点电荷 $q_1, q_2, \cdots, q_n$,在其所激发的电场中任取一点 p,计算该点的电势。根据电势的定义,p 点的电势为

$$V_p = \int_p^{\infty} \boldsymbol{E} \cdot \mathrm{d}\boldsymbol{l}$$

而根据电场强度叠加原理,p 点的电场强度 $\boldsymbol{E}$ 为

$$\boldsymbol{E} = \boldsymbol{E}_1 + \boldsymbol{E}_2 + \cdots + \boldsymbol{E}_n$$

所以

$$\begin{aligned} V_p &= \int_p^{\infty} \boldsymbol{E} \cdot \mathrm{d}\boldsymbol{l} = \int_p^{\infty} \boldsymbol{E}_1 \cdot \mathrm{d}\boldsymbol{l} + \int_p^{\infty} \boldsymbol{E}_2 \cdot \mathrm{d}\boldsymbol{l} + \cdots + \int_p^{\infty} \boldsymbol{E}_n \cdot \mathrm{d}\boldsymbol{l} \\ &= \frac{q_1}{4\pi\varepsilon_0 r_1} + \frac{q_2}{4\pi\varepsilon_0 r_2} + \cdots + \frac{q_n}{4\pi\varepsilon_0 r_n} \\ &= V_{p_1} + V_{p_2} + \cdots + V_{p_n} \\ &= \sum_{i=1}^{n} \frac{q_i}{4\pi\varepsilon_0 r_i} = \sum_{i=1}^{n} V_i \end{aligned} \tag{4.23}$$

式中,r_i 是 p 点到点电荷 q_i 的距离。式(4.23)表示,在点电荷系所产生的静电场中,任意一点的电势等于各个点电荷单独存在时,在该点产生的电势的代数和,这一结论称为电势的叠加原理。

3. 任意带电体电场中的电势分布

如果静电场是由电荷连续分布的带电体产生的,则可以把带电体分成许多连续分布的电荷元 $\mathrm{d}q$,电荷元 $\mathrm{d}q$ 在空间某点产生的电势为

$$\mathrm{d}V = \frac{\mathrm{d}q}{4\pi\varepsilon_0 r}$$

根据电势叠加原理有

$$V = \int \mathrm{d}V = \int \frac{\mathrm{d}q}{4\pi\varepsilon_0 r}$$

式中,r 为电荷元 $\mathrm{d}q$ 到场点的距离。在处理具体问题时,如果带电体电荷分布分别具有体分布、面分布或线分布,则分别引入电荷体密度 ρ、电荷面密度 σ 或电荷线密度 λ,

这时上式可分别表示为

$$\begin{cases} V = \dfrac{1}{4\pi\varepsilon_0}\displaystyle\int_V \dfrac{\rho \mathrm{d}V}{r} \\ V = \dfrac{1}{4\pi\varepsilon_0}\displaystyle\int_S \dfrac{\sigma \mathrm{d}S}{r} \\ V = \dfrac{1}{4\pi\varepsilon_0}\displaystyle\int_l \dfrac{\lambda \mathrm{d}l}{r} \end{cases} \tag{4.24}$$

当电荷分布已知时，可以利用式(4.24)计算电势。如果电荷分布具有一定对称性，则可以首先根据高斯定理求出电场强度，然后根据电势定义式 $V_p = \int_p^{\infty} \boldsymbol{E} \cdot \mathrm{d}\boldsymbol{l}$ 求出电势。

例题 4.9　试求电偶极子所产生的静电场中任意一点的电势。

解　在电偶极子所产生的电场中任取一点 p，该点到正、负电荷的距离分别为 r_+ 和 r_-，p 点到电偶极子中心的距离为 r。建立如图 4.15 所示坐标系。$+q$ 和 $-q$ 单独存在时，在 p 点产生的电势分别为

$$V_+ = \frac{q}{4\pi\varepsilon_0 r_+}, \quad V_- = -\frac{q}{4\pi\varepsilon_0 r_-}$$

根据电势叠加原理，电偶极子在 p 点产生的电势为

$$V = V_+ + V_- = \frac{q}{4\pi\varepsilon_0}\left(\frac{1}{r_+} - \frac{1}{r_-}\right)$$

而 $r \gg r_0$，$r_+ \approx r - \dfrac{r_0}{2}\cos\theta$，$r_- \approx r + \dfrac{r_0}{2}\cos\theta$

因此有

$$r_- - r_+ \approx r_0\cos\theta, \quad r_+ r_- \approx r^2$$

则有

$$V = \frac{q}{4\pi\varepsilon_0}\frac{r_- - r_+}{r_+ r_-} \approx \frac{q}{4\pi\varepsilon_0}\frac{r_0\cos\theta}{r^2} = \frac{\boldsymbol{p}\cdot\boldsymbol{r}}{4\pi\varepsilon_0 r^3}$$

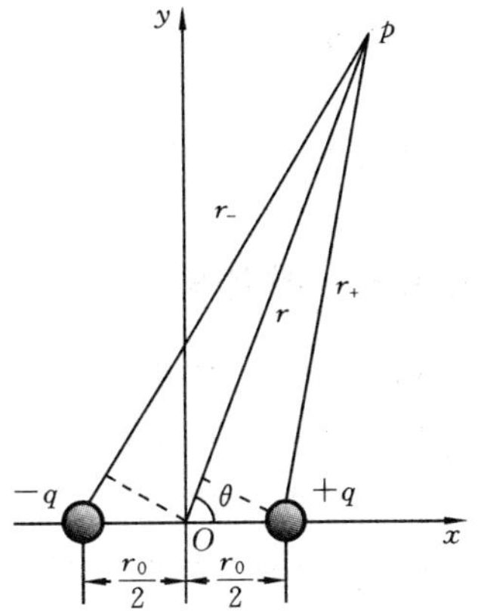

图 4.15

例题 4.10　试求均匀带电细圆环轴线上任意一点的电势。

解　设圆环的半径为 R，所带电荷量为 q，其电荷分布线密度为 $\lambda = \dfrac{q}{2\pi R}$。把圆环分成许多线电荷元，任取一线元 $\mathrm{d}l$（如图 4.16 所示），其电荷为 $\mathrm{d}q = \lambda\mathrm{d}l$，此电荷元在 p 点产生的电势为

$$\mathrm{d}V = \frac{\lambda \mathrm{d}l}{4\pi\varepsilon_0 r}$$

图 4.16

根据电势叠加原理，p 点的电势为

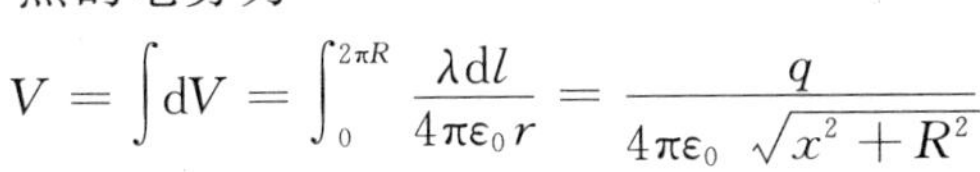

$$V = \int \mathrm{d}V = \int_0^{2\pi R} \frac{\lambda\mathrm{d}l}{4\pi\varepsilon_0 r} = \frac{q}{4\pi\varepsilon_0\sqrt{x^2 + R^2}}$$

讨论 (1) 当 $x=0$ 时,即在环心处,$V=\dfrac{q}{4\pi\varepsilon_0 R}$;

(2) 当 $x \gg R$ 时,$V=\dfrac{q}{4\pi\varepsilon_0 x}$。

例题 4.11 试求均匀带电球壳内、外的电势。设其所带电荷为 q,半径为 R。

解 因为均匀带电球壳的电荷分布具有球对称性,所以首先根据高斯定理求出电场强度,然后根据电势的定义式求电势。在空间任取一点 p,p 点到球壳球心的距离为 r,以 r 为半径作一个同心球面,根据高斯定理有

当 $r>R$ 时
$$\boldsymbol{E}=\frac{q}{4\pi\varepsilon_0 r^2}\boldsymbol{e}_r$$

当 $r<R$ 时
$$\boldsymbol{E}=\boldsymbol{0}$$

则 p 点的电势为

$$V=\int_p^{\infty}\boldsymbol{E}\cdot \mathrm{d}\boldsymbol{l}=\int_r^{\infty}E\,\mathrm{d}r$$

当 $r>R$ 时
$$V=\int_r^{\infty}\frac{q}{4\pi\varepsilon_0 r^2}\mathrm{d}r=\frac{q}{4\pi\varepsilon_0 r}$$

当 $r<R$ 时
$$V=\int_r^{R}E\,\mathrm{d}r+\int_R^{\infty}E\,\mathrm{d}r=\int_R^{\infty}\frac{q}{4\pi\varepsilon_0 r^2}\mathrm{d}r=\frac{q}{4\pi\varepsilon_0 R}$$

*4.3.5 等势面

和借助电场线描绘电场分布一样,也可以用等势面来描绘电势分布。在静电场中电势相等的各点所构成的曲面,称为等势面。据此,在点电荷的电场中,等势面应为一系列同心球面,如图 4.17(a) 中虚线所示;等量异号点电荷的等势面,如图4.17(b) 中虚线所示;匀强电场的等势面应为一系列平行平面。

等势面有如下性质。

(1) 在静电场中,等势面与电场线处处正交,而且电场线的方向总是指向电势降低的方向。图 4.17 中带箭头的实线表示电场线。因此,当电荷沿等势面移动时,电场力对电荷不做功。

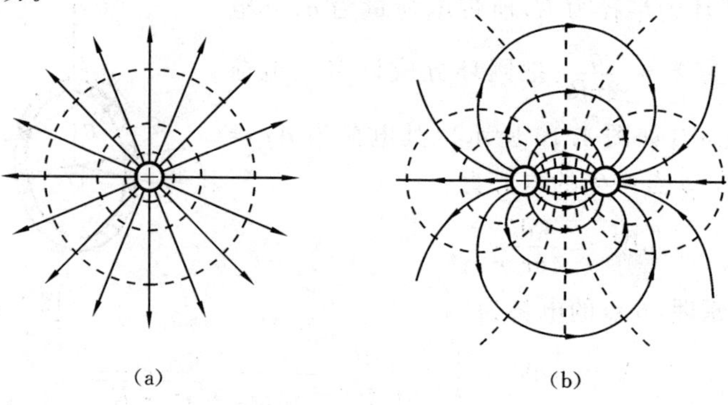

图 4.17

(2) 等势面较密集的地方电场较强,较稀疏的地方电场较弱。

通常对等势面的画法作如下规定:使电场中任意两个相邻等势面之间的电势差为一定值。因此,按照这一规定画出的等势面图,其疏密程度就能反映出电场的强弱程度,这样就能将电场中电场强度与电势的关系直观地表示出来。在图 4.17 中绘出了两种常见电场的等势面和电场线图。

*4.3.6　电场强度和电势梯度的关系

电场强度和电势从两个不同角度描述了静电场的性质,两者之间有密切的关系。式(4.19)已经给出了它们之间的积分关系,下面进一步推导它们之间的微分关系。

在静电场中,取两个靠得很近的等势面 1 和 2,其电势分别为 V 和 $V+\mathrm{d}V$,且令 $\mathrm{d}V>0$。在等势面 1 上任取一点 p_1,过 p_1 作该等势面的法线 $\boldsymbol{e}_\mathrm{n}$,与等势面 2 交于 p_2,规定 $\boldsymbol{e}_\mathrm{n}$ 指向电势增加的方向,如图 4.18 所示。如果试探电荷 q_0 从等势面 1 上的 p_1 点经 $\mathrm{d}\boldsymbol{l}$ 到等势面 2 上的 p_3 点,电场力所做的功为

$$\mathrm{d}A=q_0(V_1-V_2)=q_0[V-(V+\mathrm{d}V)]=-q_0\mathrm{d}V$$

而这个功又可以表示为

$$\mathrm{d}A=q_0\boldsymbol{E}\cdot\mathrm{d}\boldsymbol{l}=-q_0E\mathrm{d}l\cos\varphi$$

式中,φ 是 $\mathrm{d}\boldsymbol{l}$ 与等势面 1 法线方向 $\boldsymbol{e}_\mathrm{n}$ 之间的夹角。由上述两式可得

$$-q_0E\mathrm{d}l\cos\varphi=-q_0\mathrm{d}V$$

因此

$$-E\cos\varphi=E_l=-\frac{\mathrm{d}V}{\mathrm{d}l}\tag{4.25}$$

式(4.25)左边是电场强度 $\boldsymbol{E}$ 在 $\mathrm{d}\boldsymbol{l}$ 方向上的分量,它表明电场强度在任意方向上的分量等于该方向上电势变化率的负值。在法线 $\boldsymbol{e}_\mathrm{n}$ 方向上的分量为

$$E_\mathrm{n}=-\frac{\mathrm{d}V}{\mathrm{d}n}\tag{4.26}$$

由于 $\mathrm{d}n$ 总小于 $\mathrm{d}l$,所以$\dfrac{\mathrm{d}V}{\mathrm{d}n}$为电势变化率的最大值。把沿法线 $\boldsymbol{e}_\mathrm{n}$ 方向的这个电势变化率定义为 p_1 点的电势梯度,记作 $\mathbf{grad}\,V$

$$\mathbf{grad}\,V=\frac{\mathrm{d}V}{\mathrm{d}n}\boldsymbol{e}_\mathrm{n}\tag{4.27}$$

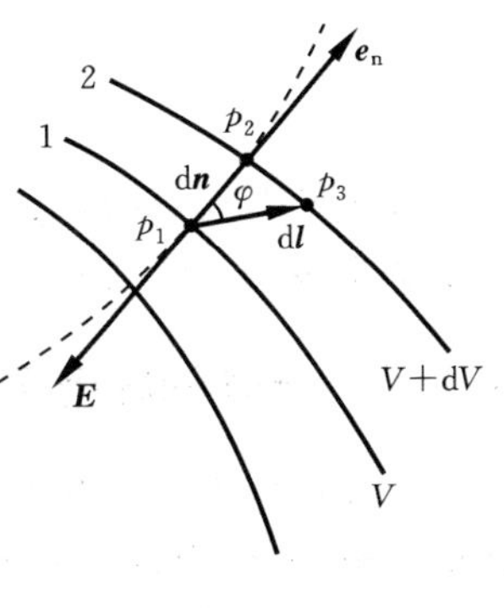

图 4.18

由于电场线与等势面处处正交,而且电场强度的方向总是指向电势降落的方向,所以式(4.26)中的$\dfrac{\mathrm{d}V}{\mathrm{d}n}$应为 p_1 点的电场强度 $\boldsymbol{E}$ 的大小,方向与 $\boldsymbol{e}_\mathrm{n}$ 的方向相反,如图 4.18 所示。于是

$$\boldsymbol{E} = -\frac{\mathrm{d}V}{\mathrm{d}n}\boldsymbol{e}_{\mathrm{n}} = -\mathbf{grad}\,V \tag{4.28}$$

式(4.28)表明静电场中各点的电场强度等于该点电势梯度的负值。

如果把直角坐标系的三个坐标轴 x、y、z 的方向分别取作 $\mathrm{d}\boldsymbol{l}$ 的方向，根据式(4.25)，在静电场中任一点的电场强度 $\boldsymbol{E}$ 在三个坐标轴上的分量分别为

$$E_x = -\frac{\partial V}{\partial x},\quad E_y = -\frac{\partial V}{\partial y},\quad E_z = -\frac{\partial V}{\partial z} \tag{4.29}$$

因为电势是空间坐标的函数，所以可以把式(4.28)写成偏导的形式。因此，在直角坐标系中，电场强度 $\boldsymbol{E}$ 可以表示为

$$\boldsymbol{E} = E_x\boldsymbol{i} + E_y\boldsymbol{j} + E_z\boldsymbol{k} = -\left(\frac{\partial V}{\partial x}\boldsymbol{i} + \frac{\partial V}{\partial y}\boldsymbol{j} + \frac{\partial V}{\partial z}\boldsymbol{k}\right) = -\nabla V \tag{4.30}$$

对于球坐标系有

$$E_r = -\frac{\partial V}{\partial r},\quad E_\theta = -\frac{1}{r}\frac{\partial V}{\partial \theta},\quad E_\varphi = -\frac{1}{r\sin\theta}\frac{\partial V}{\partial \varphi} \tag{4.31}$$

对于柱坐标系有

$$E_r = -\frac{\partial V}{\partial r},\quad E_\varphi = -\frac{1}{r}\frac{\partial V}{\partial \varphi},\quad E_z = -\frac{\partial V}{\partial z} \tag{4.32}$$

只要知道电场中各点的电势，通过计算电场强度的各个分量，就可求出电场强度 $\boldsymbol{E}$。

例题 4.12　用电场强度与电势梯度的关系，试求均匀带电细圆环轴线上一点的电场强度。

解　在例题 4.10 中，已经求得细圆环轴线上 p 点的电势为

$$V = \frac{1}{4\pi\varepsilon_0}\frac{q}{\sqrt{x^2 + R^2}}$$

式中，R 为圆环的半径。由式(4.29)可得 p 点的电场强度为

$$E = E_x = -\frac{\partial V}{\partial x} = -\frac{\partial}{\partial x}\left(\frac{1}{4\pi\varepsilon_0}\frac{q}{\sqrt{x^2 + R^2}}\right) = \frac{1}{4\pi\varepsilon_0}\frac{qx}{(x^2 + R^2)^{3/2}}$$

和例题 4.3 的计算结果相同。

4.4　静电场中的导体

以上几节讨论的是真空中静电场的性质，下面讨论静电场中导体的性质以及导体对静电场的影响。

4.4.1　导体的静电平衡条件

金属导体内部含有大量的可以自由运动的电子，当导体不带电时，如果不受外电场的影响，导体中自由电子的运动只能是微观的无规则的热运动，而没有宏观的定向运动，导体对外不显电性。如果把导体放在外电场 $\boldsymbol{E}_0$ 中，导体内部的自由电子将在电

场力的作用下作定向运动，结果在导体的一侧面上就会出现一定量的自由电子，对侧面则会出现等量的正电荷。导体表面出现电荷的现象称为静电感应现象，这种电荷称为感应电荷。感应电荷所激发的电场称为附加电场，用 $\boldsymbol{E}'$ 表示，其方向与外电场方向相反。随着时间的延长，导体表面出现的电荷数目不断增多，附加电场逐渐增强，当 $E' = E_0$ 时，导体内部的总电场强度 $E = E_0 - E' = 0$，自由电子定向运动停止，此时，导体处于静电平衡状态。因此，当导体处于静电平衡状态时，导体内部电场强度处处为零。如果导体内部的电场强度不是处处为零，则在电场强度不为零的地方，自由电子就会定向运动。所以静电平衡条件是，导体内部的电场强度处处为零。下面讨论静电平衡时导体的性质。

4.4.2　静电平衡时导体的性质

(1) 静电平衡时，导体是等势体，导体表面是等势面。

在导体内部(或者表面上) 任取两点 a、b，计算 a、b 两点的电势差。由电势差的定义式有

$$V_a - V_b = \int_a^b \boldsymbol{E} \cdot \mathrm{d}\boldsymbol{l}$$

因为静电场是保守场，积分与路径无关，从 a 经导体内部任选一条路径到 b，因导体内部电场强度处处为零，所以有

$$V_a - V_b = \int_a^b \boldsymbol{E} \cdot \mathrm{d}\boldsymbol{l} = 0$$

即 $V_a = V_b$。说明导体是等势体，导体表面是等势面。

(2) 导体表面附近一点的电场强度的方向与导体表面垂直。

因为电场线与等势面处处正交，所以导体表面附近一点的电场强度的方向与导体表面垂直。

(3) 导体上的电荷分布。

① 实心导体上电荷的分布。

在导体内部任意作一个高斯面，如图 4.19 所示，计算通过该高斯面的电场强度通量。根据高斯定理有

$$\oint_S \boldsymbol{E} \cdot \mathrm{d}\boldsymbol{S} = \frac{1}{\varepsilon_0} \sum q_{内}$$

而导体处于静电平衡状态，导体内部电场强度 $\boldsymbol{E}$ 处处为零，所以有

$$\oint_S \boldsymbol{E} \cdot \mathrm{d}\boldsymbol{S} = 0$$

因此

$$\sum q_{内} = 0$$

即在导体内部任意闭合曲面内电荷的代数和为零，说明

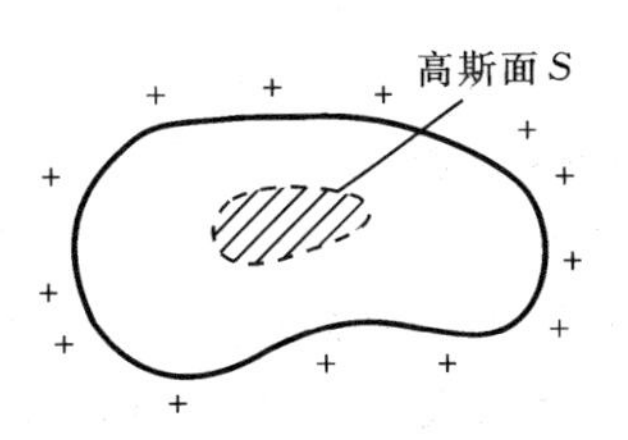

图 4.19

导体内部没有净电荷。因此,静电平衡时,电荷只能分布在实心导体的外表面上。

② 空腔导体上电荷的分布。

如果导体空腔内没有电荷,静电平衡时,空腔内表面上一定没有电荷。可用高斯定理来证明。在导体内部围绕内表面作一个高斯面,如图 4.20 所示,根据高斯定理有

$$\oint_S \boldsymbol{E} \cdot \mathrm{d}\boldsymbol{S} = \frac{1}{\varepsilon_0}\sum q_{内}$$

而导体处于静电平衡状态,导体内部电场强度 $\boldsymbol{E}$ 处处为零,所以有

$$\oint_S \boldsymbol{E} \cdot \mathrm{d}\boldsymbol{S} = 0$$

因此

$$\sum q_{内} = 0$$

可分两种情况:第一种情况是内表面根本没有电荷,如图 4.20(a) 所示;第二种情况是,如果内表面有电荷,则一侧是正电荷,另一侧必定是等量的负电荷,如图 4.20(b) 所示。而腔内没有其他电荷,由正电荷发出的电场线一定终止于对侧负电荷上,这样内壁两侧电势不等,而与导体是等势体出现了矛盾。所以腔内表面上一定没有电荷。因此,静电平衡时,电荷只能分布在导体空腔的外表面上。

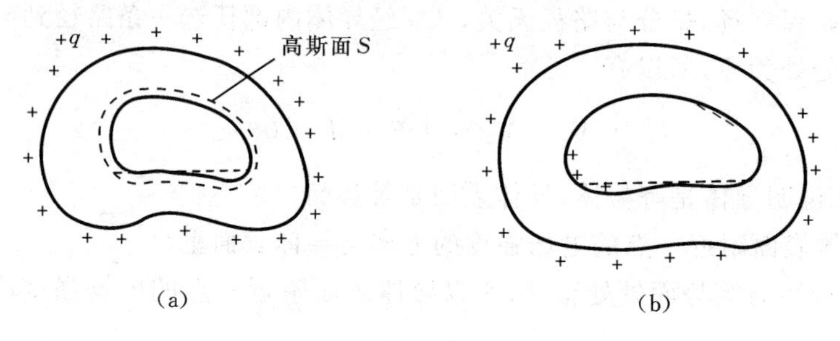

图 4.20

如果腔内有电荷 q,则根据高斯定理,内表面上应有与 q 等量异号的电荷 $-q$,如果导体带电为 Q,根据电荷守恒定律,外表面上的电荷应为 $Q+q$,即在这种情况下导体内、外表面都分布有电荷。

(4) 导体表面上电荷的分布与表面的曲率有关,曲率越大的地方,电荷面密度也越大。

(5) 导体表面上的电荷面密度与其附近电场强度的关系。

如图 4.21 所示,在导体表面附近取面积元 ΔS,以 ΔS 为底面,作一个轴线与导体表面垂直的柱面,柱面的另一底面在导体内部,计算通过封闭柱面的电场强度通量。因为导体内部电场强度为零,所以通过下底面的电场强度通量为零;在柱面侧面上,电场强度要么为零,要么与侧面的法线方

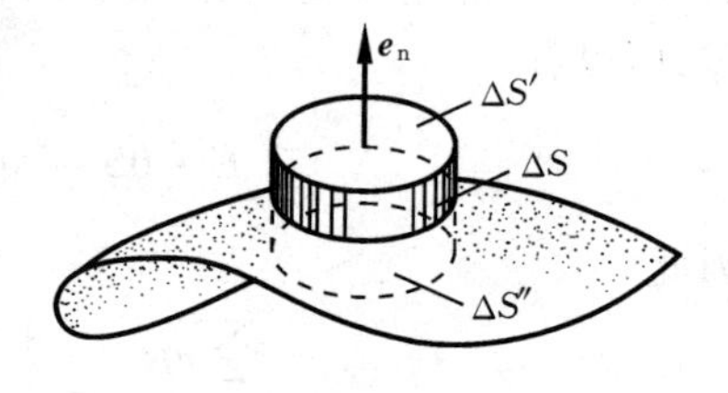

图 4.21

向垂直，因此，通过侧面的电场强度通量也为零；而上底面上，电场强度方向与底面法线方向一致，所以电场强度通量为 $E\Delta S$；柱面内所包围的电荷为 $\sigma\Delta S$，因此，通过闭合柱面的电场强度通量为

$$\oint_S \boldsymbol{E} \cdot \mathrm{d}\boldsymbol{S} = E\Delta S = \frac{\sigma\Delta S}{\varepsilon_0}$$

即 $E = \dfrac{\sigma}{\varepsilon_0}$，考虑方向后其矢量表示式为

$$\boldsymbol{E} = \frac{\sigma}{\varepsilon_0}\boldsymbol{e}_n \tag{4.33}$$

式(4.33) 表明，导体表面附近的电场强度与该表面上的电荷面密度成正比，电场强度的方向与导体表面垂直。由此可以解释尖端放电现象：在导体表面上曲率越大（表面越尖）的地方，电荷面密度越大，其附近的电场强度越大。在这一强电场的作用下，导体表面周围的空气可发生电离而引起放电。避雷针就是一个根据尖端放电原理制造的典型例子。

4.4.3　静电屏蔽

在静电平衡时，对于导体空腔，如果腔内没有带电体，则不论导体空腔是否带电、外界是否存在电场、外界电场是否变化，导体腔内都无电场存在，如图 4.22(a) 所示。这时，导体空腔起到了一种保护作用，它可以使腔内电场不受腔外电场影响，这种现象称为静电屏蔽。而当导体空腔的腔内有带电体时，腔内电荷对腔外电场有间接影响，如图 4.22(b) 所示。如果把导体空腔接地，则无论腔内电场发生怎样的变化，腔外电场不再受腔内电场的干扰，如图 4.22(c) 所示。这样，接地的导体空腔同样对腔外电场起到了保护作用。

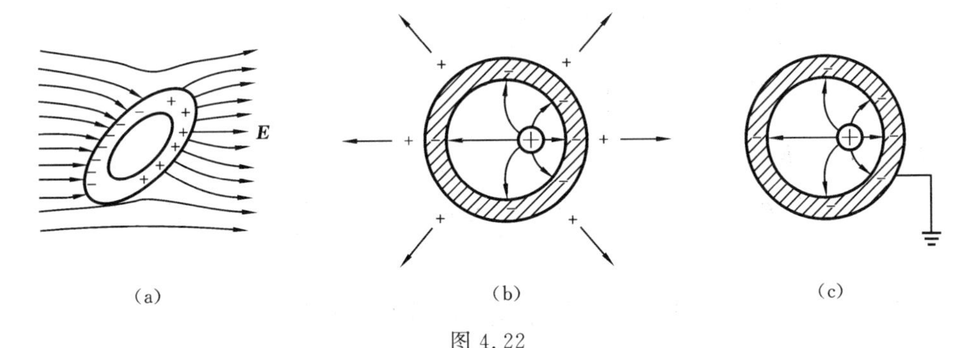

图 4.22

静电屏蔽在电工和电子技术中应用很广泛，例如，为了使电子仪器不受外界电场的干扰，通常将仪器装在金属外壳中；在进行高压带电作业时，工作人员穿戴的金属丝网制成的工作服等起到的都是屏蔽作用。

例题 4.13　一金属导体球，半径为 r，带有电量 q，球外套一个同心的金属导体球壳，球壳上带有电量 Q，其内、外半径分别为 R_1、R_2，如图 4.23 所示。试求：

(1) 导体球和球壳上的电荷分布;

(2) 导体球和球壳的电势。

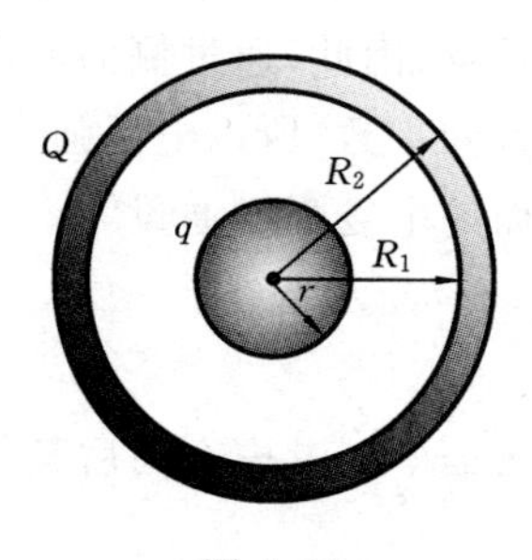

图 4.23

解 (1) 这是一个静电感应的问题,金属球和球壳最终要处于静电平衡状态,所以金属球和球壳的每个表面上的电荷应该是呈均匀分布。金属球所带的电荷 q 均匀分布在半径为 r 的球面上;由于静电感应,球壳内表面上感应出 $-q$ 的电荷,均匀分布在半径为 R_1 的球面上;根据电荷守恒定律,外表面上所带电荷应为 $Q+q$,均匀分布在半径为 R_2 的球面上。

(2) 根据高斯定理首先求出电场强度,然后再根据电势的定义式,求解导体球和球壳的电势。

根据高斯定理有

$r'<r$ 时 $$\boldsymbol{E}=\boldsymbol{0}$$

$r<r'<R_1$ 时 $$\boldsymbol{E}=\frac{q}{4\pi\varepsilon_0 r'^2}\boldsymbol{e}_r$$

$R_1<r'<R_2$ 时 $$\boldsymbol{E}=\boldsymbol{0}$$

$r'>R_2$ 时 $$\boldsymbol{E}=\frac{Q+q}{4\pi\varepsilon_0 r'^2}\boldsymbol{e}_r$$

静电平衡时,导体球和球壳都是等势体,因此在球和球壳上任取一点计算其电势,即为球和球壳的电势。取无限远处为电势零点,有

$r'<r$ 时

$$\begin{aligned}V_1&=\int_{r'}^{\infty}\boldsymbol{E}\cdot\mathrm{d}\boldsymbol{l}=\int_{r'}^{r}\boldsymbol{E}\cdot\mathrm{d}\boldsymbol{l}+\int_{r}^{R_1}\boldsymbol{E}\cdot\mathrm{d}\boldsymbol{l}+\int_{R_1}^{R_2}\boldsymbol{E}\cdot\mathrm{d}\boldsymbol{l}+\int_{R_2}^{\infty}\boldsymbol{E}\cdot\mathrm{d}\boldsymbol{l}\\&=\int_{r}^{R_1}\frac{q}{4\pi\varepsilon_0 r'^2}\mathrm{d}r+\int_{R_2}^{\infty}\frac{Q+q}{4\pi\varepsilon_0 r'^2}\mathrm{d}r\\&=\frac{q}{4\pi\varepsilon_0}\left(\frac{1}{r}-\frac{1}{R_1}\right)+\frac{Q+q}{4\pi\varepsilon_0 R_2}\end{aligned}$$

$R_1<r'<R_2$ 时

$$V_2=\int_{r'}^{\infty}\boldsymbol{E}\cdot\mathrm{d}\boldsymbol{l}=\int_{r'}^{R_2}\boldsymbol{E}\cdot\mathrm{d}\boldsymbol{l}+\int_{R_2}^{\infty}\boldsymbol{E}\cdot\mathrm{d}\boldsymbol{l}=\int_{R_2}^{\infty}\frac{Q+q}{4\pi\varepsilon_0 r'^2}\mathrm{d}r=\frac{Q+q}{4\pi\varepsilon_0 R_2}$$

4.5 静电场中的电介质

4.4 节学习了静电场中导体的性质及导体对静电场的影响,下面将学习静电场中电介质的性质及电介质对静电场的影响。

在电介质的分子中,电子和原子核结合得非常紧密,电子处于束缚状态,因而电介质内部自由电子数极少,即使受到电场的作用,其分子中的正、负电荷也只能作微小位移,所以这类物质导电能力极差,也称为绝缘体。

4.5.1　电介质的极化

从分子的电结构区分，有一类电介质的分子，由于负电荷对称地分布在正电荷的周围，因而在无外电场时，正、负电荷中心重合，如图 4.24(a) 所示，这类分子称为无极分子。例如，氢、氮、甲烷、聚苯乙烯等都是无极分子。而另一类电介质的分子，即使在没有外电场时，正、负电荷的中心也不重合，这类分子称为有极分子，如图 4.24(b) 所示。例如，氨、水、甲醇、聚氯乙烯等都是有极分子。这类分子可以等效地看成是一个有着固有电偶极矩的电偶极子。无论是无极分子还是有极分子，在外电场的作用下都会发生变化，这种变化称为极化。

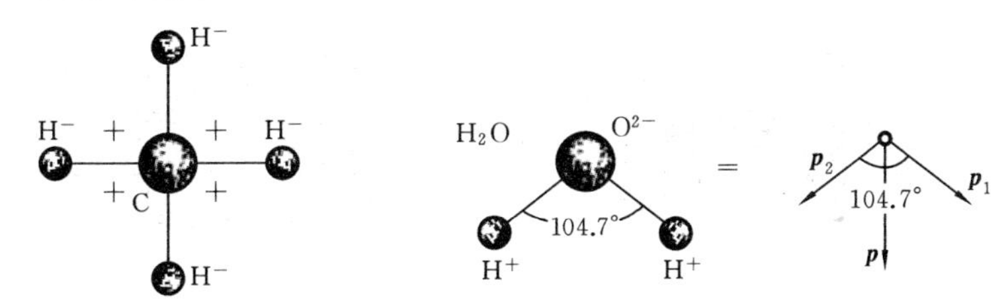

(a) 甲烷分子其正、负电荷中心重合　　(b) 水分子其正、负电荷中心不重合

图 4.24

1. 无极分子的位移极化

由于无极分子正、负电荷中心重合，等效电偶极矩为零。在没有外电场时，这类电介质呈电中性。如果把一块方形的由无极分子组成的均质电介质放在一均匀外电场中，每个电介质分子中的正、负电荷都要受到电场力的作用，在电场力的作用下正、负电荷将沿电场方向产生微小位移，形成一个电偶极子，其等效电偶极矩的方向都与外电场方向一致。在电介质内部，相邻分子正、负电荷互相中和，呈电中性，而在电介质与外电场垂直的两个表面上出现了未被抵消的极化电荷，这种极化称为位移极化，如图 4.25 所示。

2. 有极分子的取向极化

对于有极分子电介质，在无外电场时，每个分子都具有固有的电偶极矩，但是由于分子的热运动，分子固有极矩的排列杂乱无章，致使所有分子的固有极矩的矢量和为零。有外电场时，每个分子都要受到一个力矩的作用，而使分子固有极矩转向外电场方向整齐排列；同时，分子的热运动又总是使分子的固有极矩的排列趋于混乱。上述两种作用的结果是，使分子固有极矩或多或少地转向外电场方向。外电场越强，分子固有极矩排列得越整齐。因此，对整块电介质来说，分子固有极矩在外电场方向的分量的总和不再为零。于是，在与外电场垂直的两个表面上就会出现未被抵消的极化电荷，这种极化称为取向极化，如图 4.26 所示。需要说明的是，在发生取向极化的同时，也会发生位移极化，但位移极化比取向极化弱得多，取向极化是主要的。

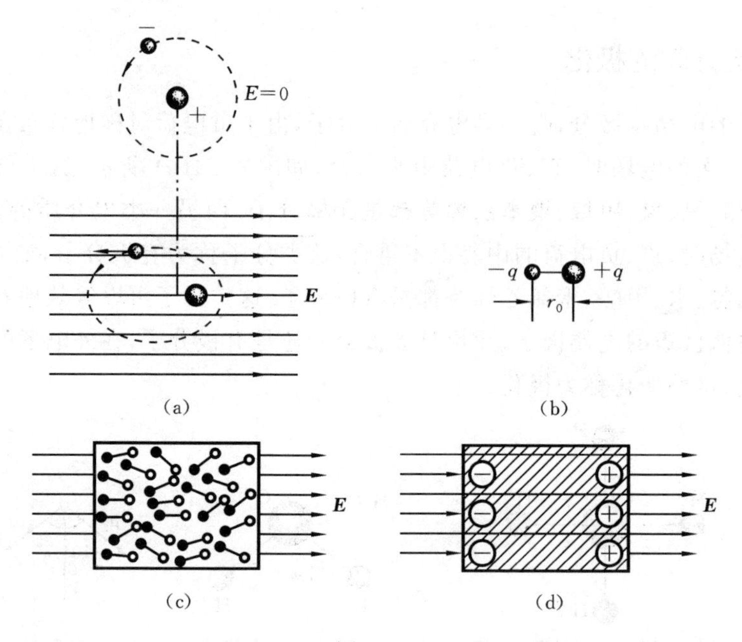

图 4.25

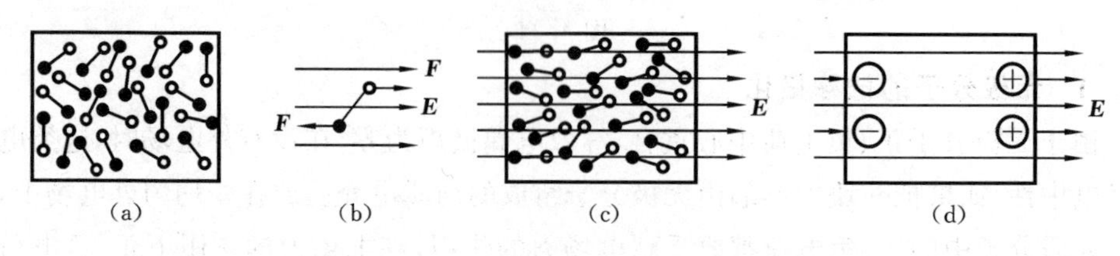

图 4.26

对于两类电介质，虽然极化的微观机制不同，但宏观效果是相同的，即都表现为在电介质的表面上出现了极化电荷，而且外电场越强，电介质表面出现的极化电荷越多。因此，在宏观上定量描述电介质的极化程度时，就不需要区分两类电介质的极化了。

4.5.2　电极化强度矢量

为了定量描述电介质的极化程度，引入电极化强度矢量 $\boldsymbol{P}$。在电介质中，任取一个小体元 ΔV，当电介质未被极化时，体元内分子的电偶极矩的矢量和为零，即 $\sum \boldsymbol{p}_i = \boldsymbol{0}$；当电介质处于极化状态时，体元内分子电偶极矩的矢量和不再为零，即 $\sum \boldsymbol{p}_i \neq \boldsymbol{0}$。而且外电场越强，分子电偶极矩的矢量和越大，因而取单位体积内分子电偶极矩的矢量和作为量度电介质极化程度的物理量，称为电极化强度矢量，用 $\boldsymbol{P}$ 表示，即

$$\boldsymbol{P} = \frac{\sum_i \boldsymbol{p}_i}{\Delta V} \tag{4.34}$$

在国际单位制中，电极化强度矢量的单位是 C/m^2。如果在介质中各点的极化强度矢量的大小和方向都相同，则称介质是均匀极化的，否则极化是不均匀的。

电介质极化时，极化程度越高，$\boldsymbol{P}$ 越大，介质表面上出现的极化电荷的面密度 σ' 也越大。下面讨论 $\boldsymbol{P}$ 与 σ' 的关系。在均匀电场 $\boldsymbol{E}$ 中放入一块厚为 l、截面积为 S 的方形的均匀电介质，如图 4.27 所示，则在介质的两表面上出现了极化电荷，极化强度矢量 $\boldsymbol{P}$ 与电场强度 $\boldsymbol{E}$ 平行，总的电偶极矩的大小为

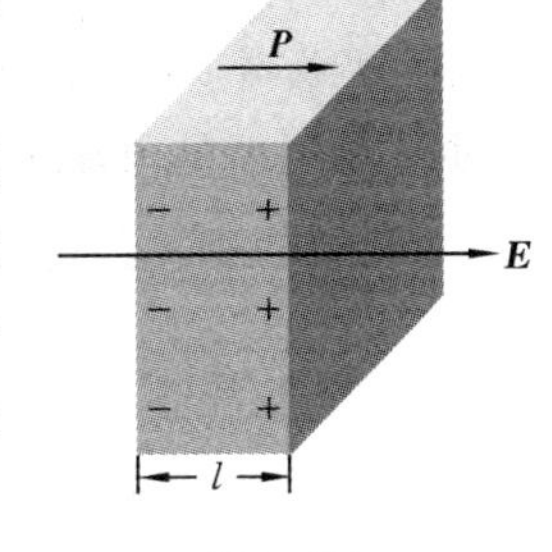

图 4.27

$$\left|\sum_i \boldsymbol{p}_i\right| = \sigma' S l = q' l$$

因此

$$P = \frac{\left|\sum_i \boldsymbol{p}_i\right|}{\Delta V} = \frac{\sigma' S l}{S l} = \frac{q'}{S} = \sigma' \tag{4.35}$$

4.5.3　电介质中的电场强度

电介质极化后，介质表面上出现了极化电荷，极化电荷和自由电荷一样也要产生附加电场，因此介质中的总电场强度 $\boldsymbol{E}$ 应为外电场强度 $\boldsymbol{E}_0$ 和极化电荷产生的附加电场强度 $\boldsymbol{E}'$ 的矢量和，即

$$\boldsymbol{E} = \boldsymbol{E}_0 + \boldsymbol{E}' \tag{4.36}$$

而在介质内部附加电场与外电场的方向相反，所以，介质极化后内部电场削弱了。可以证明，对于各向同性电介质，其极化强度与内部的电场强度的大小成正比，方向相同，两者的关系可以表示为

$$\boldsymbol{P} = \chi_e \varepsilon_0 \boldsymbol{E} \tag{4.37}$$

式中，比例系数 χ_e 称为介质的电极化率，它和电介质的性质有关，是一个没有量纲的纯数。

4.5.4　有电介质时的高斯定理　电位移

下面把真空中静电场的高斯定理进行推广。在静电场中有电介质时，高斯定理依然成立，可以表示为

$$\oint_S \boldsymbol{E} \cdot \mathrm{d}\boldsymbol{S} = \frac{1}{\varepsilon_0}\left(\sum q_0 + \sum q'\right) \tag{4.38}$$

式中，$\sum q_0$ 为闭合曲面内的自由电荷的代数和；$\sum q'$ 为闭合曲面内极化电荷的代数和，而极化电荷 $\sum q'$ 很难测定。下面讨论有电介质时高斯定理的形式，以两平行带电平板中充满均匀各向同性电介质为例。

设两平板所带自由电荷面密度分别为 $\pm\sigma_0$，电介质极化后，在介质的两表面上分

别产生了极化电荷,其面密度分别为 $\pm\sigma'$,如图 4.28 所示。作一柱形高斯面,其上、下底面与平板平行,上底面在平板外,下底面紧贴着电介质的上表面,于是通过该高斯面的电场强度通量为

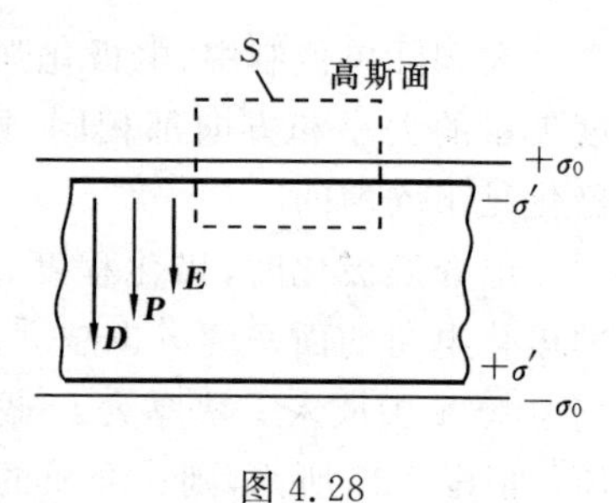

图 4.28

$$\oint_S \boldsymbol{E}\cdot d\boldsymbol{S}=\frac{1}{\varepsilon_0}(\sigma_0 S-\sigma' S) \tag{4.39}$$

而

$$\sigma'=P$$

$$\sigma' S=PS=\oint_S \boldsymbol{P}\cdot d\boldsymbol{S}$$

所以有

$$\oint_S \boldsymbol{E}\cdot d\boldsymbol{S}=\frac{1}{\varepsilon_0}\left(\sigma_0 S-\oint_S \boldsymbol{P}\cdot d\boldsymbol{S}\right)$$

移项整理后有

$$\oint_S (\varepsilon_0\boldsymbol{E}+\boldsymbol{P})\cdot d\boldsymbol{S}=\sigma_0 S=q_0 \tag{4.40}$$

式中,$q_0=\sigma_0 S$,表示高斯面内所包围的自由电荷。为了方便起见,令

$$\boldsymbol{D}=\varepsilon_0\boldsymbol{E}+\boldsymbol{P} \tag{4.41}$$

称为电位移矢量,对于各向同性电介质

$$\boldsymbol{D}=\varepsilon_0\boldsymbol{E}+\boldsymbol{P}=\varepsilon_0\boldsymbol{E}+\chi_e\varepsilon_0\boldsymbol{E}=\varepsilon_r\varepsilon_0\boldsymbol{E}=\varepsilon\boldsymbol{E} \tag{4.42}$$

$\varepsilon=\varepsilon_r\varepsilon_0$ 称为电介质的电容率,$\varepsilon_r=1+\chi_e$ 称为电介质的相对电容率,因此,式(4.40)可改写为

$$\oint_S \boldsymbol{D}\cdot d\boldsymbol{S}=q_0 \tag{4.43}$$

式(4.43)是从特殊情况下推出的,但可以证明在一般情况下它也是正确的,称为有电介质时的高斯定理,它是静电场的基本定理之一。

例题 4.14 一金属球,半径为 R,带有电荷 q,处于均匀无限大的电介质中(相对电容率为 ε_r),试求电介质中任意一点 P 处的电场强度 $\boldsymbol{E}$。

解 由于电场分布具有球对称性,故可用高斯定理求解。如图 4.29 所示,在电介质中任取一点 P,P 点到球心的距离为 r,以 r 为半径作一个与金属球同心的球面,由有电介质时的高斯定理得

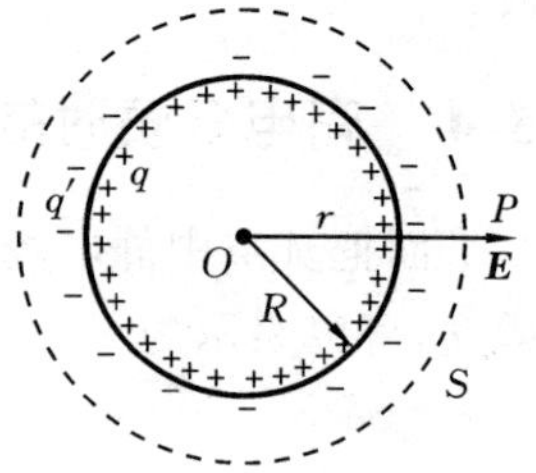

$$\oint_S \boldsymbol{D}\cdot d\boldsymbol{S}=D\times 4\pi r^2=q$$

图 4.29

因此

$$D=\frac{q}{4\pi r^2}$$

而 $D=\varepsilon_0\varepsilon_r E$,所以 P 点的电场强度为

$$E=\frac{D}{\varepsilon_0\varepsilon_r}=\frac{q}{4\pi\varepsilon_0\varepsilon_r r^2}$$

电场强度的方向沿球的径向。

*4.6　电容器　静电场的能量

4.6.1　孤立导体的电容

对于半径为 R、带电量为 q 的孤立导体球，其电势为

$$V = \frac{q}{4\pi\varepsilon_0 R}$$

此式说明孤立导体球的电势 V 与自身所带电量 q 成正比。可以证明，对于任何形状的孤立导体，其电势与电量的关系都是正比关系。我们把孤立导体所带的电量与其电势的比值，定义为孤立导体的电容，用 C 表示，即

$$C = \frac{q}{V} \tag{4.44}$$

它和导体的形状、大小有关，与导体是否带电无关，反映了导体容纳电荷和储存电能的能力。在国际单位制中，电容的单位为法[拉]，用符号 F 表示。在实际应用中，常用微法 μF 和皮法 pF，它们之间的关系为

$$1\ \mathrm{F} = 10^6\ \mu\mathrm{F} = 10^{12}\ \mathrm{pF}$$

4.6.2　电容器及其电容

当导体周围有其他导体或电介质时，导体的电势与其所带电量的正比关系不再成立。此时，由于静电感应和电介质的极化必然改变原来电场的分布，为了消除影响，可以利用屏蔽的原理建立一个导体组合，这一导体组合称为电容器，如图 4.30 所示。

两导体称为电容器的两个极板，极板所带电荷与板间电势差之比称为电容器的电容，它与两极板的形状、大小、相对位置及周围介质有关，与极板所带电荷无关。

$$C = \frac{q}{V_1 - V_2} \tag{4.45}$$

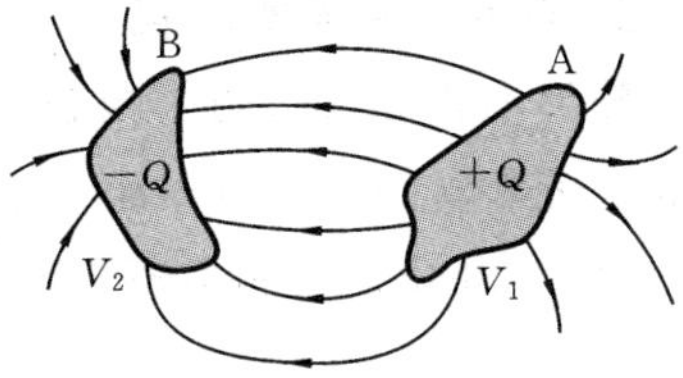

B　A　−Q　+Q　V_2　V_1

图 4.30

电容器是重要的电路元件，通常用两块靠得很近的、中间充满电介质的金属平板构成。电容器的种类很多，按大小分，有比人还高的巨型电容器，也有肉眼无法看到的微型电容器；根据内部介质不同可分为空气的、蜡纸的、云母的、涤纶薄膜的、陶瓷的电容器等；按形状可分为球形电容器、平行板电容器、圆柱形电容器。下面从理论上计算几种不同形状电容器的电容。

1. 平行板电容器的电容

平行板电容器由两块彼此靠得很近的平行金属平板构成。设极板面积为 S，板间距离为 d，且 $d \ll \sqrt{S}$；极板所带电量分别为 $+Q$、$-Q$，板间充满相对电容率为 ε_r 的电

介质,如图 4.31 所示,两板间除边缘区域外可视为匀强电场。作图 4.31 中所示高斯面,由有电介质时的高斯定理

$$\oint_S \boldsymbol{D} \cdot \mathrm{d}\boldsymbol{S} = q_0$$

得

$$D = \sigma, \quad E = \frac{D}{\varepsilon_0 \varepsilon_r} = \frac{\sigma}{\varepsilon_0 \varepsilon_r} = \frac{Q}{\varepsilon_0 \varepsilon_r S}$$

于是极板间的电势差为

$$V_1 - V_2 = \int_A^B \boldsymbol{E} \cdot \mathrm{d}\boldsymbol{l} = Ed = \frac{Qd}{\varepsilon_0 \varepsilon_r S}$$

由电容器电容的定义式,可得平行板电容器的电容为

$$C = \frac{Q}{V_1 - V_2} = \frac{\varepsilon_0 \varepsilon_r S}{d} \tag{4.46}$$

由式(4.46)可以看出,平行板电容器的电容与极板面积 S 成正比,与板间距离 d 成反比,与电介质的相对电容率 ε_r 成正比,与极板电荷无关。

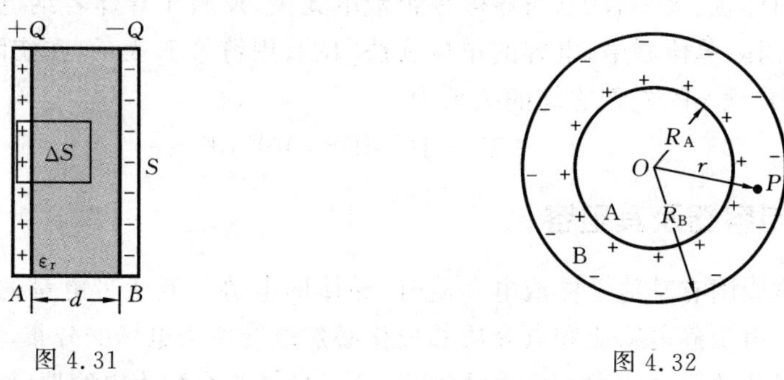

图 4.31　　图 4.32

2. 球形电容器的电容

球形电容器是由两个同心的金属导体球壳组成,内球壳半径为 R_A,外球壳半径为 R_B,所带电荷分别为 q 和 $-q$,两球壳间充满相对电容率为 ε_r 的电介质,如图4.32所示。由有电介质时的高斯定理,求得两球壳之间的电场强度为

$$\boldsymbol{E} = \frac{q}{4\pi\varepsilon_0 \varepsilon_r r^2} \boldsymbol{e}_r$$

则两球壳之间的电势差为

$$V_1 - V_2 = \int_{R_A}^{R_B} \boldsymbol{E} \cdot \mathrm{d}\boldsymbol{l} = \int_{R_A}^{R_B} \frac{q}{4\pi\varepsilon_0 \varepsilon_r r^2} \mathrm{d}r = \frac{q}{4\pi\varepsilon_0 \varepsilon_r}\left(\frac{1}{R_A} - \frac{1}{R_B}\right)$$

所以根据电容器电容的定义式有

$$C = \frac{q}{V_1 - V_2} = \frac{4\pi\varepsilon_0 \varepsilon_r R_A R_B}{R_B - R_A} \tag{4.47}$$

式(4.47)即为球形电容器电容的公式。

3. 圆柱形电容器的电容

圆柱形电容器是由两个同轴的、半径分别为 R_A 和 R_B、长度为 l 的金属导体圆柱

面构成($R_A < R_B \ll l$),两圆柱面间充满相对电容率为 ε_r 的均质电介质,如图 4.33 所示。

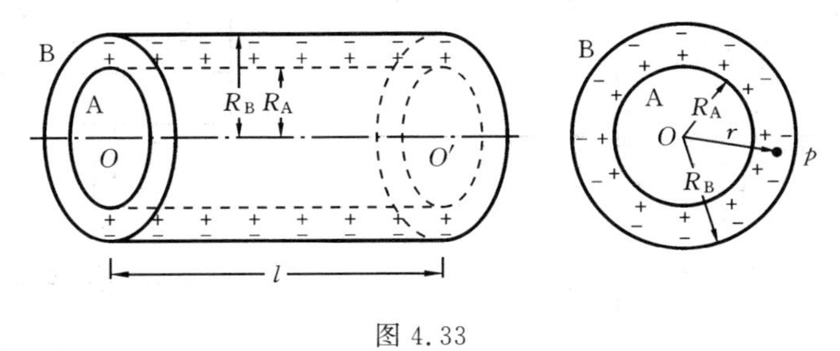

图 4.33

设两圆柱面分别带电 $+q$ 和 $-q$,则单位长度所带电荷为 $\lambda = \dfrac{q}{l}$,考虑条件($R_A < R_B \ll l$),由有电介质时的高斯定理,两圆柱面间的电场强度为

$$E = \frac{\lambda}{2\pi\varepsilon_0\varepsilon_r r} = \frac{q}{2\pi\varepsilon_0\varepsilon_r l r}$$

电场强度的方向垂直于圆柱轴线,因而,两圆柱面间的电势差为

$$V_1 - V_2 = \int_{R_A}^{R_B} \boldsymbol{E} \cdot \mathrm{d}\boldsymbol{l} = \int_{R_A}^{R_B} \frac{q}{2\pi\varepsilon_0\varepsilon_r l}\frac{\mathrm{d}r}{r} = \frac{q}{2\pi\varepsilon_0\varepsilon_r l}\ln\frac{R_B}{R_A}$$

所以其电容为

$$C = \frac{q}{V_1 - V_2} = \frac{2\pi\varepsilon_0\varepsilon_r l}{\ln\dfrac{R_B}{R_A}} \tag{4.48}$$

式(4.48)即为圆柱形电容器电容的公式。

4.6.3　电容的串联和并联

在实际应用中,电容器的电容量和耐压值并不一定符合电路要求,这时可以把几个电容器连接在一起,以使其符合电路要求。电容器的基本连接方式有串联和并联两种。下面讨论电容器的串联和并联的特点及其等效电容。

1. 电容器的并联

如图 4.34 所示,电容器并联时,两电容器极板上的总电量为

$$Q = Q_1 + Q_2$$

所以并联以后的等效电容为

$$C = \frac{Q}{U} = \frac{Q_1}{U} + \frac{Q_2}{U} = C_1 + C_2 \tag{4.49}$$

式(4.49)说明,两个电容器并联时,其等效电容等于这两个电容器电容之和。由此看出,并联以后电容器的电容量增大了。

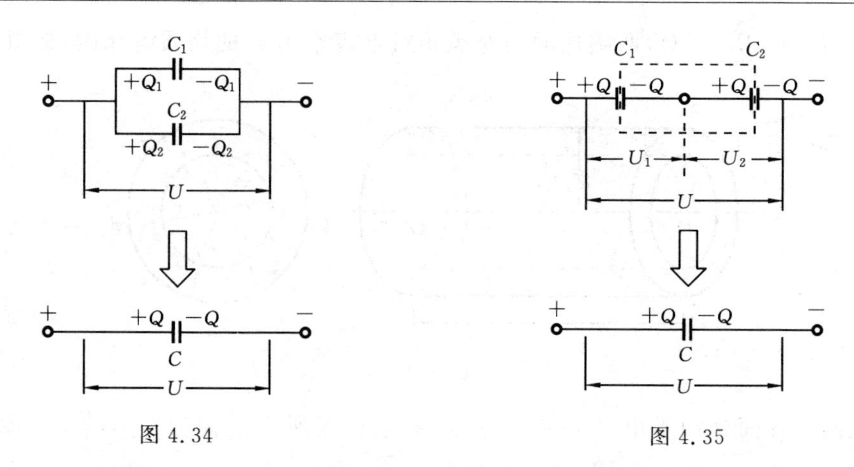

图 4.34　　　　图 4.35

2. 电容器的串联

如图 4.35 所示,电容器串联时,设加在串联电容器组上的电压为 U,则由于静电感应,两电容器极板分别带有 $+Q$ 和 $-Q$ 的电量,每个电容器两端的电压分别为

$$U_1=\frac{Q}{C_1},\quad U_2=\frac{Q}{C_2}$$

而总电压为

$$U=U_1+U_2=\left(\frac{1}{C_1}+\frac{1}{C_2}\right)Q$$

所以其等效电容为

$$C=\frac{Q}{U}=\frac{1}{\dfrac{1}{C_1}+\dfrac{1}{C_2}}$$

即

$$\frac{1}{C}=\frac{1}{C_1}+\frac{1}{C_2} \tag{4.50}$$

式(4.50)说明,两个电容器串联以后的等效电容的倒数,等于这两个电容器电容的倒数之和。因此,电容器串联以后电容量降低了,但耐压能力提高了。实际应用时,可根据需要选用并联、串联或混联。

4.6.4 电容器的电能

以平行板电容器的充电过程为例,来讨论电容器内部所储存的电能(见图4.36)。一平行板电容器,其电容为 C,正处于充电过程中。电容器的充电过程可以这样理解:我们不断地把 $\mathrm{d}q$ 的电量从负极板经电容器内部移到正极板,最后使两极板分别带上 $+Q$ 和 $-Q$ 的电荷。设在某时刻两极板之间的电压为 u,极板电量为 q,此时若继续把 $\mathrm{d}q$ 的电量从负极板移到正极板,外力需要克服电场力而做功

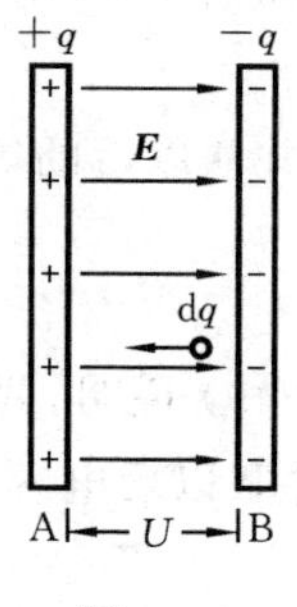

图 4.36

$$dA = u\mathrm{d}q = \frac{q}{C}\mathrm{d}q$$

在移送电荷的整个过程中，外力所做的总功为

$$A = \int \mathrm{d}A = \int_0^Q \frac{q}{C}\mathrm{d}q = \frac{1}{2C}Q^2 = \frac{1}{2}CU^2 = \frac{1}{2}QU$$

外力做功必然使电容器的能量增加，因而电容器内部储存的电能为

$$W_e = \frac{Q^2}{2C} = \frac{1}{2}QU = \frac{1}{2}CU^2 \tag{4.51}$$

4.6.5　静电场的能量

平行板电容器极板的带电过程，同时也是板间电场的建立过程。因此，电容器内部储存的电能应为板间电场的能量。设平行板电容器的极板面积为 S，板间距离为 d，板间充满电容率为 ε 的电介质。在略去边缘效应时，两极板间的电场强度 $\boldsymbol{E}$ 是均匀的，两极板间的电压 $U = Ed$，电位移 $\boldsymbol{D}$ 和极板上的自由电荷 Q 在数值上的关系为 $Q = \sigma S = DS$，于是电容器储存的电能为

$$W_e = \frac{1}{2}QU = \frac{1}{2}DESd \tag{4.52}$$

式中的 $Sd = V$ 是极板之间的空间体积，也就是电容器内电场所占的空间区域，故可将式(4.52) 改写为

$$W_e = \frac{1}{2}DEV \tag{4.53}$$

式(4.53) 表示出了电能是储存在电场所存在的空间里的这一特性。

单位体积内电场所具有的能量，称为电场的能量密度，用 w_e 表示，有

$$w_e = \frac{1}{2}DE \tag{4.54}$$

在各向同性介质中，$\boldsymbol{D}$ 和 $\boldsymbol{E}$ 的方向是一致的，式(4.54) 可写成矢量形式

$$w_e = \frac{1}{2}\boldsymbol{D}\cdot\boldsymbol{E} \tag{4.55}$$

在各向同性线性介质中，有 $\boldsymbol{D} = \varepsilon_0\varepsilon_r\boldsymbol{E}$，则式(4.55) 又可以写成

$$w_e = \frac{1}{2}\varepsilon_0\varepsilon_r E^2 \tag{4.56}$$

上述电场能量密度的表达式虽然是从平行板电容器中均匀电场这个特例导出的，但可以证明，对于任意电场这个结论都是正确的。因此，当空间电场不均匀时，电场能量可用积分计算，即

$$W_e = \int_V w_e \mathrm{d}V = \int_V \frac{1}{2}\varepsilon_0\varepsilon_r E^2 \mathrm{d}V = \int_V \frac{1}{2}\boldsymbol{D}\cdot\boldsymbol{E}\mathrm{d}V \tag{4.57}$$

式(4.57) 积分区域遍及存在电场的整个空间。

例题 4.15　试求均匀带电导体球的静电能，设球的半径为 R，带电量为 Q，球外

为真空。

解 导体球处于静电平衡状态,电荷应均匀分布在球面上,球内各处电场强度为零,球外电场强度为

$$E=\frac{Q}{4\pi\varepsilon_0 r^2}$$

取半径为 r 和 $r+\mathrm{d}r$ 的两球面之间的球壳层为体积元,有

$$\mathrm{d}V=4\pi r^2\mathrm{d}r$$

则静电能为

$$W_e=\int_V\frac{1}{2}\varepsilon_0E^2\mathrm{d}V=\int_R^{\infty}\frac{1}{2}\varepsilon_0\left(\frac{Q}{4\pi\varepsilon_0 r^2}\right)^2\times4\pi r^2\mathrm{d}r=\frac{Q^2}{8\pi\varepsilon_0}\int_R^{\infty}\frac{\mathrm{d}r}{r^2}=\frac{Q^2}{8\pi\varepsilon_0 R}$$

提　　要

1. 电荷守恒定律

在孤立系统中,不论发生什么过程,系统电荷电量的代数和保持不变。

2. 库仑定律

$$\boldsymbol{F}=\frac{1}{4\pi\varepsilon_0}\frac{q_1q_2}{r^2}\boldsymbol{e}_r$$

3. 电场强度

$$\boldsymbol{E}=\frac{\boldsymbol{F}}{q_0}$$

电场强度叠加原理 $\boldsymbol{E}=\sum_{i=1}^{n}\boldsymbol{E}_i$

点电荷的电场强度 $\boldsymbol{E}=\frac{Q}{4\pi\varepsilon_0 r^2}\boldsymbol{e}_r$

点电荷系的电场强度 $\boldsymbol{E}=\sum_{i=1}^{n}\frac{Q_i}{4\pi\varepsilon_0 r_i^2}\boldsymbol{e}_{r_i}$

电荷连续分布的带电体的电场强度 $\boldsymbol{E}=\int\frac{\mathrm{d}q}{4\pi\varepsilon_0 r^2}\boldsymbol{e}_r$

式中

$$\mathrm{d}q=\begin{cases}\lambda\mathrm{d}l\\\sigma\mathrm{d}S\\\rho\mathrm{d}V\end{cases}$$

4. 高斯定理

$$\oint_S\boldsymbol{E}\cdot\mathrm{d}\boldsymbol{S}=\frac{1}{\varepsilon_0}\sum q_{内}$$

5. 静电场的环路定理

$$\oint_L\boldsymbol{E}\cdot\mathrm{d}\boldsymbol{l}=0$$

电场力做功　$$A = q_0\int_a^b \boldsymbol{E}\cdot \mathrm{d}\boldsymbol{l}$$

6. 电势

$$V_a = \int_a^\infty \boldsymbol{E}\cdot \mathrm{d}\boldsymbol{l}$$

电势能　$$W_a = q_0\int_a^\infty \boldsymbol{E}\cdot \mathrm{d}\boldsymbol{l}$$

电势差　$$U = V_a - V_b = \int_a^b \boldsymbol{E}\cdot \mathrm{d}\boldsymbol{l}$$

电势叠加原理　$$V = \sum_{i=1}^n V_i$$

点电荷的电势　$$V = \frac{q}{4\pi\varepsilon_0 r}$$

点电荷系的电势　$$V = \sum_{i=1}^n \frac{q_i}{4\pi\varepsilon_0 r_i}$$

电荷连续分布的带电体的电势 $V = \int \frac{\mathrm{d}q}{4\pi\varepsilon_0 r}$

式中　$$\mathrm{d}q = \begin{cases}\lambda \mathrm{d}l \\ \sigma \mathrm{d}S \\ \rho \mathrm{d}V\end{cases}$$

***7. 电场强度与电势梯度的关系**

$$\boldsymbol{E} = -\nabla V$$

电势梯度　$$\mathbf{grad}\,V = \frac{\partial V}{\partial x}\boldsymbol{i} + \frac{\partial V}{\partial y}\boldsymbol{j} + \frac{\partial V}{\partial z}\boldsymbol{k} = \nabla V$$

8. 导体的静电平衡条件

$$\boldsymbol{E}_{内} = \mathbf{0}$$

$\boldsymbol{E}_{面}$ 垂直于表面或导体是等势体。

9. 极化强度矢量

$$\boldsymbol{P} = \frac{\sum_i \boldsymbol{p}_i}{\Delta V}$$

极化规律　$$\boldsymbol{P} = \chi_e \varepsilon_0 \boldsymbol{E}$$

电位移　$$\boldsymbol{D} = \varepsilon_0 \boldsymbol{E} + \boldsymbol{P} = \varepsilon_0 \boldsymbol{E} + \chi_e \varepsilon_0 \boldsymbol{E} = \varepsilon_r \varepsilon_0 \boldsymbol{E} = \varepsilon \boldsymbol{E}$$

有介质时的高斯定理　$$\oint_S \boldsymbol{D}\cdot \mathrm{d}\boldsymbol{S} = q_0$$

***10. 电容器的电容**

$$C = \frac{q}{V_1 - V_2}$$

平行板电容器的电容　$$C = \frac{\varepsilon_0 \varepsilon_r S}{d}$$

球形电容器的电容 $C=\dfrac{4\pi\varepsilon_0\varepsilon_r R_A R_B}{R_B-R_A}$

圆柱形电容器的电容 $C=\dfrac{2\pi\varepsilon_0\varepsilon_r l}{\ln\dfrac{R_B}{R_A}}$

电容器并联后的等效电容 $C=C_1+C_2+\cdots$

电容器串联后的等效电容 $\dfrac{1}{C}=\dfrac{1}{C_1}+\dfrac{1}{C_2}+\cdots$

电容器的能量 $W_e=\dfrac{Q^2}{2C}=\dfrac{1}{2}QU=\dfrac{1}{2}CU^2$

***11. 静电场的能量**

$$W_e=\int_V w_e \mathrm{d}V=\int_V \frac{1}{2}\boldsymbol{D}\cdot\boldsymbol{E}\mathrm{d}V$$

静电场的能量密度 $w_e=\dfrac{1}{2}\boldsymbol{D}\cdot\boldsymbol{E}$

思　考　题

4.1　气候干燥时，人们在黑暗中梳头或脱毛衣时，常会看到火花，试说明这些现象发生的原因。

4.2　如何判定电场中某点的电场强度的方向？试说明电场中某点的电场强度与试探电荷的关系。

4.3　根据点电荷的电场强度公式

$$\boldsymbol{E}=\frac{q}{4\pi\varepsilon_0 r^2}\boldsymbol{e}_r$$

当所考察的场点距点电荷的距离 $r\rightarrow 0$ 时，电场强度 $E\rightarrow\infty$，这是没有物理意义的，对于这个问题应如何解释？

4.4　如果通过一闭合曲面的电场强度通量为零，是否表明其面上的电场强度处处为零？

4.5　利用高斯定理计算电场强度时，闭合曲面应怎样选取才合适？它对场源电荷有什么要求？

4.6　一点电荷放在球形高斯面的球心处，试讨论下列情形下电场强度通量的变化情况：

(1) 电荷离开球心，但仍在球内；

(2) 球面内再放一个电荷；

(3) 球面外再放一个电荷。

4.7　电场中两点电势的高低是否与试探电荷的正负有关？电势差的数值是否与试探电荷有关？

4.8　在电场中，电场强度为零的点，电势是否一定为零？电势为零的地方，电场强度是否一定为零？试举例说明。

4.9　一个孤立导体球带电量为 q，其表面附近的电场强度沿什么方向？当把另一带电体移近这个导体球时，球表面附近的电场强度将沿什么方向？表面上的电荷分布是否均匀？表面是否是等势面?电势值有无变化?球体内的电场强度有无变化?

4.10　在高压电器设备周围,常围上一接地的金属栅网,以保证栅网外的人身安全,试说明其道理。

4.11　试说明静电场中的导体和静电场中的电介质的特性。

4.12　一个不带电的导体球的电容是多少?当平行板电容器的两极板上分别带上等值同号电荷时,与当平行板电容器的两极板上分别带上同号不等值的电荷时,其电容值是否相同?

4.13　一个带电的金属球壳里充满了均匀电介质,外面是真空,此球壳的电势是多少?若球壳内为真空,球壳外是无限大均匀电介质,这时球壳的电势为多少?

4.14　用电源对平行板电容器充电后即将电源断开,然后将两极板移近,试问在此过程中外力做正功还是做负功?电容器储能是增加还是减少?如果充电后不断开电源,情况又如何?

习　题

4.1　按照量子理论,在氢原子中,核外电子快速地运动着,并以一定的概率出现在原子核(质子)的周围各处。在基态下,电子在以质子为中心、半径 $r=0.529\times10^{-10}$ m的球面附近出现的概率最大。试计算在基态下氢原子内电子和质子之间的静电力和万有引力,并比较两者的大小(引力常量 $G=6.67\times10^{-11}\ \mathrm{N\cdot m^2/kg^2}$)。

4.2　两个点电荷 q_1 和 q_2 相距为 l,试求在以下情况时连线上电场强度为零的点的位置:(1) 两电荷同号;(2) 两电荷异号。

4.3　在直角三角形 ABC 的 A 点,放置点电荷 $q_1=1.8\times10^{-9}$ C,在 B 点放置点电荷 $q_2=-4.8\times10^{-9}$ C。已知 $BC=0.04$ m,$AC=0.03$ m。试求直角顶点 C 处的电场强度大小。

4.4　若电荷均匀分布在长为 L 的细棒上。试求:

(1) 在棒的延长线上,离棒中心为 r 处的电场强度;

(2) 在棒的垂直平分线上,离棒为 r 处的电场强度。

4.5　一均匀带电薄圆盘,半径为 R,电荷面密度为 σ。试求:

(1) 轴线上的一点的电场强度;

(2) 在保持 σ 不变的情况下,当 $R\to0$ 和 $R\to\infty$ 的电场强度;

(3) 在保持总电量 $Q=\pi R^2\sigma$ 不变的情况下,当 $R\to0$ 和 $R\to\infty$ 的电场强度。

4.6　设一半径为 5 cm 的圆形平面,放在一电场强度为 300 V/m 的匀强电场中,试计算平面法线与电场强度的夹角取下列数值时,通过此圆形平面的电场强度通量:(1) $\theta=0°$;(2) $\theta=30°$;(3) $\theta=90°$;(4) $\theta=120°$;(5) $\theta=180°$。

4.7　设点电荷的分布是:在(0,0) 处为 5×10^{-8} C,在(3 m,0) 处为 4×10^{-8} C,在(0,4 m) 处为 -6×10^{-8} C。试计算通过以(0,0) 为球心,半径为 5 m 的球面上的总电场强度通量。

4.8　地球周围的大气犹如一部大电机,由于雷雨云和大气气流的作用,在晴天区域大气电离层总是带有大量的正电荷,地球表面必然带有负电荷,晴天大气电场平均电场强度约为 120 V/m,方向指向地面。试求地球表面单位面积所带的电荷(用每平方厘米的电子数表示)。

4.9　两个均匀带电的同心球面,半径分别为 $R_1=5$ cm 和 $R_2=7$ cm,带电量分别为 $q_1=0.6\times10^{-8}$ C,$q_2=-2\times10^{-8}$ C。试求距球心分别为 3 cm、6 cm、8 cm 各点处的电场强度。

4.10　两无限长均匀带电同轴圆柱面,半径分别为 R_1 和 $R_2(R_2>R_1)$,所带电量相等,每单位长度所带的电荷为λ,试求离轴线为r处的电场强度:(1) $r < R_1$;(2) $R_1 < r < R_2$;(3) $r > R_2$。

4.11 在夏季雷雨中,通常一次闪电里两点间的电势差约为10^{10} V,通过的电量约为30 C,试问一次闪电消耗的能量是多少?如果用这些能量来烧水,能把多少水从0 ℃加热到100 ℃?

4.12 有四个等量的同号的点电荷q_1、q_2、q_3、q_4,所带电量均为4×10^{-9} C,放置在一正方形的四个顶点上,各顶点距正方形中心点O的距离约为5 cm。

(1) 试计算O点的电场强度和电势;

(2) 将一试探电荷$q_0 = 10^{-9}$ C从无穷远移到O点,电场力做功多少?在此过程中q_0的电势能改变多少?

4.13 水分子电偶极矩$\boldsymbol{p}$的大小为6.2×10^{-30} C/m。试求在下述情况下,距离分子为$r = 5.00\times10^{-9}$ m处的电势:(1) $\theta = 0°$;(2) $\theta = 90°$。θ为$\boldsymbol{r}$与$\boldsymbol{p}$之间的夹角。

4.14 两个同心球面,半径分别为R_1和R_2,各自带有电荷Q_1和Q_2。试求:(1) 各区域电势的分布;(2) 两球面上的电势差。

4.15 计算无限长均匀带电直导线的电势分布。设其单位长度所带电量为λ。

4.16 一导体球半径为R_1,外罩一半径为R_2的同心薄导体球壳,外球壳所带总电量为Q,内球的电势为V_0。试求此系统的电势和电场强度。

4.17 如图4.37所示,在半径为R的导体球外与球心O相距为a的一点A处放置一点电荷$+Q$,在球内有一点B位于AO的延长线上,$OB = r$。试求:

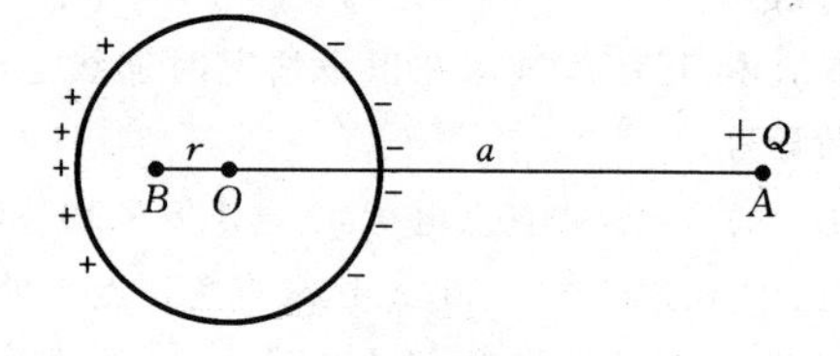

图 4.37

(1) 导体球上的感应电荷在B点产生的电场强度的大小和方向;

(2) B点的电势。

4.18 点电荷q带电量为4×10^{-10} C,处在导体球壳的中心,壳的内、外半径分别为$R_1 = 2.0$ cm和$R_2 = 3.0$ cm。试求:

(1) 导体球壳的电势;

(2) 离球心$r = 1.0$ cm处的电势;

(3) 把点电荷移开球心1.0 cm后,球心O点的电势及导体球壳的电势。

4.19 三平行金属板A、B、C,面积均为200 cm^2,A、B间相距4 mm,A、C间相距2 mm,B和C两板都接地,如图4.38所示。如果使A板带3.0×10^{-7} C正电荷。试求:(1) B、C板上的感应电荷;(2) A板的电势。

4.20 如图4.39所示,在点A和点B之间有五个电容器。(1) 试求A、B两点之间的等效电容;(2) 若A、B之间的电势差为12 V,试求U_{AC}、U_{CD}和U_{DB}。

4.21 一平行板电容器,极板面积为S,板间距离为d,板间充满两种电介质,如图4.40所示。设两种电介质在极板间的面积比为$S_1/S_2 = 3$,试计算其电容。如果两电介质尺寸相同,电容又是多少?

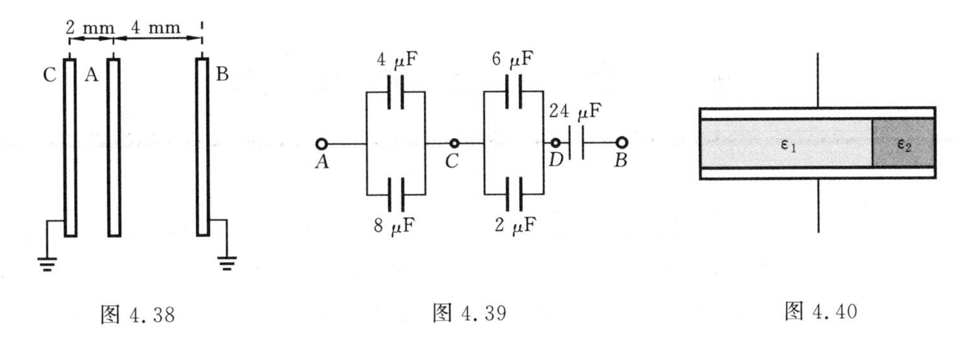

图 4.38　　图 4.39　　图 4.40

4.22　如图 4.41 所示，球形电极浮在相对电容率为 $\varepsilon_r = 3.0$ 的油槽中，球的一半浸没在油中，另一半在空气中。已知电极所带净电荷为 $Q = 2.0 \times 10^{-6}$ C，试问球的上、下部分各带有多少电荷？

4.23　地球和电离层可整体看做一个球形电容器，它们之间相距约 100 km，试估算地球与电离层系统的电容。设地球与电离层之间为真空。

4.24　如图 4.42 所示，平行板电容器由两块薄金属板 A、B 组成，若将此电容器放入金属盒 RK 内，金属盒上、下两内壁与 A、B 的距离都为 A、B 之间距离的一半，试问电容器的电容改变多少？若将盒中电容器的一极板与金属盒相连接，试问电容器的电容改变多少？

4.25　一半径为 R_0 的导体球带有电荷 Q，球外有一层均匀电介质同心球壳，其内、外半径分别为 R_1 和 R_2，相对电容率为 ε_r，如图 4.43 所示。试求：(1) 电介质内、外的电场强度 $\boldsymbol{E}$ 和电位移 $\boldsymbol{D}$；(2) 电介质内的极化强度 $\boldsymbol{P}$ 和表面上的极化电荷面密度 σ'。

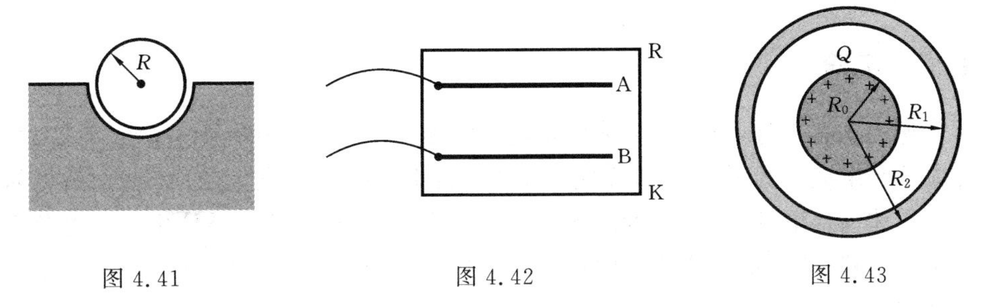

图 4.41　　图 4.42　　图 4.43

4.26　一平行板电容器的电容为 100 pF，极板面积为 100 cm^2，极板间充满相对电容率为 5.4 的云母电介质，当极板上电势差为 50 V 时。试求：(1) 云母中的电场强度 $\boldsymbol{E}$；(2) 电容器极板上的自由电荷；(3) 云母电介质表面上的极化面电荷。

4.27　柱形电容器是由半径为 R_1 的导线和与它同轴的导体圆筒组成，圆筒的内半径为 R_2，长为 L，其间充满相对电容率为 ε_r 的电介质。设沿轴线单位长度上导线的电量为 λ，圆筒的电量为 $-\lambda$，略去边缘效应。试求：(1) 两极间的电势差；(2) 介质中的电场强度和电位移以及极化强度。

4.28　两个电容器，电容分别为 C_1 和 C_2，把它们并联后用电压 U 充电时和把它们串联后用电压 $2U$ 充电时相比较，在电容器组中，哪种形式储存的电量和能量大些？大多少？

4.29　一平行板电容器有两层介质，它们的相对电容率为 $\varepsilon_{r1} = 4$ 与 $\varepsilon_{r2} = 2$，厚度分别为 $d_1 = 2.0$ mm，$d_2 = 3.0$ mm，极板面积为 $S = 40$ cm^2，两极板电压为 $U = 200$ V。试求：(1) 每层介质中的能量密度；(2) 每层介质中的总能量。

4.30　一平行板空气电容器，极板面积为 S，板间距离为 d，充电至带电量 Q 后与电源断开，然后用外力缓缓地把两极板间距拉开到 $2d$。试求：

(1) 电容器能量的改变量；

(2) 在此过程中外力所做的功，并讨论此过程中的功能转换关系。

第5章 恒定磁场

人类对磁现象的认识很早，在中国最早可追溯至战国时期，《吕氏春秋》一书曾有“慈石召铁”记载。如今在人们的现代生活中，磁现象更是充满着每一个角落。如随身携带的银行卡、家庭中烹饪菜肴的电磁炉、出门乘坐的交通工具 —— 磁悬浮列车、记录和存储信息的载体 —— 电脑硬盘，这些都与物体磁性有关。

物体磁性的来源与电流或运动电荷有着密切关系。本章着重研究不随时间变化的磁场即恒定磁场，它是由恒定电流激发产生的。本章首先讨论电流的有关知识，接着引入描述磁场的物理量 —— 磁感应强度；其次，研究磁场的有关规律，即毕奥 - 萨伐尔定律、恒定磁场的高斯定理和安培环路定理；然后，分析磁场中运动电荷和载流导体的受力作用；最后，介绍磁介质的性质及有介质时磁场的性质和规律。

5.1 恒定电流

5.1.1 电流

一导体初置于静电场中，导体所带电荷将重新分布，当导体处于静电平衡时，其内部电场强度处处为零，各点电势相等，内部自由电荷不再发生定向移动。试想如果能维持导体内部电场存在，或者导体两端有一定的电势差，那么导体中自由电荷将持续发生定向移动，大量电荷的定向移动形成电流。由此可知，导体中要形成电流需要两个条件：

(1) 导体中存在自由电荷；

(2) 导体中存在一定的电场或导体两端存在电势差。

电荷的携带者可以是自由电子、质子和正、负离子，这些带电粒子称为载流子。载流子可以是金属中的自由电子，半导体材料中的电子和空穴，电解质中的正、负离子。由载流子定向移动形成的电流称为传导电流；由带电物体在空间作机械运动形成的电流称为运流电流。

电流是指单位时间内通过导体中任一横截面的电量，用 I 表示。若在 $\mathrm{d}t$ 时间内通过任一横截面的电量为 $\mathrm{d}q$，则通过导体中的电流 I 为

$$I = \frac{\mathrm{d}q}{\mathrm{d}t} \tag{5.1}$$

在国际单位制中电流的单位为安[培]，用符号 A 表示。常用单位还有 mA(毫安[培])、μA(微安[培])，$1\ \mathrm{A} = 10^3\ \mathrm{mA} = 10^6\ \mu\mathrm{A}$。一般来说，电流 I 是随时间变化而变

化的，如果电流 I 不随时间变化，则这种电流称为恒定电流，也称为直流电。

电流是标量，但人为地规定了电流的方向 —— 正电荷在导体中的流动方向。

5.1.2　电流密度

电流只是反映了导体某一截面上的整体电流特征，并不提供该截面上各点的电流信息。而在实际问题中，常常会遇到电流在粗细不匀的导线中流动或在大块导体中流动的情形，这时导体内各点的电流分布是不均匀的。如图 5.1 所示是用电阻法勘探矿藏时大地中的电流。

为了细致地描述电流在导体内部的分布情况，下面引入新的物理量——电流密度矢量。其定义为：在导体中任一点，电流密度的方向为该点的正电荷的运动方向，大小等于通过该点且垂直于该点电流方向的单位面积的电流，符号是 $\boldsymbol{J}$。若在导体中某点处，取一个与电流方向垂直的小面元 $\mathrm{d}S_{\perp}$（如图 5.2 所示），通过 $\mathrm{d}S_{\perp}$ 的电流为 $\mathrm{d}I$，则该点的电流密度大小为

$$J=\frac{\mathrm{d}I}{\mathrm{d}S_{\perp}} \tag{5.2}$$

若小面元 $\mathrm{d}\boldsymbol{S}$ 的单位法线矢量 $\boldsymbol{e}_n$ 与电流方向成倾斜角 θ（如图 5.3 所示），用 $\mathrm{d}S_{\perp}$ 表示 $\mathrm{d}S$ 在与电流垂直的平面上的投影，通过 $\mathrm{d}S_{\perp}$ 和 $\mathrm{d}S$ 的电流均为 $\mathrm{d}I$，则有

$$\mathrm{d}I=J\mathrm{d}S_{\perp}=J\mathrm{d}S\cos\theta$$

即

$$\mathrm{d}I=\boldsymbol{J}\cdot\mathrm{d}\boldsymbol{S} \tag{5.3}$$

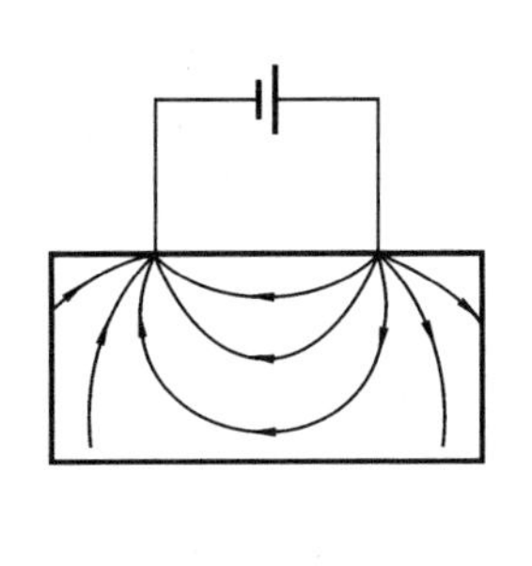

图 5.1

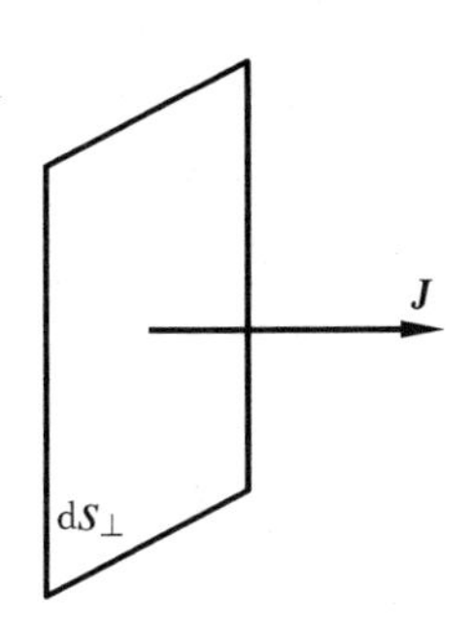

图 5.2

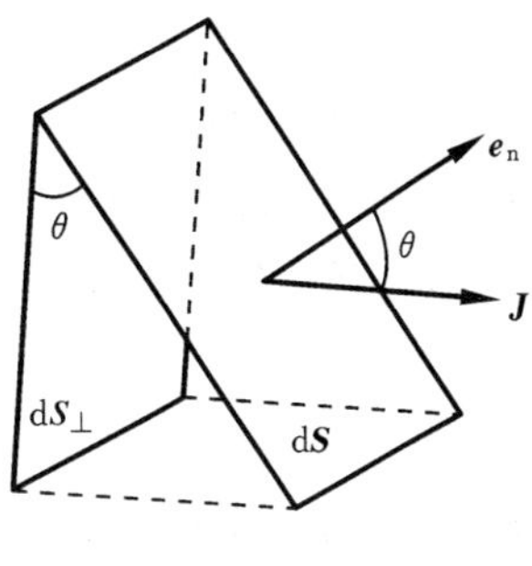

图 5.3

通过任意曲面 $\boldsymbol{S}$ 的电流为

$$I=\int_S \mathrm{d}I=\int_S \boldsymbol{J}\cdot\mathrm{d}\boldsymbol{S} \tag{5.4}$$

在国际单位制中，电流密度的单位为安[培]每平方米，用符号 $\mathrm{A/m^2}$ 表示。

5.1.3　欧姆定律及其微分形式

大量实验表明，在等温条件下，通过一段导体的电流 I 与导体两端的电压 U 成正比。这个结论称为欧姆定律，即

$$I=\frac{U}{R} \tag{5.5}$$

式中,R 的数值与导体的材料、几何形状、大小及温度有关。对于一段特定的导体,R 为常数,在此条件下,I 与 U 成正比。

由式(5.5)可知,当在导体两端加的电压一定时,所选导体的 R 值越大,则通过导体的电流 I 越小,所以 R 反映了导体对电流阻碍作用的大小,称为导体的电阻。在国际单位制中,电阻的单位为欧[姆],符号为 Ω。

实验指出,导体的电阻 R 与导体的长度 l 成正比,与导体的横截面积(即垂直于电流方向的截面积)S 成反比,即

$$R=\rho\frac{l}{S} \tag{5.6}$$

式中,比例常数 ρ 与导体性质和温度有关,称为材料的电阻率,其单位为 Ω · m(欧[姆]米)。材料的电阻率表示的是用这种材料制成的长 1 m、横截面积为 1 m^2 的导体所具有的电阻。

电阻率的倒数称为电导率,用 γ 表示,即

$$\gamma=\frac{1}{\rho} \tag{5.7}$$

电导率的单位为西[门子]每米,符号为 S/m。

式(5.5)是用电压和电流这些宏观量来描述一段导体所遵从的规律。下面从微观上来描述一段导体中有电流通过时,导体内部所遵从的规律。设想在导体中取一长为 dl、截面积为 dS 的柱体,且 $\boldsymbol{J}$ 与 d$\boldsymbol{S}$ 垂直,如图 5.4 所示。由欧姆定律可知,通过这段柱体的电流为

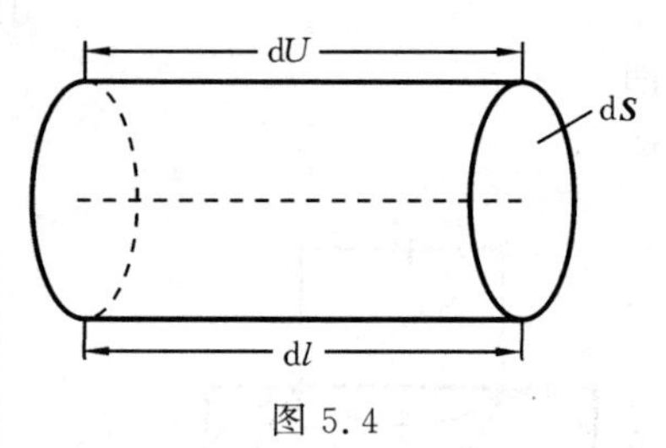

图 5.4

$$\mathrm{d}I=\frac{\mathrm{d}U}{R} \tag{5.8}$$

式中,dU 为柱体两端的电压。设柱体中电场强度大小为 E,则 $\mathrm{d}U=E\mathrm{d}l$,又 $R=\rho\frac{\mathrm{d}l}{\mathrm{d}S}$,把两式带入式(5.8)得

$$\mathrm{d}I=\gamma E\mathrm{d}S,\quad \frac{\mathrm{d}I}{\mathrm{d}S}=J=\gamma E$$

由于 $\boldsymbol{J}$ 与 $\boldsymbol{E}$ 同向,上式可写成矢量形式

$$\boldsymbol{J}=\gamma\boldsymbol{E} \tag{5.9}$$

即电流密度的大小与电场强度的大小成正比。

由于式(5.9)是将欧姆定律用于导体微元中所得的结论,所以称为欧姆定律的微分形式。它虽然是在恒定电流的条件下推导出来的,但也同样适用于非恒定电流的情况。它表明了导体中任一点、任一时刻的电流与电场之间的关系,因此式(5.9)比

式(5.5)更细致、更本质,具有更加深刻的含义,是麦克斯韦电磁场理论的方程之一。

例题 5.1　金属导体中的传导电流是由大量自由电子的定向漂移运动形成的。自由电子除了无规则的热运动外,在电场作用下,将沿着电场的反方向漂移。设电子电量的绝对值为 e,电子漂移运动的平均速度大小为 v,单位体积内自由电子数为 n。试证明电流密度的量值 $J = nev$。

证　在金属导体中,取一微小截面 ΔS,ΔS 的法线与电场方向平行。通过 ΔS 的电流 ΔI 等于每秒内通过截面 ΔS 的所有自由电子的总电量(绝对值)。以 ΔS 为底面积、以 v 为高作小柱体(如图 5.5 所示)。显然,柱体内的自由电子数等于每秒内通过截面 ΔS 的自由电子数。因此

$$\Delta I = (ne\Delta S)(v) = nev\Delta S$$

故电流密度

$$J = \frac{\Delta I}{\Delta S} = nev$$

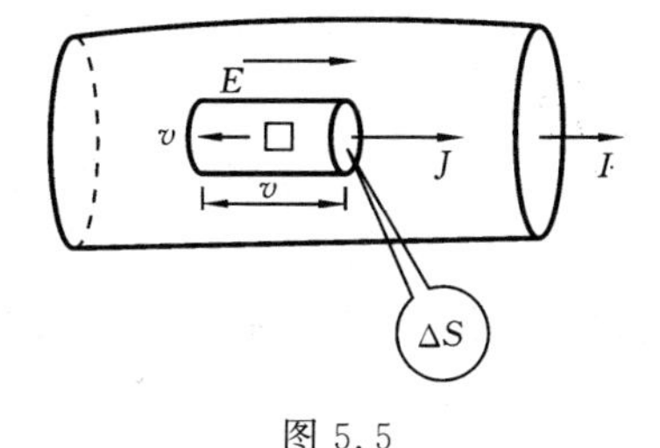

图 5.5

例如,铜导线单位体积内的自由电子数 $n \approx 8.5 \times 10^{28}$,设 $J = 200 \times 10^4\ \mathrm{A/m^2}$,可求出

$$v = \frac{J}{ne} = \frac{200 \times 10^4}{8.5 \times 10^{28} \times 1.6 \times 10^{-19}}\ \mathrm{m/s} = 1.5 \times 10^{-4}\ \mathrm{m/s} = 0.15\ \mathrm{mm/s}$$

由上面计算可知,自由电子的漂移速度是比较小的。按此速度,一个电子需要近两个小时才能通过 1 m 长的导线,这与我们见到的现象矛盾。在实际中,当电路中电键一接通,离电源很远的灯会立刻亮起来,这将如何解释?对这个问题可以这样理解:当电键未接通时,导线处于静电平衡状态,导线内电场强度等于零,导线中无电流;当电键接通时,由于电源两极上积累的电荷在空间所建立的电场使电路中各处的电荷分布发生变化,并导致电场的变化,这种变化的场以光速向外传播,迅速地在导线内各处建立电场,并驱动当地的自由电子作定向漂移而形成电流,因此,这里起主导作用的是场的传播速度,而不是自由电子的定向漂移速度。

5.2　磁感应强度　毕奥-萨伐尔定律

5.2.1　磁场　磁感应强度

从静电场的研究可以知道,在静止电荷周围的空间存在着电场,静止电荷之间的相互作用是通过电场传递的。与此类似,磁体与磁体、磁体与电流、电流与电流、磁体与运动电荷之间的相互作用是通过周围特殊形态的物质——磁场传递的。就其根本而言,运动电荷在其周围激发磁场,通过磁场对另一运动电荷产生作用。

在描述电场时,是用电场对试探电荷的电场力来表征电场的特性,并用电场强度

$\boldsymbol{E}$ 来对电场各点作定量的描述。而磁场对外的重要表现是，磁场对引入场中的运动试探电荷、载流导体或永久磁体有磁力的作用，因此也可用磁场对运动试探电荷(或载流导体和永久磁体)的作用来描述磁场，并由此引进磁感应强度 $\boldsymbol{B}$ 作为定量描述磁场中各点特性的基本物理量。

实验发现：

(1) 当运动试探电荷以同一速率 v 沿不同方向通过磁场中某点 P 时，电荷所受磁力的大小是不同的，但磁力的方向却总是与电荷运动方向垂直；

(2) 在磁场中的某点处存在着一个特定方向，当电荷沿这个特定方向(或其反方面)运动时，磁力为零。

显然，这个特定方向与运动试探电荷无关，它反映出磁场本身的一个性质。P 点处磁场的方向定义为沿着运动试探电荷通过该点时不受磁力的方向(至于磁场的指向是沿两个彼此相反的哪一方，将在下面另行规定)。实验还发现，如果电荷在 P 点沿着与磁场方向垂直的方向运动时，所受到的磁力最大，而且这个最大磁力 F_{m} 正比于运动试探电荷的电荷量 q，也正比于电荷运动的速度 v，但比值 $\dfrac{F_{\mathrm{m}}}{qv}$ 却在 P 点具有确定的量值，而与运动试探电荷的 qv 值的大小无关。由此可见，比值 $\dfrac{F_{\mathrm{m}}}{qv}$ 反映该点磁场强弱的性质。这样，从运动试探电荷所受磁力的特征，可引入描述磁场中给定点性质的基本物理量 —— 磁感应强度($\boldsymbol{B}$ 矢量)，该点磁感应强度的大小可定义为

$$B = \frac{F_{\mathrm{m}}}{qv} \tag{5.10}$$

该点磁场方向就是磁感应强度的方向。

在国际单位制中，磁感应强度 $\boldsymbol{B}$ 的单位为特[斯拉]，符号为 T。

$$1\ \mathrm{T} = 1\ \mathrm{N \cdot s/(C \cdot m)} = 1\ \mathrm{N/(A \cdot m)}$$

目前常用的另一个非国际单位制单位为高斯，符号用 Gs 表示，它和特[斯拉]之间的换算关系为

$$1\ \mathrm{T} = 10^4\ \mathrm{Gs}$$

大型天体表面处的磁场：地球表面的磁场在赤道处约为 3×10^{-3} T，在两极处约为 6×10^{-3} T；太阳表面的磁场约为 10^{-2} T；中子星表面的磁场约为 10^{8} T。现实生活中可产生的磁场：人体内的生物电流也可激发出微弱的磁场，例如，心电激发的磁场约为 3×10^{-10} T，故测量身体内的磁场分布已成为医学中的高级诊断技术；电视机内偏转磁场约为 0.1 T；超导磁体激发的磁场约为 5 ～ 40 T。

*5.2.2　磁感应线

前面曾用电场线来形象地描绘静电场的分布，同样，也可用磁感应线来描绘磁场的分布。通常规定：磁感应线上任一点的切线方向和该点的磁感应强度 $\boldsymbol{B}$ 的方向一致。而通过垂直于磁感应强度 $\boldsymbol{B}$ 的单位面积上的磁感应线的条数则用于表示该处 $\boldsymbol{B}$

的大小。也就是说，磁场中磁感应线的疏密程度反映了该处磁场的强弱。

在实验上很容易把磁感应线显示出来，如把撒有铁屑的玻璃板放在有磁场的空间中，轻轻敲动玻璃板，铁屑就会沿磁感应线排列起来，如图5.6所示。图5.7是几种不同形状电流所激发的磁场的磁感应线分布图。从图5.7可以看出磁感应线有以下共同特性：

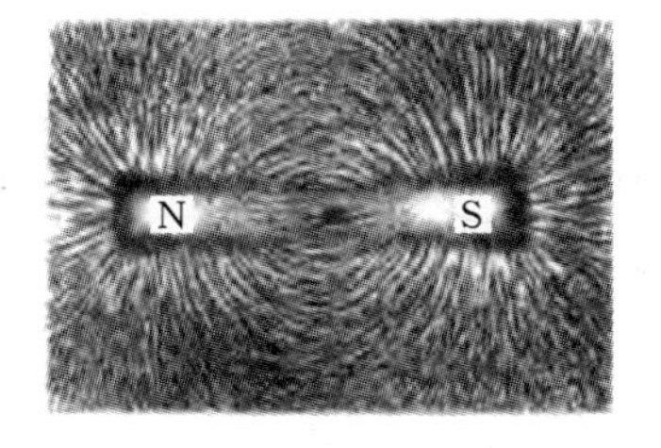

图5.6

(1) 磁感应线的回转方向与电流方向成右手螺旋关系；

(2) 磁感应线永远不会相交；

(3) 每条磁感应线都是无头无尾的闭合曲线，这与电力线起于正电荷、终于负电荷有明显区别。

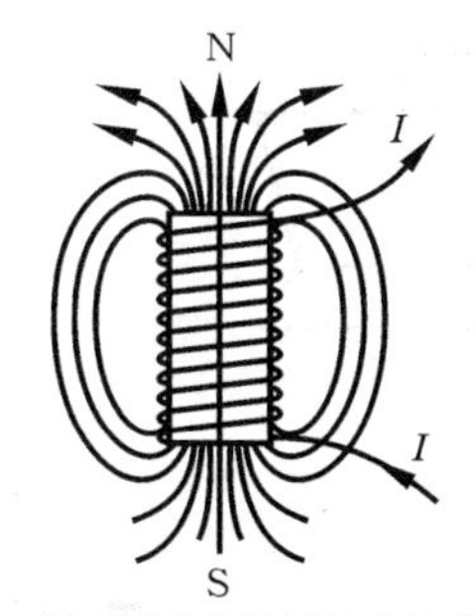

(a) 载流螺线管周围的磁场分布

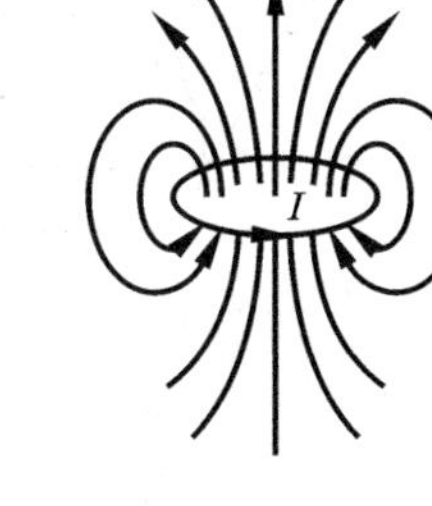

(b) 载流圆环周围的磁场分布

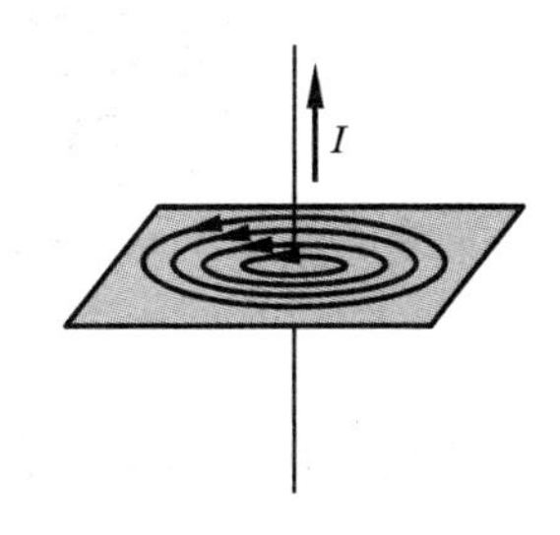

(c) 载流直导线周围的磁场分布

图5.7

5.2.3　毕奥-萨伐尔定律

本节将主要讨论恒定电流激发的恒定磁场所满足的规律。在5.2.1节中，介绍了描述磁场强弱的物理量——磁感应强度，在实验上可以通过测量运动电荷在某点的受力情况得出该点的磁感应强度。如果不测量带电粒子的受力情况，能否从理论上预测恒定电流激发的磁场的分布情况呢？

静电场和恒定磁场有着诸多类似之处，磁场中任一点磁感应强度的求解可仿照静电场中的方法进行。在计算带电体所激发的静电场中任一点的电场强度$\boldsymbol{E}$时，我们采取的方法是先把带电体分割成许多电荷元$\mathrm{d}q$，求出电荷元所激发的电场强度$\mathrm{d}\boldsymbol{E}$，再应用叠加原理$\boldsymbol{E}=\int\mathrm{d}\boldsymbol{E}$，便可得出任意带电体在电场中各点的电场强度。与此类似，为了求出任意形状的载流导线所激发的磁场，可以把电流看做是由许多个电流元组成的，任意形状的线电流所激发的磁场等于各电流元所激发磁场的矢量和。

电流元是载流导线中无限短的一段，用矢量$I\mathrm{d}\boldsymbol{l}$表示，其中，$I$为导线中的电流，$\mathrm{d}\boldsymbol{l}$表示在载流导线上所取的线段元，其方向沿电流的方向。法国数学家兼物理学家拉普拉斯依据物理学家毕奥和萨伐尔的实验结论，给出了电流元产生的磁场的磁感应强度的数学表达式，从而建立了著名的毕奥-萨伐尔定律。设电流元$I\mathrm{d}\boldsymbol{l}$在空间某一

点 P 所激发的磁感应强度为 d$\boldsymbol{B}$,毕奥 - 萨伐尔定律给出 d$\boldsymbol{B}$ 的大小为

$$\mathrm{d}B = k\frac{I\mathrm{d}l\sin\theta}{r^2}$$

式中,r 为电流元所在点到 P 点的矢量 $\boldsymbol{r}$ 的大小;θ 为 $I\mathrm{d}\boldsymbol{l}$ 和 $\boldsymbol{r}$ 之间的小于 π 的夹角;k 为常数。在国际单位制中,$k=\frac{\mu_0}{4\pi}$,其中 μ_0 为真空的磁导率,$\mu_0 = 4\pi\times10^{-7}$ H/m。

d$\boldsymbol{B}$ 的方向可用右手螺旋法则判断:伸出右手,使大拇指与四指垂直,然后让四指从 $I\mathrm{d}\boldsymbol{l}$ 的方向开始,经小于 π 的夹角 θ 转向 $\boldsymbol{r}$,此时大拇指所指的方向即为 d$\boldsymbol{B}$ 的方向,如图 5.8 所示。

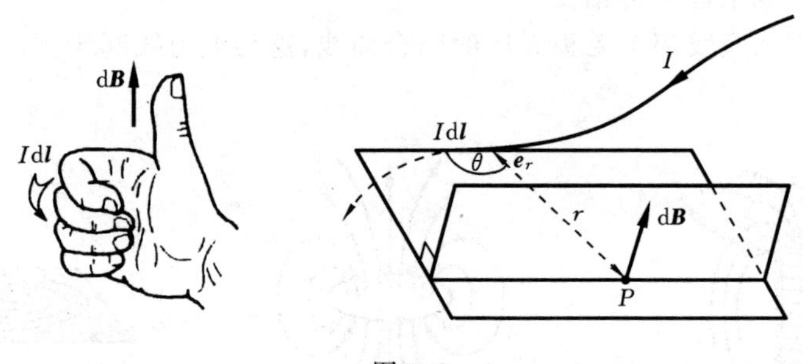

图 5.8

毕奥 - 萨伐尔定律表达式的矢量形式可写为

$$\mathrm{d}\boldsymbol{B} = \frac{\mu_0}{4\pi}\frac{I\mathrm{d}\boldsymbol{l}\times\boldsymbol{r}}{r^3} \tag{5.11}$$

5.2.4 磁感应强度叠加原理

实验表明,磁场和电场一样也具有可叠加性,因而描述磁场性质的物理量 —— 磁感应强度遵从叠加原理,即任意载流导线在 P 点的磁感应强度 $\boldsymbol{B}$,等于所有电流元 $I\mathrm{d}\boldsymbol{l}$ 在 P 点的磁感应强度 d$\boldsymbol{B}$ 的矢量和,其数学表达式为

$$\boldsymbol{B} = \int \mathrm{d}\boldsymbol{B} = \int \frac{\mu_0}{4\pi}\frac{I\mathrm{d}\boldsymbol{l}\times\boldsymbol{r}}{r^3} \tag{5.12}$$

这个积分是矢量积分,实际使用时,要化成标量积分进行计算。

如果空间中有 n 根载流导线,则任意一点的磁感应强度等于各载流导线单独存在时在该点产生的磁感应强度的矢量和,即

$$\boldsymbol{B} = \sum_{i=1}^{n}\boldsymbol{B}_i \tag{5.13}$$

通常称式(5.12) 和式(5.13) 为磁感应强度叠加原理,简称磁场的叠加原理。

必须指出,因为电流元与点电荷不同,它不可能在实验中单独得到,所以毕奥-萨伐尔定律不能由实验直接验证。但是,由毕奥- 萨伐尔定律出发计算的总磁感应强度都与实验结果符合,从而间接地证明了毕奥- 萨伐尔定律的正确性。

下面将应用毕奥- 萨伐尔定律和磁感应强度叠加原理,来计算几种载流导体所激

发的磁场。

5.2.5 毕奥-萨伐尔定律的应用

1. 载流直导线周围的磁场

如图5.9所示，设长为L的载流直导线，通过的电流为I，计算距离直导线为a的P点的磁感应强度。

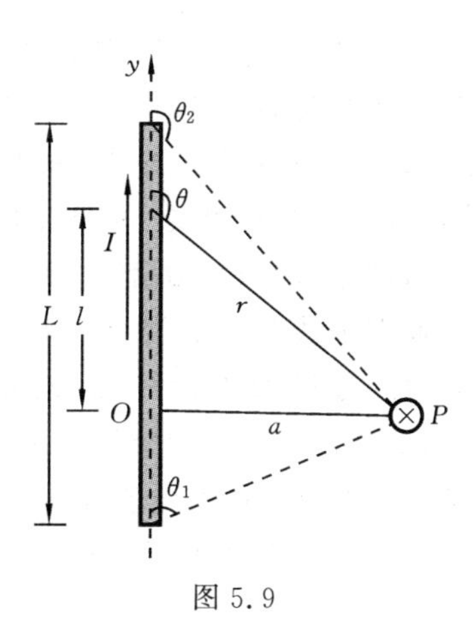

图5.9

在直导线上任取一电流元$I\mathrm{d}\boldsymbol{l}$，按照毕奥-萨伐尔定律，该电流元在$P$点的磁感应强度$\mathrm{d}\boldsymbol{B}$为

$$\mathrm{d}\boldsymbol{B}=\frac{\mu_0}{4\pi}\frac{I\mathrm{d}\boldsymbol{l}\times\boldsymbol{r}}{r^3}$$

$\mathrm{d}\boldsymbol{B}$的方向由$I\mathrm{d}\boldsymbol{l}\times\boldsymbol{r}$确定，即垂直纸面向里，在图中用⊗表示。由于载流直导线上所有电流元在P点的磁感应强度方向相同(垂直纸面向里)，所以P点总的磁感应强度等于各个电流元产生的磁感应强度的代数和，即矢量积分$\boldsymbol{B}=\int\mathrm{d}\boldsymbol{B}$可变为标量积分，$B=\int_0^L\mathrm{d}B=\int_0^L\frac{\mu_0}{4\pi}\frac{I\mathrm{d}l\sin\theta}{r^2}$，式中的$l$、$r$、$\theta$都是变量，但$l$、$r$可以用$\theta$表示出来，由图5.9可得

$$l=a\cot(\pi-\theta)=-a\cot\theta,\quad \mathrm{d}l=a\csc^2\theta\mathrm{d}\theta,\quad r=\frac{a}{\sin(\pi-\theta)}=\frac{a}{\sin\theta}$$

将以上关系代入积分式，得

$$B=\frac{\mu_0 I}{4\pi a}\int_{\theta_1}^{\theta_2}\sin\theta\mathrm{d}\theta=\frac{\mu_0 I}{4\pi a}(\cos\theta_1-\cos\theta_2)\tag{5.14}$$

式中，θ_1和θ_2分别为载流导线的起点和终点处电流元的方向与位矢$\boldsymbol{r}$之间的夹角。

讨论

(1) 若直导线无限长，则$\theta_1=0$，$\theta_2=\pi$，那么

$$B=\frac{\mu_0 I}{2\pi a}\tag{5.15}$$

(2) 若直导线为半无限长，即P点的垂足在直导线的一个端点上，另一端可无限延长，则$\theta_1=\frac{\pi}{2}$，$\theta_2=\pi$，或$\theta_1=0$，$\theta_2=\frac{\pi}{2}$，那么

$$B=\frac{\mu_0 I}{4\pi a}\tag{5.16}$$

2. 圆形载流导线轴线上的磁场

设真空中有一半径为R、通有电流为I的圆形导线(常称为圆电流)，求其轴线上与圆心O点相距为a处P点的磁感应强度。

将圆环导线分成无限多个电流元，取任一直径两端的电流元$I\mathrm{d}\boldsymbol{l}$和$I\mathrm{d}\boldsymbol{l}'$，设它们

到 P 点的矢径分别为 $\boldsymbol{r}$ 和 $\boldsymbol{r}'$，但 $|\boldsymbol{r}|=|\boldsymbol{r}'|$。两电流元 $I\mathrm{d}\boldsymbol{l}$ 和 $I\mathrm{d}\boldsymbol{l}'$ 分别垂直 $\boldsymbol{r}$ 和 $\boldsymbol{r}'$，所以两电流元在 P 点产生的磁感应强度的大小为

$$\mathrm{d}B=\frac{\mu_0}{4\pi}\frac{I\mathrm{d}l\sin 90^\circ}{r^2}=\frac{\mu_0}{4\pi}\frac{I\mathrm{d}l}{r^2}$$

两电流元 $I\mathrm{d}\boldsymbol{l}$ 和 $I\mathrm{d}\boldsymbol{l}'$ 在 P 点产生的磁感应强度大小相等，但方向不同，如图5.10所示，根据对称性，虽然 $\mathrm{d}\boldsymbol{B}$ 和 $\mathrm{d}\boldsymbol{B}'$ 方向不同，但它们与轴线之间的夹角相同，均为 α。如果把 $\mathrm{d}\boldsymbol{B}$ 和 $\mathrm{d}\boldsymbol{B}'$ 都分解为沿轴线方向和垂直轴线方向的两个分量，则垂直轴线方向的分量大小相等、方向相反，相互抵消；平行轴线方向的分量大小相等、方向相同，相互加强。由于整个载流圆环可视为是由许多对这样的电流元构成的，因此，求轴线上总的磁感应强度时，只需要把各电流元在 P 点产生的磁感应强度沿平行轴线方向的分量叠加即可。

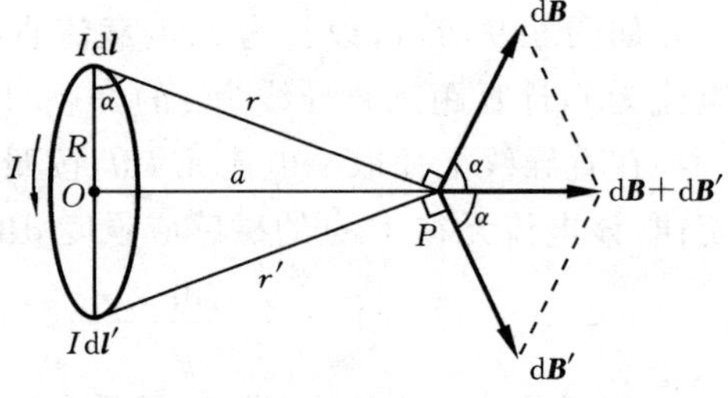

图 5.10

$$B=\int \mathrm{d}B_{/\!/}=\int \mathrm{d}B\cos\alpha=\int\frac{\mu_0}{4\pi}\frac{I\mathrm{d}l}{r^2}\cos\alpha$$

因为 $\cos\alpha=\dfrac{R}{r}$，$r=\sqrt{a^2+R^2}$，所以

$$B=\frac{\mu_0}{4\pi}\frac{IR}{r^3}\int_0^{2\pi R}\mathrm{d}l=\frac{\mu_0}{2}\frac{IR^2}{r^3}=\frac{\mu_0}{2}\frac{IR^2}{(a^2+R^2)^{3/2}} \tag{5.17}$$

磁感应强度的方向沿轴线，与电流方向满足右手螺旋定则。

讨论

(1) 在圆心处，$a=0$，则

$$B=\frac{\mu_0 I}{2R} \tag{5.18}$$

(2) 在远离圆心处，$a\gg R$，则

$$B\approx\frac{\mu_0 R^2 I}{2a^3} \tag{5.19}$$

3. 载流螺线管轴线上的磁场

均匀紧密地绕在圆柱体上的螺旋形线圈(如图 5.11(a)所示)称为螺线管。设处于真空中的螺线管半径为 R，导线电流为 I，单位长度匝数为 n，求其管内轴线上任一点 P 点的磁感应强度。

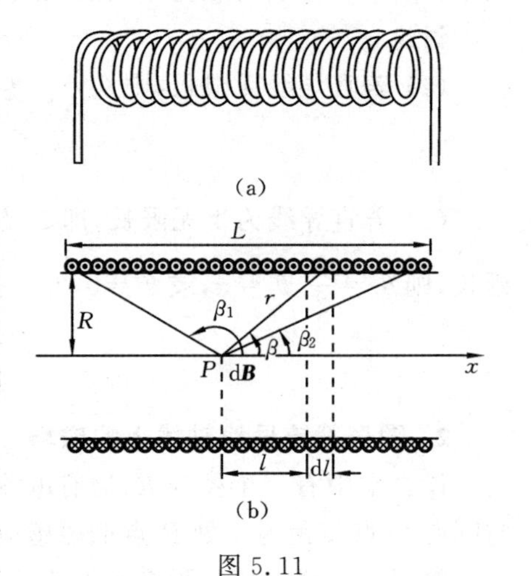

图 5.11

螺线管上的线圈绕得很紧密，每匝线圈可看做是一个圆形电流，螺线管内部轴线上任一点 P 点的磁感应强度，可以看成是各匝线圈在

该点产生的磁感应强度的矢量和。

如图5.11(b)所示，建立坐标系，坐标原点O选在P点处，在螺线管上距点P为l处取一小段$\mathrm{d}l$，该小段上线圈匝数为$n\mathrm{d}l$，它相当于电流为$In\mathrm{d}l$的一个圆形电流。应用式(5.17)得到圆形电流在P点的磁感应强度$\mathrm{d}\boldsymbol{B}$的大小为

$$\mathrm{d}B=\frac{\mu_0}{2}\frac{R^2In\mathrm{d}l}{(l^2+R^2)^{3/2}}$$

$\mathrm{d}\boldsymbol{B}$的方向沿x轴正方向，因为螺线管上所有圆环在P点产生的磁感应强度的方向都相同，所以整个螺线管在P点处所产生的磁感应强度的大小为

$$B=\int\mathrm{d}B=\int\frac{\mu_0}{2}\frac{R^2In\mathrm{d}l}{(l^2+R^2)^{3/2}}$$

根据图5.11(b)中的几何关系，有

$$l=R\cot\beta$$
$$\mathrm{d}l=-R\csc^2\mathrm{d}\beta$$
$$R^2+l^2=R^2+R^2\cot^2\beta=R^2\csc^2\beta$$

代入积分式可得

$$\begin{aligned}B&=\int_{\beta_1}^{\beta_2}\frac{\mu_0}{2}\frac{R^2In(-R\csc^2\beta)\mathrm{d}\beta}{R^3\csc^3\beta}\\&=\frac{\mu_0nI}{2}\int_{\beta_1}^{\beta_2}(-\sin\beta)\mathrm{d}\beta=\frac{\mu_0nI}{2}(\cos\beta_2-\cos\beta_1)\end{aligned}\tag{5.20}$$

磁感应强度的方向沿x轴正方向。

讨论

(1) 当$L\gg R$时，螺线管可视为无限长，这时，$\beta_1=\pi$，$\beta_2=0$，轴线上任一点的磁感应强度大小为

$$B=\mu_0nI\tag{5.21}$$

这表明，无限长载流螺线管轴线上的磁场是均匀的，其磁感应强度的大小只取决于单位长度上的匝数和导线中的电流，与场点在轴线上的位置无关。

(2) 在半无限长螺线管的有限端，若P点在左端，则$\beta_1=\frac{\pi}{2}$，$\beta_2=0$，这时P点的磁感应强度为

$$B=\frac{\mu_0nI}{2}\tag{5.22}$$

即半无限长载流螺线管有限端轴线上的磁感应强度是其内部的一半。轴线上各处磁感应强度的大小变化情况大致如图5.12所示。

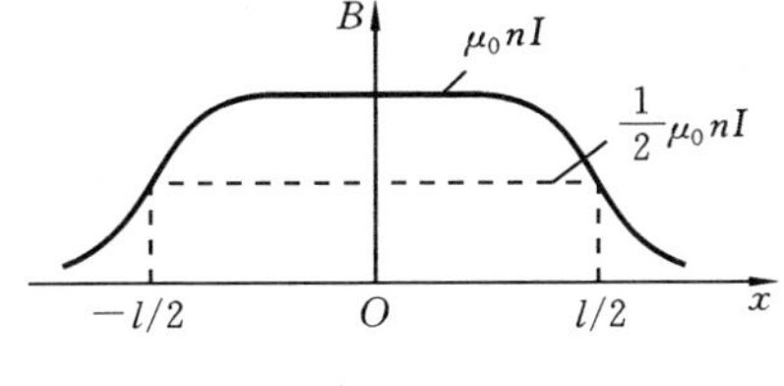

图5.12

例题5.2　一单匝线圈中通有电流I，方向如图5.13所示，线圈的圆弧部分半径为R，弦CD对圆心O的张角为60°，试求圆心处的磁感应强度。

解 在圆弧上任取一电流元 $Id\boldsymbol{l}$,它垂直于半径,根据毕奥-萨伐尔定律,该电流元在圆心处产生的磁感应强度为

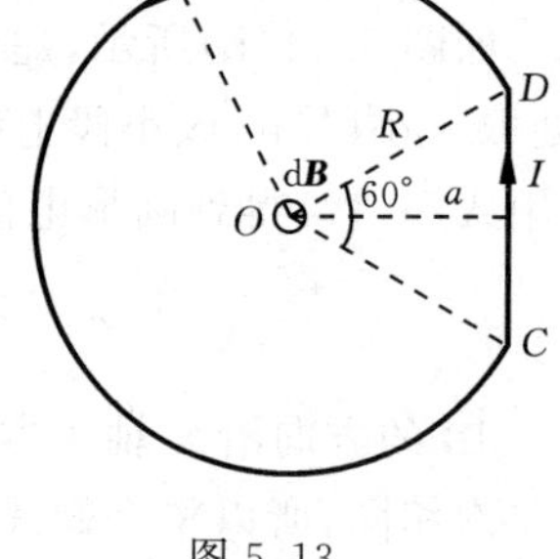

图 5.13

$$dB_1=\frac{\mu_0}{4\pi}\frac{Idl\sin 90^\circ}{R^2}=\frac{\mu_0}{4\pi}\frac{Idl}{R^2}$$

方向垂直纸面向外(用⊙表示)。因为圆弧上各电流元在圆心处产生的磁感应强度方向相同,所以圆弧电流在圆心处产生的磁感应强度为

$$B_1=\int dB_1=\int_0^{\frac{5}{6}\times 2\pi R}\frac{\mu_0}{4\pi}\frac{Idl}{R^2}=\frac{\mu_0}{4\pi}\times\frac{5\pi I}{3R}$$

磁感应强度的方向垂直纸面向外。

由式(5.14)知,弦 CD 的电流产生的磁场在圆心处的磁感应强度为

$$B_2=\frac{\mu_0 I}{4\pi a}(\cos\theta_1-\cos\theta_2)$$

$$=\frac{\mu_0 I}{4\pi R\sin 60^\circ}(\cos 60^\circ-\cos 120^\circ)=\frac{\mu_0}{4\pi}\times\frac{2\sqrt{3}I}{3R}$$

磁感应强度的方向垂直纸面向外。根据叠加原理,圆心处总磁感应强度为

$$B=B_1+B_2=\frac{\mu_0}{4\pi}\frac{I}{3R}\times(2\sqrt{3}+5\pi)$$

磁感应强度的方向垂直纸面向外。

5.3 恒定磁场的高斯定理和安培环路定理

5.3.1 磁通量

类似于静电场中引入电场强度通量的概念,下面引入磁通量的概念,用以描写磁场的性质。在磁场中,通过某一曲面的磁感应线的条数称为通过该曲面的磁通量,用 Φ_m 表示。设空间存在磁感应强度为 $\boldsymbol{B}$ 的磁场,如图 5.14 所示。

在曲面 S 上任取一面积元 $d\boldsymbol{S}$,$d\boldsymbol{S}$ 的法线方向与该点处磁感应强度 $\boldsymbol{B}$ 方向之间的夹角为 θ,根据磁通量的定义,以及关于磁感应强度 $\boldsymbol{B}$ 与磁感应线密度的规定,则通过该面积元 $d\boldsymbol{S}$ 的磁通量可写为

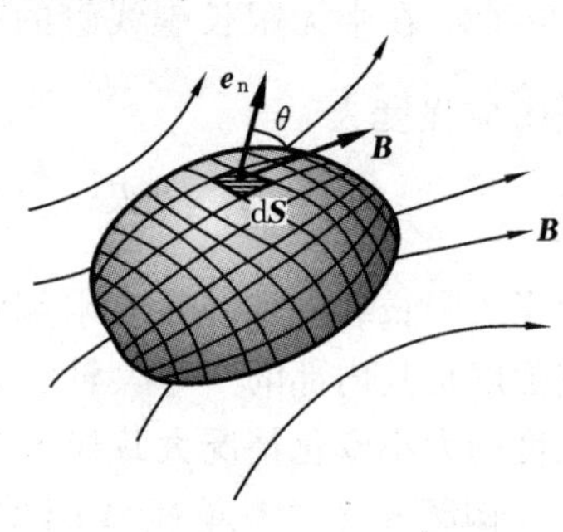

图 5.14

$$d\Phi_m=BdS\cos\theta=\boldsymbol{B}\cdot d\boldsymbol{S}$$

而通过有限曲面 S 的总磁通量为

$$\Phi_m=\int_S B\cos\theta dS=\int_S \boldsymbol{B}\cdot d\boldsymbol{S} \qquad (5.23)$$

在国际单位制中,磁通量的单位为韦[伯],用符号 Wb 表示,1 Wb=1 T·m²。

5.3.2　恒定磁场的高斯定理

对于一个闭合的曲面，一般规定从内向外的方向为法线正方向，这样，磁感应线从闭合曲面穿出处的磁通量为正，穿入处的磁通量为负。由于磁感应线是一组闭合曲线，因此，对于任何闭合曲面来说，有多少条磁感应线进入闭合曲面，就有多少条磁感应线穿出闭合曲面。也就是说，磁场中通过任意闭合曲面总的磁通量等于零，即

$$\oint_S \boldsymbol{B} \cdot \mathrm{d}\boldsymbol{S} = 0 \tag{5.24}$$

式(5.24)称为真空中恒定磁场的高斯定理。它是表明磁场基本性质的重要方程之一。其形式与静电场中的高斯定理$\oint_S \boldsymbol{E} \cdot \mathrm{d}\boldsymbol{S} = \sum_i q_i/\varepsilon_0$很相似，但两者有本质的区别。在静电场中，由于自然界存在单独的正、负电荷，因此通过任意闭合曲面的电通量可以不等于零。而在磁场中，由于自然界没有单独的磁单极子（至少目前人们的各种实验尚未证实磁单极子的存在），磁极总是成对出现，因此通过任意闭合曲面的磁通量一定等于零。恒定磁场这样的场称为无源场，而静电场则称为有源场。

5.3.3　安培环路定理

在静电场中，电场线不是闭合曲线，电场强度 $\boldsymbol{E}$ 沿任意闭合路径的线积分等于零，即$\oint_L \boldsymbol{E} \cdot \mathrm{d}\boldsymbol{l} = 0$，这就是静电场的环路定理。它反映了静电场是一保守场。而磁感应线是闭合曲线，磁感应强度 $\boldsymbol{B}$ 沿闭合路径的线积分$\oint_L \boldsymbol{B} \cdot \mathrm{d}\boldsymbol{l}$ 等于什么呢？下面将讨论这个线积分。

从毕奥-萨伐尔定律出发，经过严格推证，可以得出真空中恒定磁场的安培环路定理：磁感应强度 $\boldsymbol{B}$ 沿任意闭合环路的线积分等于该环路包围的所有电流的代数和的 μ_0 倍，即

$$\oint_L \boldsymbol{B} \cdot \mathrm{d}\boldsymbol{l} = \mu_0 \sum I \tag{5.25}$$

式中，电流 I 的正、负取决于闭合环路所取的绕行方向。当电流方向与环路的绕行方向符合右手螺旋关系时，电流取正值；反之，则取负值。当电流不穿过环路时，则电流不包括在式(5.25)右端的电流求和中，如图5.15所示。

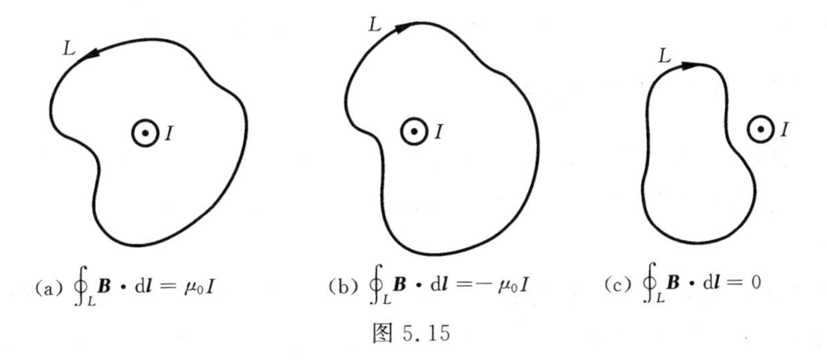

图 5.15

为避免复杂的数学推导，下面通过长直载流导线这个特例来验证上述定理。

如图 5.16 所示，设真空中有一长直载流导线，电流 I 垂直纸面向外，磁感应线是以长直导线为中心的一系列同心圆，其绕向与电流方向成右手螺旋关系。若在垂直于长直载流导线的平面上作任意闭合路径 L，则磁感应强度 $\boldsymbol{B}$ 沿该闭合路径 L 的线积分为

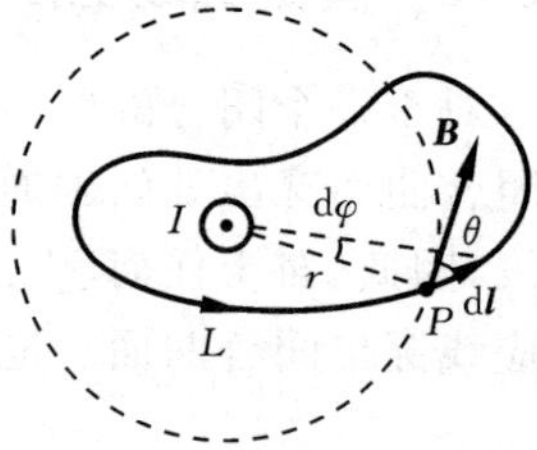

$$\oint_L \boldsymbol{B} \cdot \mathrm{d}\boldsymbol{l} = \int_L B\cos\theta \mathrm{d}l$$

图 5.16

式中，$\mathrm{d}l$ 为积分路径 L 上任取的线元；$\boldsymbol{B}$ 为 $\mathrm{d}\boldsymbol{l}$ 处的磁感应强度；θ 为 $\mathrm{d}\boldsymbol{l}$ 与 $\boldsymbol{B}$ 的夹角。由图 5.16 中的几何关系可知，$\cos\theta \mathrm{d}l = r\mathrm{d}\varphi$，$r$ 为线元 $\mathrm{d}\boldsymbol{l}$ 至长直载流导线的距离，把 $B = \dfrac{\mu_0 I}{2\pi R}$ 代入积分式，可得

$$\oint_L \boldsymbol{B} \cdot \mathrm{d}\boldsymbol{l} = \int_0^{2\pi} \frac{\mu_0 I}{2\pi r} r \mathrm{d}\varphi = \mu_0 I$$

由此可见，当任意闭合路径 L 包围电流时，磁感应强度 $\boldsymbol{B}$ 对闭合路径 L 的线积分为 $\mu_0 I$。如果电流的方向相反，则磁感应强度 $\boldsymbol{B}$ 的方向相反，如果仍按图 5.16 所示的闭合路径积分，应该得到 $\oint_L \boldsymbol{B} \cdot \mathrm{d}\boldsymbol{l} = -\mu_0 I$。

当长直载流导线在闭合路径 L 以外时，如图 5.17 所示，从长直载流导线出发，引与闭合路径 L 相切的两条切线，切点把闭合路径 L 分为 L_1 和 L_2 两部分，则

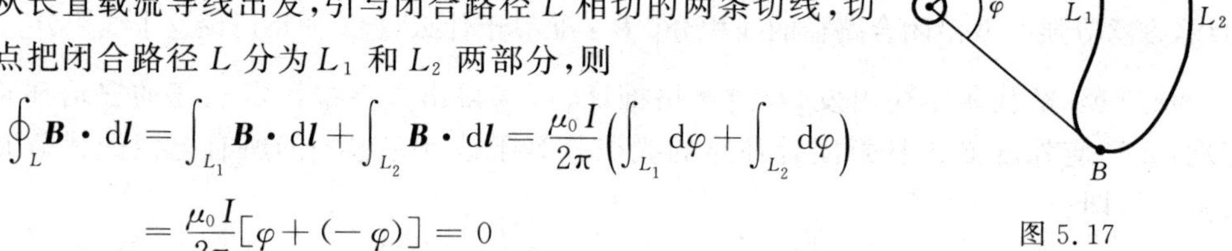

$$\oint_L \boldsymbol{B} \cdot \mathrm{d}\boldsymbol{l} = \int_{L_1} \boldsymbol{B} \cdot \mathrm{d}\boldsymbol{l} + \int_{L_2} \boldsymbol{B} \cdot \mathrm{d}\boldsymbol{l} = \frac{\mu_0 I}{2\pi}\left(\int_{L_1} \mathrm{d}\varphi + \int_{L_2} \mathrm{d}\varphi\right)$$

$$= \frac{\mu_0 I}{2\pi}[\varphi + (-\varphi)] = 0$$

图 5.17

可见，当闭合路径 L 不包围电流时，磁感应强度 $\boldsymbol{B}$ 沿闭合路径的线积分为零。

如果闭合路径所包围的电流与闭合路径相互套链 N 圈，则有 $\oint_L \boldsymbol{B} \cdot \mathrm{d}\boldsymbol{l} = \mu_0 NI$。

磁感应强度 $\boldsymbol{B}$ 沿某一闭合回路的线积分不一定等于零，表明磁场不是保守力场，一般不能引入标量势的概念来描述磁场，这说明磁场和电场是本质上不同的场。

5.3.4　安培环路定理的应用

在静电场中利用高斯定理可以方便地计算某些具有对称性的带电体的电场分布，与之类似，当载流导线具有一定对称性时，它的磁场分布规律可以方便地通过安培环路定理进行求解。

利用安培环路定理求磁场分布一般包含两步：首先，依据电流的对称性分析磁场分布的对称性；然后，利用安培环路定理计算磁感应强度的数值和方向。在此过程中需

选择合适的闭合路径，以便使积分$\oint_L \boldsymbol{B} \cdot \mathrm{d}\boldsymbol{l}$中的$\boldsymbol{B}$能以标量形式从积分号内提出来。

1. 无限长载流圆柱导线内、外的磁场

设圆柱半径为R，电流I沿轴线方向均匀地流过横截面。由于电流分布对圆柱轴线具有轴对称性，因此磁场分布对轴线也具有一定的对称性，圆柱导体内、外空间中的磁感应线是一系列同心圆，方向与其内部电流成右手螺旋关系，如图5.18所示，而且在同一圆周上的磁感应强度的大小相等。

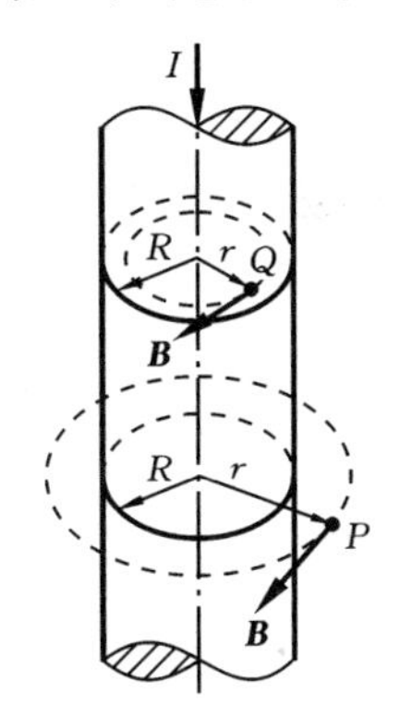

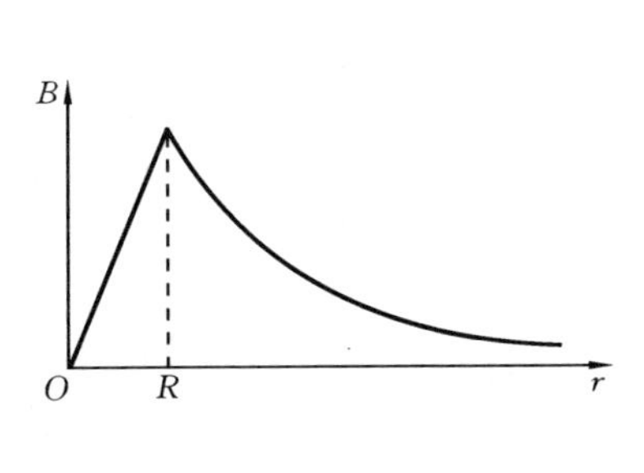

图 5.18

过任一场点P，在垂直轴线的平面内，取中心在轴线上、半径为r的圆周为积分路径L，积分方向与磁感应线的方向相同。由于L上的磁感应强度的量值处处相等，且$\boldsymbol{B}$的方向与积分路径$\mathrm{d}\boldsymbol{l}$的方向一致，所以，磁感应强度$\boldsymbol{B}$沿L的线积分为

$$\oint_L \boldsymbol{B} \cdot \mathrm{d}\boldsymbol{l} = 2\pi r B$$

讨论

(1) 如果点P为圆柱体外任一点，即$r > R$，则全部电流I穿过积分回路L，由安培环路定理得

$$2\pi r B = \mu_0 I$$

所以

$$B_{外} = \frac{\mu_0 I}{2\pi r} \tag{5.26}$$

由此可见，无限长圆柱形载流导线外的磁场与无限长直载流导线激发的磁场相同。

(2) 如果点P为圆柱体内任一点，即$r < R$。因为圆柱体内的电流只有一部分I'通过环路L，由安培环路定理，得

$$\oint_L \boldsymbol{B} \cdot \mathrm{d}\boldsymbol{l} = 2\pi r B = \mu_0 I'$$

由于电流均匀分布在圆柱形导线截面上，其截面的电流密度为$\frac{I}{\pi R^2}$，而闭合回路L所包围的横截面面积为πr^2，那么穿过积分回路的电流I'应是$\frac{Ir^2}{R^2}$，所以应用安培环路定

理得

$$\oint_L \boldsymbol{B} \cdot \mathrm{d}\boldsymbol{l} = 2\pi r B = \mu_0 \frac{Ir^2}{R^2}$$

由此可计算出导线内任一点 P 的磁感应强度为

$$B_{内} = \frac{\mu_0 I'}{2\pi r} = \frac{\mu_0}{2\pi r}\frac{Ir^2}{R^2} = \frac{\mu_0 Ir}{2\pi R^2} \tag{5.27}$$

可见在圆柱体内部，磁感应强度和离开轴线的距离 r 成正比。

2. 无限长直载流螺线管内、外的磁场

设无限长载流螺线管通有电流 I，单位长度上绕有 n 匝线圈，如图 5.19 所示。

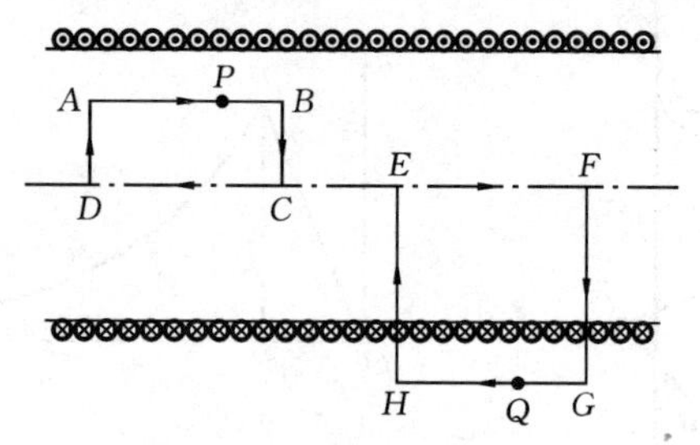

图 5.19

由于螺线管无限长，同时根据电流分布的对称性，可确定管内磁感应线是一系列与轴线平行的直线，而且在同一磁感应线上各点的 $\boldsymbol{B}$ 相同。

(1) 首先求管内任一点 P(不在轴线上) 的 $\boldsymbol{B}$。为此作一闭合矩形环路 $ABCD$，其中 AB 边过 P 点，CD 边在轴线上，前面已计算得到螺线管轴线上磁感应强度大小 $B=\mu_0 nI$，方向水平向右；根据对称性讨论，可以证明 AB 段磁感应强度大小相等，方向水平向右；BC、DA 两段上磁感应强度处处向右，与 $\mathrm{d}\boldsymbol{l}$ 处处垂直；闭合环路 $ABCD$ 内不包围电流，因此对该环路应用安培环路定理，则有

$$\begin{aligned}\oint_L \boldsymbol{B} \cdot \mathrm{d}\boldsymbol{l} &= \int_A^B \boldsymbol{B} \cdot \mathrm{d}\boldsymbol{l} + \int_B^C \boldsymbol{B} \cdot \mathrm{d}\boldsymbol{l} + \int_C^D \boldsymbol{B} \cdot \mathrm{d}\boldsymbol{l} + \int_D^A \boldsymbol{B} \cdot \mathrm{d}\boldsymbol{l} \\ &= B \cdot AB + 0 - \mu_0 nI \cdot CD + 0\end{aligned}$$

因为 $AB = CD$，所以

$$B = \mu_0 nI \tag{5.28}$$

由此可以看到，管内任一点的磁感应强度与轴线上相同，表明管内是匀强磁场。

(2) 再求管外任一点 Q 的 $\boldsymbol{B}$。作闭合矩形回路 $EFGH$，其中 GH 边过 Q 点，EF 边在轴线上。对该闭合回路应用安培环路定理，注意到环路包围的电流为 $nI \cdot EF$，则

$$\begin{aligned}\oint_L \boldsymbol{B} \cdot \mathrm{d}\boldsymbol{l} &= \int_E^F \boldsymbol{B} \cdot \mathrm{d}\boldsymbol{l} + \int_F^G \boldsymbol{B} \cdot \mathrm{d}\boldsymbol{l} + \int_G^H \boldsymbol{B} \cdot \mathrm{d}\boldsymbol{l} + \int_H^E \boldsymbol{B} \cdot \mathrm{d}\boldsymbol{l} \\ &= \mu_0 nI \cdot EF + 0 + B \cdot GH + 0 = \mu_0 nI \cdot EF\end{aligned}$$

所以

$$B \cdot GH = 0$$

因而

$$B = 0 \tag{5.29}$$

即管外磁感应强度处处为零,磁场集中在管内。

3. 载流螺绕环内、外的磁场

螺绕环就是绕在环形管上的一组圆形线圈,如图 5.20(a) 所示。设一螺绕环的线圈总匝数为 N,且线圈密绕,圆环的平均半径为 R,通的电流为 I。由电流的对称性可知,环内的磁感线是一系列同心圆,圆心在通过环心垂直于环面的直线上。在同一条磁感应线上各点磁感应强度的大小相等,方向沿圆周的切线方向,与圆内电流成右手螺旋关系。

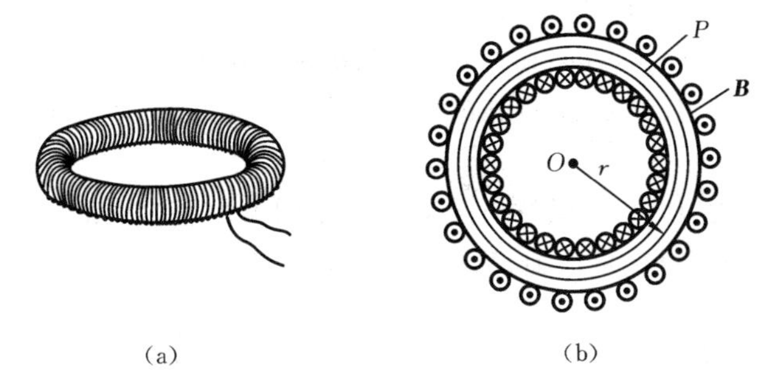

图 5.20

(1) 先求螺绕环内任一点 P 的磁场。以环心为圆心、过 P 点作一闭合环路 L,半径为 R,绕行方向与所包围电流成右手螺旋关系,如图 5.20(b) 所示。由安培环路定理得

$$\oint_L \boldsymbol{B} \cdot \mathrm{d}\boldsymbol{l} = B\oint_L \mathrm{d}l = B \times 2\pi R = \mu_0 NI$$

P 点的磁感应强度大小为

$$B_{内} = \mu_0 \frac{N}{2\pi R} I = \mu_0 nI \tag{5.30}$$

式中,$n = \dfrac{N}{2\pi R}$ 是螺绕环单位长度内的匝数。

(2) 再求螺绕环外任一点的磁场。过所求场点作一圆形闭合环路,并使它与螺绕环共轴。很容易看出,穿过闭合回路的总电流为零,因此根据安培环路定理得

$$B_{外} = 0 \tag{5.31}$$

所以,对于绕得很密的螺绕环来说,它的磁场几乎全部集中在螺绕环的内部,外部的磁场很弱;环内的磁场可视为均匀的,方向遵从右手定则。从物理本质上来说,这样的螺绕环等同于无限长螺线管。

5.4　磁场对运动电荷和载流导体的作用

*5.4.1　洛伦兹力

1. 洛伦兹力的数学表达式

在 5.2 节讲述磁感应强度时,已经给出了带电粒子沿特殊磁场方向运动时它的

受力情况:带电粒子运动方向平行(反平行)于磁场方向时,它受到的磁场力为零;当带电粒子运动方向垂直于磁场方向时,这时它受到的磁场力最强,其值为 $F_m = qvB$,并且 $\boldsymbol{F}_m$ 与粒子运动速度 $\boldsymbol{v}$ 和磁感应强度 $\boldsymbol{B}$ 相互垂直。

在一般情况下,如果带电粒子的运动方向与磁场方向夹角为 θ,则所受磁场力 $\boldsymbol{F}$ 的大小为

$$F = qvB\sin\theta$$

方向垂直于 $\boldsymbol{v}$ 和 $\boldsymbol{B}$ 决定的平面,指向与 $q\boldsymbol{v}$ 和 $\boldsymbol{B}$ 的方向成右手螺旋关系,即右手四指由 $q\boldsymbol{v}$ 的方向($q > 0$ 时,即 $\boldsymbol{v}$ 的方向;$q < 0$ 时,为 $\boldsymbol{v}$ 的反方向)经小于 π 的角度转向 $\boldsymbol{B}$ 的方向时大拇指所指的方向,也就是说 $\boldsymbol{F}$ 的方向为 $q\boldsymbol{v} \times \boldsymbol{B}$ 的方向。所以其矢量表达式为

$$\boldsymbol{F} = q\boldsymbol{v} \times \boldsymbol{B} \tag{5.32}$$

式(5.32)就是洛伦兹力——磁场对运动电荷作用力的公式。图 5.21 所示为正电荷所受洛伦兹力的方向,对于负电荷,所受力的方向刚好相反。

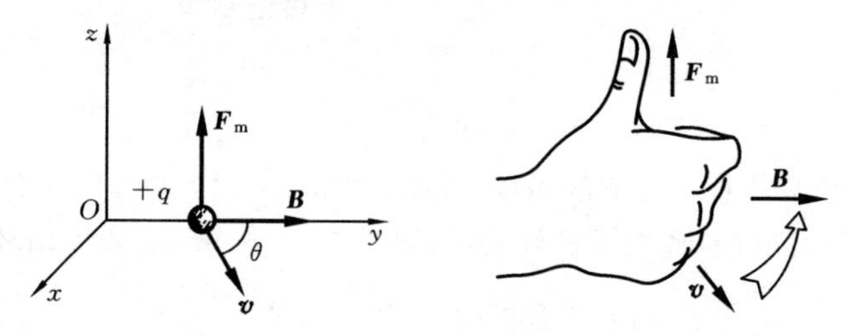

图 5.21

2. 带电粒子在磁场中的运动

由洛伦兹力公式可知,洛伦兹力总是与带电粒子运动速度相垂直,因此洛伦兹力对带电粒子不做功,它只改变带电粒子的运动方向,而不会改变带电粒子速度的大小。下面分三种情况讨论带电粒子在磁场中的运动规律。

(1) 带电粒子 q 以速度 v_0 沿磁场方向进入均匀磁场,由洛伦兹力公式可知,粒子将不受磁场力的作用,所以它将继续沿磁场方向作匀速直线运动。

(2) 带电粒子 q 以速度 v_0 沿垂直磁场方向进入均匀磁场,这时它受到洛伦兹力的作用,作用力大小为 $F = qvB$。因为洛伦兹力始终与粒子的运动方向垂直,所以带电粒子将在垂直于磁场的平面内作半径为 R 的圆周运动,洛伦兹力起着向心力的作用,因此

$$qv_0B = m\frac{v_0^2}{R}$$

由上式可以得出带电粒子相应的轨道半径为

$$R = \frac{mv_0}{qB} \tag{5.33}$$

可见,对于一定的带电粒子(q/m 一定),其轨道半径 R 与带电粒子的运动速度 v_0 成正比,而与磁感应强度 $\boldsymbol{B}$ 的大小成反比。

带电粒子运动一周所需的时间(即周期)为

$$T=\frac{2\pi R}{v_0}=2\pi\frac{m}{qB} \tag{5.34}$$

单位时间内,带电粒子的绕行圈数称为回旋频率,用 ν 表示,它是周期的倒数,即

$$\nu=\frac{qB}{2\pi m} \tag{5.35}$$

可见带电粒子的运动周期或回旋频率与带电粒子的运动速度无关。这一点被用在回旋加速器中来加速带电粒子。

(3) 带电粒子进入磁场时的速度 $\boldsymbol{v}_0$ 与磁场 $\boldsymbol{B}$ 方向成一夹角 θ,这时可以将带电粒子的初速度 $\boldsymbol{v}_0$ 分解为 $\boldsymbol{v}_{/\!/}$ 和 $\boldsymbol{v}_{\perp}$,有

$$v_{/\!/}=v_0\cos\theta$$

$$v_{\perp}=v_0\sin\theta$$

即带电粒子同时参与两种运动,因为平行于磁场方向的速度分量 $v_{/\!/}$ 不受磁场洛伦兹力作用,所以粒子在平行于磁场方向作匀速直线运动;因为还存在垂直于磁场方向的速度分量 $v_{\perp}$,所以在磁场洛伦兹力的作用下,带电粒子同时在垂直于磁场方向上作匀速圆周运动。因此,带电粒子两个分运动合成为一螺旋运动,合运动的轨迹是一螺旋线,如图 5.22 所示。

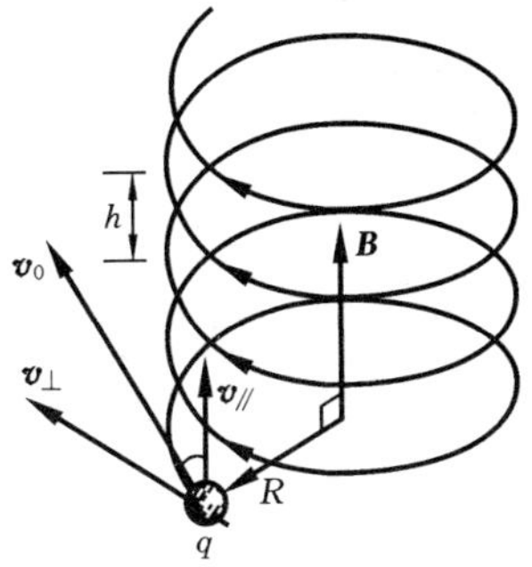

螺旋线半径为

$$R=\frac{mv_{\perp}}{qB}=\frac{mv_0\sin\theta}{qB} \tag{5.36}$$

旋转一周的时间为

$$T=\frac{2\pi R}{v_0\sin\theta}=2\pi\frac{m}{qB} \tag{5.37}$$

一个周期内,粒子沿磁场方向前进的距离称为螺距 h,则

$$h=Tv_{/\!/}=\frac{2\pi mv_0\cos\theta}{qB} \tag{5.38}$$

图 5.22

式(5.38)表明,螺距 h 只与平行于磁场的速度分量大小 $v_{/\!/}$ 有关,而与垂直于磁场方向的速度分量大小 $v_{\perp}$ 无关,这一点是磁聚焦的理论依据。

在均匀磁场中某点 A 发射一束初速度相差不大的带电粒子,它们的初速度与磁场 $\boldsymbol{B}$ 的夹角不尽相同,但夹角比较小,因此有

$$v_{/\!/}=v_0\cos\theta\approx v_0$$

$$v_{\perp}=v_0\sin\theta\approx v_0\theta$$

这些带电粒子将沿不同半径的螺旋线前进。由于它们速度的平行分量近似相等,因而螺距近似相等,因此经过一个螺距后,它们又会重新聚在 A' 点,这与光束通过透镜后聚焦的现象有些类似,所以称为磁聚焦现象,如图 5.23 所示。

当带电粒子在非均匀磁场中向磁场较强的方向运动时,螺旋线半径将随着磁感应强度的增加而减少,如图 5.24 所示。同时,此带电粒子在非均匀磁场中受到的洛伦

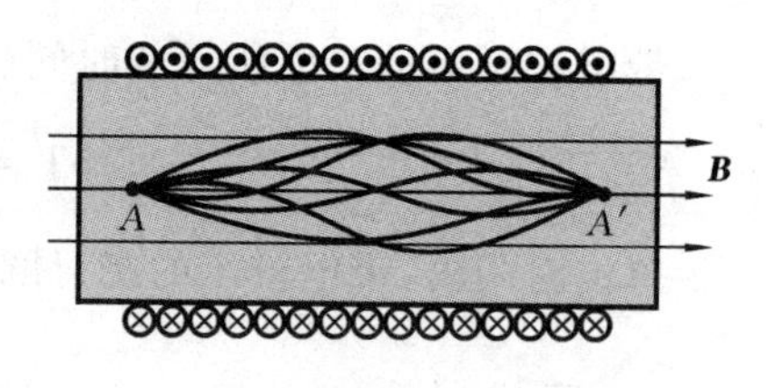

图 5.23

兹力总有一指向磁场较弱方向的分力,此分力阻止带电粒子向磁场较强的方向运动。这样有可能使粒子沿磁场方向的速度分量逐渐减小到零,从而迫使粒子掉头反向运动。如果在一长直圆柱形真空室中形成一个两端很强、中间较弱的磁场(如图 5.25 所示),那么两端较强的磁场对带电粒子的运动起着阻塞的作用,它能迫使带电粒子局限在一定的范围内作往返运动。由于带电粒子在两端处的这种运动好像光线遇到镜面而发生反射一样,所以这种装置称为磁镜。这种技术常用于可控热核反应装置中,这是因为在热核反应中物质处于等离子态,温度高达 10^6 K 以上,目前尚无一种实体容器能够耐受如此高温,所以采用这样一种磁场来约束和容纳可控热核反应物质。

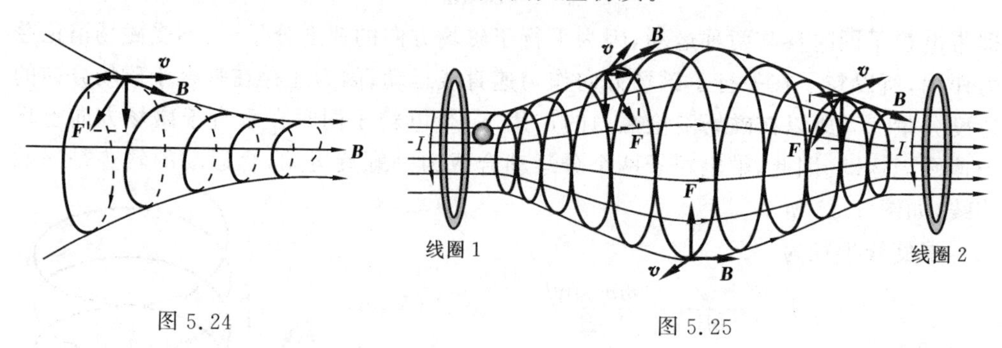

图 5.24　　图 5.25

如果空间中同时存在着电场和磁场,那么带电粒子除了受到洛伦兹力外还受到电场力作用。这时,带有电荷量 q 的粒子在静电场 $\boldsymbol{E}$ 和磁场 $\boldsymbol{B}$ 中以速度 $\boldsymbol{v}$ 运动时所受的合力为

$$\boldsymbol{F}=q\boldsymbol{E}+q\boldsymbol{v}\times\boldsymbol{B} \tag{5.39}$$

当带电粒子的速度 v 远小于光速 c 时,根据牛顿第二定律,带电粒子的运动方程(设重力可略去不计)为

$$q\boldsymbol{E}+q\boldsymbol{v}\times\boldsymbol{B}=m\frac{\mathrm{d}\boldsymbol{v}}{\mathrm{d}t} \tag{5.40}$$

式中,m 为粒子的质量。在一般情况下,求解这一方程是比较复杂的。但在实际应用中,经常遇到利用电磁力来控制带电粒子运动的例子,所使用的电场和磁场都具有某种对称性,这就使求解方程简便得多。

5.4.2　磁场对载流导线的作用力　安培定律

载流导线在磁场中受到力的作用,人们根据这一原理发明了电动机。磁场对载流导线的作用,从本质上讲,是由磁场对载流导线中的运动电荷作用引起的,运动电荷在磁场中要受到洛伦兹力的作用。设导线横截面积为 S,通过的电流为

I,导线单位体积中的载流子数为 n,平均漂移速度为 $\boldsymbol{v}$,每个载流子所带电量为 q,在磁场 $\boldsymbol{B}$ 的作用下,每个载流子受到的洛伦兹力($\boldsymbol{F}=q\boldsymbol{v}\times\boldsymbol{B}$)的作用。设想在导线上截取一电流元 $I\mathrm{d}l$,该电流元中的载流子数为 $\mathrm{d}N=nS\mathrm{d}l$,因此整个电流元受到的磁场力为

$$\mathrm{d}\boldsymbol{F}=nS\mathrm{d}l(q\boldsymbol{v}\times\boldsymbol{B})$$

式中,$qnSv$ 是单位时间内通过导线截面 S 的电荷量,即电流 I。由于电流流动方向就是电流元的方向,上式可写成

$$\mathrm{d}\boldsymbol{F}=I\mathrm{d}\boldsymbol{l}\times\boldsymbol{B} \tag{5.41}$$

式(5.41)称为安培定律,磁场对载流导线的作用力称为安培力,安培力的方向与矢积 $\mathrm{d}\boldsymbol{l}\times\boldsymbol{B}$ 的方向相同。

对于任意形状的载流导线 L 在磁场中所受的安培力 $\boldsymbol{F}$,应等于各个电流元所受的安培力 $\mathrm{d}\boldsymbol{F}$ 的矢量和,即

$$\boldsymbol{F}=\int_L \mathrm{d}\boldsymbol{F}=\int_L I\mathrm{d}\boldsymbol{l}\times\boldsymbol{B} \tag{5.42}$$

式(5.42)就是安培力的基本公式。

现讨论载流直导线在均匀的恒定磁场 $\boldsymbol{B}$ 中的受力问题。设导线长度为 l,电流为 I,其方向与磁场 $\boldsymbol{B}$ 方向的夹角为 θ,由式(5.42)可得

$$F=IlB\sin\theta \tag{5.43}$$

当 $\theta=0°$ 或 $180°$ 时,$F=0$;当 $\theta=90°$ 时,F 最大,$F=IlB$。

*5.4.3 两无限长平行载流直导线间的相互作用力　电流单位“安培”的定义

两无限长载流直导线间的相互作用力,实质上是一载流导线在其周围空间激发的磁场对另一载流导线的作用力。设两条平行的载流直导线 AB 和 CD,两者间的垂直距离为 a,电流分别为 I_1 和 I_2,方向相同,如图5.26所示。距离 a 与导线的长度相比很小,因此两导线可视为无限长直导线。

首先计算载流直导线 CD 所受的力。根据载流导线的磁场公式(5.14),导线 AB 在导线 CD 处产生的磁场大小为 $B_{21}=\dfrac{\mu_0 I_1}{2\pi a}$,$B_{21}$ 的方向垂直于导线 CD。

在 CD 上任取一电流元 $I_2\mathrm{d}\boldsymbol{l}_2$,根据安培定律,该电流元所受的力 $\mathrm{d}\boldsymbol{F}_{21}=I_2\mathrm{d}\boldsymbol{l}_2\times\boldsymbol{B}_{21}$,其大小为

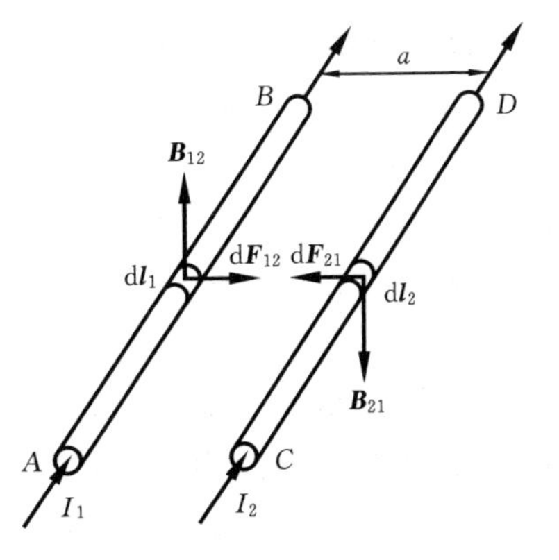

图5.26

$$dF_{21}=B_{21}I_2dl_2\sin\theta=B_{21}I_2dl_2=\frac{\mu_0 I_1}{2\pi a}I_2dl_2$$

$d\boldsymbol{F}_{21}$的方向在两平行载流直导线所决定的平面内,并垂直指向导线 AB。

同理,导线 CD 产生的磁场作用于导线 AB 的电流元 $I_1d\boldsymbol{l}_1$ 上的磁场力 $d\boldsymbol{F}_{12}$的大小为

$$dF_{12}=\frac{\mu_0 I_2}{2\pi a}I_1dl_1$$

$d\boldsymbol{F}_{12}$的方向与 $d\boldsymbol{F}_{21}$的方向相反。

因此,两载流直导线 AB 和 CD 单位长度所受的力大小相等,即

$$\frac{dF_{21}}{dl_2}=\frac{dF_{12}}{dl_1}=\frac{\mu_0 I_1 I_2}{2\pi a}$$

上述讨论表明,当两平行载流长直导线中的电流为同向时,通过磁场的作用,将相互吸引。不难看出,两者通有反向的电流时将相互排斥,而每一导线单位长度所受的斥力大小与其电流同方向时所受的引力相等。

由于电流比电荷容易测量,在国际单位制中把安[培]定为基本单位。安[培]的定义如下:真空中相距 1 m 的两无限长而圆截面极小的平行直导线中载有相等的电流时,若在每米长度导线上相互作用力等于 2×10^{-7} N,则导线中的电流定义为 1 安[培](A)。

在国际单位制中,真空的磁导率 μ_0 是导出量。根据安培的定义,在上式中,取 $a=1$ m,$I_1=I_2=1$ A,$\frac{dF_{21}}{dl_2}=2\times10^{-7}$ N/m,从而可得 $\mu_0=4\pi\times10^{-7}$ H/m 。

5.4.4　磁场对载流线圈的作用　磁力矩

如图 5.27 所示,在磁感应强度为 $\boldsymbol{B}$ 的匀强磁场中,有一刚性的长方形平面载流线圈,边长分别为 l_1 和 l_2,电流为 I,设线圈的平面与磁场的方向成任意角 θ,对边 AB、CD 与磁场垂直。根据安培定律,导线 BC、AD 所受的安培力分别为

$$F_1=BIl_1\sin\theta$$

$$F_1'=BIl_1\sin(\pi-\theta)=BIl_1\sin\theta$$

这两个力在同一直线上,大小相等而方向相反,相互抵消。

导线 AB 和 CD 所受的安培力分别为 $\boldsymbol{F}_2$ 和 $\boldsymbol{F}_2'$,则

$$F_2=F_2'=BIl_2$$

这两个力大小相等、方向相反,但力的作用线不在同一直线上,因此它们的合力为零但合力矩不为零,磁场作用在线圈上的磁力矩的大小为

$$M=F_2l_1\cos\theta=BIl_1l_2\cos\theta=BIS\cos\theta$$

式中,$S=l_1l_2$ 为线圈的面积。

如果用线圈平面的法线正方向(法线正方向与线圈电流的流向符合右手螺旋关

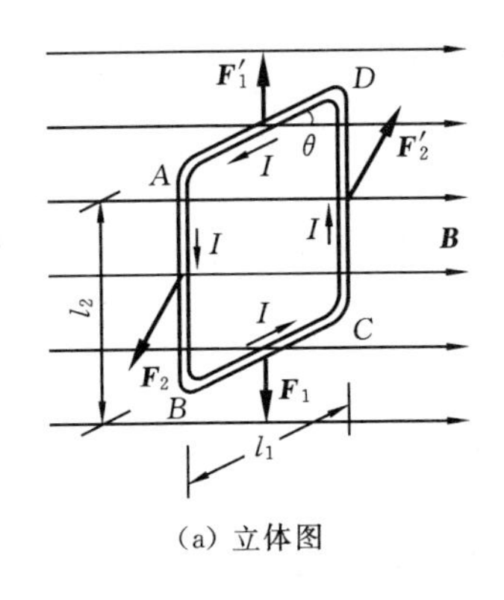

(a) 立体图

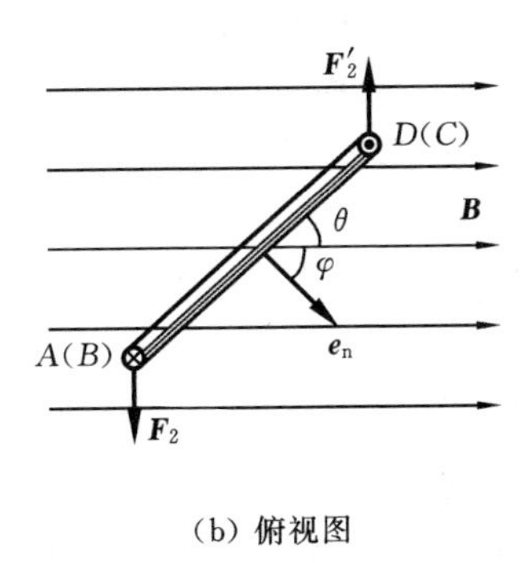

(b) 俯视图

图 5.27

系)和磁场方向的夹角 φ 来代替 θ，由于 $\theta+\varphi=\frac{\pi}{2}$，所以上式应为

$$M=BIS\sin\varphi$$

如果线圈有 N 匝，那么线圈所受的磁力矩为

$$M=NBIS\sin\varphi=mB\sin\varphi \tag{5.44}$$

式(5.44)中的 $m=NIS$，是线圈的磁矩的大小，磁矩是矢量，用 $\boldsymbol{m}$ 表示，它的方向就是载流线圈平面法线的正方向。所以式(5.44)也可以写成矢量式

$$\boldsymbol{M}=\boldsymbol{m}\times\boldsymbol{B} \tag{5.45}$$

式(5.44)和式(5.45)不仅对长方形线圈成立，对于在匀强磁场中任意形状的平面线圈也同样成立，甚至对带电粒子沿闭合回路的运动以及带电粒子的自旋所具有的磁矩，计算其在磁场中所受到的磁力矩作用时都可用上述公式。

讨论

(1) 当 $\varphi=0°$时，线圈法线方向与磁场方向平行，$M=0$，线圈不受磁力矩作用，此时线圈处于稳定平衡状态。

(2) 当 $\varphi=180°$时，线圈法线方向与磁场方向反平行，同样线圈不受磁力矩作用，有 $M=0$，但如果此时稍有外力干扰，线圈就会向 $\varphi=0°$处转动，因此称 $\varphi=180°$时的状态为不稳定平衡状态。

(3) 当 $\varphi=90°$时，线圈法线方向与磁场方向垂直，$M=M_{max}=mB$，此时线圈所受的磁力矩最大。

平面载流线圈在均匀磁场中任意位置上所受的安培力的合力为零，仅受到磁力矩的作用，因此在均匀磁场中的平面载流线圈只发生转动，不会发生整个线圈的平动。磁场对载流线圈作用磁力矩的规律是制造各种电动机、动圈式电表和电流计等的基本原理。

5.5 磁　介　质

前面讨论了载流导线在真空中所激发磁场的性质和规律。而在实际应用中，例如,变压器、电动机、发电机的线圈周围总是存在一些其他介质或磁性材料,那么,有介质存在时载流导线周围的磁场存在哪些规律?永久磁铁、录音磁带和计算机硬盘都依赖于磁性材料的性质,将信息数据往磁盘或磁带中进行存储时,磁盘或磁带表面的磁性材料性质将按信息发生相应的变化,从而将信息数据记录下来,这些介质在磁场中的规律和性质如何?下面将介绍之。

5.5.1　磁介质

1. 磁介质的分类

前面曾介绍过,处于静电场中的电介质要被电场极化,同时极化后的电介质产生的附加电场对原电场产生影响。与此类似,当磁场中存在介质时,磁场对介质也会产生作用,使其磁化。一切能够磁化的物质称为磁介质。介质磁化后会激发附加磁场,从而对原磁场产生影响。此时,介质内部任何一点处的磁感应强度 $\boldsymbol{B}$ 应该是外磁场磁感应强度 $\boldsymbol{B}_0$ 和附加磁场磁感应强度 $\boldsymbol{B}'$ 的矢量和,表示为

$$\boldsymbol{B}=\boldsymbol{B}_0+\boldsymbol{B}'$$

磁介质对磁场的影响可以通过实验来观察。最简单的方法是对真空中的长直螺线管通以电流 I,测出其内部的磁感应强度的大小 B_0,然后使螺线管内充满各向同性的均匀磁介质,并通以相同的电流 I,再测出此时的磁介质内的磁感应强度的大小 B。实验发现:磁介质内的磁感应强度是真空时的 μ_r 倍,即

$$\boldsymbol{B}=\mu_r\boldsymbol{B}_0 \tag{5.46}$$

式中,μ_r 称为磁介质的相对磁导率。根据相对磁导率 μ_r 的大小,可将磁介质分为四类。

(1) 抗磁质($\mu_r<1$)。$B<B_0$,附加磁场磁感应强度 $\boldsymbol{B}'$ 与外磁场磁感应强度 $\boldsymbol{B}_0$ 方向相反,磁介质内的磁场被削弱;

(2) 顺磁质($\mu_r>1$)。$B>B_0$,附加磁场磁感应强度 $\boldsymbol{B}'$ 与外磁场磁感应强度 $\boldsymbol{B}_0$ 方向一致,磁介质内的磁场被加强;

(3) 铁磁质($\mu_r\gg1$)。$B\gg B_0$,磁介质内的磁场被大大增强;

(4) 完全抗磁体($\mu_r=0$)。$B=0$,磁介质内的磁场等于零(如超导体)。

抗磁质和顺磁质的相对磁导率 μ_r 只是略大于或小于1,且为常数,它们对磁场的影响很小,属于弱磁性物质;铁磁质对磁场的影响很大,属于强磁性物质。磁介质在磁场中为什么会被磁化?磁化的作用机制是怎样的?这需要从磁介质的微观结构说起。就弱磁质和强磁质来说,它们的磁化机制完全不同。下面先介绍弱磁质的磁化过程。

2. 顺磁质与抗磁质的磁化机理

根据物质结构,任何物质都是由分子或原子组成的,原子中每个电子都同时参与两种运动,即绕着原子核的运动和自旋运动。这两种运动都将形成微小的环形电流,因而具有一定的磁矩,分别称为轨道磁矩和自旋磁矩。一个分子中全部电子的轨道磁矩和自旋磁矩的矢量和称为分子的固有磁矩,简称分子磁矩,用 $\boldsymbol{m}$ 表示。分子磁矩可等效于一个圆形电流的磁矩,这个圆形电流称为分子电流。

在外磁场 $\boldsymbol{B}_0$ 作用下,分子中每个电子的运动将更加复杂,除了保持上述两种运动外,还要附加一种以外磁场方向为轴线的转动(进动),这种转动也相当于一个圆形电流,因而引发一个附加磁矩,其方向总与外磁场的方向相反。一个分子内所有电子的附加磁矩的矢量和称为分子在磁场中所产生的附加磁矩,用符号 $\Delta\boldsymbol{m}$ 表示。

顺磁质和抗磁质的区别在两者的电结构不同。抗磁质分子中所有电子的轨道磁矩和自旋磁矩的矢量和为零,即分子的固有磁矩 $\boldsymbol{m}=0$,只有在外磁场作用下时才有附加磁矩 $\Delta\boldsymbol{m}$。而顺磁质分子的固有磁矩 $\boldsymbol{m}$ 不为零,虽然顺磁质分子在外磁场作用下也产生附加磁矩 $\Delta\boldsymbol{m}$,但它比分子的固有磁矩小得多,即对顺磁质而言,$\Delta\boldsymbol{m}\ll\boldsymbol{m}$,因而附加磁矩可以略去不计。铁磁质是顺磁质的一种特殊情况,有关铁磁质的特殊性质将在后面介绍。

没有外磁场时,由于分子的热运动使顺磁质的各分子固有磁矩的取向杂乱无章。它们相互抵消,因而宏观上不显现磁性。有外磁场存在时,顺磁质分子的固有磁矩将受到外磁场的力矩作用。在磁力矩作用下,各分子磁矩将因分子无规则热运动的阻碍而不同程度地沿着外磁场 $\boldsymbol{B}_0$ 的方向排列起来,如图 5.28(a)所示。对抗磁质而言,只有在外磁场作用下,它的分子才产生与外磁场方向相反的分子附加磁矩,如图 5.28(b)所示。

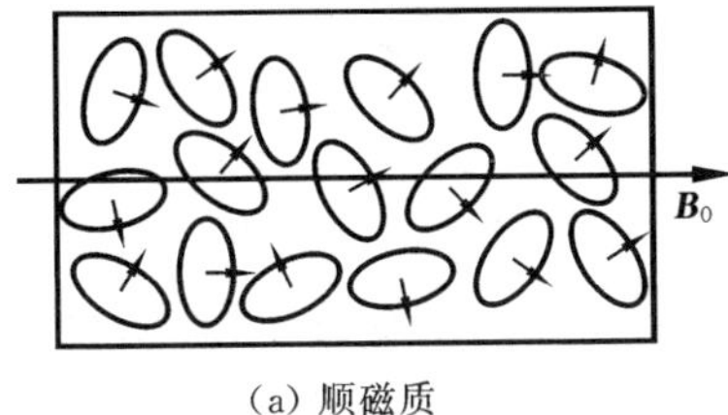

(a) 顺磁质

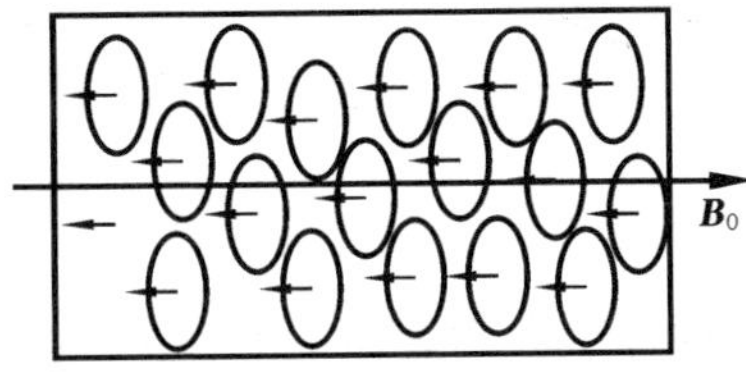

(b) 抗磁质

图 5.28

3. 磁化强度

由以上讨论可知,无论是顺磁质还是抗磁质,在未加外磁场时,磁介质宏观上的一个小体积内,各个分子磁矩的矢量和等于零,因此磁介质在宏观上不产生磁效应。但是当磁介质放在外磁场中被磁化后,磁介质中的一个小体积内,各个分子磁矩的矢量和不再等于零,顺磁质中分子的固有磁矩排列得越整齐,它们的矢量和就越大;抗磁质中分子的附加磁矩越大,它们的矢量和也越大。同一体积内,分子磁矩矢量和的大小反映了介质被磁化的强弱程度。因此,为了描述这种磁化的强弱程度,下面将引入一个物理量,称为磁化强度矢量,用 $\boldsymbol{M}$ 表示。它定义为:磁介质中某处单位体积内分子磁矩的矢量和,数学上表示为

$$\boldsymbol{M}=\frac{\sum\limits_i \boldsymbol{m}_i}{\Delta V} \tag{5.47}$$

式中,ΔV 为磁介质内某点处的一个小体积;$\sum\limits_i \boldsymbol{m}_i$ 为磁化后小体积 ΔV 内分子磁矩的矢量和。

在国际单位制中,磁化强度的单位为安[培]每米,符号为 A/m。

磁化强度矢量是定量描述磁介质磁化强弱和方向的物理量。一般情况下,它是空间坐标的矢量函数。当磁化强度矢量为恒矢量时,磁介质被均匀磁化。

5.5.2 磁化电流 有磁介质存在时的安培环路定理

如图 5.29(a)所示,设在单位长度有 n 匝线圈的无限长直螺线管内充满着均匀磁介质,线圈内的电流为 I,电流 I 在螺线管内激发的磁感应强度为 $\boldsymbol{B}_0$($B_0=\mu_0 nI$)。而磁介质在磁场 $\boldsymbol{B}_0$ 中被磁化,从而使磁介质内的分子磁矩在磁场 $\boldsymbol{B}_0$ 的作用下有规则排列,如图 5.29(b)所示。从图 5.29 可以看出,在磁介质内部各处的分子电流总是方向相反,相互抵消,只有在边缘上形成近似环形电流,这个电流称为磁化电流。由于在各个横截面的边缘都出现这种环形电流,宏观上相当于在介质圆柱体表面上有一层电流流过。

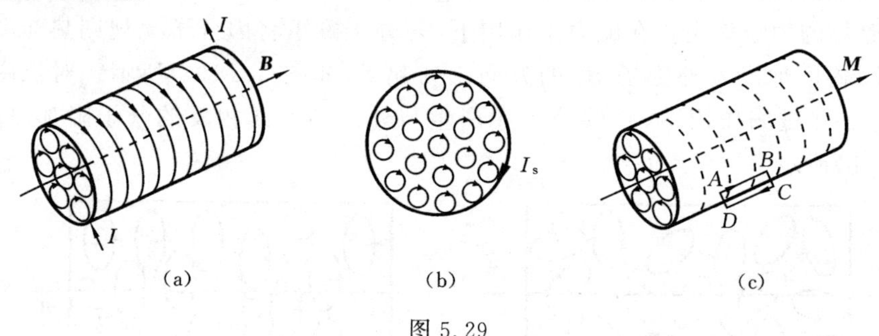

图 5.29

把圆柱体磁介质表面上沿柱体母线方向单位长度的磁化电流,称为磁化电流面密度 J_s,那么,在长为 L、横截面为 S 的磁介质里,由于被磁化而具有的磁矩值为 $\sum m = J_s LS$。于是由磁化强度定义式(5.47) 可得磁化电流面密度和磁化强度之间的关系为

$$J_s = M \tag{5.48}$$

若在如图 5.29(c) 所示的圆柱体磁介质内、外横跨边缘处选择 $ABCDA$ 矩形环路,并设 $AB = l$,那么磁化强度 $\boldsymbol{M}$ 沿此环路的积分则为

$$\oint_L \boldsymbol{M} \cdot \mathrm{d}\boldsymbol{l} = M \cdot AB = J_s l \tag{5.49}$$

此外,对 $ABCDA$ 环路来说,由安培环路定理可有

$$\oint_L \boldsymbol{B} \cdot \mathrm{d}\boldsymbol{l} = \mu_0 \sum I_l \tag{5.50}$$

式中,$\sum I_l$ 为环路所包围线圈流过的传导电流 $\sum I$ 与磁化电流 $\sum J_s$ 之和,故式(5.50) 可写为

$$\oint_L \boldsymbol{B} \cdot \mathrm{d}\boldsymbol{l} = \mu_0 \sum I + \mu_0 J_s l$$

将式(5.49)代入上式,可得

$$\oint_L \boldsymbol{B} \cdot \mathrm{d}\boldsymbol{l} = \mu_0 \sum I + \mu_0 \oint_L \boldsymbol{M} \cdot \mathrm{d}\boldsymbol{l}$$

上式可写为

$$\oint_L \left(\frac{\boldsymbol{B}}{\mu_0} - \boldsymbol{M}\right) \cdot \mathrm{d}\boldsymbol{l} = \sum I \tag{5.51}$$

引进辅助量 $\boldsymbol{H}$,且令

$$\boldsymbol{H} = \frac{\boldsymbol{B}}{\mu_0} - \boldsymbol{M} \tag{5.52}$$

$\boldsymbol{H}$ 称为磁场强度,于是得

$$\oint_L \boldsymbol{H} \cdot \mathrm{d}\boldsymbol{l} = \sum I \tag{5.53}$$

这就是磁介质中的安培环路定理,它说明:磁场强度沿任意闭合回路的线积分($\boldsymbol{H}$ 的环量),等于该回路所包围的传导电流的代数和。$\boldsymbol{H}$ 的环量与磁化电流无关。因此,引入 $\boldsymbol{H}$ 矢量后,在磁场及磁介质的分布具有某些对称性时,可以根据传导电流的分布求出 $\boldsymbol{H}$ 的分布,再由磁感应强度与磁场强度的关系求出 $\boldsymbol{B}$ 的分布。

国际单位制中,磁场强度 $\boldsymbol{H}$ 的单位是安[培]每米,符号是 A/m。

在均匀磁介质中,$\boldsymbol{B} = \mu_0 \mu_r \boldsymbol{H}$,$\mu_r$ 为磁介质的相对磁导率。令 $\mu = \mu_0 \mu_r$,则 $\boldsymbol{B} = \mu \boldsymbol{H}$,其中 μ 称为磁介质的磁导率。对于真空或空气,$\mu_r = 1$,故 $\mu = \mu_0$。

例题 5.3　在均匀密绕的螺绕环内充满均匀的顺磁介质,该螺绕环中的传导电流为 I,单位长度内匝数为 n,环的横截面半径比环的平均半径小得多,磁介质的磁导率为 μ。试求环内的磁场强度和磁感应强度。

解　如图 5.30 所示,在环内任取一点 P,过该点作一和环同心、半径为 r 的圆形回路,磁场强度 $\boldsymbol{H}$ 沿此回路的线积分为

$$\oint_L \boldsymbol{H} \cdot \mathrm{d}\boldsymbol{l} = NI$$

式中,N 是螺绕环上线圈的总匝数。由对称性可知,在所取圆形回路上各点的磁场强度的大小相等,方向都沿切线。于是

$$H \times 2\pi r = NI$$

$$H = \frac{NI}{2\pi r} = nI$$

当环内是真空时,环内的磁感应强度为

$$\boldsymbol{B}_0 = \mu_0 \boldsymbol{H}$$

当环内充满均匀磁介质时,环内的磁感应强度为

$$\boldsymbol{B} = \mu \boldsymbol{H} = \mu_0 \mu_r \boldsymbol{H}$$

$\boldsymbol{B}$ 和 $\boldsymbol{B}_0$ 大小的比值为

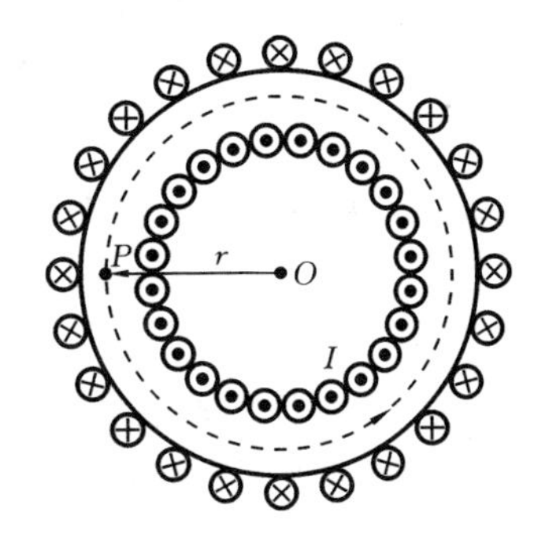

图 5.30

$$\frac{B}{B_0}=\mu_r$$

可利用上式来测定磁介质相对磁导率 μ_r 的值,但需要指出的是,只有磁介质均匀充满整个磁场时,才有 $\frac{B}{B_0}=\mu_r$ 的关系。

例题 5.4 如图 5.31 所示,一半径为 R_1 的无限长圆柱体(导体,$\mu=\mu_0$)中均匀地通有电流 I,在它外面有半径为 R_2 的无限长同轴圆柱面,两者之间充满着磁导率为 μ 的均匀磁介质,在圆柱面上通有相反方向的电流 I。试求:

(1) 介于圆柱体和圆柱面之间一点的磁场;

(2) 圆柱体内一点的磁场;

(3) 圆柱面外一点的磁场。

解 (1) 当两个无限长的同轴圆柱体和圆柱面内有电流通过时,它们所激发的磁场是轴对称分布的,而磁介质也呈轴对称分布。因而不会改变磁场的对称性分布。设介于圆柱体和圆柱面之间的一点到轴的垂直距离为 r_1,以 r_1 为半径作一圆,此圆为积分回路,根据安培环路定理有

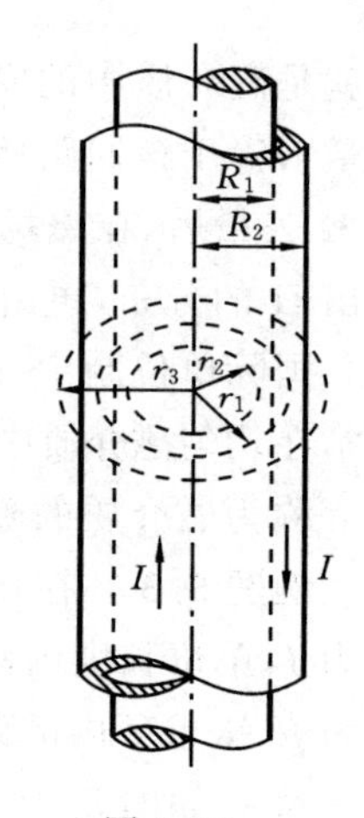

图 5.31

$$\oint_L \boldsymbol{H}\cdot \mathrm{d}\boldsymbol{l}=H\int_0^{2\pi r_1}\mathrm{d}l=H\times 2\pi r_1=I$$

$$H=\frac{I}{2\pi r_1}$$

$$B=\mu H=\frac{\mu I}{2\pi r_1}$$

(2) 设在圆柱体内一点到轴的垂直距离为 r_2,则以 r_2 为半径作一圆,应用安培环路定理得

$$\oint_L \boldsymbol{H}\cdot \mathrm{d}\boldsymbol{l}=H\int_0^{2\pi r_2}\mathrm{d}l=H\times 2\pi r_2=I\,\frac{\pi r_2^2}{\pi R_1^2}=I\,\frac{r_2^2}{R_1^2}$$

式中,$I\,\frac{\pi r_2^2}{\pi R_1^2}$ 是该环路所包围的电流部分,由此得

$$H=\frac{Ir_2}{2\pi R_1^2}$$

由 $B=\mu_0 H$ 得

$$B=\frac{\mu_0 Ir_2}{2\pi R_1^2}$$

(3) 在圆柱面外取一点,它到轴的垂直距离为 r_3,以 r_3 为半径作一圆,应用安培环路定理,考虑到该环路中所包围的电流的代数和为零,所以得

$$\oint_L \boldsymbol{H}\cdot \mathrm{d}\boldsymbol{l}=H\int_0^{2\pi r_3}\mathrm{d}l=0$$

即

$$H=0,\quad B=0$$

5.5.3　有磁介质存在时的高斯定理

磁介质在外磁场中会发生磁化，同时产生磁化电流 I_s，因此磁介质内部的磁场 $\boldsymbol{B}$ 是外磁场 $\boldsymbol{B}_0$ 与磁化电流激发的磁场 $\boldsymbol{B}'$ 的矢量叠加，即 $\boldsymbol{B}=\boldsymbol{B}_0+\boldsymbol{B}'$。

由于磁化电流在激发磁场方面与传导电流等效，激发的磁场都是涡旋场，因此在存在介质的磁场中高斯定理仍然成立，即

$$\oint_S \boldsymbol{B}\cdot \mathrm{d}\boldsymbol{S}=0 \tag{5.54}$$

式(5.54)是普遍情况下的高斯定理。在真空中，式中的 $\boldsymbol{B}$ 即为外磁场磁感应强度；在磁介质中，式中的 $\boldsymbol{B}$ 是外磁场与磁化电流产生的附加磁场的合磁场磁感应强度。

*5.5.4　铁磁质

铁磁质是另一类磁介质，铁、钴、镍及其合金都是铁磁质，铁磁质的磁化机制与顺磁质和抗磁质完全不同，在室温下其磁导率比真空或空气的磁导率大几百倍甚至几千倍，铁磁质即使在较弱的磁场内，也可得到极高的磁化强度，而且当外磁场撤去后，某些铁磁质仍可保留极强的磁性。因此，在电工设备中，如电磁铁、电机、变压器等，铁磁质材料都有其广泛的应用。为什么铁磁质不同于其他弱磁质，在外磁场中能激发出远大于外磁场的强磁场？这与铁磁质独特的微观物质结构有关。

1. 磁畴

根据固体结构理论，铁磁质中相邻原子的电子间因自旋而存在很强的交换作用。在这种作用下，铁磁质内部相近原子的磁矩会在一个微小的区域内形成方向一致、排列非常整齐的自发磁化区，这些自发磁化的微小区域称为磁畴。在没有外磁场作用时，在每个磁畴中原子的磁矩均取向同一方位，但对不同的磁畴其磁矩的取向各不相同。所以在没有外磁场时，对外不显示磁性，如图 5.32(a) 所示。当处于外磁场中时，铁磁质内各个磁畴的磁矩在外磁场的作用下都趋向于沿外磁场方向排列，如图 5.32(b) 所示，也就是说，不是像顺磁质那样使单个原子、分子发生转向，而是整个磁畴转向外磁场方向。所以在不强的外磁场作用下，铁磁质可以表现出很强的磁性来。这时，铁磁质在外磁场中磁化程度非常大，它所建立的附加磁场的磁感应强度比外磁场的磁感应强度在数值上一般要大几十倍到数千倍，甚至达数百万倍。

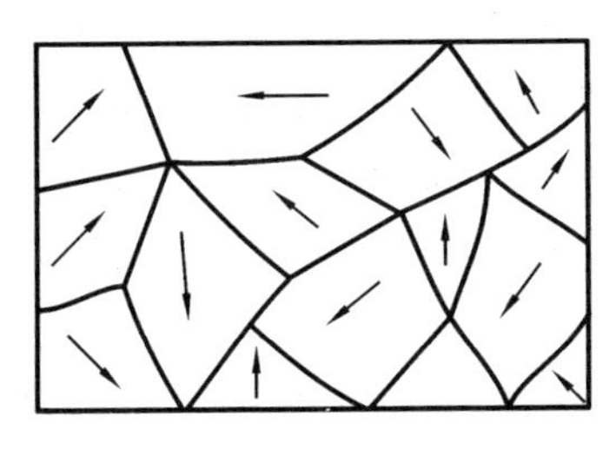

(a) 无外磁场

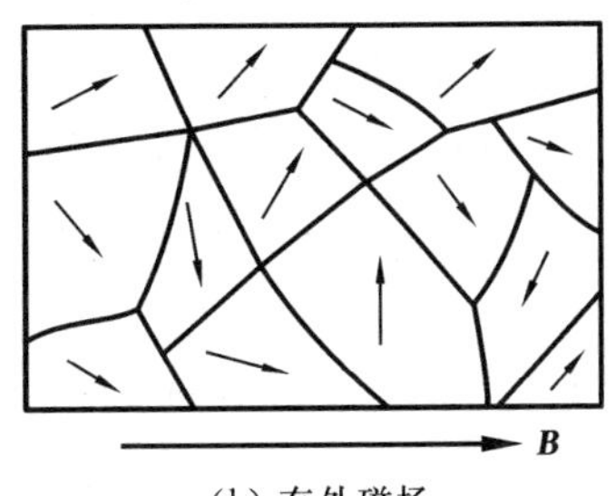

(b) 有外磁场

图 5.32

从实验结果还知道,铁磁质的磁化不仅和外磁场有关,还和振动、温度有关。随着温度的升高,它的磁化能力逐渐减小,当温度升高到某一温度时,铁磁性就完全消失。铁磁质退化为顺磁质,这个温度称为居里温度或居里点。这是因为铁磁质中自发磁化区域因剧烈的分子热运动而造成破坏,磁畴也就瓦解了,铁磁质的铁磁性消失,过渡到顺磁质。实验表明:铁的居里温度是 1 043 K,镍的居里温度是 633 K。

2. 磁化曲线

顺磁质的磁导率 μ 很小,但是一个常量,不随外磁场的改变而变化,故顺磁质的 B 与 H 的关系是线性关系,如图 5.33 所示。但铁磁质却不是这样,不仅它的磁导率比顺磁质的磁导率大得多,而且在外磁场改变时,它的磁导率 μ 还随磁场强度 $\boldsymbol{H}$ 的改变而变化,所以,对铁磁质来说,B 与 H 的关系是非线性关系。图 5.34 中实线表示磁感应强度与磁场强度的关系(B-H 曲线)。由于 B 与 H 的非线性关系,如果仍用式$\dfrac{B}{H}=\mu$来定义铁磁性材料的磁导率的值,则在磁化曲线上每一个 H 值便有一个相应的μ值,这时 μ 值不再是常量。图 5.34 中的虚线是某铁磁性材料的 μ 与 H 的关系曲线。

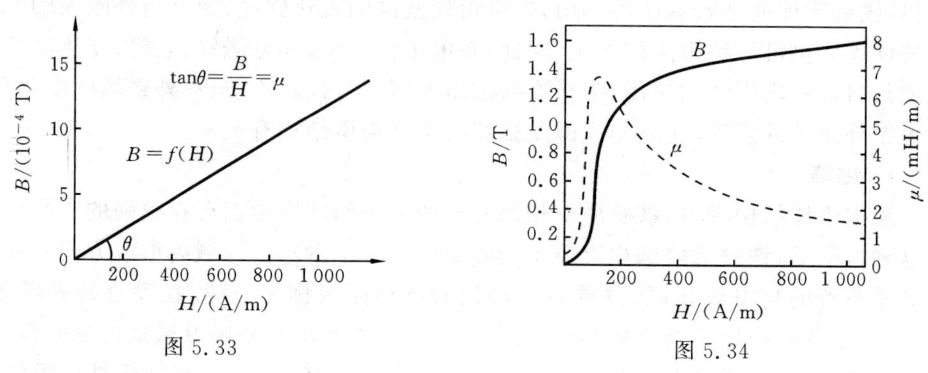

图 5.33　　图 5.34

3. 磁滞回线

上面所讨论的磁化曲线只是反映了铁磁性材料在磁场强度由零逐渐增强时的磁化特性,在这个过程中,磁感应强度 B 由零增加到饱和值。但在实际应用中,铁磁性材料多是处于交变磁场中,这时 H 的大小和方向作周期性的变化,铁磁质的磁化特性又将如何变化呢?

如图 5.35 所示,设铁磁性材料已沿起始磁化曲线 OA 段磁化到饱和,磁化开始饱和时的磁感应强度值用 B_s 表示。如果在达到饱和状态之后使 H 减小,这时 B 的值也要减小,但不沿原来的曲线下降,而是沿另一条曲线 AB 段下降,对应的 B 值比原来的值大,说明铁磁质磁化过程是不可逆过程。当 $H=0$ 时,磁感应强度并不等于零,而保留一定的大小 B_r,如图 5.35 中的线段 OB 所示,这就是铁磁质的剩磁现象。为了消除剩磁,必须在线圈中加一反向电流,即加上反方向的磁场。当反向磁场 $H=H_c$ 时,如图 5.35 的线段 OC 所示,$B=0$,这个 H_c 值称为材料的矫顽力。如果继续增强反向磁场,材料又可被反向磁化达到反方向的饱和状态,以后再逐渐减小反方向的磁场至零值时，B 与 H 的关系将沿 DE 线段变化。这时改变线圈中电流方向，即又引入正向磁场，则形成如图 5.35 所示的闭合曲线。从图 5.35 可以看出，磁感应强度 B 值的变化总是落后于磁场强度 H 值的变化，这种现象称为磁滞现象。上述闭合曲线常称为磁滞回线。

研究磁滞现象不仅可以了解铁磁质的特性，而且也有实用价值，因为铁磁材料往往是应用于交变磁场中的。需要指出，铁磁质在交变磁场中被反复磁化时，磁滞效应要损耗能量，而所损耗的能量与磁滞回线所包围的面积有关，面积越大，能量损耗也越多。

磁滞回线的大小和形状显示了磁性材料的特性，从而可以把铁磁性材料分为软磁、硬磁和矩磁材料。

软磁材料（如纯铁、硅钢等）的磁滞回线呈狭长形，如图 5.36 所示。可见，软磁材料的矫顽力小、初始磁导率高，外加很小的磁场就可达到饱和。根据软磁材料的特点，软磁材料适合于制作交变磁场的器件，如电感线圈、小型变压器、脉冲变压器等的磁心。

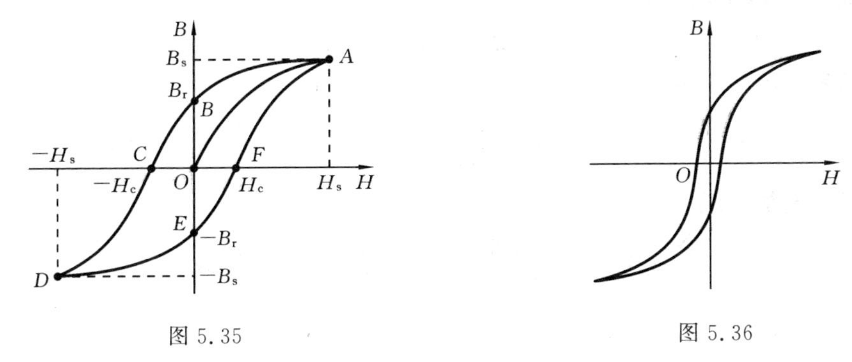

图 5.35　　图 5.36

硬磁材料（如碳铁、钨钢等）的磁滞回线较宽肥，如图 5.37 所示，它具有较高的剩磁、较高的矫顽力以及高饱和的磁感应强度，磁化后可长久保持很强的磁性，适宜于制成永久磁铁。这类材料主要用于磁路系统中作为永磁体，以产生恒定磁场，如扬声器、助听器、电视聚焦器、各种磁电式仪表等。

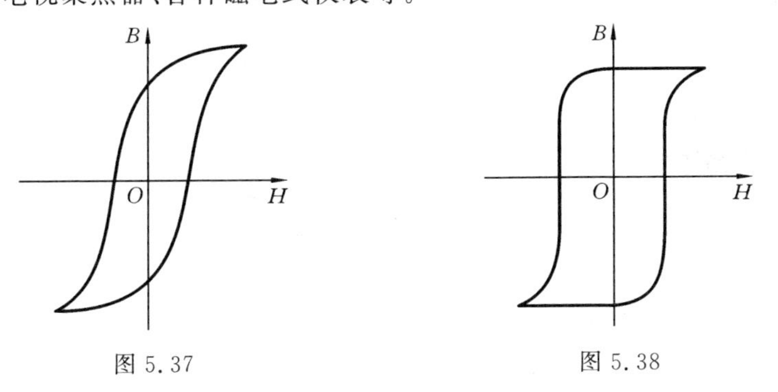

图 5.37　　图 5.38

矩磁材料（如三氧化二铁、二氧化铬等）的磁滞回线呈矩形状，比硬磁材料具有更高的剩磁、更高的矫顽力，如图 5.38 所示。这种磁性材料在信息存储领域内的作用越来越重要,适合于制作磁带、计算机硬盘等,用于记录信息。用于计算机存储信息时,可用磁极方向来表示 1 和 0,例如,N 极向上存储的信息为 1;向下表示为 0。根据磁材料的特点,能保证存储信息的安全。

提　要

1. 电流、电流密度

电流 $I=\dfrac{dq}{dt}$

电流密度 $J=\dfrac{dI}{dS_{\perp}}$

通过任意曲面 S 的电流为 $I=\int_S dI=\int_S \boldsymbol{J}\cdot d\boldsymbol{S}$

2. 欧姆定律的微分形式

$$\boldsymbol{J}=\gamma\boldsymbol{E}$$

3. 毕奥－萨伐尔定律

电流元的磁场 $d\boldsymbol{B}=\dfrac{\mu_0}{4\pi}\dfrac{Id\boldsymbol{l}\times\boldsymbol{r}}{r^3}$

4. 磁场叠加原理

$$\boldsymbol{B}=\int d\boldsymbol{B}=\int\frac{\mu_0}{4\pi}\frac{Id\boldsymbol{l}\times\boldsymbol{r}}{r^3}\quad \text{或者}\quad \boldsymbol{B}=\sum\boldsymbol{B}_i$$

无限长载流直导线的磁场 $B=\dfrac{\mu_0 I}{2\pi a}$

圆形电流圆心处的磁场 $B=\dfrac{\mu_0 I}{2R}$

无限长载流直螺线管内的磁场 $B=\mu_0 nI$

5. 恒定磁场的高斯定理

$$\oint_S \boldsymbol{B}\cdot d\boldsymbol{S}=0$$

表明恒定磁场是无源场。

6. 安培环路定理

$$\oint_L \boldsymbol{B}\cdot d\boldsymbol{l}=\mu_0\sum I$$

表明恒定磁场是非保守场。

7. 磁场对运动电荷、载流导线、载流线圈的作用

磁场对运动电荷的作用

洛伦兹力 $\boldsymbol{F}=q\boldsymbol{v}\times\boldsymbol{B}$

磁场对载流导线的作用

安培定律　　$\mathrm{d}\boldsymbol{F} = I\mathrm{d}\boldsymbol{l} \times \boldsymbol{B}$

磁场对载流线圈的作用

磁力矩　　$\boldsymbol{M} = \boldsymbol{m} \times \boldsymbol{B}$

8. 磁化强度、磁场强度

磁化强度　　$\boldsymbol{M} = \dfrac{\sum \boldsymbol{m}_i}{\Delta V}$

磁场强度　　$\boldsymbol{H} = \dfrac{\boldsymbol{B}}{\mu_0} - \boldsymbol{M}$

对于均匀各向同性磁介质，有　$\boldsymbol{B} = \mu_0 \mu_r \boldsymbol{H}$

9. 磁介质中的安培环路定理

$$\oint_L \boldsymbol{H} \cdot \mathrm{d}\boldsymbol{l} = \sum I$$

10. 磁介质中高斯定理

$$\oint_S \boldsymbol{B} \cdot \mathrm{d}\boldsymbol{S} = 0$$

思　考　题

5.1　电流是电荷的定向移动形成的，在电流密度大小 $J \neq 0$ 的地方，电荷的体密度 ρ 是否可能等于零？

5.2　一长为 l、截面积为 S 的铅线熔化后重新制成长为 $2l$、截面积为 $S/2$ 的铅线，试问：

(1) 铅线的电阻率是增大、减小还是保持不变？

(2) 铅线的电阻是增大、减小还是保持不变？

5.3　将电压 U 加在一根导线的两端，设导线的截面半径为 r，长度为 l。试分别讨论下列情况对自由电子漂移速度的影响。

(1) U 增至原来的两倍；

(2) r 不变，l 增至原来的两倍；

(3) l 不变，r 增至原来的两倍。

5.4　如果一带电粒子作匀速直线运动通过某区域，是否能断定该区域的磁场强度为零？

5.5　为什么当磁铁靠近电视机的屏幕时会使图像变形？

5.6　设图5.39中两导线的电流 I_1、I_2 均为8 A，试分别求如图所示的三条闭合线 L_1、L_2、L_3 的环路积分 $\oint_L \boldsymbol{B} \cdot \mathrm{d}\boldsymbol{l}$ 值，并讨论：

(1) 在每个闭合线上各点的磁感应强度 $\boldsymbol{B}$ 大小是否相等？

(2) 在闭合线 L_2 上各点的磁感应强度 $\boldsymbol{B}$ 是否为零，为什么？

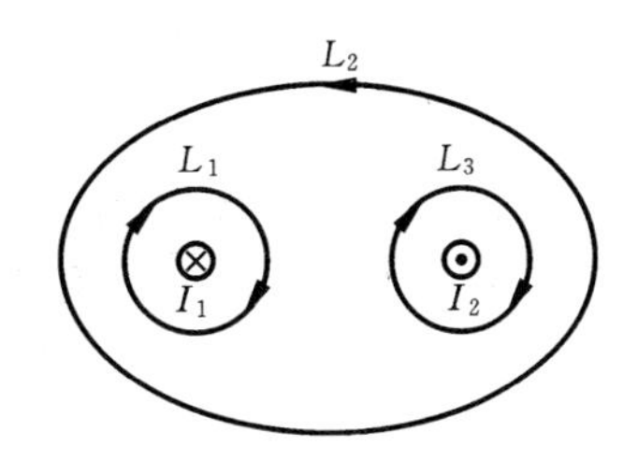

图5.39

5.7　一正电荷在磁场中运动,已知其运动速度$\boldsymbol{v}$沿着 x 轴方向,若它在磁场中所受力有以下几种情况,试指出各种情况下磁感应强度 $\boldsymbol{B}$ 的方向。

(1) 电荷不受力;

(2) $\boldsymbol{F}$ 的方向沿 z 轴方向,且此时磁力的值最大;

(3) $\boldsymbol{F}$ 的方向沿 $-z$ 轴方向,且此时磁力的值是最大值的一半。

5.8　一个弯曲的载流导线在均匀磁场中应如何放置才不受磁场的作用?

5.9　在一均匀磁场中,有两个面积相等、通有相同电流的线圈,一个是三角形,一个是圆形。这两个线圈所受的磁力矩是否相等?所受的最大磁力矩是否相等?所受的磁力的合力是否相等?两线圈的磁矩是否相等?

5.10　下面的几种说法是否正确?试说明理由。

(1) 若闭合曲线内不包围传导电流,则曲线上各点的 H 必为零。

(2) 若闭合曲线上各点的 H 为零,则该曲线所包围的传导电流的代数和为零。

(3) 无论是抗磁质还是顺磁质,$\boldsymbol{B}$ 总是和 $\boldsymbol{H}$ 同方向。

(4) 通过以闭合回路 L 为边界的任意曲面的 $\boldsymbol{B}$ 通量均相等。

(5) 通过以闭合回路 L 为边界的任意曲面的 $\boldsymbol{H}$ 通量均相等。

5.11　如果一闭合曲面包围条形磁铁的一个磁极,试问通过该闭合曲面的磁通量是多少?

5.12　如图 5.40 所示为一磁流体发电机原理示意图,将气体加热到高温(如2 500 K 以上)使之电离成等离子体,并让它通过平行板电极 1、2 间,在这里有一个垂直纸面向里的磁场 $\boldsymbol{B}$。试说明这时两电极间为何会产生一个大小为 vBd 的电压(v 为气体流速,d 为电极间距),哪个电极是正极?

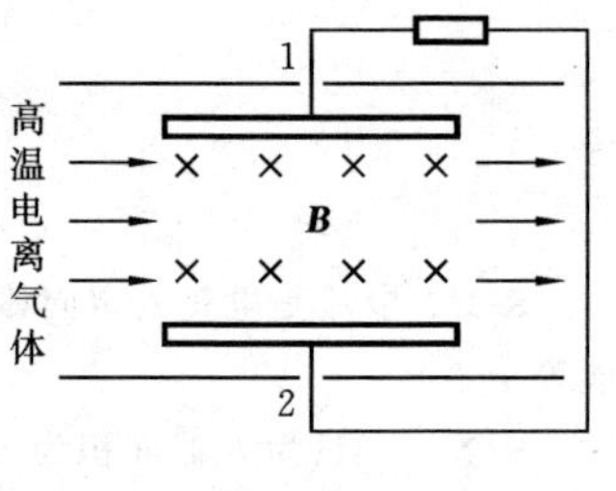

图 5.40

5.13　如图 5.41 所示,在磁感应强度大小为 B 的均匀磁场中,作一半径为 r 的半球面 S,S 的边线所在平面的法线方向的单位矢量 $\boldsymbol{e}_n$ 与 $\boldsymbol{B}$ 的夹角为 α,则通过半球面 S 的磁通量为多少?

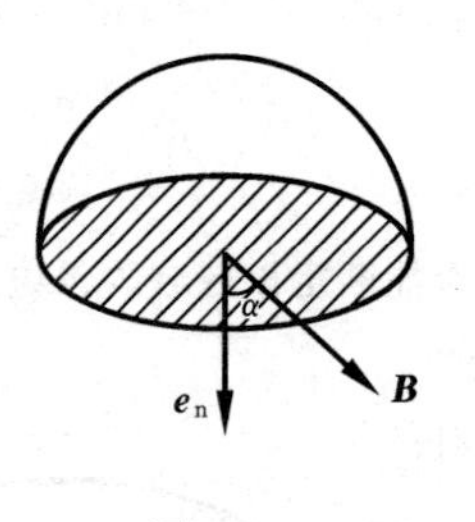

图 5.41

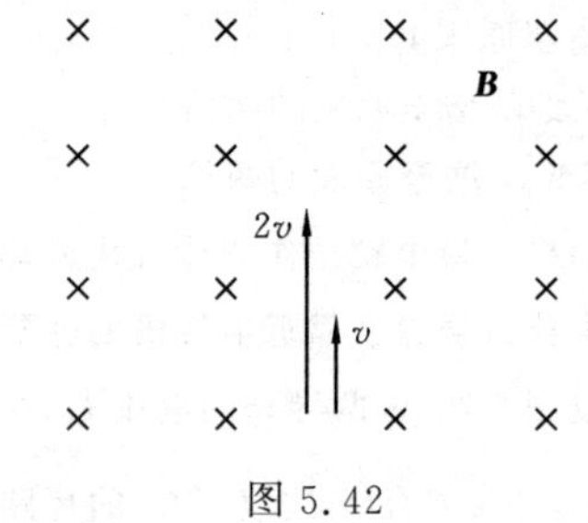

图 5.42

5.14　一对正、负电子同时在同一点射入一均匀磁场中,如图 5.42 所示,已知它们的速度分别为 $2v$ 和 v,都和磁场垂直。试指出它们的偏转方向;经磁场偏转后,哪个电子先回到出发点?

习　　题

5.1　一铜棒的横截面积为 $20\times80\ \text{mm}^2$,长为 2.0 m,两端的电势差为 50 mV。已知铜的电导

率 $\gamma = 5.7 \times 10^{7}$ S/m，铜内自由电子的电荷体密度为 1.36×10^{10} C/m³。试求：

(1) 它的电阻；

(2) 电流；

(3) 电流密度；

(4) 棒内的电场强度；

(5) 棒内电子的漂移速度。

5.2　两平行放置的长直流导线相距为 d，分别通有同向的电流 I 和 $2I$，坐标系的选择如图 5.43 所示。

(1) 试求 $x = \dfrac{d}{2}$ 处的磁感应强度的大小和方向；

(2) 找出磁感应强度为零的位置。

5.3　一边长 $l = 0.15$ m 的立方体如图 5.44 放置，有一均匀磁场 $\boldsymbol{B} = (6\boldsymbol{i} + 3\boldsymbol{j} + 1.5\boldsymbol{k})$ T 通过立方体所在区域，试计算：

(1) 通过立方体上阴影面积的磁通量；

(2) 通过立方体六个面的总磁通量。

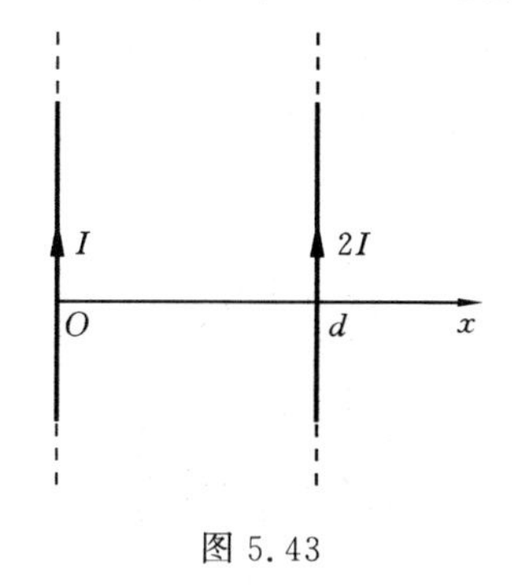

图 5.43

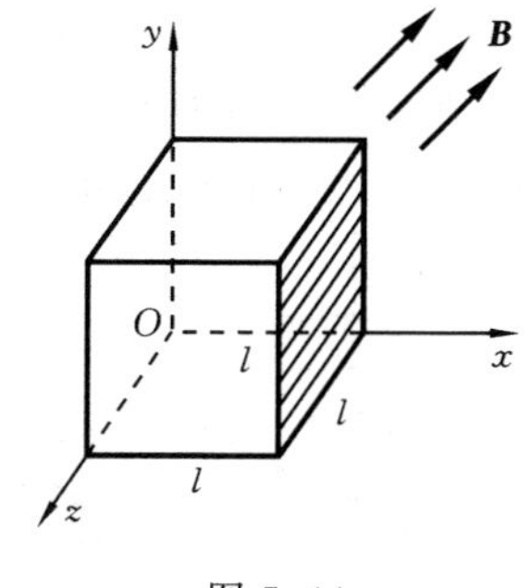

图 5.44

5.4　高压输电线在地面上空 25 m 处，通过的电流为 1.8×10^{3} A，试问：

(1) 在地面上由此电流所产生的磁感应强度有多大？

(2) 在上述地区，地磁场的磁感应强度为 0.6×10^{-4} T，输电线产生的磁场与地磁场相比如何？

5.5　两根长直导线相互平行地放置在真空中，如图 5.45 所示，其中通以同向的电流 $I_1 = I_2 = 10$ A。试求 P 点的磁感应强度。已知 P 点到两导线的垂直距离均为 0.5 m。

5.6　高为 h 的等边三角形的回路载有电流 I（如图 5.46 所示），试求该三角形的中心处的磁感应强度。

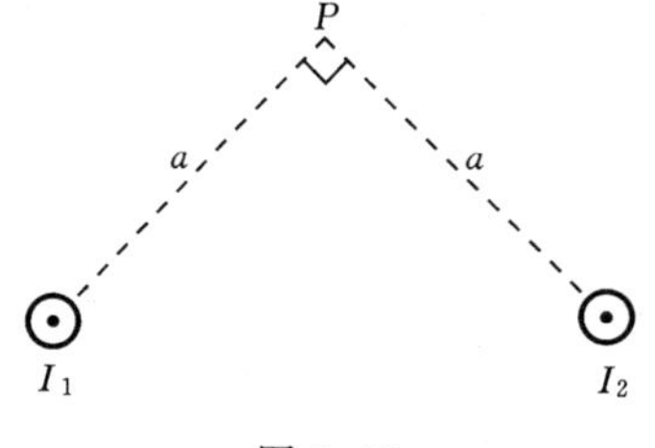

图 5.45

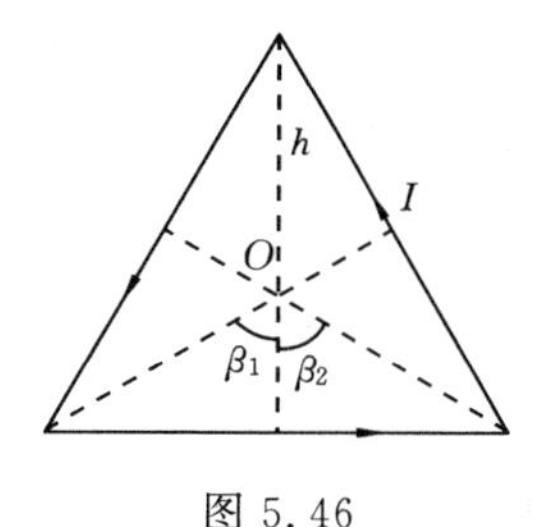

图 5.46

5.7　如图5.47所示，两根半无限长载流导线接在圆导线的A、B两点，圆心O到EA的垂直距离为R，$AO \perp BO$，如导线ACB部分的电阻AB是部分电阻的2倍。当通有电流I时，试求中心O处的磁感应强度。

5.8　如图5.48所示，在截面均匀圆环上任意两点用两根长直导线沿半径方向引到很远的电源上，试求环中心O点的磁感应强度。

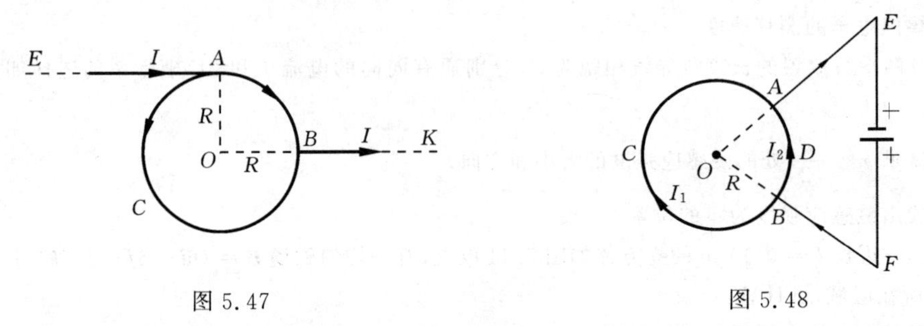

图5.47　　　　图5.48

5.9　在一半径为R的无限长半圆柱面金属薄片中，自下而上通有电流I，如图5.49所示，试求柱面轴线上任一点P处的磁感应强度。

5.10　半径为R的木球上，绕有密集的细导线，所绕回路平面彼此平行并以单层盖住半个球面，如图5.50所示，设线圈共有N匝，通有电流I，试求球心处的磁感应强度(提示：单位长度的匝数应是匝数与四分之一圆周长的比值)。

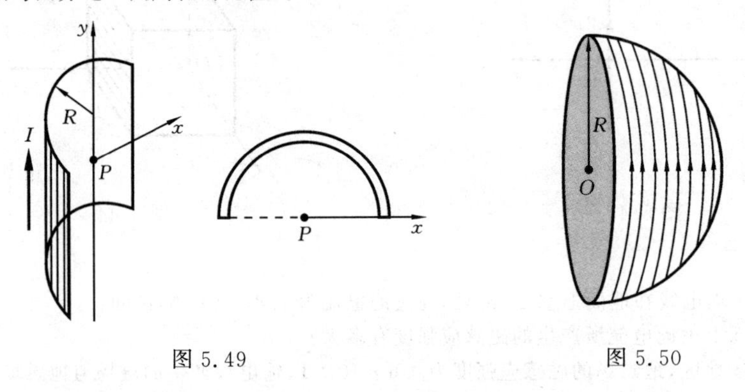

图5.49　　　　图5.50

5.11　如图5.51所示，两根彼此平行的长直载流导线相距$d = 0.40$ m，电流$I_1 = I_2 = 10$ A(方向相反)，试求通过图示阴影面积的磁通量，已知$a = 0.1$ m，$b = 0.25$ m。

5.12　如图5.52所示为一根长直圆管形导体的横截面，内、外半径分别为a、b，导体内载有沿轴线方向的电流I，且电流I均匀地分布在管的横截面上。试证明导体内部与轴线相距r处的各点$(a < r < b)$磁感应强度大小可由下式求出，即

$$B = \frac{\mu_0 I(r^2 - a^2)}{2\pi(b^2 - a^2)r}$$

5.13　一个电子射入$\boldsymbol{B} = (0.2\boldsymbol{i} + 0.5\boldsymbol{j})$ T的均匀磁场中，当电子速度为$\boldsymbol{v} = 5 \times 10^6 \boldsymbol{j}$ m/s时，试求电子所受的磁场力。

5.14　一质子以1.0×10^7 m/s的速度射入磁感应强度大小$B = 1.5$ T的均匀磁场中，其速度方向与磁场方向成30°角，试计算：

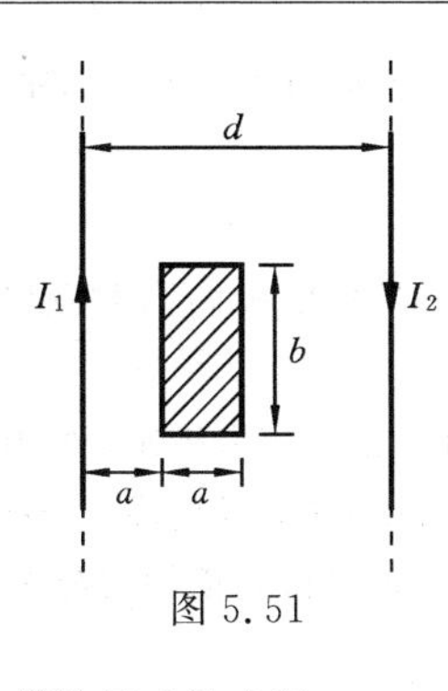

图 5.51

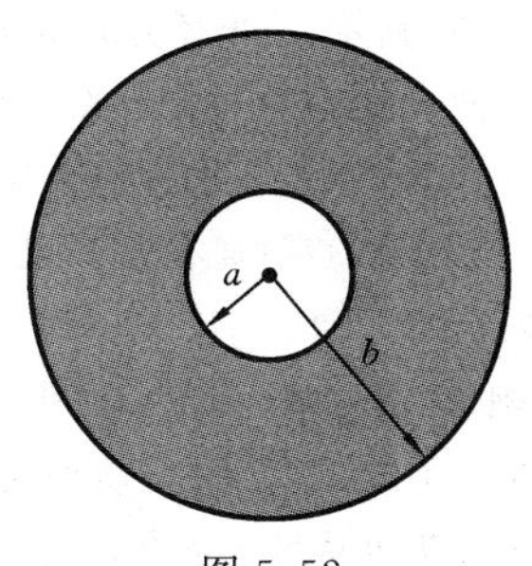

图 5.52

(1) 质子作螺旋运动的半径；

(2) 螺距；

(3) 旋转频率。

5.15　把能量为 2.0×10^3 eV 的一个正电子，射入磁感应强度大小 $B=0.1$ T 的匀强磁场中，其速度矢量与 $\boldsymbol{B}$ 成 89° 角，路径成螺旋线，其轴在 $\boldsymbol{B}$ 的方向。试求这螺旋线运动的周期 T、螺距 h 和半径 r。

5.16　如图 5.53 所示，一个塑料圆盘，半径为 R，表面均匀分布电量 q。试证明：当它绕通过盘心而垂直于盘面的轴以角速度 ω 转动时，盘心处的磁感应强度大小为 $B=\dfrac{\mu_0\omega q}{2\pi R}$。

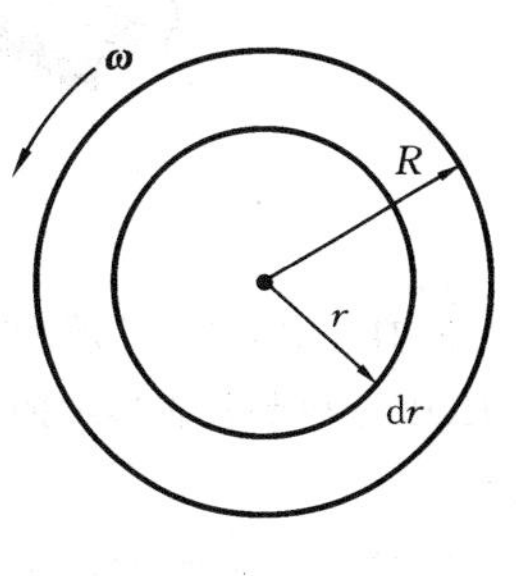

图 5.53

5.17　氢原子处在正常状态(基态)时，它的电子可看做是在半径为 $a=0.53\times10^{-8}$ cm 的轨道(称为玻尔轨道)上作匀速圆周运动，速度为 $v=2.2\times10^8$ cm/s。已知电子电荷的大小为 $e=1.602\times10^{-19}$ C，试求电子的这种运动在轨道中心产生的磁感应强度 $\boldsymbol{B}$ 的大小。

5.18　亥姆霍兹线圈常用于在实验室中产生均匀磁场。这个线圈由两个相互平行的共轴的细线圈组成，如图 5.54 所示。线圈半径为 R，两线圈相距也为 R，线圈中通以同方向的相等电流。

(1) 试求两线圈之间 z 轴上任一点的磁感应强度；

(2) 试证明在 $z=0$ 处 $\dfrac{\mathrm{d}B}{\mathrm{d}z}$ 和 $\dfrac{\mathrm{d}^2B}{\mathrm{d}z^2}$ 两者都为零，并说明此结果的意义。

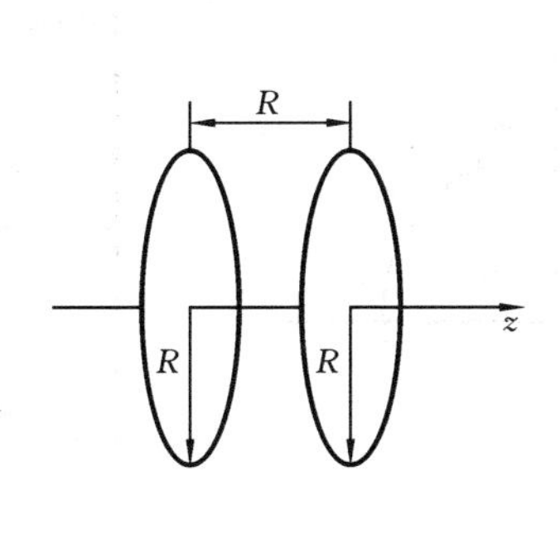

图 5.54

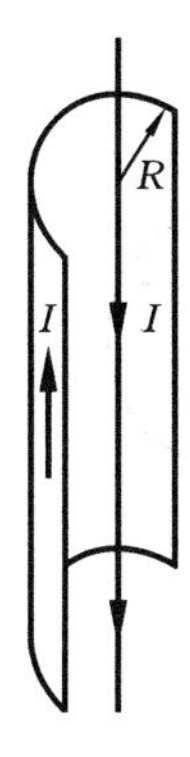

图 5.55

5.19 如图 5.55 所示,一半径为 R 的无限长半圆柱面导体,其上电流与其轴线上一无限长直导线的电流等值反向,电流 I 在半圆柱面上均匀分布。

(1) 试求轴线上导线单位长度所受的力;

(2) 若将另一无限长直线(通有大小、方向与半圆柱面相同的电流 I)代替圆柱面,产生同样的作用力,该导线应放在何处?

5.20 轨道炮(又称电磁炮)是一种利用电流间相互作用的安培力将弹头发射出去的武器。如图 5.56 所示,两条扁平的长直圆柱导轨相互平行,导轨之间由一滑块状的弹头连接。强大的电流 I 从一条直导轨流经弹头再从另一条直导轨流回,导轨上的电流沿圆柱面均匀分布。设圆柱导轨半径为 R。两圆柱导轨相距为 L,试求弹头所受的磁场力。

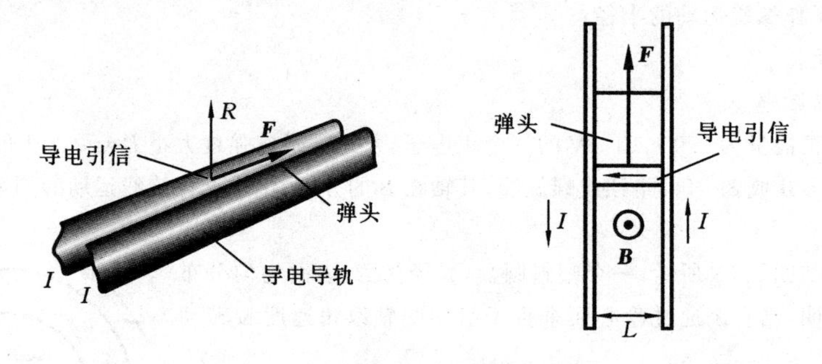

图 5.56

5.21 如图 5.57 所示,载有电流 I_1 的长直导线,旁边有一平面圆形线圈,载有电流 I_2,其半径为 R,中心 O 到长直导线的距离为 L,回路与直导线在同一平面内。试求电流 I_1 作用在圆形回路上的力。

5.22 一通有电流 I 的半圆形闭合回路,放在磁感应强度为 $\boldsymbol{B}$ 的均匀磁场中,回路平面垂直于磁场方向,如图 5.58 所示。试求:

(1) 作用在半圆弧 ab 上的安培力;

(2) 作用在直径 ab 段的安培力。

5.23 一半圆形回路,半径 $R = 10$ cm,通有电流 $I = 10$ A,放在均匀磁场中,磁场方向与线圈平面平行,如图 5.59 所示,若磁感应强度大小 $B = 5 \times 10^{-2}$ T,试求线圈所受力矩的大小及方向。

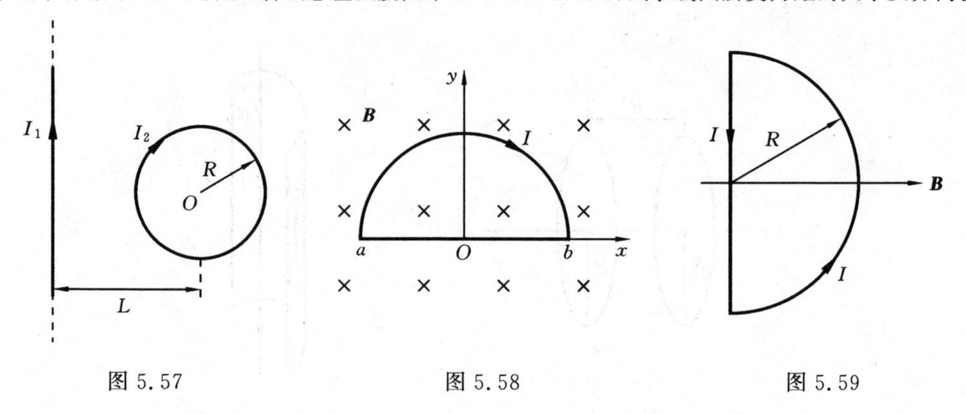

图 5.57　　图 5.58　　图 5.59

5.24　在螺绕环上密绕线圈 400 匝，环的平均周长是 40 cm，当导线内通有电流 20 A 时，测得环内磁感应强度大小为 1.0 T，试计算：

（1）磁场强度；

（2）磁化强度；

（3）磁化率；

（4）磁化面电流；

（5）相对磁导率。

第 6 章　电 磁 感 应

1820 年，丹麦物理学家奥斯特发现电流的磁效应，从一个侧面揭示了电现象和磁现象之间的联系。既然电流可以产生磁场，从方法论中的对称性原理出发，“是否磁场也能产生电流呢?”1822 年，英国物理学家法拉第在日记中写下了这一光辉思想，并开始在这方面进行系统的探索。终于在 1831 年，他发现了电磁感应现象。后经麦克斯韦等人的努力探索，最终给出了电磁感应定律的数学形式。电磁感应现象的发现进一步揭示了自然界电现象和磁现象之间的联系，为麦克斯韦电磁场理论的建立奠定了坚实的基础，并且还标志着新的技术革命和工业革命即将到来，使现代电力工业、电工和电子技术得以建立和发展。

本章主要内容包括电磁感应现象、法拉第电磁感应定律、动生电动势和感生电动势、自感和互感、电磁场的能量、位移电流和麦克斯韦电磁场理论等。

6.1　电磁感应定律

*6.1.1　电磁感应现象

1831 年 8 月 29 日，法拉第首次发现，处于随时间变化的电流附近的闭合回路中有感应电流产生。他非常兴奋，立即着手用一系列实验去证实它并寻找其内在规律，最后得到电磁感应定律。大约在相同时间，美国人亨利也在做类似的试验。下面用几个典型的电磁感应演示实验来说明什么是电磁感应现象，以及产生电磁感应的条件。

如图 6.1 所示，一个线圈与电流计的两端接成闭合回路，因为这个电路中没有电源，所以电流计的指针不会发生偏转。可是当一条形磁铁的任一极(N 极或 S 极)插入线圈时，可以观察到电流计指针发生偏转，表明线圈中有电流流过。当磁铁与线圈相对静止时，电流计指针不动，如果把磁铁从线圈中抽出时，电流计的指针又发生偏转，并且此时电流计的指针偏转方向与插入线圈时相反。进一步的实验表明，起作用的是磁铁与线圈的相对运动。

上述实验中所产生的电流，称为感应电流，根据电路原理，此电流一定由一种电动势所产生，该电动势称为感应电动势。注意，原来此电路任何地方都没有电流。法拉第根据类似的实验，推导出了有关感应电动势的大小和方向的定律。

又如图 6.2 所示，是两个彼此靠得很近但相对静止的线圈。线圈 A 与电流计相连，线圈 B 与一个电源和变阻器 R 相连接。实验发现，当线圈 B 中的电路在接通、断开的瞬时或改变电阻 R 的大小时，电流计的指针才发生偏转，即在线圈 A 中出现感

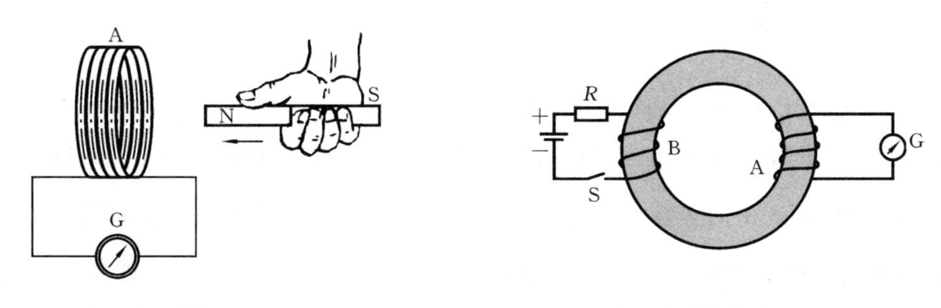

图 6.1　　　　图 6.2

应电流。如果在线圈 B 中加一铁磁性材料做芯子，重复上述实验过程，会发现线圈 A 中的电流大大增加，说明上述现象还受到介质的影响。实验表明，这里起作用的是正在变化的电流的变化率，而不是电流的大小。

再观察一个实验，如图 6.3 所示，将一根与电流计连成闭合回路的金属棒 AB 放置在磁铁的两极之间时，当 AB 棒在两极之间的磁场中垂直于磁场和棒长的方向运动时，电流计的指针就会发生偏转。AB 棒运动得越快，电流计指针的偏转角也越大；当棒停止运动，电流计的指针也停止偏转，回路中没有感应电流。

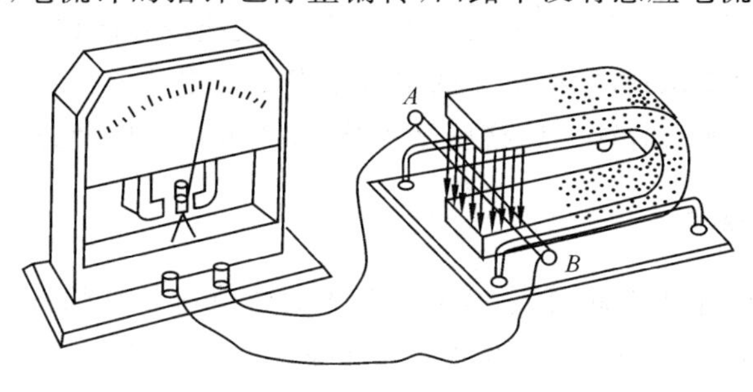

图 6.3

从上述实验可以看出，无论是使闭合回路保持不动，而使闭合回路中的磁场发生变化；还是使磁场保持不变，而使闭合回路（或线圈）在磁场中运动，都可以在闭合回路（或线圈）中引起电流。法拉第很有洞察力，从中归结出一个共同点，即通过闭合回路（或线圈）的磁通量都发生了变化。由此可以得出如下结论：当穿过一个闭合导体回路所围面积的磁通量发生变化时，不论何种原因引起的这种变化，回路中就会有电流，这种现象称为电磁感应现象。

6.1.2　法拉第电磁感应定律

法拉第对电磁感应现象作了定量的研究，总结出了电磁感应的基本规律。其实，感应电流只是回路中存在感应电动势的外在表现，闭合回路中磁通量变化直接产生的结果便是感应电动势。法拉第电磁感应定律叙述如下。

通过回路所包围面积的磁通量发生变化时，回路中产生的感应电动势 $\mathscr{E}_i$ 与磁通量对时间的变化率成正比，即

$$\mathscr{E}_{\mathrm{i}}=\frac{\mathrm{d}\Phi_{\mathrm{m}}}{\mathrm{d}t} \tag{6.1}$$

在国际单位制中,$\mathscr{E}_{\mathrm{i}}$ 的单位为伏[特],Φ_{m} 的单位为韦[伯],t 的单位为秒。这个定律清楚地表明,决定感应电动势大小的不是磁通量本身,而是磁通量随时间的变化率 $\frac{\mathrm{d}\Phi_{\mathrm{m}}}{\mathrm{d}t}$,这与图 6.1 的实验结果是一致的。以图 6.1 为例,当磁铁插在线圈内部不动时,线圈的磁通量虽然很大,但并不随时间而变,故仍然没有感应电动势及感应电流。

法拉第电磁感应定律使我们能够根据磁通量的变化率直接确定感应电动势。至于感应电流,则还取决于闭合电路的电阻。在更复杂的情况下,电路中还可能有其他电源,确定电流时还必须考虑它们的影响。此外,如果电路不闭合,则虽有感应电动势却没有感应电流。

法拉第是铁匠的儿子,虽然只受过初等教育,却成为 19 世纪电磁领域最伟大的实验家。与其他一些科学家一样,法拉第起先也想证实恒定电流在附近的闭合线圈中能感应出电流,但所有实验都遭到失败。1831 年 8 月,他把套在铁环上的两个线圈分别连接电池组和电流计,无意中发现电流计指针在线圈与电源接通和断开的瞬间都发生震动,稍后他又用磁铁取代通电线圈,发现线圈在磁铁靠近和离开时也出现瞬间电流。由此他意识到,感应电流的出现不在于线圈是否有磁通量,而在于磁通量是否随时间变化。他沿着这一思路反复实验,终于取得了伟大的成果。

6.1.3 楞次定律

由 6.1.1 节的内容可知,不论感应电动势的数值还是它的方向都与磁通量的变化情况相关。例如,在图 6.1 中,磁铁插入和拔出线圈时感应电动势的方向相反。关于电动势方向的问题,俄国物理学家楞次在法拉第的资料的基础上通过实验总结出如下规律。

感应电流产生的磁通量总是力图阻碍引起感应电流的磁通量的变化。

应当注意,楞次定律是判断感应电动势方向的定律,它是通过感应电流的方向来表述的。按照这个定律,感应电流必须采取这样一个方向,使它所产生的磁通量阻碍引起它的磁通量变化。所谓阻碍磁通量的变化是指:当磁通量增加时,感应电流的磁通量与原来的磁通量方向相反(阻碍它的增加);当磁通量减小时,感应电流的磁通量与原来的磁通量方向相同(阻碍它的减小)。

在图 6.1 中,当磁铁 N 极插向线圈或线圈向磁铁 N 极运动时,回路中的磁通量增加,按照楞次定律,感应电流激发的磁通量与原磁通量方向相反。再根据右手螺旋法则,可得感应电动势的方向如图 6.4(a)所示。反之,当磁铁拔出时,穿过回路的磁通量减小,感应电动势的方向如图 6.4(b)所示。

楞次定律实际是能量守恒定律在电磁感应现象中的反映。为了理解这一点,我们从功和能的角度重新分析图 6.4 的实验。当磁铁向着回路推动时,回路中将会出

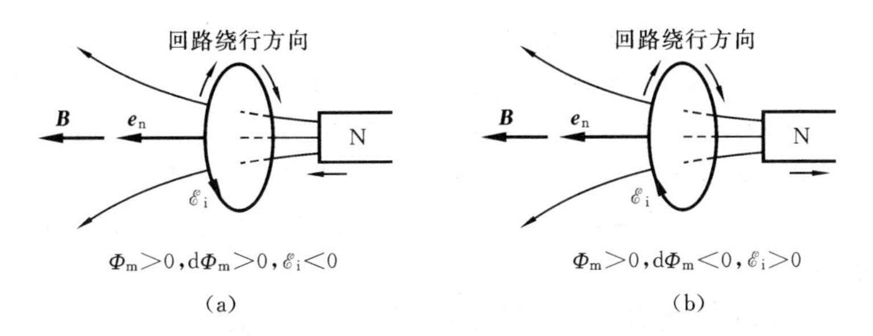

图 6.4

现感应电流。按照楞次定律,回路中的感应电流就会反抗这个推动。如果把回路看成磁铁的话,其右端就相当于N极,它正好与向左运动的磁铁的N极相斥。为了使磁铁匀速地向左运动(强调匀速是为了使其动能不变,否则分析时还要考虑到其动能的变化),就必须借用外力克服这个斥力做功。另一方面,感应电流流过线圈及电流计时必然要发热,这个热量正是外力的功转化而来的。相反,如果把磁铁从线圈处匀速拉开,则这个感应电流将会反抗这个拉动,还必须借用外力克服这个引力做功。引力的功转化为回路中的热能。可见楞次定律符合能量转化和守恒这一普遍规律。设想感应电流的方向与楞次定律的结论相反,图6.4(a)回路的右端相当于S极,它与向左运动的磁铁左端的N极相吸,磁铁在这个吸引力的作用下将加速向左移动(无需其他向左的外力),线圈的感应电流越来越大,线圈与磁铁的吸引力也越来越强。如此循环,一方面是磁铁的动能越来越大,另一方面是感应电流放出越来越多的热能,而这个过程中竟没有任何外力做功,这显然违背了能量守恒定律。可见,能量守恒定律要求感应电动势的方向服从楞次定律。

再举一个例子说明楞次定律与能量守恒定律的一致性。图6.5中$PQMNP$是一个闭合电路(简称线框),"×"表示外加恒定均匀磁场$\boldsymbol{B}$的方向垂直纸面向里。线框的磁通量Φ_m等于$\boldsymbol{B}$与线框所围面积S的乘积。当可动边PQ在外力作用下向右平移时,线框面积增加,因此磁通量增加。由楞次定律可知感应电流的方向为逆时针,如图中箭头所示。现在从功和能的角度来看这个问题。载有感应电流的导体段PQ既然处在磁场之中,自然受到磁场的安培力。由第5章可知这个力向左,为使PQ边向右匀速平移,就要用外力克服这个阻力做功,正是这个功转化为感应电流放出的热能。如果感应电流的方向与楞次定律的结论相反,PQ边所受安培力将不是阻力而是动力。这显然也要违反能量守恒定律。

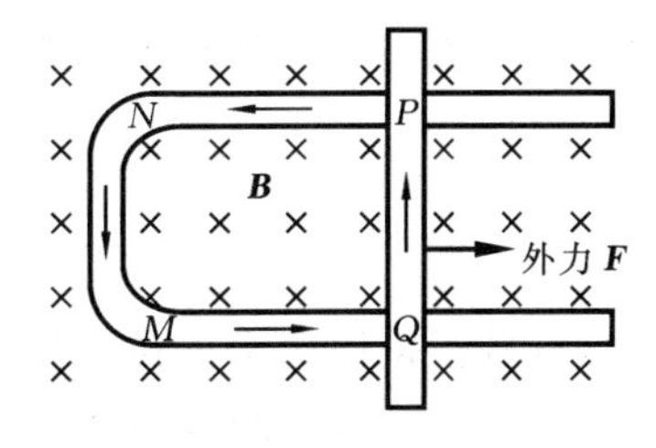

图 6.5

以上两例有一些共同的特点:

(1) 两例中都存在导体在磁场中的运动(对图6.4可认为磁铁不动而线圈向右运动)。

(2) 两例中的运动导体由于感应电流而受到的安培力都阻碍导体运动。这是能量守恒定律的必然结果。一般地说,由能量守恒定律可推导出如下结论:当导体在磁场中运动时,导体由于感应电流而受到的安培力必然阻碍此导体的运动。

以上结论可以称为楞次定律的第二种表述。当电磁感应是由于导体在磁场中运动所引起时,如果只关心感应电流的机械后果而不关心感应电流的方向本身,使用这种表述就更为方便。

楞次定律的两种表述有一个共同之处,就是感应电流的后果总与引起感应电流的原因相对抗。在第一种表述中,原因指引起感应电流的磁通量变化,后果指感应电流激发的磁通量。在第二种表述中,原因指导体的运动,后果则是指导体由于出现感应电流而受到的安培力。

6.1.4　考虑楞次定律后法拉第电磁感应定律的表达式

感应电动势的大小可由式(6.1)的法拉第电磁感应定律表示,感应电动势的方向则可由楞次定律确定。但是,为了在运算中不但考虑到电动势的大小,而且考虑到它的方向,最好把这两个定律统一表述为一个数学式子。为此,必须把磁通量 Φ_m 和感应电动势 $\mathscr{E}_i$ 看成代数量,并对它们的正、负赋予确切的含义。

要给代数量的正、负赋予意义就要事先给它约定“正方向”。当实际方向与正方向相同时,该量数值为正,否则为负。各量正方向均可任意约定,但同一定律对不同正方向可有不同的表达式(差别在于式中的正、负号)。可以证明,当约定感应电动势 $\mathscr{E}_i$ 与磁通量 Φ_m 的正方向互成右手螺旋关系时(见图 6.6),考虑了楞次定律的法拉第电磁感应定律应写成

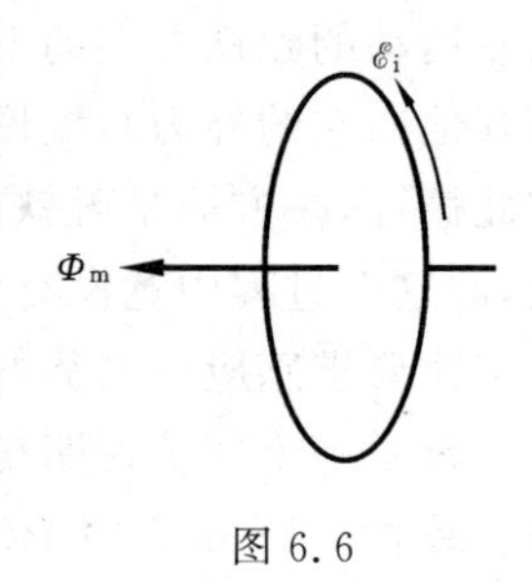

图 6.6

$$\mathscr{E}_i=-\frac{d\Phi_m}{dt} \tag{6.2}$$

式中,负号正是楞次定律在这种正方向约定下的体现。证明的方法是把所有可能的情况列举出,并逐一验证由式(6.2)得出的 $\mathscr{E}_i$ 的实际方向与楞次定律一致。可能的情况有以下四种。

(1) $\Phi_m>0$ 且 $\frac{d\Phi_m}{dt}>0$(见图 6.7(a))。

$\Phi_m>0$ 说明磁通量的实际方向与正方向相同,即向左,如图 6.7(a)的虚箭头所示。$\frac{d\Phi_m}{dt}>0$ 表明这个向左的磁通量的绝对值随时间增大。根据式(6.2),由 $\frac{d\Phi_m}{dt}>0$ 得 $\mathscr{E}_i<0$,即 $\mathscr{E}_i$ 的实际方向与正方向相反,如图 6.7(a)的虚箭头所示。感应电流 I_i 的实际方向与 $\mathscr{E}_i$ 相同,故 I_i 激发的磁通量 Φ'_m 向右。既然 Φ_m 本身向左而且在增加,向右的 Φ'_m 自然就是阻碍 Φ_m 的变化。可见由式(6.2)得出的结论与楞次定律一致。

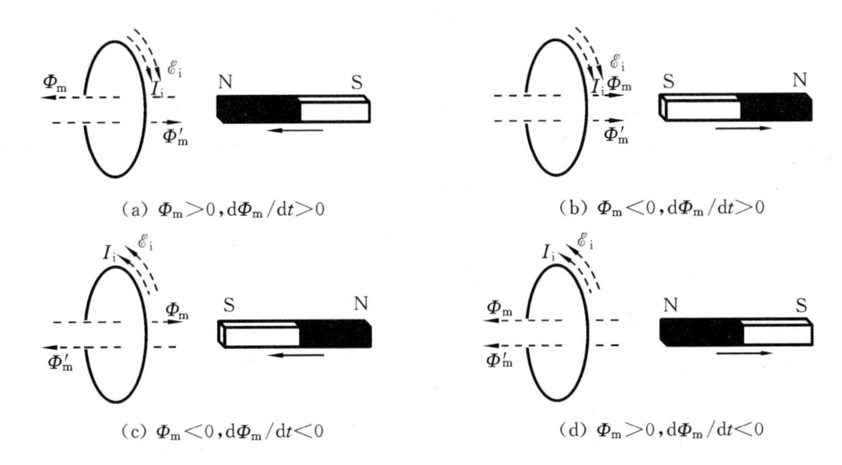

图 6.7

(2) $\Phi_m<0$ 且$\dfrac{d\Phi_m}{dt}>0$(见图 6.7(b))。

$\Phi_m<0$ 说明磁通量实际方向向右，$\dfrac{d\Phi_m}{dt}>0$ 表明后一时刻的 Φ_m 大于前一时刻的 Φ_m，但两个 Φ_m 都小于零，故后一时刻的$|\Phi_m|$小于前一时刻的$|\Phi_m|$。可见 $\Phi_m<0$ 及 $\dfrac{d\Phi_m}{dt}>0$ 合起来表明 Φ_m 的绝对值在减小。根据式(6.2)，由$\dfrac{d\Phi_m}{dt}>0$ 得 $\mathscr{E}_i<0$，因而 I_i 激发的磁通量 Φ'_m 向右。既然 Φ_m 向右且绝对值在减小，向右的 Φ'_m 就会阻碍原磁通量的减小。可见由式(6.2)得出的结论仍然与楞次定律一致。

(3) $\Phi_m<0$ 且$\dfrac{d\Phi_m}{dt}<0$(见图 6.7(c))。

(4) $\Phi_m>0$ 且$\dfrac{d\Phi_m}{dt}<0$(见图 6.7(d))。

第(3)、(4)两种情况留给读者讨论。可能的情况只有上述四种，可见式(6.2)的确反映了楞次定律。

应该指出，如果回路是由 N 匝导线串联而成的，那么在磁通量变化时，每匝中都将产生感应电动势。如果每匝中通过的磁通量都是相同的，则 N 匝线圈的总电动势应为各匝中电动势的总和，即

$$\mathscr{E}_i=-N\frac{d\Phi_m}{dt}=-\frac{d(N\Phi_m)}{dt}$$

习惯上，把 $\Psi=N\Phi_m$ 称为线圈的磁链数或磁通量匝数。

如果闭合回路的电阻为 R，则在回路中的感应电流为

$$I_i=\frac{\mathscr{E}_i}{R}=-\frac{1}{R}\frac{d\Phi_m}{dt} \tag{6.3}$$

利用式 $I_i=\dfrac{dq}{dt}$，可求出在 t_1 到 t_2 这段时间内通过导线的任一截面的感应电荷量为

$$q=\int_{t_1}^{t_2} I_{\rm i}\,{\rm d}t=-\frac{1}{R}\int_{\Phi_{\rm m1}}^{\Phi_{\rm m2}}{\rm d}\Phi_{\rm m}=\frac{1}{R}(\Phi_{\rm m1}-\Phi_{\rm m2}) \tag{6.4}$$

式中，$\Phi_{\rm m1}$、$\Phi_{\rm m2}$ 分别是 t_1、t_2 时刻通过导线回路所围面积的磁通量。由式(6.3)和式(6.4)可以看出，感应电流与回路中磁通量随时间的变化率(即变化的快慢)有关，变化率越大，感应电流越强；但感应电荷则只与回路中磁通量的变化量有关，而与磁通量随时间的变化率无关。由式(6.4)还可以看出，对于给定电阻 R 的闭合回路来说，如从实验中测出流过此回路的电荷，那么就可以知道此回路内磁通量的变化，常用的磁通计就是根据这个原理设计的。

例题 6.1　在如图 6.8 所示的均匀磁场中，置有面积为 S 的可绕 OO' 轴转动的 N 匝线圈。若线圈以角速度 ω 作匀速转动，试求线圈中的感应电动势。

解　设在 $t=0$ 时，线圈平面的正法线 $\boldsymbol{e}_{\rm n}$ 的方向与磁感应强度 $\boldsymbol{B}$ 的方向相同，那么，在时刻 t，$\boldsymbol{e}_{\rm n}$ 与 $\boldsymbol{B}$ 之间的夹角为 $\theta=\omega t$。此时穿过 N 匝线圈的磁链数为

$$\Psi=N\Phi_{\rm m}=NBS\cos\theta=NBS\cos(\omega t)$$

根据式(6.2)可得线圈中的感应电动势为

$$\mathscr{E}_{\rm i}=-\frac{{\rm d}\Psi}{{\rm d}t}=NBS\omega\sin(\omega t)$$

式中，N、S、B 和 ω 均为常量。令 $\mathscr{E}_{\rm m}=NBS\omega$，上式为

$$\mathscr{E}_{\rm i}=\mathscr{E}_{\rm m}\sin(\omega t)$$

线圈单位时间转动的周数用 ν 表示，所以有 $\omega=2\pi\nu$。上式亦可写成

$$\mathscr{E}_{\rm i}=\mathscr{E}_{\rm m}\sin(2\pi\nu t)$$

图 6.8

由上述计算可知，在均匀磁场中，匀速转动的线圈内所建立的感应电动势是时间的正弦函数。

$\mathscr{E}_{\rm m}$ 为感应电动势的最大值(见图 6.9(a))，称为电动势的振幅。它与磁场的磁感应强度、线圈面积、匝数和转动的角速度成正比。

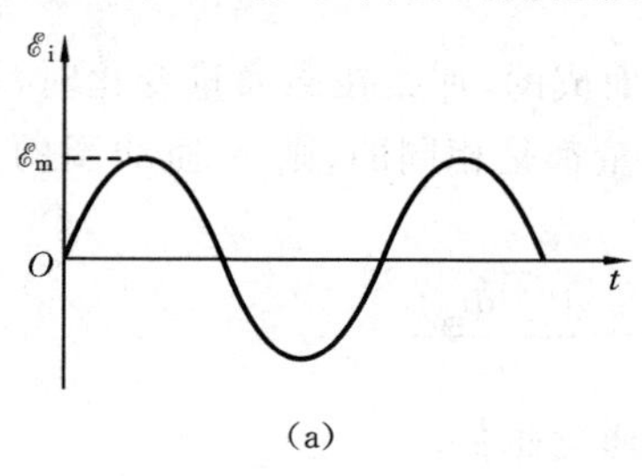

(a)

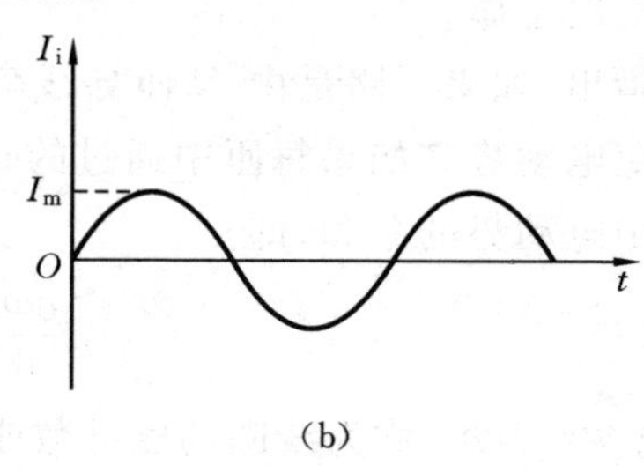

(b)

图 6.9

当外电路有电阻 R(含有线圈电阻)时，根据欧姆定律，闭合回路中的感应电流为

$$I_{\rm i}=\frac{\mathscr{E}_{\rm m}}{R}\sin(\omega t)=I_{\rm m}\sin(\omega t)$$

式中，$I_m=\dfrac{\mathscr{E}_m}{R}$为感应电流的幅值(见图 6.9(b))，可见在均匀磁场中匀速转动的线圈内的感应电流也是时间的正弦函数。这种电流称为正弦交变电流，简称交流电。

应当指出，这里分析的是交流发电机的基本工作原理，实际上大功率的交流发电机输出交流电的线圈是不动的，转动的部分则是提供磁场的电磁铁线圈(即转子)，它以角速度 ω 绕 OO' 轴转动，而形成所谓的旋转磁场。这种结构的发电机是由特斯拉发明的。

例题 6.2　一长直导线中通有交变电流 $I=I_0\sin(\omega t)$，式中 I 表示瞬时电流，I_0 是电流的振幅，ω 是角频率，I_0 和 ω 都是常量。在长直导线旁平行放置一矩形线圈，线圈与直导线在同一平面内，已知线圈长为 l，宽为 b，线圈靠近直导线的一边离直导线的距离为 d(见图 6.10)，试求任一瞬时线圈中的感应电动势。

解　在某一瞬时，距直导线为 x 处的磁感应强度为

$$B=\frac{\mu_0}{2\pi}\frac{I}{x}$$

选顺时针的转向作为矩形线圈的绕行正方向，则通过图中阴影面积 $dS=l\,dx$ 的磁通量为

$$d\Phi_m=B\cos0^\circ dS=\frac{\mu_0}{2\pi}\frac{I}{x}l\,dx$$

在该瞬时 t，通过整个线圈所围面积的磁通量为

$$\Phi_m=\int d\Phi_m=\int_d^{d+b}\frac{\mu_0}{2\pi}\frac{I}{x}l\,dx=\frac{\mu_0 I_0 l\sin(\omega t)}{2\pi}\ln\left(\frac{d+b}{d}\right)$$

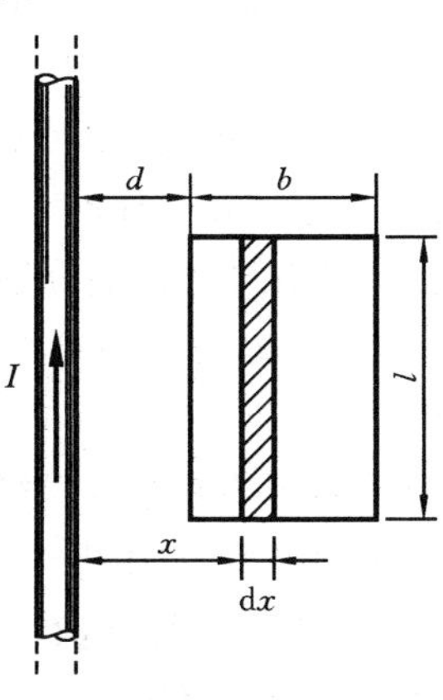

图 6.10

由于电流随时间变化，通过线圈面积的磁通量也随时间变化，故线圈内的感应电动势为

$$\mathscr{E}_i=-\frac{d\Phi_m}{dt}=-\frac{\mu_0 I_0 l}{2\pi}\ln\left(\frac{d+b}{d}\right)\frac{d}{dt}[\sin(\omega t)]=-\frac{\mu_0 I_0 l\omega}{2\pi}\ln\left(\frac{d+b}{d}\right)\cos(\omega t)$$

从上式可知，线圈内的感应电动势随时间按余弦规律变化，其方向也随余弦值的正、负作逆时针、顺时针转向的变化。

6.2　动生电动势和感生电动势

法拉第电磁感应定律说明，只要闭合回路的磁通量有变化，就有感应电动势，无论这种变化起于什么原因。事实上，磁通量是磁感应强度 $\boldsymbol{B}$ 对某一曲面的通量，磁通量变化的原因本质上可归纳为两类。

(1) $\boldsymbol{B}$ 不随时间变化(恒定磁场)而闭合回路的整体或局部在磁场中发生相对运动，这样产生的感应电动势称为动生电动势。

(2) $\boldsymbol{B}$ 随时间变化而闭合回路的任何一个部分都不动，这样产生的电动势称为感生电动势。

6.2.1 动生电动势

法拉第电磁感应定律作为一个整体是一个实验定律,但其中的一部分,即 $\boldsymbol{B}$ 不变而闭合回路相对运动所引起的动生电动势所服从的规律,却完全可用已有的理论推出。下面先以图 6.11为例加以分析。

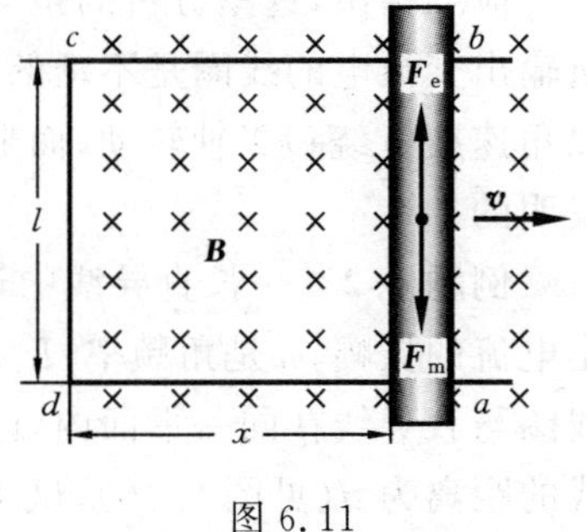

图 6.11

一段长为 l 的导体 ab 与 U 形导体框构成一回路,在均匀磁场中导体 ab 以速度$\boldsymbol{v}$ 向右平动,且$\boldsymbol{v}$ 与 $\boldsymbol{B}$ 垂直。而 U 形导体框不动。在导体 ab 向右运动的过程中,导体中的电子也向右平动,因此电子就要受到洛伦兹力。根据洛伦兹力的公式

$$\boldsymbol{F}_m = -e\boldsymbol{v} \times \boldsymbol{B}$$

式中,$-e$ 为电子电荷;$\boldsymbol{F}_m$ 的方向由$\boldsymbol{v}$ 和 $\boldsymbol{B}$ 确定,由 b 指向 a。它促使自由电子向下运动,于是在导体的 a 端出现负电荷的积累;b 端由于缺少电子而出现正电荷的积累。随着导体两端分别呈现正、负电荷的积累,在导体中要激发电场,其方向由 b 指向 a。这时电子还要受到一个向上的电场力的作用,电场力为

$$\boldsymbol{F}_e = -e\boldsymbol{E}$$

当导体两端的电荷积累到一定的程度时,作用在电子上的电场力(指向 b)和洛伦兹力达到平衡,自由电子不再向下运动,导体 ab 间出现稳定的电势差,相当于一个电源。a 端为负极,电势较低;b 端为正极,电势较高。因此,作用在自由电子上的洛伦兹力,就是提供动生电动势的非静电力。该非静电力对应的非静电性的电场就是作用在单位电荷上的洛伦兹力。根据电动势的定义

$$\mathscr{E}_i = \oint \boldsymbol{E}_k \cdot d\boldsymbol{l}$$

式中,$\boldsymbol{E}_k$ 表示非静电场的电场强度。由 $\boldsymbol{E}_k = -\dfrac{\boldsymbol{F}_m}{e} = \boldsymbol{v} \times \boldsymbol{B}$,代入上式得

$$\mathscr{E}_i = \int (\boldsymbol{v} \times \boldsymbol{B}) \cdot d\boldsymbol{l} \tag{6.5}$$

积分遍及整个导体。在这里只有 ab 段,积分得

$$\mathscr{E}_i = \int_a^b (\boldsymbol{v} \times \boldsymbol{B}) \cdot d\boldsymbol{l} = Blv$$

式中,ab 的长度为l。$\mathscr{E}_i$ 也可以理解为将单位正电荷,通过电源内部从负极移到正极非静电力做的功。

这一结果也可由法拉第电磁感应定律得出,ab 段在单位时间内扫过的面积为 $dS = lv$,即线框 $abcda$ 的面积变化量。于是,vlB 是线框的磁通量在单位时间的变化率,即磁通量的变化率$\dfrac{d\Phi_m}{dt}$,所以

$$\mathscr{E}_{\mathrm{i}}=\frac{\mathrm{d}\Phi_{\mathrm{m}}}{\mathrm{d}t}=Blv$$

这与法拉第电磁感应定律一致。

对动生电动势的说明如下。

(1) 动生电动势只存在于切割磁力线运动的导体上，不动的导体上没有动生电动势。不构成闭合回路的导线切割磁力线运动时，导体两端只存在电势差，即只有动生电动势产生，而无电流；

(2) 在磁场中运动的导体，并不都能产生动生电动势，只有运动方向不平行于磁场的部分才出现动生电动势，而那些运动方向平行于磁场的部分，动生电动势为零。

前面曾指出，洛伦兹力因恒与运动速度方向垂直，因此做功恒为零。但在分析图 6.12 时，却发现一个矛盾：电动势是单位电荷运动时非静电力所做的功，而与动生电动势相应的非静电力是洛伦兹力，这样，洛伦兹力似乎又可以做功。为此，有必要对图 6.12 中运动导线内的电子所受的洛伦兹力做更细致的分析。随着 ab 段动生电动势的出现，闭合回路中将有电流。在 ab 段内取一个电子，其速度可分为两部分：

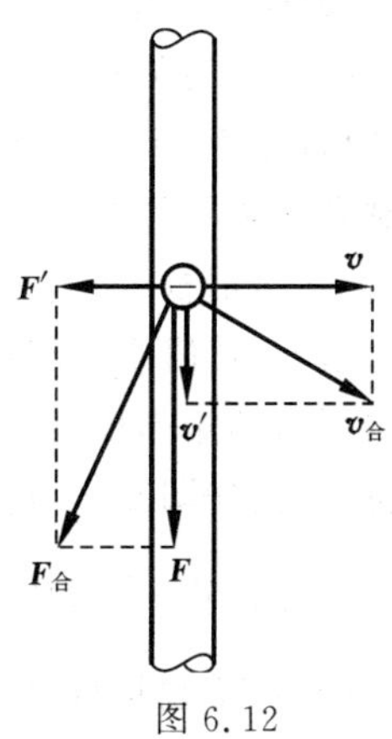

图 6.12

(1) 随导线向右的速度$\boldsymbol{v}$；

(2) 因受洛伦兹力而向下运动(形成感应电流) 的速度$\boldsymbol{v}'$。

电子的合速度$\boldsymbol{v}_{合}=\boldsymbol{v}+\boldsymbol{v}'$，其所受的洛伦兹力 $\boldsymbol{F}_{合}=-e\boldsymbol{v}_{合}\times\boldsymbol{B}$ 也可分为两部分：

(1) 与$\boldsymbol{v}$相应的部分 $\boldsymbol{F}=-e\boldsymbol{v}\times\boldsymbol{B}$，方向向下；

(2) 与$\boldsymbol{v}'$相应的部分 $\boldsymbol{F}'=-e\boldsymbol{v}'\times\boldsymbol{B}$，方向相左。

因总洛伦兹力 $\boldsymbol{F}_{合}$ 与受力电荷的总速度$\boldsymbol{v}_{合}$垂直，故不做功。但是，从宏观角度讨论时，$\boldsymbol{F}_{合}$ 的两部分却起着不同的作用：

(1) $\boldsymbol{F}$ 与导线平行，起着电源中非静电力的作用，故 $\boldsymbol{F}$ 做正功(功率 $\boldsymbol{F}\cdot\boldsymbol{v}'$)；

(2) $\boldsymbol{F}'$ 与导线垂直，在宏观上表现为导线 ab 受到的安培力(向左)，与导线运动方向相反，故 $\boldsymbol{F}'$ 做负功(功率 $\boldsymbol{F}'\cdot\boldsymbol{v}$)。

不难证明 $\boldsymbol{F}'\cdot\boldsymbol{v}=\boldsymbol{F}\cdot\boldsymbol{v}'$。故 $\boldsymbol{F}$ 与 $\boldsymbol{F}'$ 所做总功为零。就是说，洛伦兹力总的来说并不做功，但作宏观讨论时，往往把它分为两部分 $\boldsymbol{F}$ 和 $\boldsymbol{F}'$，其中每一部分都做了功，两个功的代数和为零。这实质上表示了能量的转换与守恒，洛伦兹力在这里起了一个能量转换的作用：一方面接受外力的功，另一方面驱动电荷运动做功。简单来讲，就是回路中的电能来自外界的机械能，而不是来自磁场的能量，这就是发电机的能量转换原理。

例题 6.3　在与均匀恒定磁场 $\boldsymbol{B}$ 垂直的平面内有一长为 L 的导线 PQ，设导线绕

P 点以匀角速度 ω 转动,转轴与 $\boldsymbol{B}$ 平行(见图 6.13),试求导线 PQ 上的动生电动势及 P、Q 之间的电压。

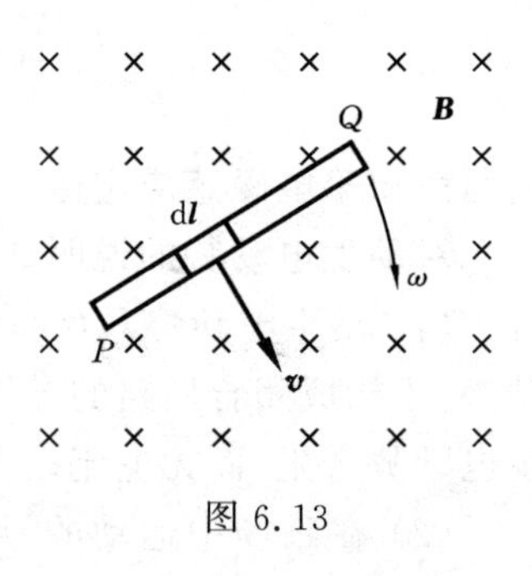

图 6.13

解　用动生电动势公式 $\mathscr{E}_{\mathrm{i}}=\int(\boldsymbol{v}\times\boldsymbol{B})\cdot \mathrm{d}\boldsymbol{l}$ 求解。对 ab 上任一微元 $\mathrm{d}\boldsymbol{l}$,其 $\boldsymbol{v}$ 与 $\boldsymbol{B}$ 垂直且 $\boldsymbol{v}\times\boldsymbol{B}$ 与 $\mathrm{d}\boldsymbol{l}$ 同向,故

$$(\boldsymbol{v}\times\boldsymbol{B})\cdot \mathrm{d}\boldsymbol{l}=vB\,\mathrm{d}l=\omega Bl\,\mathrm{d}l$$

$$\mathscr{E}_{PQ}=\int_0^L \omega Bl\,\mathrm{d}l=\frac{1}{2}\omega BL^2$$

$$U=V_Q-V_P=\frac{1}{2}\omega BL^2$$

$\mathscr{E}_{PQ}>0$ 说明动生电动势由 P 指向 Q,它使导线出现电荷积累(靠近 Q 的一侧为正,而靠近 P 的一侧为负),直至它们建立的电场对导线中电子的作用力与洛伦兹力抵消为止。这时,PQ 相当于一个处于开路状态的电源,Q 为正极而 P 为负极。

例题 6.4　如图 6.14 所示,导线矩形框的平面与磁感应强度为 $\boldsymbol{B}$ 的均匀磁场相垂直。在此矩形框上,有一质量为 m、长为 l 的可移动的细导体棒 MN;矩形框还接有一个电阻 R,其值比导线的电阻值要大很多。若开始时(即 $t=0$),细导体棒以速度 v_0 沿如图所示的矩形框运动,试求棒的速度随时间变化的函数关系。

解　按如图 6.14 所示的坐标轴,棒的初速度 v_0 的方向与 Ox 轴的正向相同。由动生电动势公式,可得棒中(即矩形导线框)的动生电动势大小为 $\mathscr{E}_{\mathrm{i}}=\dfrac{\mathrm{d}\Phi_{\mathrm{m}}}{\mathrm{d}t}=Blv$,其方向由棒的 M 端指向 N 端。所以矩形导线框中的感应电流沿逆时针绕行,其值为 $I_{\mathrm{i}}=\mathscr{E}_{\mathrm{i}}/R=Blv/R$。同时,由安培定律公式可得,作用在棒上的安培力 $\boldsymbol{F}$ 的值为

$$F=I_{\mathrm{i}}Bl=\frac{B^2l^2v}{R}$$

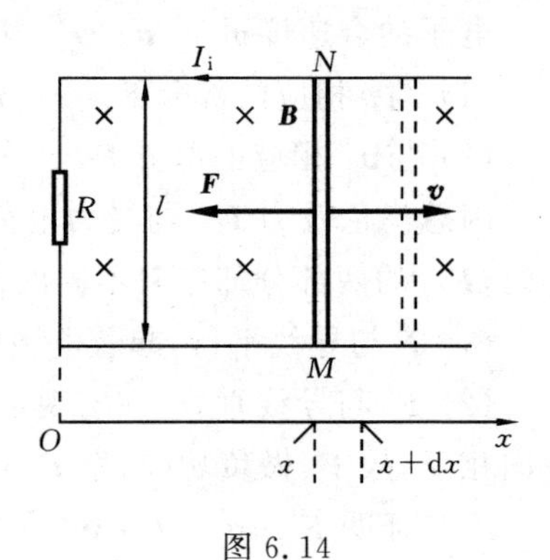

图 6.14

而 $\boldsymbol{F}$ 的方向则与 Ox 轴正方向相反。依照牛顿第二定律,有

$$m\frac{\mathrm{d}v}{\mathrm{d}t}=-\frac{B^2l^2v}{R}$$

$$\frac{\mathrm{d}v}{v}=-\frac{B^2l^2}{mR}\mathrm{d}t$$

由题意知,$t=0$ 时,$v=v_0$;且 B、l、m、R 均为常量。

故由上式积分可得

$$\ln\frac{v}{v_0}=-\frac{B^2l^2}{mR}t$$

所以,棒在时刻 t 的速度为

$$v=v_0\mathrm{e}^{-\frac{B^2l^2}{mR}t}$$

6.2.2　感生电动势和感生电场

当线圈不动而磁场变化时，线圈的磁通量也会发生变化，由此引起的感应电动势称为感生电动势。法拉第及后人的大量实验表明，一个任意形状的闭合线圈，只要磁场变化导致穿过它的磁通量变化，就会有相应数值的感生电动势出现。在上面的讨论中把动生电动势归结为洛伦兹力作用的结果，因为线圈运动时其内部的电子随之运动，所以受到磁场的洛伦兹力。但是在感生电动势的情况下，线圈并不运动，线圈中的电子并不受洛伦兹力。麦克斯韦分析了这个事实后，提出了如下假设：变化的磁场在其周围激发了一种电场，这种电场称为感生电场。当闭合导线处于变化的磁场中时，就是由这种电场作用于导体中的自由电荷，从而在导线中引起感生电动势和感应电流的出现。用 $\boldsymbol{E}_{\mathrm{k}}$ 表示感生电场的电场强度，则当回路固定不动，回路中磁通量的变化全是由磁场的变化所引起时，法拉第电磁感应定律可表示为

$$\oint_L \boldsymbol{E}_{\mathrm{k}} \cdot \mathrm{d}\boldsymbol{l} = -\int_S \frac{\partial \boldsymbol{B}}{\partial t} \cdot \mathrm{d}\boldsymbol{S} \tag{6.6}$$

式(6.6)明确反映出变化的磁场能激发电场。式中 S 表示以任一回路 L 为边界的曲面面积，而右侧改用偏导数是因为 $\boldsymbol{B}$ 还是空间坐标的函数。式(6.6)表明，感生电场沿回路 L 的线积分等于磁感应强度 $\boldsymbol{B}$ 穿过回路所包围面积的磁通量变化率的负值。当选定了积分回路的绕行方向后，面积的法线方向与绕行方向成右手螺旋关系。磁场 $\boldsymbol{B}$ 的方向与回路面积的法线方向一致时，其磁通量为正。式中的负号表示 $\boldsymbol{E}_{\mathrm{k}}$ 的方向与磁通量的增量方向或与磁场的变化率呈左手螺旋关系，式(6.6)是电磁场的基本方程之一。

必须注意到，对于麦克斯韦假设而言，只要有变化的磁场，周围就会出现感生电场，不论有无导体，也不论是在真空或介质中都适用。也就是说：如果有导体回路存在时，感生电场的作用驱使导体中的自由电荷作定向运动，从而显示出感应电流；如果不存在导体回路，就没有感应电流，但是变化的磁场所激发的电场还是客观存在的。这个假说现已被近代的科学实验所证实。例如，电子感应加速器的基本原理是用变化的磁场产生的感生电场来加速电子，它的出现无疑为感生电场的客观存在提供了一个令人信服的证据。从理论上来说，麦克斯韦的这个感生电场假说和位移电流（即变化的电场激发感生磁场）的假说，都是奠定电磁理论、预言电磁波存在的理论基础。

这样，在自然界中存在着两种以不同方式激发的电场，所激发的电场的性质也不同。由静止电荷所激发的场是保守力场（无旋场），在该场中电场强度沿任一闭合回路的线积分恒等于零，即

$$\oint_L \boldsymbol{E} \cdot \mathrm{d}\boldsymbol{l} = 0$$

电场线永远不会形成闭合线。但变化的磁场所激发的感生电场沿任一闭合回路的线积分一般不等于零，而是满足式(6.6)。也就是说，感生电场不是保守力场，其电场线

既无起点也无终点，永远是闭合的，像涡旋一样。因此，通常把感生电场称为有旋电场。

例题6.5 如图6.15所示，在半径为R的无限长直螺线管内部有一均匀磁场B，方向垂直纸面向里，磁感应强度以$\frac{dB}{dt}$的速度增加。

(1) 试求管内、外感生电场的电场强度；

(2) 设$\frac{dB}{dt}=0.1\ \mathrm{Wb/(m^3\cdot s)}$，$R=0.1\ \mathrm{m}$，试求$r=0.1\ \mathrm{m}$处的感生电场的电场强度。

解 (1) 由磁场的轴对称分布可知，变化磁场所激发的感生电场也是轴对称分布的，电场线是一系列与螺线管同轴的同心圆，$\boldsymbol{E}_k$在同一圆周上大小相等，方向沿圆周切向。沿顺时针方向作半径为r的圆形回路L，回路所围面积的正法线方向垂直纸面向里，由式(6.6)便可求得离轴线r处的感生电场的电场强度大小。

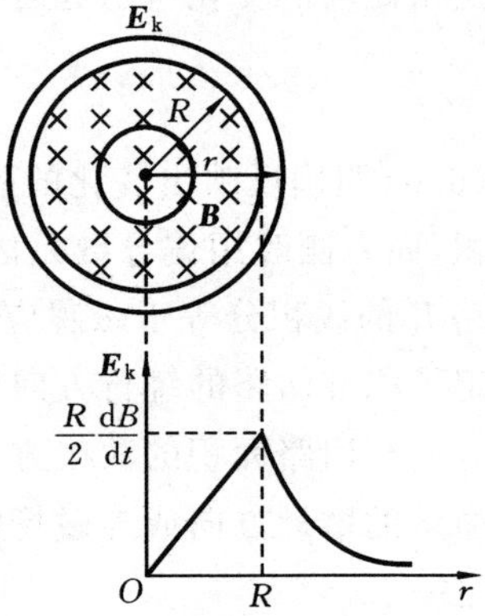

图6.15

① P点在螺线管内，$0<r\leqslant R$，有

$$\oint_L \boldsymbol{E}_k\cdot d\boldsymbol{l}=-\int_S\frac{\partial \boldsymbol{B}}{\partial t}\cdot d\boldsymbol{S}$$

$$2\pi r E_k=-\pi r^2\frac{dB}{dt}$$

由此可得感生电场的电场强度大小为$E_k=-\frac{r}{2}\frac{dB}{dt}$，按符号法则，$\boldsymbol{E}_k$线为逆时针方向。

② P点在螺线管外，$r>R$，有

$$2\pi r E_k=-\pi R^2\frac{dB}{dt}$$

得到螺线管外各点的感生电场的电场强度大小为

$$E_k=-\frac{R^2}{2r}\frac{dB}{dt}$$

同理可知，$\boldsymbol{E}_k$线也为逆时针方向，感生电场的电场强度的曲线如图6.15所示。

(2) 将有关数值带入上面的方程式，则可得到$r=0.1\ \mathrm{m}$处感生电场的电场强度大小为

$$E_k=\frac{r}{2}\frac{dB}{dt}=\frac{1}{2}\times 0.1\times 0.1\ \mathrm{V/m}=5\times 10^{-3}\ \mathrm{V/m}$$

例题6.6 在长直圆柱体内存在均匀分布的变化磁场，磁场方向与圆柱体轴线平行，如图6.16所示。设圆柱体的半径为R，磁感应强度随时间的变化率$dB/dt=K$($K>0$，为常量)。今在磁场内放入一条弯成直角的导线abc，a、b、c三点在圆周上，且a、c两点是圆柱体横截面直径的两端。已知$ab=l$，试求ab和bc两段导线内的感生电动势和方向。

解一　用感生电动势的定义式求解

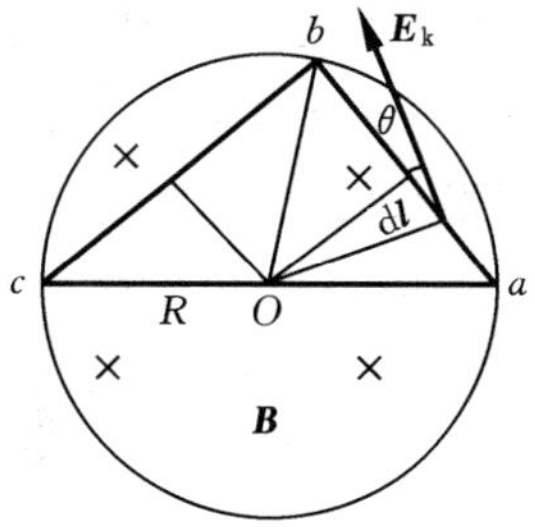

由磁场分布的对称性可知，在 $\triangle abc$ 所在的平面上，由变化磁场所激发的感生电场中 $\boldsymbol{E}_{\mathrm{k}}$ 线为以 O 为圆心的一系列同心圆。由左手螺旋关系可知，$\boldsymbol{E}_{\mathrm{k}}$ 线的指向为逆时针方向，且同一条 $\boldsymbol{E}_{\mathrm{k}}$ 线上各点的 $\boldsymbol{E}_{\mathrm{k}}$ 值都相等。若取半径为 $r\ (r<R)$ 的 $\boldsymbol{E}_{\mathrm{k}}$ 线为积分路径，则

$$\oint_L \boldsymbol{E}_{\mathrm{k}} \cdot \mathrm{d}\boldsymbol{l} = E_{\mathrm{k}} \times 2\pi r$$

图 6.16

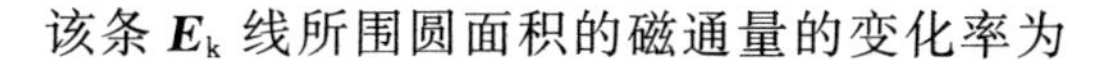

该条 $\boldsymbol{E}_{\mathrm{k}}$ 线所围圆面积的磁通量的变化率为

$$\int_S \frac{\mathrm{d}\boldsymbol{B}}{\mathrm{d}t} \cdot \mathrm{d}\boldsymbol{S} = \frac{\mathrm{d}B}{\mathrm{d}t}\pi r^2 = K\pi r^2$$

而 $|\boldsymbol{E}_{\mathrm{k}}| = Kr/2$。在 ab 上取线元 $\mathrm{d}\boldsymbol{l}$，设 $\mathrm{d}\boldsymbol{l}$ 处 $\boldsymbol{E}_{\mathrm{k}}$ 的方向与 $\mathrm{d}\boldsymbol{l}$ 间的夹角为 θ，则 ab 段导体中的感生电动势为

$$\mathscr{E}_{ab} = \int_a^b \boldsymbol{E}_{\mathrm{k}} \cdot \mathrm{d}\boldsymbol{l} = \int_0^l \frac{Kr}{2}\cos\theta \mathrm{d}l = \int_0^l \frac{Kh}{2}\mathrm{d}l = \frac{Khl}{2} = \frac{Kl\sqrt{4R^2-l^2}}{4}$$

式中 $$h = r\cos\theta = \sqrt{R^2 - l^2/4}$$

因为 $\mathscr{E}_{ab} > 0$，故 $\mathscr{E}_{ab}$ 的方向由 a 指向 b。

同理可得

$$\mathscr{E}_{bc} = Kh' \cdot bc = \frac{Kl\sqrt{4R^2-l^2}}{4}$$

式中，$h' = l/2$，$bc = \sqrt{4R^2-l^2}/2$。因 $\mathscr{E}_{bc} > 0$，故 $\mathscr{E}_{bc}$ 的方向由 b 指向 c。

解二　用法拉第电磁感应定律求解

连辅助线 Ob，构成闭合回路 $abOa$。若选该回路中 $\mathscr{E}$ 的正方向为逆时针方向，则穿过该回路的磁通量为 $\Phi_{\mathrm{m}} = -B(hl/2)$。该回路中的感生电动势为

$$\mathscr{E}_{\mathrm{i}} = -\frac{\mathrm{d}\boldsymbol{\Phi}_{\mathrm{m}}}{\mathrm{d}t} = \frac{hl}{2}\frac{\mathrm{d}B}{\mathrm{d}t} = \frac{Khl}{2} = \frac{Kl\sqrt{4R^2-l^2}}{4}$$

因 Oa、Ob 沿径向，而电场强度无径向分量，故 $\mathscr{E}_{Oa} = 0$，$\mathscr{E}_{Ob} = 0$。因此

$$\mathscr{E}_{ab} = \mathscr{E}_{\mathrm{i}} = \frac{Kl\sqrt{4R^2-l^2}}{4} > 0$$

同理 $$\mathscr{E}_{bc} = \frac{Kl\sqrt{4R^2-l^2}}{4} > 0$$

*6.2.3　电子感应加速器

电子感应加速器是用于加速电子达到高速的装置，其原理是，使电子受到由变化的磁通量所产生的感生电场的作用而加速。电子感应加速器作为一个很好的实例，说

明这种感生电场是真实的。电子感应加速器所产生的高能电子可以用于物理学中的基本研究，或者用于产生具有穿透本领的X射线，这种X射线在癌症的治疗上和工业上都很有用。

图6.17是电子感应加速器的示意图，在圆形电磁铁两极间有一环形真空室。在交变电流激励下，两极间出现交变磁场(某一瞬间的 $\boldsymbol{B}$ 线为如图6.18所示的实线)，这个交变磁场又激发一感生电场(其场线为如图6.18所示的虚线同心圆)，从电子枪射入真空室的电子受到两个作用：

(1) 受感生电场作用，沿切向的加速；

(2) 受磁场沿径向的洛伦兹力，充当维持圆周运动的向心力。

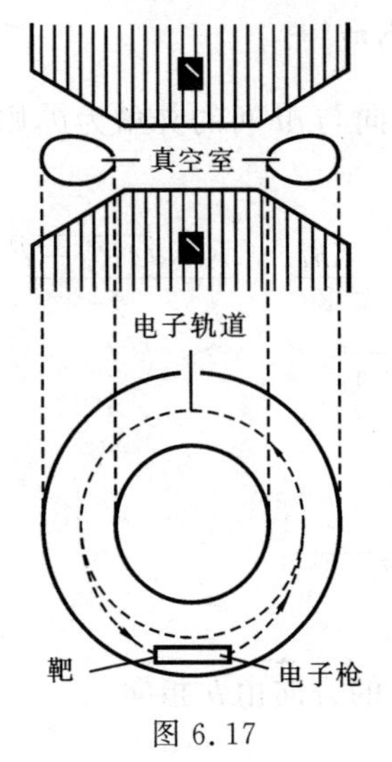

图6.17

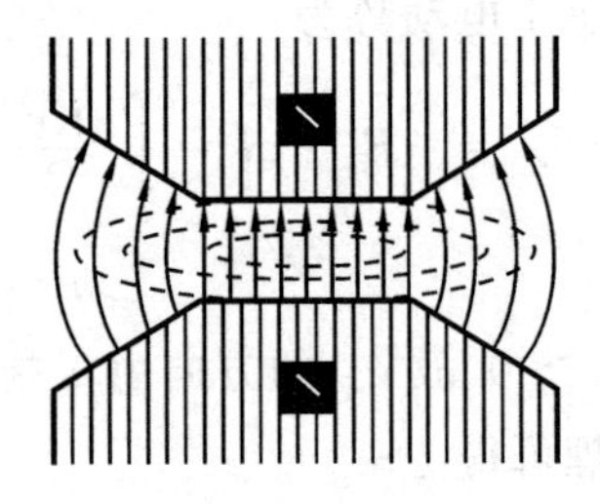

图6.18

交变磁场方向随时间的正弦变化导致感生电场方向随时间而变，图6.19所示为一周期内感生电场方向的变化情况。B 为正(负)表示 $\boldsymbol{B}$ 向上(下)，注意到电子带负电，显然只有在第一、四个1/4周期内才能被加速。但在第四个1/4周期内，洛伦兹力由于 $\boldsymbol{B}$ 向下而向外，不能充当向心力，这样就不能维持电子在恒定轨道上作圆周运动。因此整个周期内只有前1/4周期能使电子加速。由于电子枪入射的电子速度很大，实际上电子在这个1/4周期的时间内已经转了许多(例如，几十万)圈而获得相当高的能量，只要设法在每个周期的前1/4周期之末将电子束引离轨道进入靶室，就可以作为科研、工业探伤或医疗之用。目前，利用电子感应加速器可以把电子的能量加速到几十兆电子伏特，最高可达几百兆电子伏特。

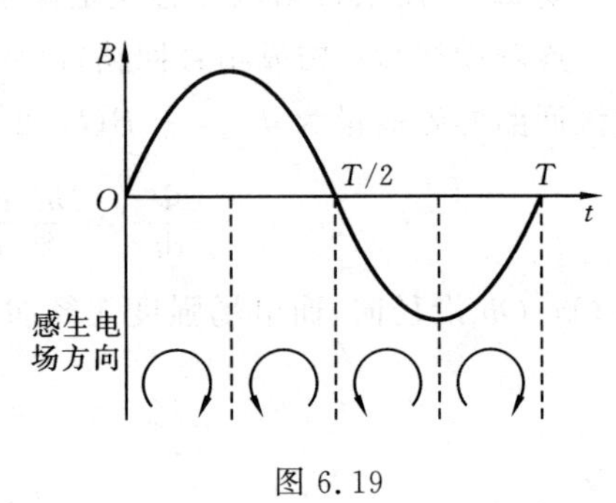

图6.19

*6.2.4 涡流

当整块金属内部的电子受到某种非静电力时，金属内部就会出现电流。电磁感应情况下的洛伦兹力或感生电场力就是这种非静电力的常见例子，由这两种力在整块金属内部引起的感应电流称为涡流(涡电流)，其流动情况可用电流密度J描述。由于多数金属的电阻率很小，因此较弱的非静电力往往可以激起强大的涡流。图6.20表示一个铁芯线圈通过交变电流时在铁芯内部激起的涡流，它是由变化磁场激发的感生电场引起的。

1. 涡流热效应的应用与危害

涡流与普通电流一样要放出热能，利用涡流的热效应进行加热的方法称为感应加热，冶炼金属用的高频感应炉就是感应加热的一个重要例子。图6.21是感应炉的示意图。当线圈通入高频交变电流时，坩埚中的被冶炼金属内出现强大的涡流，它所产生的热量可使金属很快熔化。这种冶炼方法的最大优点之一，就是冶炼所需的热量直接来自被冶炼金属本身，因此可达极高的温度并有快速和高效的特点。此外，这种冶炼方法易于控制温度，并能避免有害杂质混入被冶炼金属中，因此适于冶炼特种合金和特种钢等。近年来流行的电磁炉就是涡流热效应的应用例子。

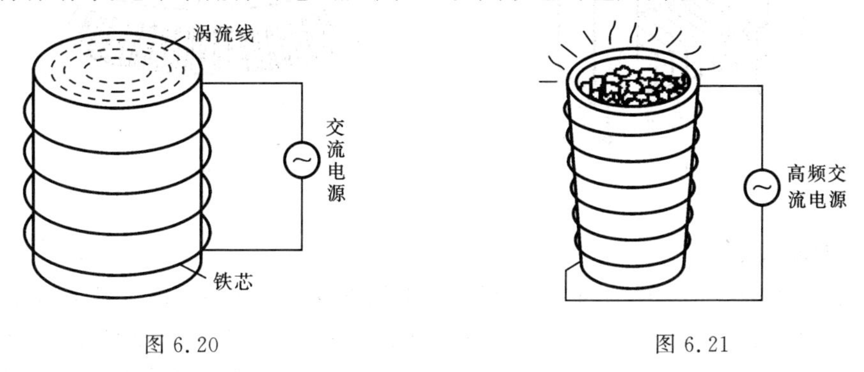

图6.20　　图6.21

涡流的热效应对于变压器和电机的运行极为不利。首先，它会导致铁芯温度升高，从而危及线圈绝缘材料的寿命，严重时甚至可使绝缘材料当即烧毁。其次，涡流发热要损耗额外的能量(称为涡流损耗)，使变压器和电机的效率降低。为了减小涡流，变压器和电机的铁芯都不用整块钢铁而用很薄的硅钢片叠压而成。硅钢是掺有少量硅的钢，其电阻率比普通钢大，因此涡流损耗得以减少。把硅钢制成片状则可借用片间的绝缘漆切断涡流通路以进一步减少涡流的发热。图6.22显示了用硅钢片把涡流限制在每块片内的情形。

2. 涡流磁效应的应用

先看图6.23(a)的演示。A是一块可在电磁铁两极间摆动的铜板(傅科摆)，电磁铁未通电时，A要摆动多次才能停下来；电磁铁一旦通电，A很快就能停下来。这种现象称为电磁阻尼，不难用楞次定律解释。按照楞次定律的表述，导体在磁场中运动时

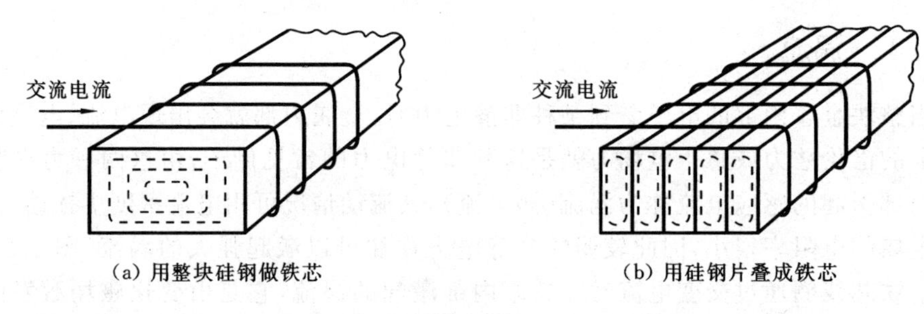

(a) 用整块硅钢做铁芯　　(b) 用硅钢片叠成铁芯

图 6.22

由于出现感应电流(即涡流)而受到的安培力必然阻碍导体的运动。用一个与 A 形状相同但开有许多深槽的摆(如图 6.23(b) 所示)做同样的实验,就会看到阻力大为减小,这显然是深槽切断了涡流通路的缘故。

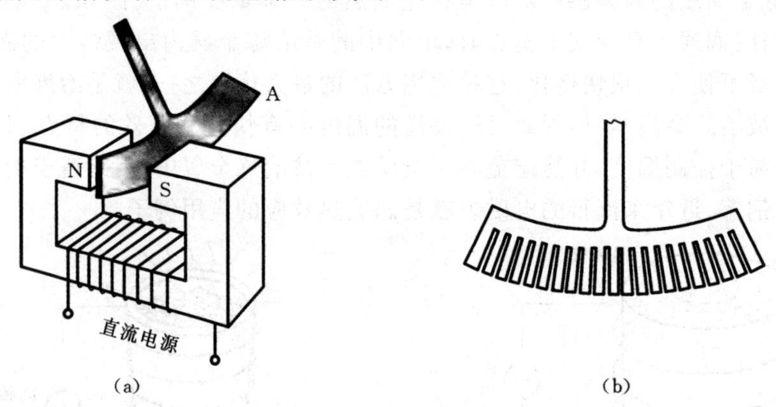

(a)　　(b)

图 6.23

3. 趋肤效应

一段均匀的柱状导体通过直流电流时,电流密度在导体横截面上是均匀分布的。然而,交变电流通过导体时就不这么简单。由于交变电流激发的交变磁场会在导体内部引起涡流,电流密度在导体横截面上不再均匀分布,而是越靠近导体表面处电流密度越大。这种交变电流集中于导体表面的效应称为趋肤效应(或集肤效应)。当导体中流过交变电流时,时变电磁场在导体中引起涡流,而变化着的涡流又反过来激发变化的电磁场,如此互相影响。可见,趋肤效应是一个相当复杂的过程。

趋肤效应的程度与电流变化的快慢有关。电流的频率越高,趋肤效应越明显。当频率很高的电流通过导线时,可以认为电流只在导线表面上很薄的一层中流过,这等效于导线的截面减小、电阻增大。既然导线的中心部分几乎没有电流通过,就可以把该中心部分除去以节约铜材。因此,在高频电路中可以采用空心导线代替实心导线。此外,为了削弱趋肤效应,在高频电路中也往往使用多股绝缘细导线编织成束来代替同样截面积的粗导线。在工业应用方面,用趋肤效应可以对金属进行表面淬火。

6.3　自感和互感　磁场的能量

作为法拉第电磁感应定律的特例，下面将讨论两个在电工、无线电技术中有着广泛应用的电磁感应现象 —— 自感和互感。

6.3.1　自感

电流流过线圈时，其磁感应线将穿过线圈本身，因而给线圈提供磁通量。如果该电流随时间变化而变化，磁通量就随时间变化而变化，线圈中便出现感应电动势。这种由自身电流变化引起的电磁感应现象称为自感现象，自感现象中出现的感生电动势称为自感电动势。

下面用一个简单的例子讨论自感电动势的大小与哪些因素有关。设有一无铁芯的长直螺线管，长为 l，截面半径为 R，管上绕组的总匝数为 N，其中通有电流 I。对于一根密绕线圈的细长的螺线管，可以略去漏磁和管两端磁场的不均匀性，把磁场近似地看做在管内均匀分布，此时线圈内各点的磁感应强度为

$$B=\frac{\mu_0 NI}{l}$$

用 S 表示螺线管的截面积，则穿过每匝线圈的磁通量为

$$\Phi_{\mathrm{m}}=BS=\frac{\mu_0 NI}{l}\pi R^2$$

穿过 N 匝线圈的磁链数为

$$\Psi=N\Phi_{\mathrm{m}}=\frac{\mu_0 N^2 I}{l}\pi R^2$$

当线圈中的电流 I 变化时，在 N 匝线圈中产生的感应电动势为

$$\mathscr{E}_{\mathrm{L}}=-\frac{\mathrm{d}\Psi}{\mathrm{d}t}=-\frac{\mu_0\pi R^2 N^2}{l}\frac{\mathrm{d}I}{\mathrm{d}t}$$

将上式改写成下列形式

$$\mathscr{E}_{\mathrm{L}}=-L\frac{\mathrm{d}I}{\mathrm{d}t} \tag{6.7}$$

式(6.7) 反映了自感电动势与电流变化率之间的关系，其中的负号表明：当线圈回路中的$\frac{\mathrm{d}I}{\mathrm{d}t}>0$时，$\mathscr{E}_{\mathrm{L}}<0$，即自感电动势与电流方向相反；反之，当$\frac{\mathrm{d}I}{\mathrm{d}t}<0$时，$\mathscr{E}_{\mathrm{L}}>0$，即自感电动势与电流方向相同。而式中的 $L=\frac{\mu_0\pi R^2 N^2}{l}$ 则体现回路产生自感电动势反抗电流改变的能力，它称为该回路的自感。L 的大小与回路的几何形状、匝数等因素有关，所以如同电阻和电容一样，自感也是一个电路参数。

现在再考虑一般的情况。对于一个任意形状的回路，回路中由于电流变化引起通

过回路本身磁链数的变化而出现的感应电动势为

$$\mathscr{E}_L = -\frac{d\Psi}{dt} = -\frac{d\Psi}{dI}\frac{dI}{dt} = -L\frac{dI}{dt}$$

式中

$$L = \frac{d\Psi}{dI} \tag{6.8}$$

被定义为回路的自感。它等于回路中的电流变化为单位值时,在回路本身所围面积内引起的磁链数的改变值,而与电流无关。

自感的国际单位为V·s/A,为了纪念与法拉第同时代的美国物理学家亨利的贡献,也用亨[利](国际符号为H)作为自感的单位,即

$$1\ \text{H} = 1\ \text{V}\cdot\text{s/A}$$

由于亨利的单位比较大,实际中常用mH(毫亨[利])与μH(微亨[利])作为自感的单位,其换算关系如下

$$1\ \text{H} = 10^3\ \text{mH} = 10^6\ \mu\text{H}$$

自感现象在各种电器设备和无线电技术中都有广泛的应用。例如,无线电技术中常用的LC振荡电路、调谐电路、滤波器、日光灯上用的镇流器等均利用了自感电路具有阻止电流变化、稳定电流作用的原理。若线圈自感大,电路中电流变化大,在断开电路时会产生很高的自感电动势。日光灯电路中的镇流器就是利用这个特性制成的。

在某些情况下,自感现象是非常有害的。例如,当电路被断开时,由于电流在极短的时间内发生了很大的变化,因此会产生较高的自感电动势,在断开处形成电弧。这就是为什么在迅速拔出插头时,插座中会冒出电火花的原因。如果电路是由自感很大的线圈构成的,则在断开的瞬间会产生非常高的自感电动势,这不仅会烧坏开关,甚至会危及工作人员的安全。所以,切断这类电路时必须采用特制的安全开关,逐渐增加电阻来断开电路。又如,无轨电车行驶时,车顶上的受电弓由于车身颠簸,有时会短时间脱离电网而使电路突然断开。这时由于自感而产生的电动势,在电网和受电弓之间形成一较高的电压,常常大到使空气隙被击穿而导电,以致在空气隙中产生电弧,对电网有破坏作用。

例题6.7 如图6.24所示,有一同轴电缆由两个圆筒形金属导体构成,若两圆筒间充满磁导率为μ的均匀磁介质,内、外圆筒的半径分别为R_1和R_2,试求电缆单位长度的自感。

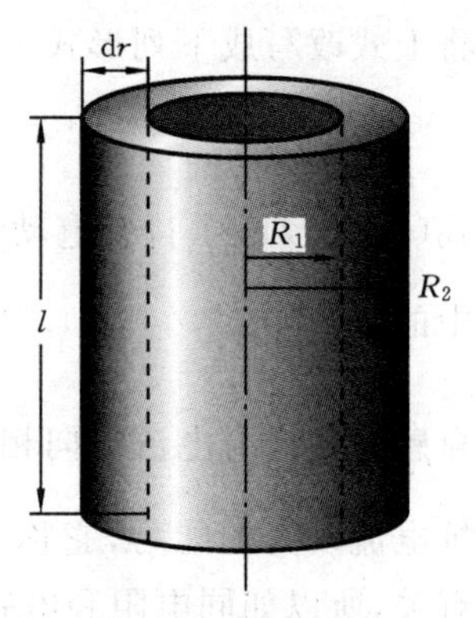

图6.24

解 设电流I从内圆筒向上流入,从外圆筒向下流出。根据安培环路定律可知,在内、外圆筒之间距轴为r处的磁感应强度为

$$B = \frac{\mu I}{2\pi r}$$

长度为l的部分电缆,通过横截面积的总磁通量为

$$\Phi_m = \int_S \boldsymbol{B} \cdot d\boldsymbol{S} = \int_{R_1}^{R_2} \frac{\mu I}{2\pi r} l\, dr = \frac{\mu I l}{2\pi} \int_{R_1}^{R_2} \frac{dr}{r} = \frac{\mu I l}{2\pi} \ln \frac{R_2}{R_1}$$

由自感的定义，可得单位长度的自感为

$$L = \frac{\Phi_m}{Il} = \frac{\mu}{2\pi} \ln \frac{R_2}{R_1}$$

6.3.2　互感

当一个线圈中的电流发生变化时，在其周围会激发变化的磁场，从而引起相邻线圈内产生感应电动势和感应电流，这种现象称为互感，所产生的电动势称为互感电动势。

如图 6.25 所示，设有两个相邻的线圈回路 1 和 2，其中分别通有电流 I_1 和 I_2。由毕奥 - 萨伐尔定律可知，电流 I_1 产生的磁场的磁感应强度 $\boldsymbol{B}$ 正比于 I_1，因而其穿过线圈回路 2 所围面积的磁链数 Ψ_{21} 也正比于 I_1，即

$$\Psi_{21} = M_{21} I_1 \tag{6.9}$$

同理，电流 I_2 产生的磁场通过线圈回路 1 所围面积的磁链数 Ψ_{12} 为

$$\Psi_{12} = M_{12} I_2 \tag{6.10}$$

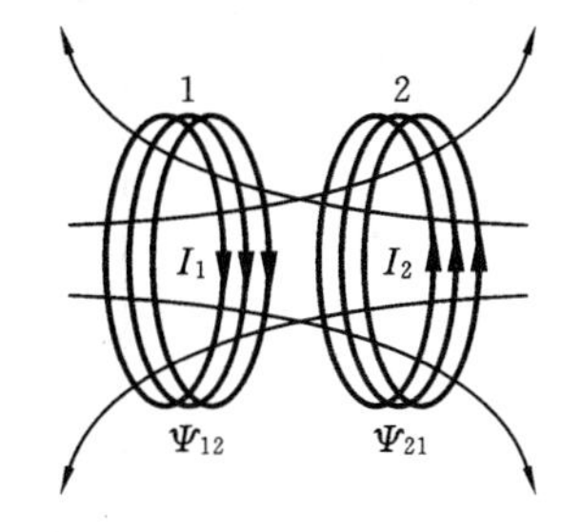

图 6.25

式中，M_{21} 和 M_{12} 为比例系数，它们与两个耦合回路的形状、大小、匝数、相对位置，以及周围的磁介质有关。理论和实验都可以证明，对于给定的一对导体回路，有

$$M_{21} = M_{12} = M$$

式中，M 称为两个回路的互感。

根据法拉第电磁感应定律，在 M 一定的条件下，回路中的互感电动势为

$$\mathscr{E}_{21} = -\frac{d\Psi_{21}}{dI} = -M\frac{dI_1}{dt} \tag{6.11}$$

$$\mathscr{E}_{12} = -\frac{d\Psi_{12}}{dI} = -M\frac{dI_2}{dt} \tag{6.12}$$

由式(6.11)和式(6.12)看出：回路中的互感，在量值上等于一个回路中的电流随时间的变化率为一个单位时，在另一个回路中产生的互感电动势；式中的负号表示在一个回路中引起的互感电动势，要反抗另一个回路中的电流变化。当一个回路中的电流随时间的变化率一定时，互感越大，则通过互感在另一个回路中所引起的互感电动势也越大；反之，互感电动势则越小。所以，互感 M 是表征两个线圈耦合强弱的物理量，互感的单位和自感的单位相同，都是亨[利](H)。

理论上可以利用式(6.9)或式(6.10)计算出互感 M，但在实际问题中，通常通过式(6.11)或式(6.12)用实验来测量互感 M。

互感现象可以把交变的电信号和电能由一个电路转移到另一个电路，而无需把这两个电路连接起来。这种转移能量的方法称为耦合，它在各种电器设备和无线电技术中有着广泛的应用。例如，发电厂输出的高压电流要引入民居使用时，为了安全，就

需要先用变压器把电压降下来，而变压器的工作原理正是应用了互感的规律。

但是，互感现象有时也会带来不利的一面。例如，通信线路和电力输送线之间靠得太近时会受到干扰；有线电话有时会因为两条线路之间互感而造成串音，信息在传送过程中安全性会降低，容易造成泄密，等等。在这种情况下，就需要设法避免互感影响，采用磁屏蔽的方法将某些器件保护起来。

例题 6.8　如图 6.26(a) 所示，在磁导率为 μ 的均匀无限大磁介质中，有一无限长直导线，与一宽、长分别为 b 和 l 的矩形线圈处于同一平面内，直导线与矩形线圈的一侧平行，且相距为 d。试求它们的互感。若将长直导线与矩形线圈按图 6.26(b) 放置，它们的互感又为多少？

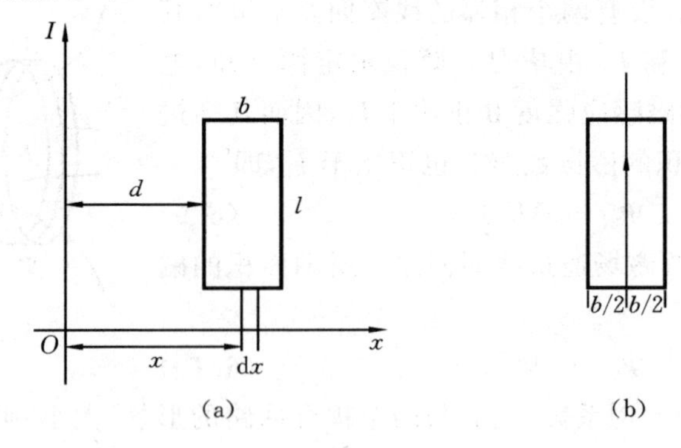

图 6.26

解　建立如图 6.26(a) 所示的坐标系。对于图 6.26(a) 所示的情况，设在无限长直导线中通以恒定电流 I，则在距长直导线为 x 处的磁感应强度为

$$B=\frac{\mu I}{2\pi x}$$

于是，穿过矩形线圈的磁通量为

$$\Phi_{\mathrm{m}}=\int_S \boldsymbol{B}\cdot\mathrm{d}\boldsymbol{S}=\int_d^{d+b}\frac{\mu I}{2\pi x}l\,\mathrm{d}x=\frac{\mu Il}{2\pi}\ln\frac{d+b}{d}$$

它们的互感为

$$M=\frac{\Phi_{\mathrm{m}}}{I}=\frac{\mu l}{2\pi}\ln\frac{d+b}{d}$$

而对于图(b) 所示的情况来说，仍设无限长直导线中的电流为 I，由于无限长载流直导线所激发的磁场的对称性，穿过矩形线圈的磁通量为零，即 $\Phi_{\mathrm{m}}=0$，所以它们的互感为零，即 $M=0$。

由上述结果可以看出，无限长直导线与矩形线圈的互感，不仅与它们的形状、大小、磁介质的磁导率有关，还与它们的相对位置有关。

*6.3.3　磁场的能量

前面讨论了电场的能量，磁场和电场一样也具有能量。下面以具有一个线圈的简单电路为例，通过讨论该电路中电流的变化情况，推导磁场能量的计算公式。

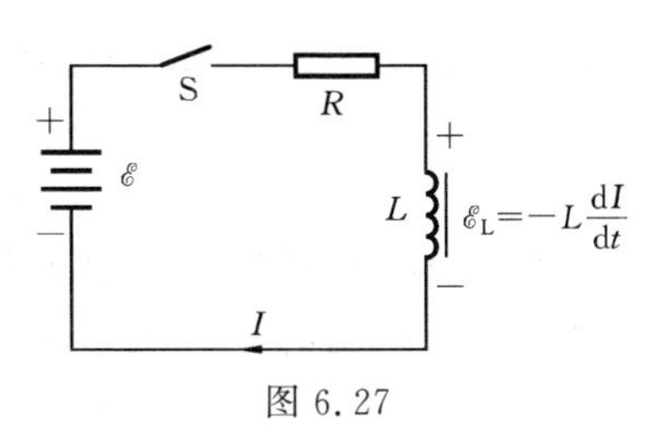

图 6.27

如图6.27所示，电路中含有一个自感为L的线圈，电阻为R，电源的电动势为$\mathscr{E}$。在电键S未闭合时，电路中没有电流，线圈内也没有磁场。而电键闭合后，线圈中的电流不能突变，而是从零逐渐增大，最后电流达到稳定位置。在这段电流增大的时间内，线圈中将产生自感电动势，对电流的增大起阻碍作用。要维持电流继续增加，外电源必须克服自感电动势做功，从而消耗电源的电能并转化为线圈磁场的能量储存起来。另外，电阻R上也会消耗一部分能量。因此，电流在线圈内建立磁场的过程中，电源供给的能量分成两个部分：一部分转换为热能；另一部分则转换成线圈内的磁场能量。现在来定量研究电路中电流增长时能量的转换情况。

由闭合电路欧姆定律

$$\mathscr{E}_i + \mathscr{E}_L = RI$$

得

$$\mathscr{E}_i - L\frac{dI}{dt} = RI$$

两边同乘以Idt有

$$\mathscr{E}_i I dt - LI dI = RI^2 dt$$

若在$t=0$时，$I=0$；在$t=t$时，电流增长到I，则上式的积分形式为

$$\int_0^t \mathscr{E}_i I dt = \frac{1}{2}LI^2 + \int_0^t RI^2 dt$$

式中，$\int_0^t \mathscr{E}_i I dt$为电源在由0到$t$这段时间内所做的功，也就是电源所供给的能量；$\int_0^t RI^2 dt$为在这段时间内回路中的导体所放出的热能；$\frac{1}{2}LI^2$为电源反抗自感电动势所做的功。由于当电路中的电流从零增长到I时，电路附近的空间只是逐渐建立起一定强度的磁场，而没有其他的变化，所以电源因反抗自感电动势而做功所消耗的能量，显然是在建立磁场的过程中，由电能转换成了磁场的能量。因为不难算得，当电源一旦被撤去时(此时电路仍是闭合的)，电路中所出现的感应电流的能量，在数值上仍是$\frac{1}{2}LI^2$。这个能量是由于磁场的消失而转换得来的。所以，对自感为L的线圈来说，当其电流为I时，磁场的能量为

$$W_m = \frac{1}{2}LI^2 \tag{6.13}$$

我们知道，磁场的性质是用磁感应强度来描述的。为了得到磁场能量与磁感应强度之间的关系，以长直螺线管为例进行讨论。若体积为V的长直螺线管的自感$L=\mu n^2 V$，螺线管中通有电流I时，螺线管中磁场的磁感应强度为$B=\mu nI$。把它们代入

式(6.13),可得螺线管内的磁场能量为

$$W_{\mathrm{m}}=\frac{1}{2}LI^{2}=\frac{1}{2}\mu n^{2}V\left(\frac{B}{\mu n}\right)^{2}=\frac{B^{2}}{2\mu}V$$

上式表明,磁场能量与磁感应强度、磁导率和磁场所占的体积有关。由此又可得出单位体积磁场的能量 —— 磁场能量密度 w_{m} 为

$$w_{\mathrm{m}}=\frac{W_{\mathrm{m}}}{V}=\frac{1}{2}\,\frac{B^{2}}{\mu}$$

式中,w_{m} 的单位为 $\mathrm{J/m^3}$。上式表明,磁场能量密度与磁感应强度的二次方成正比。对于均匀的各向同性的介质,由于 $B=\mu H$,上式又可以写成

$$w_{\mathrm{m}}=\frac{1}{2}\mu H^{2}=\frac{1}{2}BH \tag{6.14}$$

必须指出,式(6.14)虽然是从长直螺线管这一特例导出的,但是可以证明,在任意的磁场中某处的磁场能量密度都可以用式(6.14)表示,式中的 B 和 H 分别为该处的磁感应强度和磁场强度。总之,式(6.14)说明,任何磁场都具有能量,磁场的能量存在于磁场的整个体积之中。

对于非均匀磁场,场中各点的磁场能量密度是不同的。但可以在场中取一微小体积元 $\mathrm{d}V$,认为该体积元内磁场能量密度是相同的,则在该体积元中的磁场能量为 $\mathrm{d}W_{\mathrm{m}}=w_{\mathrm{m}}\mathrm{d}V$,整个磁场中的总能量为

$$W_{\mathrm{m}}=\int_{V}\mathrm{d}W_{\mathrm{m}}=\int_{V}w_{\mathrm{m}}\mathrm{d}V=\int_{V}\frac{1}{2}HB\,\mathrm{d}V=\int_{V}\frac{1}{2}\boldsymbol{H}\cdot\boldsymbol{B}\mathrm{d}V \tag{6.15}$$

式中的积分遍及磁场分布的全部空间。式(6.15)是计算磁场能量的普遍表达式。

例题 6.9 同轴电缆是电信和电子技术中常用的一种传输线,如图 6.28 所示,同轴电缆中金属芯线的半径为 R_1,共轴金属圆筒的半径为 R_2,两者之间充满磁导率为 μ 的磁介质。设内导线上的电流为 I,电流分布在导线的表面,而外导线柱面作为电流返回的路径。试求:

(1) 两导线间磁场的磁感应强度;

(2) 单位长度同轴电缆上所储存的磁场能量;

(3) 单位长度同轴电缆的自感。

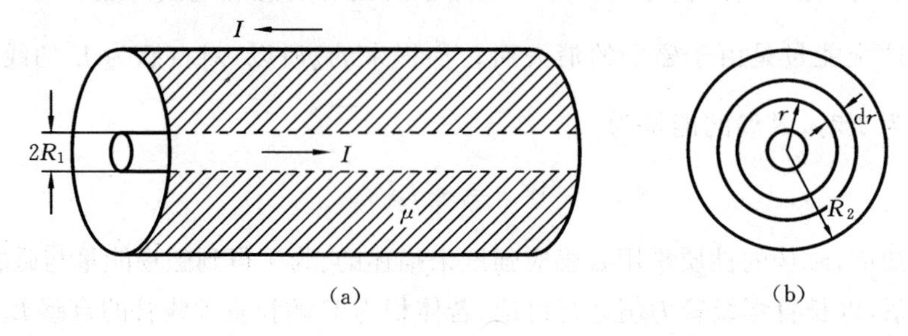

图 6.28

解　(1) 在电缆的横截面内，两导体间取一圆，圆心位于电缆的轴线上，半径为 r。把这一圆周作为积分路径，由安培环路定理得

$$\oint_L \boldsymbol{H} \cdot \mathrm{d}\boldsymbol{l} = I$$

即

$$\frac{B}{\mu} \times 2\pi r = I$$

所以

$$B = \frac{\mu I}{2\pi r} \quad (R_1 < r < R_2)$$

(2) 磁场能量可通过对磁场能量密度 w_{m} 进行积分来求得。在本题中，可略去内、外导体本身所具有的磁场的能量。而且，电缆外部不存在磁场，这样，计算磁场能量时，只需对两导体间的那部分磁场进行积分。

由式(6.14) 可得，在芯线与圆筒之间 r 处附近，磁场的能量密度为

$$w_{\mathrm{m}} = \frac{1}{2}\mu H^2 = \frac{\mu}{2}\left(\frac{I}{2\pi r}\right)^2 = \frac{\mu I^2}{8\pi^2 r^2}$$

磁场的总能量为

$$W_{\mathrm{m}} = \int_V w_{\mathrm{m}} \mathrm{d}V = \frac{\mu I^2}{8\pi^2}\int_V \frac{1}{r^2}\mathrm{d}V$$

对于单位长度的电缆，取一薄层圆筒形体积元，$\mathrm{d}V = 2\pi r \mathrm{d}r$，代入上式，得到单位长度同轴电缆的磁场能量为

$$W_{\mathrm{m}} = \frac{\mu I^2}{8\pi^2}\int_{R_1}^{R_2} \frac{2\pi r \mathrm{d}r}{r^2} = \frac{\mu I^2}{4\pi}\ln\frac{R_2}{R_1}$$

(3) 本题中单位长度的自感可通过磁场能量来计算，因为 $W_{\mathrm{m}} = \frac{1}{2}LI^2$，又因前面已计算出磁场总能量，所以

$$L = \frac{\mu}{2\pi}\ln\frac{R_2}{R_1}$$

6.4　电　磁　场

19 世纪以前，人们认为电和磁是互不相关联的。电流的磁效应被发现后，人们认识到电流(运动电荷) 与磁场之间的相互关系，但电场和磁场之间仍然是被认为互不影响的。电磁感应定律揭示了变化的磁通量与感应电动势的关系。麦克斯韦总结了从库仑到安培、法拉第以来电磁学的全部成就，并发展了法拉第的场的思想，认为感生电动势来源于变化的磁场所产生的涡旋电场，从而建立了磁场与电场之间的一种联系 —— 随时间变化的磁场产生电场。在研究了安培环路定理运用于随时间变化电流的电路的矛盾后，麦克斯韦又提出了位移电流的假说，即电场和磁场的另一种联系 —— 随时间变化的电场产生磁场。在此基础上，麦克斯韦于 1864 年底归纳出电磁场的基本方程，即麦克斯韦电磁场的基本方程。静电场和恒定电流的磁场是电磁场的

特例。随时间变化的电荷分布产生变化的电场,变化的电流产生变化的磁场,而变化的电场产生磁场,变化的磁场又产生电场…… 由此形成变化的电磁场在空间的传播,即电磁波。麦克斯韦预言了电磁波的存在(1865年),并计算出电磁波在真空中的传播速度为

$$c = \frac{1}{\sqrt{\varepsilon_0 \mu_0}}$$

式中,ε_0 和 μ_0 分别是真空电容率和真空磁导率。将 ε_0 和 μ_0 的值代入上式,可得电磁波在真空中的传播速度约为 3×10^8 m/s,这个值与光速是相同的。此后不久,赫兹从实验中证实了麦克斯韦关于电磁波的预言,赫兹的实验给予麦克斯韦电磁理论以决定性支持。麦克斯韦理论奠定了经典电动力学的基础,也为无线电技术和现代通信技术的进一步发展开辟了广阔的前景。时至今日,麦克斯韦电磁理论对宏观、高速和低速的情况都仍能适用。顺便指出,现代量子理论认为带电体之间的电磁作用是相互交换光子的结果,从而使人们对麦克斯韦电磁理论的理解又前进了一步。

6.4.1 位移电流

麦克斯韦对电磁理论的重大贡献的核心是位移电流的假说。位移电流是通过将安培环路定理运用于含有电容器的交变电路中出现的矛盾而引出的。

以前曾讨论了在恒定电流磁场中的安培环路定理

$$\oint_L \boldsymbol{H} \cdot d\boldsymbol{l} = \sum I = \int_S \boldsymbol{J} \cdot d\boldsymbol{S}$$

式中,$\boldsymbol{J}$ 为传导电流密度;I 为穿过以闭合曲线 L 为边线的任意曲面的传导电流。该式表示 $\boldsymbol{H}$ 沿任意闭合回路的线积分等于穿过以该回路为边界的任意曲面的电流代数和。对于一个非恒定电流产生的磁场,安培环路定理是否还适用呢?

如图 6.29 所示,电容器在放电过程中,电路导线中的电流 I 是非恒定电流,它随时间而变化。若在极板 A 的附近取一个闭合回路 L,则以此回路 L 为边界可作两个曲面 S_1 和 S_2。其中 S_1 与导线相交,S_2 在两极板之间,不与导线相交;S_1 和 S_2 构成一个闭合曲面。现以曲面 S_1 作为衡量有无电流穿过 L 所包围面积的依据,则由于它与导线相交,故知穿过 L 所围面积即 S_1 面的电流为 I,所以由安培环路定理有

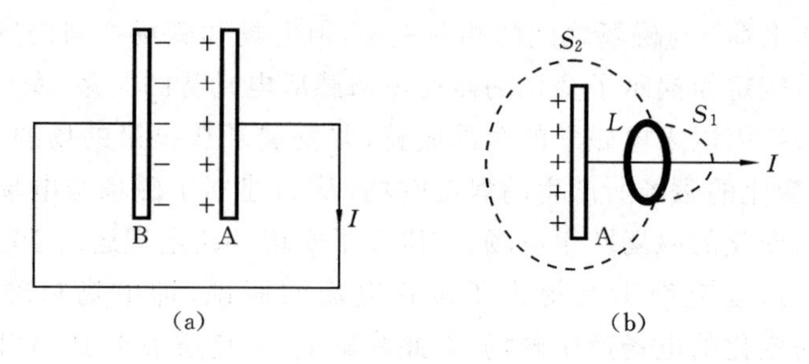

图 6.29

$$\oint_L \boldsymbol{H} \cdot \mathrm{d}\boldsymbol{l} = I$$

而若以曲面 S_2 为依据，则没有电流通过 S_2，于是由安培环路定理便有

$$\oint_L \boldsymbol{H} \cdot \mathrm{d}\boldsymbol{l} = 0$$

这就突出表明，在非恒定电流的磁场中，磁场强度沿回路 L 的环流与如何选取以闭合回路 L 为边界的曲面有关。选取不同的曲面，环流有不同的值。这说明，在非恒定电流的情况下，安培环路定理是不适用的，必须寻求新的规律。

设平行板电容器板的面积为 S，极板上的电荷面密度为 σ。在充电或放电过程中的任一瞬时，按照电荷守恒定律，导线中的电流等于极板上电荷量的变化率，即

$$I = \frac{\mathrm{d}q}{\mathrm{d}t} = \frac{\mathrm{d}(S\sigma)}{\mathrm{d}t} = S\frac{\mathrm{d}\sigma}{\mathrm{d}t}$$

同时，极板间的电场强度 $\boldsymbol{E}$、电位移矢量 $\boldsymbol{D}$ 也在随时间变化着。设极板上该时刻的电荷面密度为 σ，则 $D = \sigma$，代入上式得

$$I = S\frac{\mathrm{d}\sigma}{\mathrm{d}t} = S\frac{\mathrm{d}D}{\mathrm{d}t}$$

上式表明：导线中的电流 I 等于极板上的 $S\dfrac{\mathrm{d}\sigma}{\mathrm{d}t}$，又等于极板间的 $S\dfrac{\mathrm{d}D}{\mathrm{d}t}$。在方向上，当充电时，电场强度增加，$\dfrac{\mathrm{d}D}{\mathrm{d}t}$ 的方向与场的方向一致，也与导线中的电流方向一致；当放电时，电场强度减小，$\dfrac{\mathrm{d}D}{\mathrm{d}t}$ 的方向与场的方向相反，但仍与导线中电流方向一致（参看图 6.29）。可见，极板上电荷量的变化与导线中的电流有关，而极板间变化的电场又与极板上电荷量的变化有关，从而使电路中的电流借助于电容器内的电场变化仍可被视为连续的。麦克斯韦提出一个假说：变化的电场也是一种电流，并令

$$\boldsymbol{J}_{\mathrm{d}} = \frac{\mathrm{d}\boldsymbol{D}}{\mathrm{d}t}$$

$$I_{\mathrm{d}} = S\frac{\mathrm{d}D}{\mathrm{d}t} = \frac{\mathrm{d}\Psi}{\mathrm{d}t}$$

式中，$\boldsymbol{J}_{\mathrm{d}}$ 称为位移电流密度，等于该点电位移矢量对时间的变化率；I_{d} 称为位移电流，通过电场中某一截面的位移电流 I_{d} 等于通过该截面电位移通量 Ψ 对时间的变化率。这样，按照麦克斯韦位移电流的假设，在有电容器的电路中，在电容器极板表面中断了的传导电流 I_{c}，可以由位移电流 I_{d} 继续下去，两者一起构成电流的连续性。

就一般性质来说，麦克斯韦认为电路中可同时存在传导电流 I_{c} 和位移电流 I_{d}，那么，它们之和为

$$I = I_{\mathrm{c}} + I_{\mathrm{d}}$$

式中，I 称为全电流。这样就推广了的电流概念，无论对图 6.29(b) 中取 S_1 或取 S_2 的情形，结果都是一样的。因为理论和实验都证明，导体内的变化电场所体现的位移电

流几乎为零,完全可以略去不计。于是,在一般情况下,安培环路定理可修正为

$$\oint_L \boldsymbol{H} \cdot \mathrm{d}\boldsymbol{l} = I = I_c + \frac{\mathrm{d}\Psi}{\mathrm{d}t} \quad 或 \quad \oint_L \boldsymbol{H} \cdot \mathrm{d}\boldsymbol{l} = \int_S \left(\boldsymbol{J}_c + \frac{\partial \boldsymbol{D}}{\partial t}\right) \cdot \mathrm{d}\boldsymbol{S} \tag{6.16}$$

这就表明,磁场强度 $\boldsymbol{H}$ 沿任意闭合回路的环流等于穿过此闭合回路所围曲面的全电流,这就是全电流安培环路定理。式(6.16)中的 $\boldsymbol{H}$,从原则上说是由空间存在的所有电流,而不单是闭合回路所包围的全电流建立的。尽管如此,式(6.16)仍然肯定地表述了传导电流和位移电流(即变化的电场)所激发的磁场都是有旋磁场。所以,麦克斯韦关于位移电流假设的实质就是认为变化的电场要激发有旋磁场。应当强调指出,在麦克斯韦的位移电流假设基础上所导出的结果,都与实验符合得很好。

位移电流的引入深刻地揭示了电场和磁场的内在联系,反映了自然界对称性的美。法拉第电磁感应定律表明了变化磁场能够产生涡旋电场,位移电流假设的实质则是表明变化电场能够产生涡旋磁场。变化的电场和变化的磁场互相联系,相互激发,形成一个统一的电磁场。

最后指出,虽然位移电流与传导电流在激发磁场方面是等效的,但它们却是两个不同的概念。传导电流是大量自由电荷的宏观定向运动,而位移电流的实质却是关于电场的变化率。传导电流在通过电阻时会产生热能,而位移电流没有热效应。

例题 6.10 如图 6.30 所示,半径为 $R = 0.1\ \mathrm{m}$ 的圆形平行板电容器,电容器两极板间匀速充电,板间电场强度的变化率 $\frac{\mathrm{d}E}{\mathrm{d}t} = 10^{13}\ \mathrm{V/(m \cdot s)}$。试求电容器两极板间的位移电流,并计算电容器内两极板中心连线距离分别为 r 和 R 处的磁感应强度 B_1 和 B_2。

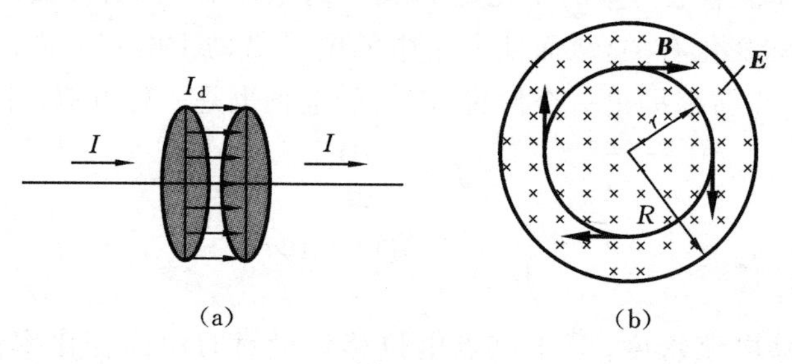

图 6.30

解 电容器两极板间的位移电流为

$$I_d = \frac{\mathrm{d}\Psi}{\mathrm{d}t} = S\frac{\mathrm{d}D}{\mathrm{d}t} = \pi R^2 \varepsilon_0 \frac{\mathrm{d}E}{\mathrm{d}t}$$

$$= 3.14 \times 0.1^2 \times 8.85 \times 10^{-12} \times 10^{13}\ \mathrm{A} = 2.8\ \mathrm{A}$$

对该电容器来说,两极板之外有传导电流,两极板之间存在位移电流。略去边缘效应,可以认为极板间为均匀电场,因此位移电流分布均匀。位移电流激发的磁场分布对于两板中心连线具有对称性。磁感应线是以电容器两板中心连线为轴的一系列同心圆,方向与位移电流之间的关系符合右手螺旋法则。取半径为 r 的圆形回路积

分，运用全电流安培环路定理得

$$\oint_L \boldsymbol{H} \cdot \mathrm{d}\boldsymbol{l} = \frac{B_1}{\mu_0} \times 2\pi r = I_\mathrm{d}, \quad I_\mathrm{d} = \pi r^2 \varepsilon_0 \frac{\mathrm{d}E}{\mathrm{d}t}$$

$$B_1 = \frac{\mu_0 \varepsilon_0}{2} r \frac{\mathrm{d}E}{\mathrm{d}t}$$

当 $r = R$ 时，有

$$B_2 = \frac{\mu_0 \varepsilon_0}{2} R \frac{\mathrm{d}E}{\mathrm{d}t} = \frac{1}{2} \times 4\pi \times 10^{-7} \times 8.85 \times 10^{-12} \times 0.1 \times 10^{13}\ \mathrm{T}$$
$$= 5.6 \times 10^{-6}\ \mathrm{T}$$

从这个例子可以知道，虽然位移电流比较大，但它产生的磁感应强度却很弱，以致很难用简单的仪器进行测量，这与感生电场截然不同，后者很容易演示出来。主要原因在于感生电动势可以很容易通过增加线圈匝数而增加，对于磁场来说，就不存在这样的有效方法。但是，在振荡频率很高的情况下，也可以获得较强的感生电场。

6.4.2 麦克斯韦方程组

前面分别研究了静电场与恒定磁场的基本性质以及它们所遵循的规律，本章还研究了变化的电磁场的各种规律。但是这些规律只是反映了电磁场在特殊条件下的特性，不具有普遍意义。麦克斯韦在这些定律的基础上，提出了涡旋电场和位移电流这两个假设，指出变化的磁场要激发涡旋电场，变化的电场激发涡旋磁场，即交变电场的空间必存在交变磁场，同样，交变磁场空间也必存在交变电场，揭示了电场和磁场之间的内在联系，这就是麦克斯韦关于电磁场的基本概念。电磁场理论的一个重要成就是预言了电磁波的存在，即变化的电场和变化的磁场相互激发，形成变化的电磁场在空间传播，并算出其传播速度等于光速。1887 年赫兹首先用实验证实了电磁波的存在，这不但从一个方面证明了麦克斯韦电磁场理论的正确性，也揭示了光的电磁本质。

在研究电现象和磁现象的过程中，曾分别得出静止电荷激发的静电场和恒定电流激发的恒定磁场的一些基本方程，即

静电场的高斯定理

$$\oint_S \boldsymbol{D} \cdot \mathrm{d}\boldsymbol{S} = \int_V \rho \mathrm{d}V = q$$

静电场的环路定理

$$\oint_L \boldsymbol{E} \cdot \mathrm{d}\boldsymbol{l} = 0$$

磁场的高斯定理

$$\oint_S \boldsymbol{B} \cdot \mathrm{d}\boldsymbol{S} = 0$$

安培环路定理

$$\oint_L \boldsymbol{H} \cdot \mathrm{d}\boldsymbol{l} = \int_S \boldsymbol{J}_c \cdot \mathrm{d}\boldsymbol{S} = I_c$$

麦克斯韦在引入有旋电场和位移电流两个重要概念后,将静电场的环路定理修改为

$$\oint_L \boldsymbol{E} \cdot \mathrm{d}\boldsymbol{l} = -\frac{\mathrm{d}\Phi_m}{\mathrm{d}t} = -\int_S \frac{\partial \boldsymbol{B}}{\partial t} \cdot \mathrm{d}\boldsymbol{S}$$

将安培环路定理修改为

$$\oint_L \boldsymbol{H} \cdot \mathrm{d}\boldsymbol{l} = I_c + I_d = \int_S \left(\boldsymbol{J}_c + \frac{\partial \boldsymbol{D}}{\partial t}\right) \cdot \mathrm{d}\boldsymbol{S}$$

使它们能适用于一般的电磁场。麦克斯韦还认为静电场的高斯定理和磁场的高斯定理不仅适用于静电场和恒定电流的磁场,也适用于一般电磁场。于是,得到电磁场的四个基本方程,即

$$\oint_S \boldsymbol{D} \cdot \mathrm{d}\boldsymbol{S} = \int_V \rho \mathrm{d}V = q \tag{6.17}$$

$$\oint_L \boldsymbol{E} \cdot \mathrm{d}\boldsymbol{l} = -\int_S \frac{\partial \boldsymbol{B}}{\partial t} \cdot \mathrm{d}\boldsymbol{S} \tag{6.18}$$

$$\oint_S \boldsymbol{B} \cdot \mathrm{d}\boldsymbol{S} = 0 \tag{6.19}$$

$$\oint_L \boldsymbol{H} \cdot \mathrm{d}\boldsymbol{l} = \int_S \left(\boldsymbol{J}_c + \frac{\partial \boldsymbol{D}}{\partial t}\right) \cdot \mathrm{d}\boldsymbol{S} \tag{6.20}$$

这四个方程就是麦克斯韦方程组的积分形式。

式(6.17)是电场中的高斯定理。式中的 $\boldsymbol{D}$ 是电荷和变化的磁场共同激发的电场中的电位移。由于感生电场的电位移线为闭合曲线,对封闭曲面的电场强度通量为零,因此总的电位移通量只与自由电荷有关。

式(6.18)是推广后的电场环路定理。式中的 $\boldsymbol{E}$ 是静电场和感生电场的电场强度的矢量叠加。由于静电场是保守场,其环路积分为零,因此式中的 $\boldsymbol{E}$ 仅与变化的磁场有关。

式(6.19)是磁场中的高斯定理。式中的 $\boldsymbol{B}$ 是由传导电流和位移电流共同激发的磁场的磁感应强度。因为两者激发的磁场都是涡旋场,所以对闭合曲面的 $\boldsymbol{B}$ 通量为零。

式(6.20)是全电流安培环路定理。它表明不仅传导电流可以激发磁场,位移电流也能激发磁场。

麦克斯韦方程组全面地反映了电场和磁场的基本性质,并把电磁场作为一个整体,用统一的观点阐明了电场和磁场之间的关系。因此,麦克斯韦方程组是对电磁场基本规律所作的总结性、统一性的简明而完美的描述。麦克斯韦电磁理论的建立是19世纪物理学发展史上又一个重要的里程碑。正如爱因斯坦所说:"这是自牛顿以来物理学所经历的最深刻和最有成果的一项真正观念上的变革。"所以人们常称麦克斯韦是电磁学上的牛顿。

更重要的是,麦克斯韦电磁理论预言了电磁波的存在,即变化的电磁场是以波的形式、按一定速度在空间传播的。该理论指出,光波也是电磁波,从而将电磁现象和光

现象联系起来，使波动光学成为电磁场理论的一个分支。麦克斯韦方程组在电磁学中的地位相当于牛顿定律在力学中的地位，但其精确性比牛顿运动定律高得多，适用范围广得多。牛顿运动定律在狭义相对论中需要修改，而麦克斯韦方程组完全符合狭义相对论的要求，不需要修改。

*6.4.3　电磁场的物质性

电磁场是独立于人们意识之外的客观存在，这已为大量实验事实所证实。在前面讨论静电场和恒定电流的磁场时，总是把电磁场和场源（电荷和电流）合在一起研究，因为在这些情况下电磁场和场源是有机地联系着的，没有场源时电磁场也就不存在。但在场随时间变化的情况中，电磁场一经产生，即使场源消失，它还可以继续存在。这时变化的电场和变化的磁场相互转化，并以一定的速度按照一定的规律在空间传播，说明电磁场具有完全独立存在的性质，反映了电磁场为物质存在的一种形态。

现代的实验也证实了电磁场具有一切物质所具有的基本特性，如能量、质量和动量等。

第4章和第6章中已分别介绍了电场的能量密度 $\frac{1}{2}DE$ 和磁场的能量密度 $\frac{1}{2}BH$，对于一般情况下的电磁场来说，既有电场能量，又有磁场能量，其电磁能密度为

$$w=\frac{1}{2}(DE+BH) \tag{6.21}$$

根据相对论的质能关系式，在电磁场不为零的空间，单位体积的场的质量是

$$m=\frac{w}{c^2}=\frac{1}{2c^2}(DE+BH) \tag{6.22}$$

1920年列别捷夫用实验证实了变化的电磁场能对实物施加压力，这个实验不仅说明电磁场和实物之间有动量传递，它们满足动量守恒定律，并且还以无可辩驳的事实证明了场的物质性。对于平面电磁波，单位体积的电磁场的动量 p 和能量密度 w 之间的关系是

$$p=\frac{w}{c} \tag{6.23}$$

上面的讨论说明电磁场和实物一样，都具有能量、质量和动量，因此可以确认电磁场是另一种形式的物质。场物质不同于通常由电子、质子、中子等基本粒子所构成的实物。电磁场以波的形式在空间传播，而以粒子的形式和实物相互作用，参与作用的粒子就是光子。光子没有静止质量，而电子、质子、中子等基本粒子却具有静止质量。实物可以以任意的速度（不大于光速）在空间运动，其速度相对于不同的参考系也不同。但电磁场在真空中运动的速度永远是 3×10^8 m/s，并且其传播速度在任何参

考系中都相同。一个微粒所占据的空间不能同时被另一个微粒所占据。但几个电磁场可以互相叠加,可以同时占据同一空间。实物和场虽有以上的区别,但在某种情况下它们之间可以发生相互转化。例如,一个带负电的电子和一个带正电的正电子可以转化为光子,即电磁场,而光子也可以转化一对电子和正电子。按照现代量子理论的观点,粒子(实物) 和场都是物质存在的形式,它们分别从不同方面反映了客观实际。同一事物可以反映出场和粒子两个方面的特性,在现代量子理论中,场和粒子在反映同一事物的两个方面上得到了辩证统一的认识。

提　要

1. 考虑楞次定律后法拉第电磁感应定律的表达式

$$\mathscr{E}_{\mathrm{i}} = -\frac{\mathrm{d}\Psi}{\mathrm{d}t}$$

式中,Ψ 为磁链数,对螺线管,可以有 $\Psi = N\Phi_{\mathrm{m}}$。

2. 动生电动势

$$\mathscr{E}_{\mathrm{i}} = \int (\boldsymbol{v} \times \boldsymbol{B}) \cdot \mathrm{d}\boldsymbol{l}$$

洛伦兹力不做功,但起能量转换作用。

3. 感生电动势和感生电场

$$\oint_L \boldsymbol{E}_{\mathrm{k}} \cdot \mathrm{d}\boldsymbol{l} = -\int_S \frac{\partial \boldsymbol{B}}{\partial t} \cdot \mathrm{d}\boldsymbol{S}$$

式中,$\boldsymbol{E}_{\mathrm{k}}$ 为感生电场的电场强度。

4. 自感

自感　$$L = \frac{\mathrm{d}\Psi}{\mathrm{d}I}$$

自感电动势　$$\mathscr{E}_{\mathrm{L}} = -L\frac{\mathrm{d}I}{\mathrm{d}t}$$

自感磁能　$$W_{\mathrm{m}} = \frac{1}{2}LI^2$$

5. 互感

互感　$$M = \frac{\mathrm{d}\Psi_{21}}{\mathrm{d}I_1}$$

互感电动势　$$\mathscr{E}_{21} = -\frac{\mathrm{d}\Psi_{21}}{\mathrm{d}I} = -M\frac{\mathrm{d}I_1}{\mathrm{d}t}$$

***6. 磁场能量密度**

$$w_{\mathrm{m}} = \frac{1}{2}\mu H^2 = \frac{1}{2}BH$$

7. 麦克斯韦方程组

$$\oint_S \boldsymbol{D} \cdot \mathrm{d}\boldsymbol{S} = \int_V \rho \mathrm{d}V = q$$

$$\oint_L \boldsymbol{E} \cdot \mathrm{d}\boldsymbol{l} = -\int_S \frac{\partial \boldsymbol{B}}{\partial t} \cdot \mathrm{d}\boldsymbol{S}$$

$$\oint_S \boldsymbol{B} \cdot \mathrm{d}\boldsymbol{S} = 0$$

$$\oint_L \boldsymbol{H} \cdot \mathrm{d}\boldsymbol{l} = \int_S \left(\boldsymbol{J}_c + \frac{\partial \boldsymbol{D}}{\partial t}\right) \cdot \mathrm{d}\boldsymbol{S}$$

思　考　题

6.1　将一磁铁插入一个由导线组成的闭合电路线圈中，一次迅速插入，另一次缓慢的插入。试问：

(1) 两次插入时在线圈中的感应电荷量是否相同？

(2) 两次手推磁铁的力所做的功是否相同？

(3) 若将磁铁插入一不闭合的金属环中，在环中将发生什么变化？

6.2　将磁铁插入非金属环中，环中有无感应电动势？有无感应电流？环中将出现何种现象？

6.3　让一块很小的磁铁在一根很长的竖直铜管内下落，若不计空气阻力，试定性说明磁铁进入铜管上部、中部和下部的运动情况，并说明理由。

6.4　如果使图 6.31 中左边电路中的电阻 R 增加，则在右边电路中感应电流的方向如何？

6.5　在电磁感应定律中 $\mathscr{E}_i = -\dfrac{\mathrm{d}\Phi_m}{\mathrm{d}t}$，负号的意义是什么？你是如何根据负号来确定感应电动势的方向的？

6.6　当把条形磁铁沿铜质圆环的轴线插入环中时，铜质圆环中有感应电流和感应电场吗？如用塑料圆环替代铜质圆环，环中仍有感应电流和感应电场吗？

6.7　铜片放在磁场中，如图 6.32 所示。若将铜片从磁场中拉出或推进，则受到一阻力的作用，试解释这个阻力的来源。

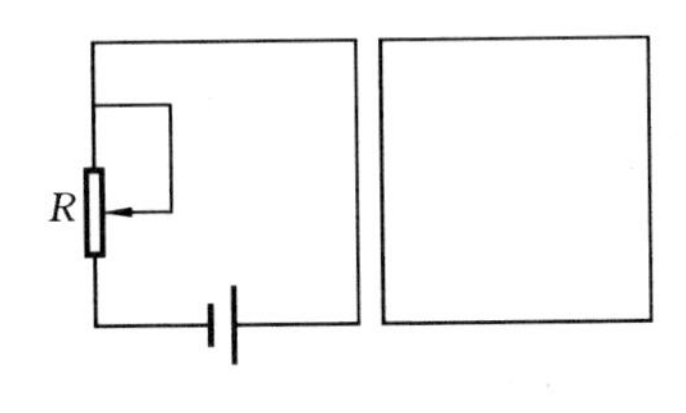

图 6.31

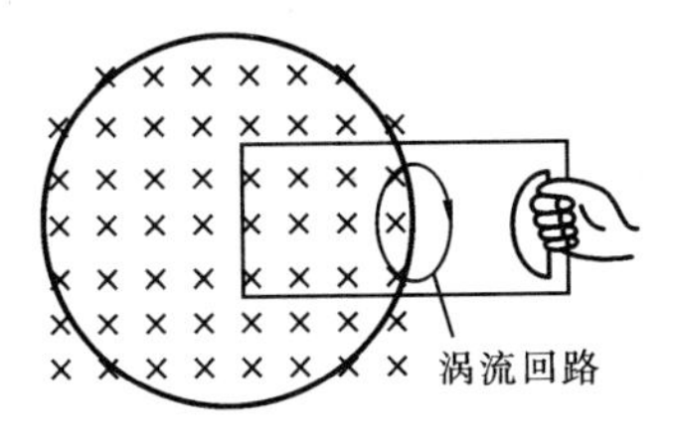

图 6.32

6.8　有人认为可以采用下述方法来测量炮弹的速度。在炮弹的尖端插一根细小的永久磁针，那么，当炮弹在飞行中连续通过相距为 r 的两个线圈后，由于电磁感应，线圈中会产生时间间隔为 Δt 的两个电流脉冲。你能据此测出炮弹速度的值吗？如 $r = 0.1$ m，$\Delta t = 2\times10^{4}$ s，炮弹的速度为多少？

6.9　在磁场变化的空间里，如果没有导体，那么，在这个空间里是否存在电场？是否存在感应电动势？

6.10 如图 6.33 所示，当导体棒在均匀磁场中运动时，棒中出现稳定的电场 $E = vB$，这是否和导体中 $E = 0$ 的静电平衡的条件相矛盾？为什么？是否需要外力来维持棒在磁场中作匀速运动？

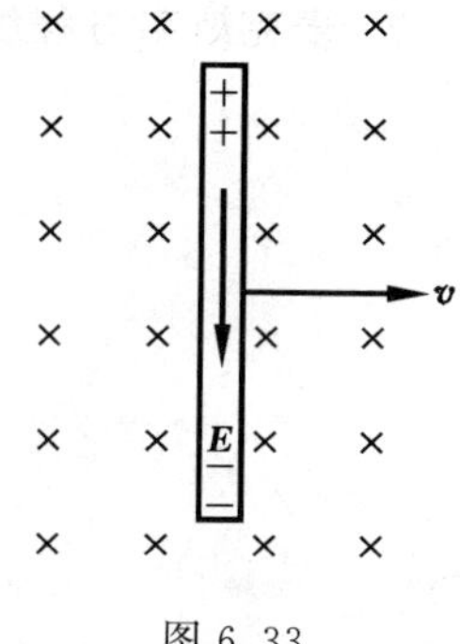

图 6.33

6.11 熔化金属的一种方法是用高频炉。它的主要部件是一个铜制线圈，线圈中有一坩埚，埚内放待熔的金属块。当线圈中通一高频交流电时，埚中金属就可以被熔化。这是什么缘故？

6.12 自感电动势能不能大于电源的电动势？暂态电流能否大于稳定时的电流？

6.13 用电阻丝绕成的标准电阻要求没有自感，试问怎样绕制方能使线圈的自感为零？试说明其理由。

6.14 在一个线圈（自感为 L，电阻为 R）和电动势为 E 的电源的串联电路中，当开关接通的那个时刻，线圈中还没有电流，自感电动势怎么会最大？

6.15 有两个半径接近的线圈，试问如何放置方可使其互感最小？如何放置可使其互感最大？

6.16 试说明：

(1) 当线圈中的电流增加时，自感电动势的方向和电流的方向相同还是相反；

(2) 当线圈中的电流减小时，自感电动势的方向和电流的方向相同还是相反，为什么？

6.17 弹簧上端固定，下端悬挂一根磁铁，将磁铁托到某一高度后放开，磁铁能上、下振动很长时间才停下来。如果磁铁下端放一固定的闭合线圈，使磁铁上、下振动时穿过它（见图 6.34），磁铁就会很快地停下来。解释这个现象，并说明此现象中能量转化的情况。

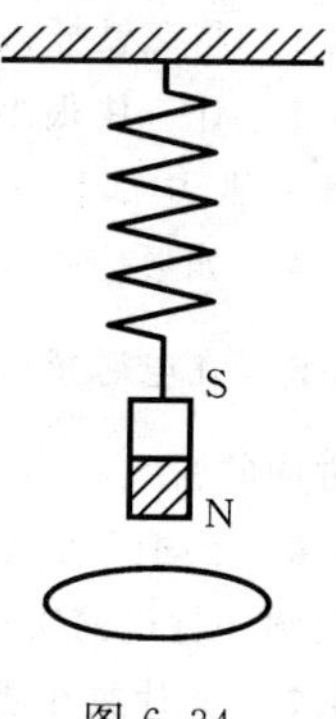

图 6.34

6.18 变压器的铁芯为什么总做成片状的，而且涂上绝缘漆相互隔开？铁片放置的方向应和线圈中磁场的方向有什么关系？

6.19 变压器为什么不能改变恒定电流的电压？

6.20 磁场能量的两种表示方式

$$W_m = \frac{1}{2}LI^2$$

和

$$W_m = \frac{1}{2}LI^2 = \frac{1}{2}\mu n^2 V\left(\frac{B}{\mu n}\right)^2 = \frac{B^2}{2\mu}V$$

的物理意义有何不同？式中 V 是均匀磁场所占的体积。

6.21 什么是位移电流？什么是全电流？位移电流和传导电流有何不同？

习　题

6.1 如图 6.35 所示，通过回路的 $\boldsymbol{B}$ 线与线圈平面垂直，若磁通量按如下变化，即

$$\Phi_m = 6t^2 + 9t + 8$$

式中，Φ_m 的单位是 mWb，t 以 s 为单位。当 $t = 2$ s 时，试问：

(1) 回路中的感应电动势是多少？

(2) R 上电流 I 的大小和方向如何？设 $R = 2\ \Omega$。

6.2 在一个物理实验中，有一个 200 匝的线圈，线圈面积为 12 cm²，在 0.04 s 内线圈平面从垂

直于磁场方向旋至平行于磁场方向。假定磁感应强度为 6×10^3 T，试求线圈中产生的平均感应电动势。

6.3　在半径为 R 的圆形区域内有匀强磁场，其磁感应强度为 $\boldsymbol{B}$，一直导线垂直于磁场并以速度 v 扫过磁场区域，试求当导线距区域中心轴为 r 时的动生电动势。

6.4　一均匀磁场与矩形导体回路面法线单位矢量 $\boldsymbol{e}_n$ 间的夹角 $\theta = \dfrac{\pi}{3}$（见图6.36），已知磁感应强度 $\boldsymbol{B}$ 随时间线性增加，即 $B = kt\ (k > 0)$。回路的 AB 边长为 l，以速度 $\boldsymbol{v}$ 向右运动，设 $t = 0$ 时，AB 边在 $x = 0$ 处，试求任意时刻回路中感应电动势的大小和方向。

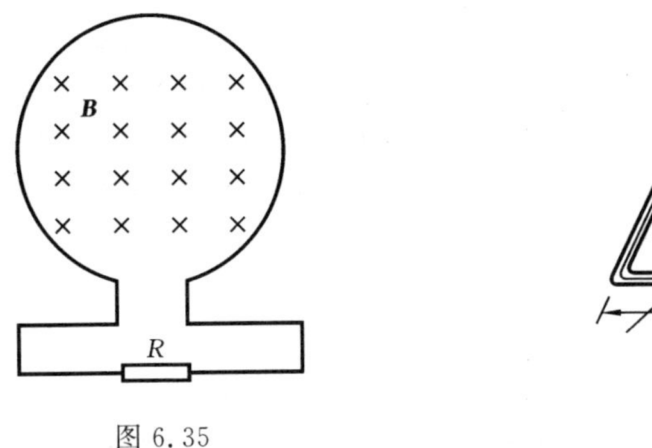

图 6.35

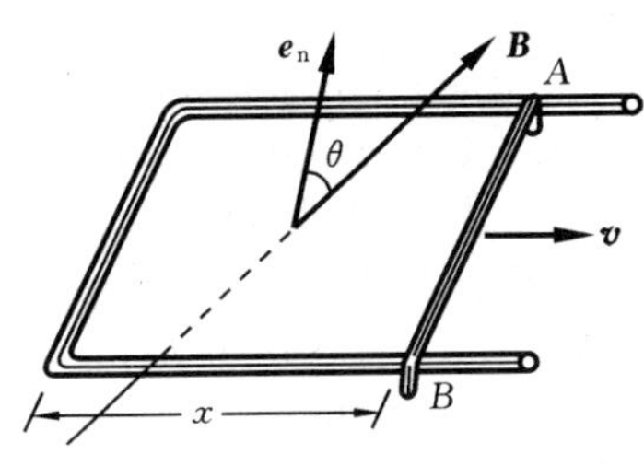

图 6.36

6.5　如图 6.37 所示，一长直导线通有电流 $I = 0.5$ A，在与其相距 $d = 5.0$ cm 处放有一矩形线圈，共 1 000 匝。线圈以速度 $v = 3.0$ m/s 沿垂直于长直导线的方向向右运动时，线圈中的动生电动势是多少（设线圈长 $l = 4.0$ cm，宽 $b = 2.0$ cm）？

6.6　在一个交流发电机中，有一个 150 匝环形线圈，线圈半径为 2.5 cm，置于磁感应强度为 0.06 T 的均匀磁场中，线圈的转速为 110 r/min。试求线圈中产生的最大感应电动势。

6.7　如图 6.38 所示，导线 AB 在导线架上以速度 v 向右滑动。已知导线 AB 的长为 50 cm，$v =$ 4.0 m/s，$R = 0.20\ \Omega$，磁感应强度 $B = 0.5$ T，方向垂直回路平面向里。试求：

(1) AB 运动时所产生的动生电动势；

(2) 电阻 R 上所消耗的功率；

(3) 磁场作用在 AB 上的力。

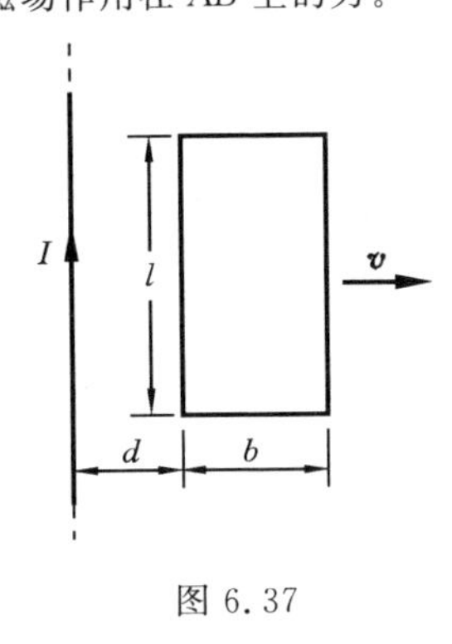

图 6.37

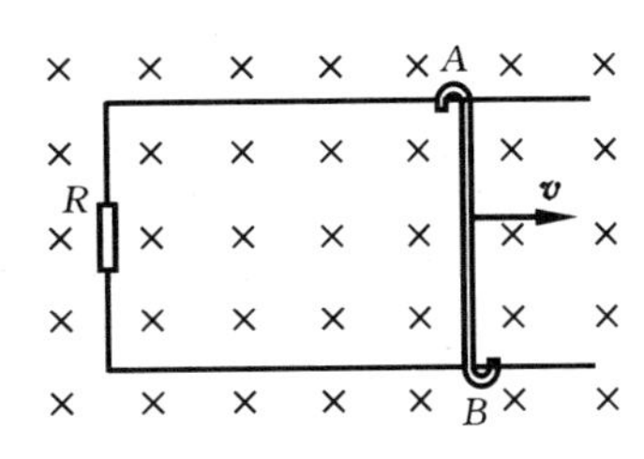

图 6.38

6.8　有一个测量磁感应强度的线圈，其截面积 $S = 4\ \text{cm}^2$，匝数 $N = 160$ 匝，电阻 $R = 50\ \Omega$。线圈与一内阻为 30 Ω 的冲击电流计相连。若开始时线圈的平面与均匀磁场的磁感应强度 $\boldsymbol{B}$ 相垂直,然后线圈的平面很快地转到与 $\boldsymbol{B}$ 的方向平行。此时从冲击电流计中测得的电量 $q = 4\times10^{-5}$ C。试问此均匀磁场的磁感应强度的值为多少?

6.9 长度为 L 的铜棒,以距端点 r 处为支点,并以角速度 ω 绕通过支点且垂直于铜棒的轴转动。设磁感应强度为 $\boldsymbol{B}$ 的均匀磁场与轴平行,试求棒两端的电势差。

6.10 有一螺线管,每米有800匝。在管内中心放置一绕有30圈的半径为1 cm的圆形小回路,在 1/100 s时间内,螺线管中产生 5 A 的电流。试问小回路中感应产生的感应电动势为多少?

6.11 为了探测海洋中水的运动,海洋学家有时依靠水流通过地磁场所产生的动生电动势。假设在某处地磁场的竖直分量为 0.7×10^{-4} T,两个电极垂直插入被测得相距 200 m 的水流中,如果与两极相连的灵敏伏特计指示 7×10^{-3} V 的电势差,试求水流速度。

6.12 半径为 2 cm 的螺线管,长 30 cm,上面均匀密绕 1 200 匝线圈,线圈内为空气。

(1) 试求这螺线管中的自感;

(2) 如果在螺线管中电流以 3×10^{2} A/s的速度改变,试问在线圈中产生的自感电动势为多少?

6.13 一螺绕环横截面半径为 r,中心线半径为 R,$R\gg r$,其上由表面绝缘的导线均匀地密绕两组线圈,一个有 N_1 匝,另一个有 N_2 匝。试求:

(1) 两组线圈的自感 L_1 和 L_2;

(2) 两组线圈的互感 M;

(3) M 与 L_1 和 L_2 的关系。

6.14 一长直螺线管的导线中通入10 A的恒定电流时,通过每匝线圈的磁通量是 20 μWb;当电流以 4 A/s 的速度变化时,产生的自感电动势为 3.2 mV。试求此螺线管的自感与总匝数。

6.15 一个长 l、截面半径为 R 的圆柱形筒上均匀密绕有两组线圈。一组的总匝数为 N_1,另一组的总匝数为 N_2。试求筒内为空气时两组线圈的互感。

6.16 一圆环形线圈 a 由50匝细线绕成,截面积为4 cm^2,放在另一个匝数等于100匝、半径为 20 cm 的圆环形线圈 b 的中心,两线圈同轴。试求:

(1) 两线圈的互感;

(2) 当线圈 a 中的电流以 50 A/s 的变化率减少时,线圈 b 内磁通量的变化率;

(3) 线圈 b 的感生电动势。

6.17 实验室中一般可获得的强磁场的磁感应强度约为 2 T,强电场的电场强度约为 10^6 V/m。试求相应的磁场能量密度和电场能量密度。试问哪种场更有利于储存能量?

6.18 假定从地面到海拔 6×10^6 m的范围内,地磁场的磁感应强度为 0.5×10^{-4} T,试粗略计算在这个区域内地磁场的总磁场能量。

6.19 试证明平行板电容器中的位移电流可写为

$$I_{\mathrm{d}} = C\frac{\mathrm{d}U}{\mathrm{d}t}$$

式中,C 为电容器的电容;U 为两极板间的电势差。如果不是平行板电容器,上式可以应用吗?如果是圆柱形电容器,其中的位移电流密度和平板电容器时有何不同?

6.20 一圆形极板电容器,极板的面积为 S,两极板的间距为 d。一根长为 d 的极细的导线在极板间沿轴线与两板相连,已知细导线的电阻为 R,两极板外接交变电压 $U = U_0\sin(\omega t)$,试求:

(1) 细导线中的电流;

(2) 通过电容器的位移电流;

(3) 通过极板外接线的电流;

(4) 极板间离轴线为 r 处的磁场强度。设 r 小于极板的半径。

习题参考答案

第 1 章

1.1 （1）$\boldsymbol{r}=R\cos(\omega t)\boldsymbol{i}+R\sin(\omega t)\boldsymbol{j}+\frac{h\omega t}{2\pi}\boldsymbol{k}$；

（2）$\boldsymbol{v}=-R\omega\sin(\omega t)\boldsymbol{i}+R\omega\cos(\omega t)\boldsymbol{j}+\frac{h\omega}{2\pi}\boldsymbol{k}$，　$\boldsymbol{a}=-R\omega^2[\cos(\omega t)\boldsymbol{i}+\sin(\omega t)\boldsymbol{j}]$

1.2 （1）$\sqrt{y}=\sqrt{x}-1$；　（2）$(3\boldsymbol{i}+\boldsymbol{j})$ m；　（3）$(4\boldsymbol{i}+2\boldsymbol{j})$ m/s，　$(2\boldsymbol{i}+2\boldsymbol{j})$ m/s^2

1.3 $x=A\cos(\omega t)$

1.4 $v_0+\frac{1}{3}ct^3$，　$x_0+v_0t+\frac{1}{12}ct^4$

1.5 （1）2π m，　0，　0，　2π m/s；（2）3π m/s，　$\sqrt{4\pi^2+81\pi^4}$ m/s^2

1.6 （1）$\frac{h}{h-l}v_0$；　（2）$\frac{l}{h-l}v_0$

1.7 $\theta=\frac{1}{k}\ln(1+k\omega_0 t)$，　$\omega=\frac{\omega_0}{1+k\omega_0 t}$，　$\alpha=-\frac{k\omega_0^2}{(1+k\omega_0 t)^2}$

1.8 （1）269 m；（2）略

1.9 （1）4.8 m/s^2，　230.4 m/s^2；（2）2.67 rad

1.10 $18.89°\leqslant\theta\leqslant27.92°$或$69.92°\leqslant\theta\leqslant71.11°$

1.11 $\alpha=\arctan\left\{\frac{v_0^2}{gx}\left[1\pm\sqrt{1-\frac{2g}{v_0^2}\left(y+\frac{gx^2}{2v_0^2}\right)}\right]\right\}$

1.12 0.2 m/s^2，　0.36 m/s^2

1.13 （1）$x=\frac{v_0}{ud}y^2$；　（2）$\frac{v_0 d}{2u}$

1.14 （1）$x'=-5t$，　$y'=v_0t-\frac{1}{2}gt^2$；

（2）$y'=-\frac{v_0}{5}x'-\frac{g}{50}x'^2$；　（3）$a_x=a_{x'}=0$，　$a_y=a_{y'}=-g$

1.15 527 km/h，　西偏北 8°32′

1.16 7.92 m/s

1.17 $\sqrt{\frac{m_2 gr}{m_1}}$

1.18 （1）略；（2）0.12 m/s^2；（3）502 N

1.19 10.03 m/s^2，　96 N

1.20 $\mu_s\geqslant\frac{g\sin\theta+\omega^2 R\cos\theta}{g\cos\theta-\omega^2 R\sin\theta}$

1.21 $y=\left(\tan\alpha+\frac{mg}{kv_0\cos\alpha}\right)x+\frac{m^2 g}{k^2}\ln\left(1-\frac{kx}{mv_0\cos\alpha}\right)$

第 2 章

2.1 729 J

2.2 （1）528 J；（2）12 W

2.3 (1) 25 J; (2) $\sqrt{26}$ m/s

2.4 12.5 m/s

2.5 $v=\frac{F}{\sqrt{k(m_1+m_2)}}$, $A_{T1}=\frac{F^2(2m_1+m_2)}{2k(m_1+m_2)}$, $A_F=\frac{F^2}{k}$

2.6 1.40 m/s

2.7 (1) 0.2; (2) −703 J; (3) 1.96 J; (4) 不相同

2.8 0.234 m

2.9 $\frac{m_1^2 gh}{(m_1+m_2)[R-(m_1+m_2)g]}$

2.10 $\frac{F-ma_r}{M+m}-g$

2.11 $x\sqrt{\frac{mk}{M(M+m)}}$, M/m

2.12 (1) $\sqrt{\frac{2m^2gh}{M(M+m)}}$; (2) $-\frac{m^2gh}{M+m}$

2.13 (1) 0.061 4 N·s; (2) 6.14 N

2.14 (1) 0; (2) $2\pi mv\cot\theta$, $2\pi mv\cot\theta$

2.15 (1) $F=\rho_l(g+3a)y$; (2) $F=\rho_l(yg+v^2)$; (3)$v=\sqrt{\frac{F}{\rho_l}-\frac{2}{3}gy}$

2.16 $mv\sqrt{\frac{m_2}{k(m+m_1)(m+m_1+m_2)}}$

2.17 $v=\frac{\sqrt{m^2v_0^2-k(M+m)(l-l_0)^2}}{M+m}$, $\theta=\arcsin\frac{mv_0l_0}{l\sqrt{m^2v_0^2-k(M+m)(l-l_0)^2}}$

2.18 0.8 m

2.19 3.03×10^4 m/s

2.20 $m_1\sqrt{\frac{2ghk}{m_1+m_2}}$

2.21 4.8 m

第 3 章

3.1 (1) $\alpha=-\pi\ \mathrm{rad/s^2}$, $N=\frac{\theta}{2\pi}=625$ r; (2) $\omega_t=25\pi$ rad/s;

(3) $v=\omega_tR=25\pi\times1\ \mathrm{m/s}=25\pi\ \mathrm{m/s}$, $a_t=\beta R=-\pi\ \mathrm{m/s^2}$, $a_n=\omega_t^2R=625\pi^2\ \mathrm{m/s^2}$, $\boldsymbol{a}=a_n\boldsymbol{e}_n+a_t\boldsymbol{e}_t=(625\pi^2\boldsymbol{e}_n-\pi\boldsymbol{e}_t)\ \mathrm{m/s^2}$,因为 $a_n\gg a_t$,所以 $\boldsymbol{a}$ 的方向几乎与 $\boldsymbol{a}_n$ 方向相同,指向圆心

3.2 $I_B=\frac{1}{12}ml^2+mh^2$

3.3 (1) $\omega_{自}=\frac{2\pi}{3\,600\times24}\ \mathrm{rad/s}=7.27\times10^{-5}\ \mathrm{rad/s}$, $\omega_{公}=\frac{2\pi}{3\,600\times24\times365}\ \mathrm{rad/s}=2.0\times10^{-7}$ rad/s;

(2) 设地球上半径为 R,维度为 ψ 处的线加速度和加速度分别为 $v=\omega r=\omega R\cos\psi$, $a=\omega^2r=\omega^2R\cos\psi$

3.4 $I=\frac{1}{3}ml^2\sin^2\varphi$

3.5 $a=\frac{(m_2-m_1)g-\frac{M_r}{r}}{m_1+m_2+\frac{m}{2}}$, $F_{T1}=\frac{m_1\left[\left(2m_2+\frac{m}{2}\right)g-\frac{M_r}{r}\right]}{m_1+m_2+\frac{m}{2}}$

$F_{T2}=\frac{m_2\left[\left(2m_1+\frac{m}{2}\right)g+\frac{M_r}{r}\right]}{m_1+m_2+\frac{m}{2}}$, $\alpha=\frac{a}{r}=\frac{(m_2-m_1)g-\frac{M_r}{r}}{\left(m_1+m_2+\frac{m}{2}\right)r}$

3.6 $I=mr^2\left(\frac{gt^2}{2s}-1\right)$

3.7 $I=\frac{13}{32}\rho_S\pi R^4$

3.8 $I=17.4\ \text{kg}\cdot\text{m}^2$

3.9 在 B 点时,$\omega_B=\frac{I_0\omega_0}{I_0+mR^2}$,$v_B=\sqrt{2gR+\frac{I_0\omega_0^2R^2}{I_0+mR^2}}$;在 C 点时,$\omega_C=\omega_0$,$v_C=2\sqrt{gR}$

3.10 $v_0=\sqrt{\frac{2gr\cos\theta_0}{1-\sin^2\theta_0}}=\sqrt{\frac{2gr}{\cos\theta_0}}$

3.11 $\omega=\omega_0\left(\frac{R_0}{R}\right)^2\approx 2.8\ \text{r/s}$

3.12 $\omega=\frac{3}{2}\sqrt{\frac{g\sin\theta}{l}}$

3.13 $\omega\approx 29.1\ \text{rad/s}$

3.14 $\frac{2}{5}g$

3.15 (1) $\omega=\omega_0+\frac{2}{21}\frac{v}{R}$;

(2) $v'=-\frac{21}{2}R\omega_0$,人应与圆盘转动方向的相同方向作圆周运动

***3.16** $T=\frac{2\pi}{\omega}=2\pi\sqrt{\frac{I_0a}{(I_0-I_C)g}}$

***3.17** (1) $0.091\ \text{m}^3/\text{s}$; (2) $11.62\ \text{m/s}$

***3.18** $107\ \text{m/s}$

***3.19** $v=56\ \text{m/s}$

***3.20** (1) $Re=\frac{\rho vl}{\eta}=1\,493$; (2) $Re=1\,493<Re_c=2\,000$,所以是层流

***3.21** (1) $d=0.05\ \text{m}$; (2) $Z_{\max}=4.94\ \text{m}$

***3.22** $v_1\approx\frac{d_2^2\sqrt{2gh}}{d_1^2}$

第 4 章

4.1 8.22×10^{-8} N,3.63×10^{-47} N,两者比值为 2.26×10^{39}

4.2 (1) 在 q_1 和 q_2 之间的连线上,距 q_1 为 $\frac{l}{1+\sqrt{q_2/q_1}}$;

(2) $q_1>q_2$ 时,在 q_2 外侧,距 q_1 为 $\dfrac{l}{1-\sqrt{q_2/q_1}}$;$q_1<q_2$ 时,在 q_1 外侧,距 q_1 为 $\dfrac{l}{\sqrt{q_2/q_1}-1}$

4.3 3.24×10^4 V/m

4.4 (1) $E=\dfrac{1}{\pi\varepsilon_0}\dfrac{Q}{4r^2-L^2}$; (2) $E=\dfrac{1}{2\pi\varepsilon_0 r}\dfrac{Q}{\sqrt{4r^2+L^2}}$

4.5 (1) $E=\dfrac{\sigma}{2\varepsilon_0}\left(1-\dfrac{x}{\sqrt{x^2+R^2}}\right)$; (2) σ 不变,$R\to0$ 时,$E=\dfrac{\sigma R^2}{4\varepsilon_0 x^2}$,$R\to\infty$时,$E=\dfrac{\sigma}{2\varepsilon_0}$;

(3) Q 不变,$R\to0$ 时,$E=\dfrac{Q}{4\pi\varepsilon_0 x^2}$,$R\to\infty$时,$E=0$

4.6 (1) $\Phi_e=2.36$ V·m; (2) $\Phi_e=2.04$ V·m; (3) $\Phi_e=0$; (4) $\Phi_e=1.18$ V·m; (5) $\Phi_e=2.36$ V·m

4.7 3.4×10^3 V·m

4.8 6.63×10^5 个/cm^2

4.9 0, 1.5×10^4 V/m, -1.97×10^4 V/m

4.10 (1) 0; (2) $\dfrac{\lambda}{2\pi\varepsilon_0 r}$; (3) $\dfrac{\lambda}{\pi\varepsilon_0 r}$

4.11 3.0×10^{11} J, 7.2×10^5 kg

4.12 (1) 0, 2.88×10^3 V; (2) -2.88×10^{-6} J, 2.88×10^{-6} J

4.13 (1) 2.23×10^{-3} V; (2) 0

4.14 (1) $\dfrac{Q_1}{4\pi\varepsilon_0 R_1}+\dfrac{Q_2}{4\pi\varepsilon_0 R_2}$, $\dfrac{Q_1}{4\pi\varepsilon_0 r}+\dfrac{Q_2}{4\pi\varepsilon_0 R_2}$, $\dfrac{Q_1+Q_2}{4\pi\varepsilon_0 r}$; (2) $\dfrac{Q_1}{4\pi\varepsilon_0}\left(\dfrac{1}{R_1}-\dfrac{1}{R_2}\right)$

4.15 $\dfrac{\lambda}{2\pi\varepsilon_0}\ln\dfrac{r_B}{r}$ ($V_B=0$)

4.16 0, V_0 ($r<R_1$);

$\dfrac{R_1V_0}{r^2}-\dfrac{R_1Q}{4\pi\varepsilon_0 R_2 r^2}$, $\dfrac{R_1V_0}{r}+\dfrac{(r-R_1)Q}{4\pi\varepsilon_0 R_2 r}$ ($R_1<r<R_2$);

$\dfrac{R_1V_0}{r^2}+\dfrac{(R_2-R_1)Q}{4\pi\varepsilon_0 R_2 r^2}$, $\dfrac{R_1V_0}{r}+\dfrac{(R_2-R_1)Q}{4\pi\varepsilon_0 R_2 r}$ ($r>R_2$)

4.17 (1) $-\dfrac{Q}{4\pi\varepsilon_0(a+r)^2}$; (2) $\dfrac{Q}{4\pi\varepsilon_0 a}$

4.18 (1) 120 V; (2) 300 V; (3) 300 V, 120 V

4.19 (1) $q_B=-1.0\times10^{-7}$ C, $q_C=-2.0\times10^{-7}$ C; (2) 2.3×10^3 V

4.20 (1) 4 μF; (2) 4 V, 6 V, 2 V

4.21 $\dfrac{(3\varepsilon_1+\varepsilon_2)S}{4d}$, $\dfrac{(\varepsilon_1+\varepsilon_2)S}{2d}$

4.22 0.5×10^{-6} C, 1.5×10^{-6} C

4.23 4.58×10^{-2} F

4.24 2倍, 3倍

4.25 (1) $\boldsymbol{E}=\dfrac{Q}{4\pi\varepsilon_0\varepsilon_r r^2}\boldsymbol{e}_r$ ($R_1<r<R_2$), $\boldsymbol{E}=\dfrac{Q}{4\pi\varepsilon_0 r^2}\boldsymbol{e}_r$ ($R_0<r<R_1$, $r>R_2$), $\boldsymbol{D}_1=\boldsymbol{D}_2=\dfrac{Q}{4\pi r^2}\boldsymbol{e}_r$

(2) $\boldsymbol{P}=\dfrac{(\varepsilon_r-1)Q}{4\pi\varepsilon_r r^2}\boldsymbol{e}_r$, $\sigma'_{R_1}=-\dfrac{(\varepsilon_r-1)Q}{4\pi\varepsilon_r R_1^2}$, $\sigma'_{R_2}=\dfrac{(\varepsilon_r-1)Q}{4\pi\varepsilon_r R_2^2}$

4.26 (1) 1.1×10^4 V/m; (2) 5.0×10^{-9} C; (3) 4.1×10^{-9} C

4.27 (1) $\frac{\lambda}{2\pi\varepsilon_0\varepsilon_r}\ln\frac{R_2}{R_1}$； (2) $E=\frac{\lambda}{2\pi\varepsilon_0\varepsilon_r r}$， $D=\frac{\lambda}{2\pi r}$， $P=\frac{\varepsilon_r-1}{2\pi\varepsilon_r r}\lambda$

4.28 并联大， $\Delta W=\frac{(C_1-C_2)^2}{2(C_1+C_2)}U^2$， $\Delta Q=\frac{C_1^2+C_2^2}{C_1+C_2}U$

4.29 (1) 1.11×10^{-2} J/m^3， 2.22×10^{-2} J/m^3； (2) 8.88×10^{-8} J， 2.66×10^{-7} J

4.30 (1) $\frac{Q^2d}{2\varepsilon_0 S}$； (2) $\frac{Q^2d}{2\varepsilon_0 S}$

第 5 章

5.1 (1) 2.19×10^{-5} Ω； (2) 2.28×10^{3} A； (3) 1.43×10^{6} A/m^2； (4) 2.5×10^{-2} V/m；
(5) 1.05×10^{-4} m/s

5.2 (1) $\frac{\mu_0 I}{\pi d}$,方向垂直纸面向外； (2) $\frac{d}{3}$

5.3 (1) 0.135 Wb； (2) 0

5.4 (1) 1.44×10^{-5} T； (2) 0.24

5.5 5.66×10^{-6} T,与 $\boldsymbol{B}_1$ 的夹角 θ 为 45°

5.6 $\frac{9\sqrt{3}\mu_0 I}{4\pi h}$,方向垂直纸面向外

5.7 $\frac{(6-\pi)\mu_0 I}{24\pi R}$,方向垂直纸面向里

5.8 0

5.9 $\frac{\mu_0 I}{\pi^2 R}$,方向沿 x 轴正方向

5.10 $\frac{\mu_0 NI}{4R}$,方向沿 x 轴负方向

5.11 5.49×10^{-7} Wb

5.12 略

5.13 1.6×10^{-13} N,沿 Oz 轴正方向

5.14 (1) 3.48×10^{-2} m； (2) 0.38 m； (3) 2.28×10^{7} Hz

5.15 $T\approx3.59\times10^{-10}$ s， $h\approx1.44\times10^{-4}$ m， $r\approx1.51\times10^{-3}$ m

5.16 略

5.17 12.5 T

5.18 略

5.19 (1) $\frac{\mu_0 I^2}{\pi^2 R}$； (2) $\frac{\pi R}{2}$

5.20 $\frac{\mu_0 I^2}{2\pi}\ln\frac{L-R}{R}$,方向沿导轨向外

5.21 $\mu_0 I_1 I_2\left(1-\frac{L}{\sqrt{L^2-R^2}}\right)$,方向沿 x 轴负方向

5.22 (1) 作用在半圆弧 ab 上的安培力为 $F_y=2IBR$,方向沿 y 轴正向；
(2) 直径 ab 受到的安培力为 $F_{ab}=2IBR$,方向沿 y 轴负向

5.23 7.85×10^{-3} N·m,力矩方向与 $\boldsymbol{B}$ 垂直竖直向上

5.24 (1) 2.0×10^{4} A/m； (2) 7.76×10^{5} A/m； (3) 38.8；

(4) 3.10×10^5 A,每匝的磁化面电流为 775 A； (5) 39.8

第 6 章

6.1 (1) 33×10^{-3} V； (2) 16.5×10^{-3} A,逆时针方向

6.2 3.6×10^4 V

6.3 $2Bv\sqrt{R^2-r^2}$

6.4 $kvlt$,方向由 A 指向 B

6.5 6.86×10^{-5} V

6.6 0.2 V

6.7 (1) 1.0 V； (2) 5.0 W； (3) 1.25 N

6.8 0.05 T

6.9 $\frac{1}{2}B\omega L(L-2r)$

6.10 4.73×10^{-3} V

6.11 0.5 m/s

6.12 (1) 7.57×10^{-3} H； (2) 2.27 V

6.13 (1) $L_1=\mu_0\frac{N_1^2}{2R}r^2$， $L_2=\mu_0\frac{N_2^2}{2R}r^2$； (2) $M=\mu_0\frac{N_1N_2}{2R}r^2$； (3) $M=\sqrt{L_1L_2}$

6.14 8×10^{-4} H； 400 匝

6.15 $M=\mu_0\frac{N_1N_2}{l}\pi R^2$

6.16 (1) 6.28×10^{-6} H； (2) -3.14×10^{-4} Wb/s； (3) 3.14×10^{-4} V

6.17 $\frac{1}{2\pi}\times10^7$ J/m^3,4.425 J/m^3,磁场大些

6.18 6.85×10^{18} J

6.19 略

6.20 (1) $\frac{U_0}{R}\sin(\omega t)$； (2) $\frac{\varepsilon_0 S\omega U_0}{d}\cos(\omega t)$； (3) $\frac{U_0}{R}\sin(\omega t)+\frac{\varepsilon_0 S\omega U_0}{d}\cos(\omega t)$；

(4) $\frac{U_0}{2\pi}\left[\frac{1}{rR}\sin(\omega t)+\frac{\varepsilon_0\pi r\omega}{d}\cos(\omega t)\right]$